Nicolas P. Sokianos (Hrsg.)

Produkt- und Konzeptpiraterie

Nicolas P. Sokianos (Hrsg.)

Produkt- und Konzeptpiraterie

erkennen, vorbeugen, abwehren, nutzen, dulden

GABLER

Bibliografische Information Der Deutschen Bibliothek
Die Deutsche Bibliothek verzeichnet diese Publikation in der Deutschen Nationalbibliografie; detaillierte bibliografische Daten sind im Internet über <http://dnb.ddb.de> abrufbar.

1. Auflage Juli 2006

Lektorat: Ulrike M. Vetter

Der Gabler Verlag ist ein Unternehmen von Springer Science+Business Media.
www.gabler.de

Umschlaggestaltung: Nina Faber de.sign, Wiesbaden
Druck und buchbinderische Verarbeitung: Wilhelm & Adam, Heusenstamm
Gedruckt auf säurefreiem und chlorfrei gebleichtem Papier.
Printed in Germany

ISBN-10 8349-0100-0
ISBN-13 978-8349-0100-2

Vorwort

Die Idee zum vorliegenden Buch entstand im Zuge der Beratung eines bekannten deutschen Automobilherstellers zum Thema „Merchandising und Lifestyle-Produkte“. Hierzu zählen Produkte wie Miniatur-Automobile, Lederwaren, Modeaccessoires etc., die das Logo des Automobilherstellers tragen, von ihm entwickelt wurden und die die Markenwerte (wie Dynamik, Individualität, Qualität, Innovation, Ambition etc.) transportieren sollen. Diese Produkte des Herstellers wurden häufig – inklusive dem Logo – gefälscht. In unseren Recherchen entdeckten wir, dass diese Problematik auch andere deutsche Automobilhersteller, die im so genannten Premium-Segment operieren, betraf.

Einen weiteren Impuls zur Erarbeitung dieses Werkes bekam ich von den Studierenden des von mir geleiteten Studienganges *International Technology Transfer Management* (MSc) an der University of Applied Sciences, TFH Berlin. Technologietransfer beinhaltet für einige asiatische Studierende (mit Berufserfahrung) durchaus die ernsthafte Absicht, „gut kopieren zu lernen“. Gestützt auf die tief verwurzelte Losung des Konfuzius („Der Meister fühlt sich geehrt, wenn er von seinen Schülern kopiert wird“) sind die Weichen in Richtung Produkt- und Konzeptpiraterie gestellt. Das umfasst auch das Kopieren geistigen Eigentums bei der Master Thesis (in signifikantem Umfang und ohne jegliche Quellenangaben). Der Weg, dieses Verhalten zu ändern, ist mühsam – manchmal müßig. Ich habe jedoch auf diesem Weg gelernt, Recht (und Unrecht) im Kontext zu sehen. Zwar akzeptierte ich Unrecht nicht, doch lernte ich die Motive auf dem kulturellen Hintergrund – und nicht zuletzt aus dem geltenden Recht – zu verstehen.

Der dritte Impuls zu diesem Buchprojekt kam aus einem Vortrag, den ich vor einem Einkäuferforum der Automobilindustrie hielt – mit dem Titel: „Produktpiraterie – ein Problem nicht nur in China“. Dieser Tenor zieht sich wie ein roter Faden durch das vorliegende Buch, das sich in einem eigenen Kapitel mit der Situation in China befasst. Es ist mir jedoch wichtig zu betonen, dass China hier nicht an den Pranger gestellt werden soll. Denn: „Akteure“ finden sich überall, selbstverständlich auch in Deutschland, und mitnichten nur in „dunklen Hinterhofwerkstätten“, sondern durchaus auch in dunkel getäfelten Vorstandsetagen.

Das Buch gliedert sich in vier Teile. In ***Teil I: Werte und Unternehmenspolitik,*** werden grundsätzliche unternehmungspolitische Gesichtspunkte erörtert, die für die Handhabung der Aufgabenstellungen im Kontext der *Produkt- und Konzeptpiraterie* relevant sind. Es mag verwundern, das Thema *Personalpolitik* in Verbindung mit dem Technologieschutz vorzufinden. Aber: Gehen wir von der Annahme aus, dass die Akteure im Spannungsfeld *Produkt-*

und Konzeptpiraterie die Menschen sind, so wird die Verankerung der Personalpolitik verständlich – und auch erforderliche *Wertevereinbarungen*.

Der Einfluss des Staates auf die Gestaltung bestimmter Geschäftsprozesse (z. B. auf den Nachbau von Luftfahrzeugteilen) wird am Beispiel der US-amerikanischen Gesetzgebung beleuchtet, da diese die Unternehmungspolitik der ganzen Branche direkt beeinflusst.

In Teil II beschäftigen sich die Autoren mit dem Thema ***Markenkommunikation und Vertriebswege.*** Dies geschieht eingangs mir Erläuterungen zur Bedeutung von Marken; andererseits werden Aspekte der Schutzfähigkeit von Werbekonzeptionen selbst erörtert. Die Bedeutung von Vertriebsstrukturen in Zusammenhang mit der Produktpiraterie wird im nächsten Beitrag vorgestellt. Dass die Umsätze, die Produktpiraten erzielen, nicht nur signifikant sind, sondern auch zunehmen, ist nicht zuletzt der *Globalisierung* geschuldet. Es mag seltsam klingen, ist aber logisch und nachvollziehbar: Die Globalisierung eröffnet Produkt- und Konzeptpiraten neue Chancen, die zunehmend professionell genutzt werden. Im Kontext der Kommunikation und der Vertriebswege darf das Internet als global und preiswert verfügbare Technologie nicht fehlen. Entsprechende Ausführungen runden daher das zweite Buchkapitel ab.

Teil III befasst sich mit ***Intellectual Property (IP) Schutztechniken***. In den letzten Jahren sind hier beeindruckende Fortschritte erzielt worden, und zudem hat sich das Preis/Leistungs-Verhältnis relevanter Schutztechnologien verbessert. Ein Beitrag zur (technischen) Produktdokumentation eröffnet den Blick auf eine mitunter unterschätzte Materie, die künftig an Bedeutung deutlich gewinnen dürfte. Schließlich darf die Softwareindustrie mir ihren Besonderheiten nicht fehlen.

In Teil IV rückt das Thema ***IP im Tagesgeschäft*** in den Fokus der Analysen: Einmal aus juristischer Sicht, dann über den Produktlebenszyklus sowie über Innovationen und nicht zuletzt mit der Frage, ob nicht „IP“ ein existenzielles Thema für ein Unternehmen ist.

An ***China*** führt im Kontext von Produkt- und Konzeptpiraterie kein Weg vorbei. „China, die Produktionswerkstatt der Welt“, „China, die künftige dominierende Weltmacht“ ... China ist in unserem Werk der Teil V gewidmet. Die Betrachtungen erfolgen sowohl aus juristischer Sicht, als auch mit dem Erfahrungsbericht eines mittelständischen Anlagen- und Maschinenbauers. China jedoch auf die Rolle einer Nation und Regierung, die Schutzrechte systematisch missachtet, zu reduzieren, trifft nicht den Kern. Zu sehr und zu stark sind viele europäische und US-amerikanische Unternehmen und Regierungen dort involviert und nutzen die „Produktionsplattform China“ für ihre Zwecke. Globalisierung live.

Während der Bearbeitung der Beiträge mussten zwei herbe Rückschläge verkraftet werden: Bereits verbindlich erteilte Zusagen von Autoren zweier Industrieunternehmen mit Produktionsstätten und Joint Ventures in China mussten „auf Anweisung von oben“ wieder zurückgezogen werden. Der Grund: Angst, chinesische Kunden oder Regierungsstellen zu brüskieren! Beide Firmen sind sehr bekannt und machen mehrere Milliarden Euro Umsatz im Jahr – also keine kleinen Mittelständler. Man ahnt, was in den nächsten Jahren noch passieren wird, um das Wohlwollen der Supermacht China zu sichern…

Eine effiziente und ganzheitliche Bearbeitung der Thematik *Intellectual Property Right* (IPR) erfordert eine gute und kontinuierliche Zusammenarbeit von Juristen und Nicht-Juristen. Es ist dem Autorenteam gelungen, diese Überzeugung im vorliegenden Werk zu reflektieren, und zwar mit Bezug auf unterschiedliche Branchen aus Produktion und Dienstleistung: Maschinenbau, Sicherheits- und Feinwerktechnik, Pharmaindustrie, Medizintechnik, Automobilindustrie (OEM und Zulieferer), Luftfahrtindustrie, Software, Internet, Medien, technische Produktdokumentation, Werbung/Marketing und Personal-/Unternehmensberatung. Die in diesem Kontext behandelten Themen sind: Recht, Technologie, Organisation, Logistik, Vertrieb, Kommunikation, Personal, Werbung, IT, Produktentwicklung und Qualitätssicherung sowie After Sales und nicht zuletzt „Strategie".

Der Umgang mit Markenrechten, Lizenzen und Patenten ist Bestandteil einer aktiven Strategiearbeit in vielen Unternehmen. Der Horizont ist hierbei nicht nur langfristig, sondern reicht sehr wohl in das operative Tagesgeschäft und umfasst taktische Manöver. So gesehen kann es durchaus opportun sein, die Verletzung von Rechten zu dulden oder gar zu nutzen, wie ich erstmalig von einem Vertriebsleiter erfuhr: „Wenn der Kunde schon zwei- oder dreimal Plagiate gekauft hat, die alle nicht lange funktionierten, keimt der Wunsch auf, endlich einmal das Original zu besitzen." Vielleicht.

Die Entstehung dieses Werkes wurde von der Gesellschaft für Produktionsmanagement e. V. (GfPM) sowie der TFH Berlin unterstützt. Bedanken möchte ich mich bei allen Autoren für ihren Einsatz. Ohne ihre Beiträge aus der Praxis in unterschiedlichen Branchen wäre dieses Buch nicht zu realisieren gewesen. Da alle Autoren beruflich sehr stark eingebunden sind, ist die von ihnen in ihre Beiträge investierte Zeit umso höher zu werten. Danken möchte ich Ulrike Vetter vom Gabler-Verlag für die konstruktive Zusammenarbeit, Mario Tragoustis vom Europäischen Patentamt für die kritische Durchsicht einzelner Teile und meinem Sohn Jannis für seine Gestaltungshinweise. Die Hauptlast der Infrastruktur und Projektarbeit für dieses Werk trägt die Logicon Consulting Berlin, wofür ich meiner Frau Hedwig Helena von Herzen danke. Ein besonderer Dank gebührt zudem Ulfert Köppen: für die kontinuierliche Mitgestaltung dieses Buches, für seine äußerst wertvolle und souveräne technische Umsetzung und für die Projektkommunikation in allen Projektphasen.

Eine Kommunikation mit dem Herausgeber und mit den Autoren soll interessierten Leserinnen und Lesern möglich sein. Dazu haben wir die Internetadresse *www.konzeptpiraterie.de* eingerichtet, die perspektivisch zum Forum ausgebaut werden soll. Besuchen Sie uns.

Berlin, im Juli 2006

Nicolas P. Sokianos

Inhaltsverzeichnis

Teil III : IP-Schutztechniken

Teil IV : IP im Tagesgeschäft

Teil V : China

Abkürzungen und Begriffe

A. A.	Anderer Auffassung
a. F.	Alte Fassung
AGB	Allgemeine Geschäftsbedingungen
Art.	Artikel
AZ	Aktenzeichen
BB	„Der Betriebsberater“
BGB	Bürgerliches Gesetzbuch
BGH	Bundesgerichtshof
BGHZ	Bundesgerichtshof, Entscheidung in Zivilsachen
BVerfGE	Bundesverfassungsgerichtsentscheidung
CR	„Computer und Recht“
CRM	*Customer Relationship Management* (Kundenbeziehungsmanagement)
EWR	Europäischer Wirtschaftsraum
Extended enterprise®	ist ein im Zusammenhang mit Lieferanten in der Automobilindustrie eingetragenes Markenzeichen des Unternehmens DaimlerChrysler und versteht sich als unternehmensweite Initiative.
F&E	Forschung und Entwicklung
FMEA	Fehlermöglichkeits- und Einfluss-Analyse (engl.: *Failure Mode Effects Analysis*). Ein systematisches Verfahren zur Fehlerrisikoanalyse (in der Planungs- und Konzeptionsphase eines Produkts oder als Prozess-FMEA) nach DIN 25448
FTD	„Financial Times Deutschland“
FTP	*File Transfer Protocol* (Datenprotokoll zur Übertragung von Dateien über das Internet)
GG	Grundgesetz

GPSG	Geräte- und Produktsicherheitsgesetz
GRUR	„Gewerblicher Rechtsschutz und Urheberrecht“
IP	*Intellectual Property* (geistiges Eigentum)
KG	Kammergericht
LG	Landgericht
MMR	„Multimediarecht“
NJW	„Neue Juristische Wochenschrift“
OEM	*Original Equipment Manufacturer*. Im Falle von Pkws z. B. Audi, BMW, Citroën; im Falle von PC-Herstellern etwa Compaq, Dell, IBM etc.
PLM	*Product Lifecycle Management* (Management des Produktlebenszyklus)
Prozessdisziplin	Die Fähigkeit einer Organisation oder einzelner Personen, die geplanten Prozesse oder Standards ohne Abweichungen einzuhalten. Verbunden mit dem Konzept der kontinuierlichen Verbesserung (KVP) in der lernenden Organisation werden Wettbewerbsvorteile erzielt.
R&D	*Reseach and development* (Forschung und Entwicklung)
RFID	*Radio Frequency Identification,* eine Methode, um Daten auf einem Transponder berührungslos und ohne Sichtkontakt lesen und speichern zu können.
RGZ	Entscheidung des Reichsgerichts in Zivilsachen
RiLi	Richtlinie
Risikomanagement	Risikomanagement wird heute, über Safety und Security hinaus, mit Unternehmensführung assoziiert. Es umfasst die aufeinander folgenden Schritte Systemdefinition, Risikobeurteilung, Risikobewältigung und Risikoüberwachung.
RR	„RechtsprechungsReport“
UrhG	Urheberrechtsgesetz
UWG	Gesetz gegen den unlauteren Wettbewerb
WRP	„Wettbewerb in Recht und Praxis“
WTO	*World Trade Organization* (Welthandelsorganisation)
ZUM	„Zeitschrift für Urheber- und Medienrecht“
ZUM-RD	„ZUM-Rechtsprechungsdienst“

Teil I: Werte und Unternehmungspolitik

Produkt- und Konzeptpiraterie: Herausforderungen im erweiterten Unternehmensnetzwerk

Nicolas P. Sokianos

1. Auf der Suche nach Wettbewerbsvorteilen

Der sich verschärfende Kampf um die knapper werdenden Rohstoffe, der zu einer Verdopplung des Rohölpreises innerhalb von zwei Jahren geführt hat und auch andere Rohstoffe (Gold, Silber, Platin) in neue Preisregionen getrieben hat, lässt die Bedeutung eines weiteren „Rohstoffes" wachsen: immaterielle Werte – und hier insbesondere Patente sowie Marken- und Urheberrechte. Angestoßen wurde die Entwicklung durch den Zusammenbruch des Ostblocks und die so genannte Globalisierung der Wirtschaft, angefacht wird dieser weltweite Veränderungsprozess durch die in China initiierte und betriebene Weltkonjunktur. So ist es auch kaum verwunderlich, dass im Kontext der Produktpiraterie und der Plagiate China als der „große Sünder" angesehen wird, obwohl die Chinesen diesbezüglich zwar eine bedeutende Rolle spielen, jedoch bei weitem nicht die einzigen Akteure sind. Historisch gesehen haben Weltmächte keine Freunde, sondern Interessen als Primat ihrer Politik. Da es sich um eine globale Auseinandersetzung handelt, nutzen die Chinesen ihre komparativen Vorteile, um ihre Position im Wettbewerb zu verbessern, so wie andere Weltmächte wie die USA und die Europäische Union auch. Die rechtlichen Determinanten sind zwar global im Zuge des WTO-Beitritts im Groben geregelt, allerdings spielt das Detail die entscheidende Rolle. Daraus folgt eine erste Aussage:

> *Künftig wird die Bedeutung der Verteidigung oder des aggressiven Ausbaus von „Intellectual Property"-Rechten eine erheblich größere Rolle spielen als zum Ende des vergangenen Jahrhunderts.*

Im Kampf um Kunden werden Themen, die mit Erfindergeist einhergehen, nicht nur zwecks Implementierung der neuen Technologien in die Produkte oder in die Produktionsprozesse verwendet, sondern werden als integraler Bestandteil einer Unternehmenspositionierung und der Markenführung in innovativen Branchen, wie der Automobilindustrie, entwickelt und „nach außen getragen". Die Kommunikation mit den potenziellen Kunden soll nicht zuletzt der Identifikation mit dem Unternehmen und den vermittelten Werten dienen. So rückte die im Frühjahr 2006 von BMW gestartete Werbekampagne die Kunden (Fahrer) in eine unmittelbare Nähe zu Jet-Piloten. Das Kunststück wird über die „Head-Up"-Displaytechnologie versucht, die dem Fahrer hilfreiche Informationen auf die Windschutzscheibe projiziert. „Diese Erfindung ist nur eine von zahlreichen Bestandteilen der Innovationspakete, die ab sofort im BMW 5er und 6er verfügbar sind" (Werbetext BMW). Man hat also den Anspruch, Innovator zu sein – und somit Premium-Preise verlangen zu können.[1]

Audi setzt bei seiner Kommunikation ebenfalls auf Erfindungen und Innovation („die Erfinder des Quattro"), Mercedes bringt „zukunftsweisende Sicherheitstechnologien" in die Wer-

---

1 BMW hat zudem die Internetseite www.erfinder-der-fahrfreude.de im selben Werbetext angegeben, die auf die BMW Innovation Lounge weiterleitet.

bung ein,[2] und Toyota hat die Hybrid-Technologie (eine Kombination aus Verbrennungsmotor und Elektroantrieb, bei der Energie aus Bremsvorgängen in die Antriebsbatterie gespeichert wird) zur Unterstützung seines Öko-Erscheinungsbilds entdeckt. Folgender Trend zeichnet sich hier ab:

> *Die aktive und wettbewerbsorientierte Kommunikation von technologischen Entwicklungen und Patenten in nationalen und internationalen Werbekampagnen wird verstärkt an Werthaltungen und identifikationsbildende Aspekte der potenziellen Kunden der Automobilbranche ausgerichtet sein.*

Weiterführende Aspekte zur Automobilbranche behandelt Beatrix Weber in ihrem Beitrag.

Recht haben und Recht bekommen, das ist zweierlei. Dieser alte Spruch gilt auch bei Streitigkeiten bezüglich Patenten und Marken. Weil die Bedeutung der Rechtssprechung für dieses Thema so groß ist, haben wir uns entschlossen, in dieses Buch eine Reihe von Beiträgen kompetenter Juristen aufzunehmen. Liest man die Ausführungen von Christian Brenner sowie von Elliot Papageorgiou & Matthias Seyboth, wird man feststellen, dass Recht im Kontext gilt: Der Kontext in diesem Fall ist China, ebenso wie im Beitrag von Eginhard Vietz.

Der Kontext kann aber auch im Sinne einer nationalen Direktive sein, welche Hersteller zwingt, ihre Technologie zu öffnen – siehe dazu den Beitrag von Matthias Funk: Er beleuchtet die Schritte der US-amerikanischen Luftfahrtbehörde FAA, die die Versorgungssicherheit der Flugzeugtriebwerke mit Ersatzteilen im Sinn hatte, als sie firmenindividuelle Eigentumsrechte an Technologien aufhob.

Ähnliche Wege ist man beim Europäischen Gerichtshof gegangen, der die Verurteilung von Microsoft zur Produktentbündelung bestätigt hat, um eine dominante, ja monopolistische Wettbewerbsposition zu unterbinden. In den Beiträgen von Olaf Kehrer und Bert Eichhorn sind vielfältige Aspekte der IT- und Softwarebranche sowie des Internetrechts zu finden. Wir konstatieren:

> *Die Durchsetzung von Eigentumsrechten von Marken und Patenten ist einerseits im Kontext der nationalen Rechtsprechung zu sehen, andererseits sind juristische Auseinandersetzungen kostspielig und zeitraubend. Somit spielen machtpolitische oder monetäre Potenziale eine bedeutende Rolle bei der Durchsetzung von Rechten.*

Einen generellen Überblick zu den juristischen Gesichtspunkten der Produkt- und Konzeptpiraterie bietet zudem der Beitrag von Olaf Gillert.

---

2 Mercedes-Benz hat u. a. die Wortmarke PRO-SAFE™ schützen lassen.

2. Immaterielle Vermögenswerte

Haben früher Auseinandersetzungen in der „Wettbewerbsarena" unter einzelnen Unternehmen stattgefunden, gibt es heute einen Paradigmenwechsel: Zunehmend zeigt sich ein Konkurrenzkampf unter in Netzwerken organisierten Unternehmen. Die das Netzwerk leitenden Unternehmen haben zwar eine besondere Machtposition, sind jedoch auf die Unterstützung durch ihre Netzwerkpartner angewiesen. In diesem Kontext sind immaterielle Werte, wie Patente und Marken, den im Netzwerk organisierten Partnern bereitzustellen. Problematisch ist die Lage, wenn Unternehmen in einzelnen Feldern konkurrieren, in anderen Segmenten hingegen kooperieren.[3] Diese Strategien sind nicht neu, sondern reichen in das erste Jahrtausend zurück. Völker haben schon, seit sich eine staatliche Organisationsform und Identität herauskristallisiert hat, Allianzen gebildet, um ihren Mitgliedern das Überleben zu ermöglichen. Dazu haben sie komplementäre Stärken zu nutzen versucht. Der Zusammenbruch des römischen Imperiums, aber auch der Zerfall des früheren Ostblocks belegen die Tatsache, dass der Zusammenhalt unterschiedlicher Entitäten und Identitäten mit den so genannten „weichen Faktoren"[4] steht und fällt: Hier sind Werte gemeint, die dem System eine innere Stärke geben, Abwehrmechanismen gegen Verlustquellen schaffen und nicht zuletzt auch bewaffnete Auseinandersetzungen führen. Es verwundert nicht, wenn neue „Player" auf der Weltbühne die eigenen Werte und die Kultur zum Nachteil von Gegnern und zum eigenen Vorteil einsetzen: Das mühsame Forschen an und Entwickeln von neuen Technologien bis zur Erteilung eines Patents wird in China systematisch und mit Bezug auf die eigene Kultur kostenminimierend betrieben. Das Kopieren von patentierten Produkten, Produktionsverfahren und eingetragenen Marken wird bereits geahndet. Aber: Die WTO-Auflagen werden den Drang nach dem schnellen Erfolg nicht bremsen, zumal westliche Unternehmen in Asien die rettenden Absatzmärkte der Zukunft sehen und auch gern ein Auge zudrücken, wenn komplementäre Vorteile entstehen und Gegner dadurch in Schach gehalten werden.

Immaterielle Vermögenswerte wie Marken, Patente und Lizenzen gilt es zu entwickeln, auch das ist keine neue Erkenntnis. Neu ist die Notwendigkeit, dies in Netzwerken zu tun, die international operieren und von verschiedenen kulturellen Kreisen geprägt sind. Als Konsequenz ist es zwingend erforderlich, die immateriellen Fähigkeiten im erweiterten Unternehmen *(Extended Enterprise)* zu fördern. Hierzu gehören Innovationsstrategien, rechtliche Rahmenbedingungen und deren Gestaltung, Führungsfragen und nicht zuletzt Sensibilität im Umgang mit Machtfaktoren.[5]

---

3 Siehe Barry Nalebuff/Adam Brandenburger: *Coopetition – kooperativ konkurrieren*. Frankfurt a. M. 1996.

4 „Weiche Faktoren" in diesem Zusammenhang sind Kultur, Recht, Integrität, Ethik, Motivation und Respekt. Derlei Faktoren können nur schwer als monetäre Größen erfasst werden. Im Gegensatz dazu sind „harte Faktoren" (wie Ergebnis, Marktanteil, Umsatz und Rendite) grundsätzlich quantifizierbar.

5 Siehe Günther Dlugos: „Veränderungen und integrative Veränderungspolitik im Unternehmenssektor." In: Nicolas Sokianos (Hrsg.): *Produktion im Wandel – Weichenstellung für das Management der Zukunft*. Frankfurt a. M./Wiesbaden 1995.

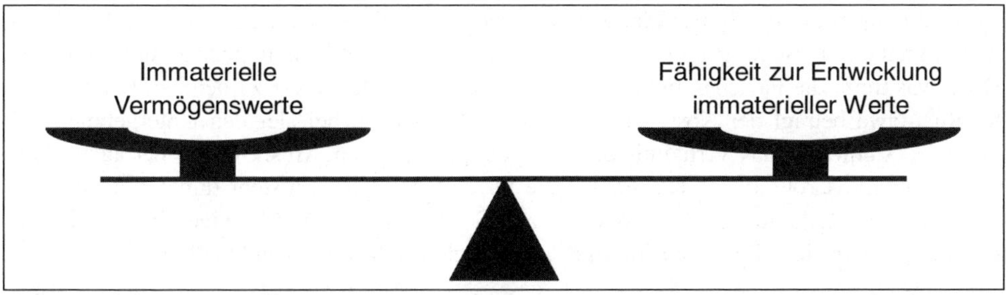

Abbildung 1: *Immaterielle Vermögenswerte müssen mit entsprechenden Fähigkeiten im Unternehmen eine Balance finden*

Das Thema „Extended Enterprise“ ist für DaimlerChrysler so wichtig, dass der Begriff als Marke im Patentamt eingetragen wurde.[6] Konzeptionell versucht insbesondere der Konzerneinkauf von DaimlerChrysler, das gesamte Lieferantennetzwerk zum eigenen Vorteil zu beeinflussen. Natürlich liegt hier Konfliktpotenzial, da auch andere wichtige OEMs diejenigen Lieferanten mit besonderen Fähigkeiten und Technologien an sich binden wollen.

3. Illegaler „Technologie-Transfer“

Konzept- und Produktpiraterie kann im erweiterten Sinne als eine Art unrechtmäßiger Technologie-Transfer angesehen werden. Sogar eine Rache an den früheren Imperialisten ließe sich quasi-moralisch „legitimieren“, da die Imperialisten die – nach ihrer Definition unterentwickelten – Länder und deren Ressourcen ausgebeutet haben. Der wesentliche Unterschied zur Situation vor 100 Jahren besteht darin, dass die ehemals nicht nach westlichen Standards entwickelten Länder, zumal in Asien, heute selbst (und mit Segen des internationalen Kapitals) zur Produktionskompetenz gebracht wurden.

Schätzungen zufolge werden ca. 5–7 % des gesamten Welthandels mit „abgekupferten“ Produkten gemacht.[7] Der weltweite Schaden wird auf 300–500 Mrd. jährlich geschätzt. Betroffen sind alle Branchen, zunehmend auch Produkte aus Elektro-, Automobil-(zulieferer-) und Pharmaindustrie (Spitzenreiter bleiben Software- und Textilbranche sowie Film- und Musikindustrie). Weiterhin anzumerken ist die steigende Zahl der Plagiate: Von 38 großen und mittelständischen Unternehmen geben 73 % an, die Fälle von Produkt- und Markenpiraterie hätten in den vergangenen Jahren zugenommen. 50 % sehen auch keine Verbesserung bei der

6 Siehe www.cms.daimlerchrysler.com/dc_ee_de, zuletzt eingesehen am 12.4.2006.

7 Die IHK geht gar davon aus, dass 10 % des Welthandels mit Plagiaten gemacht werden. Siehe *Wirtschaftswoche* Nr. 27 (30.06.2005), S. 62.

Rechtsdurchsetzung in China.[8] Ein weiteres Problem ist die zunehmende Qualität der Plagiate: Original und Fälschung sind selbst von Spezialisten mitunter kaum noch zu unterscheiden. Doch was treibt die Fälscher an? Zunächst ist der finanzielle Anreiz zu nennen. Bei Markentextilien etwa beträgt der Kostenanteil der Produktion auch bei „legalen Unternehmen" oft nur 5 %. Ähnlich ist das Verhältnis bei Computerprogrammen, Musik-CDs, aber auch Medikamenten. Ein Großteil der Kosten für die Originalhersteller entsteht durch Forschung & Entwicklung, Marketing & Vertrieb sowie auf Gewährleistung und Service. Die Plagiatoren hingegen sparen sich alles „Überflüssige" und erzielen so Margen von über 900 %.[9]

Für die Markenhersteller bedeutet die zunehmende Produktion von Plagiaten und *Fakes* nicht nur eine schmerzliche Umsatzeinbuße, sondern zudem eine eventuelle Rufschädigung und einen Imageverlust sowie ein gesteigertes Sicherheitsrisiko durch Qualitätsdefizite. Mancher Originalhersteller sah sich zudem bereits mit Produkthaftungs- und Schadenersatzforderungen konfrontiert, wenn ein Plagiat zu Unfällen geführt hatte.

3.1 Zu den verwendeten Begriffen

- **Markenpiraterie** ist das illegale Verwenden von geschützten Zeichen, Namen und Logos (Marken) und geschäftlichen Bezeichnungen, die von Markenherstellern zur Kennzeichnung ihrer Produkte im Handel eingesetzt werden.
- **Produktpiraterie** ist das illegale Nachahmen und Vervielfältigen von Waren, für die die rechtmäßigen Hersteller Erfindungsrechte, Designrechte oder Verfahrensrechte besitzen.
- **Konzeptpiraten** benutzen von Herstellern/Dienstleistern entwickelte Prozesse, d. h., sie übernehmen definierte Konzepte, wie beispielsweise das der Fastfood-Kette McDonald's, und generieren eine eigene Kette unter einem anderen Branding. Franchising-Geber versuchen sich dagegen durch ausgeklügelte Verträge zu schützen.
- Als **Plagiat** bezeichnet man eine Schutzrechtsverletzung aus dem Design, also Urheberrechts- und Geschmacksmusterverletzungen. Der Plagiator verletzt diese Rechte bewusst, indem er fremdes Ideengut (Geistesgut) als sein eigenes ausgibt. Beispiele hierfür sind zahllos, etwa bei Möbeln, Werkzeugen, Modeaccessoires, Gläserformen bis hin zu Autos und komplexen Anlagen.
- Ein **Falsifikat** ist eine Fälschung. Der Fälscher verletzt bewusst die Rechte (Marke, Patent etc.) des Markenherstellers. Er raubt allerdings nicht unbedingt die Idee (vgl. Plagiat); vielmehr produziert er einen Gegenstand und kennzeichnet ihn mit einer Marke, an der er keine Rechte besitzt.

---

8 Umfrage der IHK Pfalz, zitiert nach *Außenwirtschafts-Informationen* Februar 2005, S. 14. Siehe *www.passau.ihk.de/service/pub/ai/archiv05/aifebr05.pdf*, heruntergeladen am 13.4.2006.

9 Siehe *Wirtschaftswoche* Nr. 27 (30.06.2005), S. 66.

- **Counterfeiting** bedeutet übersetzt schlicht „Fälschung“ und wird im englischsprachigen Raum synonym für den in Deutschland gängigen Terminus Produkt- und Markenpiraterie verwendet. Noch ist der Begriff nicht genau bestimmt. Doch die EU-Kommission beschäftigt sich in jüngster Zeit damit, eine geeignete Definition für Produkt-, Marken- und neuerdings auch Dienstleistungspiraterie zu finden.
- **Sklavische Nachahmung[10]:** Ein Plagiat ist die Nachahmung eines Produkts zum Zwecke der wirtschaftlichen Ausbeutung. Es wird entweder sklavisch exakt oder mit kleineren Änderungen ausgeführt. Besonders perfide sind größere Änderungen, die jedoch so geschickt gemacht sind, dass für den flüchtigen Betrachter das Ganze sich visuell zum Aussehen des Originalprodukts wieder zusammenfügt.

Marken- und Produktpiraten verwenden die Bekanntheit von Marken/Produkten, die der Originalhersteller aufgrund seiner Qualitätsprodukte erlangt hat, um den Verbraucher über die tatsächliche Herkunft und Qualität der Ware zu täuschen.

Die Begriffe „Konzept“ und „Konzeptpiraterie“ bzw. „Konzeptschutz“ verdienen eine nähere Erläuterung, weil sie in Deutschland (im Gegensatz zu den USA) nicht sehr geläufig sind. Ein Konzept (von lat. *concipere* – erfassen, verinnerlichen) steht für ein Vorhaben, ausgeführt in einer bestimmten Art und Weise, entlang eines roten Fadens, einem Ziel folgend. Es kann sich z. B. um ein Produktionskonzept von Nahrungsmitteln handeln, um die Beschreibung und Visualisierung eines Autoverdeck-Mechanismus, um einen fiktiven Helden eines Buches (wie etwa *Harry Potter*), der in einer bestimmten Mission und mit besonderen Merkmalen „konstruiert“ ist, um ein Filmdrehbuch, eine Werbekampagne etc. Ulrich Pallas und Christian Unsinn gehen in ihrem Beitrag intensiv auf das Thema „Werbekonzeptionen“ ein. Auch Olaf Gillert beschäftigt sich mit der Schützbarkeit von (Werbe-)Konzeptionen.

3.2 Produkt- und Konzeptpiraterie im Kontext

3.2.1 Konsumerprodukte

Ein klassischer Fall ist **gefälschte Parfümware** – hier am Beispiel des Herrenparfüms „Gaultier Male“. Alle Aspekte des ursprünglichen Designs wurden nachempfunden, wenn auch in minderwertiger Ausführung. So wurde das Verpackungsdesign, eine „Konservendose“, zwar kopiert, jedoch mit geringerem Außendurchmesser, einer anderen Oberfläche und einem anderen Konzept für das Öffnen der Verpackung. Die komplexe Halterung beim Original, die den Flakon auf der Bodenplatte fixiert, wurde durch simple Schaumstoffeinleger ersetzt. Der Flakon selber weist sehr ähnliche Konturen auf, ist aber bei der Farbgebung (des Glases), Qualität des Streifenaufdrucks und Qualität des Zerstäubungsmechanismus deutlich schlech-

10 Zitiert nach *Aktion Plagiarius*, www.plagiarius.com.

ter. Doch fallen diese Unterschiede besonders dann auf, wenn man Original und Fälschung direkt nebeneinander sieht.

Abbildung 2: *„Gaultier male“: links jeweils die Nachahmung, rechts das Original*

Bei Kunden, die nur eine ungefähre Vorstellung vom Design des Originals besitzen (Dosenverpackung, Flakon in Form eines männlichen Torsos mit Querstreifen) reicht der Grad der Anlehnung jedoch u. U. aus, an die Authentizität des Produkts zu glauben. Der Inhalt schließlich, der Duft, ist nicht annähernd so gut wie beim berühmten Gaultier-Original, doch haben die Kunden auch hier beim Kauf meist keine direkten Vergleichsmöglichkeiten – mitunter kaufen sie aber auch bewusst das Plagiat.

Insbesondere in der Automobilindustrie werden erfolgreiche Konzepte zum Teil fast „1:1“ kopiert. Betroffen von einer solchen **Konzeptanlehnung** war z. B. der Mini von BMW:

Quellen: BMW (links), Autobild Nr. 50/2004, S. 24 (rechts)

Abbildung 3: *Konzeptanlehnung: Der Mira Gino von Daihatsu (rechts, präsentiert von Daihatsu-Chef Takaya Yamada) ist eine Asienversion des BMW Mini (links)*

Der südkoreanische Autohersteller GM Daewoo hat den chinesischen Produzenten Chery Automobile wegen des **Vorwurfs der Produktpiraterie** verklagt. Das chinesische Unternehmen soll mit seinem „Chery QQ" den Kleinwagen „Daewoo Matiz" kopiert haben, der in China unter dem Namen „Chevrolet Spark" verkauft wird. Ein Gericht in Shanghai hat die Klage wegen Verletzung geistiger Eigentumsrechte angenommen. Wie man bei GM Daewoo erklärte, bestünden „extreme Ähnlichkeiten" zwischen den Autos. „Chery produzierte den QQ durch Kopieren und den nicht autorisierten Gebrauch von GM Daewoos Handelsgeheimnissen, während es behauptet, das Fahrzeug eigenständig entwickelt zu haben." Nach einem beinahe einjährigen Prozess einigten sich die Parteien im November 2005.[11]

Quellen: Hersteller
Abbildung 4: *Das Original: Chevrolet Spark (links) – die Fälschung: Chery QQ (rechts).*

Doch nicht immer wird nur „schamlos abgekupfert": Das Beispiel Mazda zeigt, wie **brachliegende Konzepte** (aus der Vergangenheit) legitim genutzt und verfeinert werden können. Der große Erfolg des Fahrzeugs spricht für sich, hat doch Mazda das lange Zeit vergessene Segment der offenen, agilen Zweisitzer zu neuem Leben erweckt.

Quellen: Mazda (links), „British sports cars", London 1982, S. 74 (rechts).
Abbildung 5: *Mazda MX-5 und der Lotus Elan S4 von 1963.*

11 Siehe auch den Beitrag von Beatrix Weber.

3.2.2 Formel 1

Die Formel 1 gilt seit Jahren als extrem wettbewerbsorientierte Branche.[12] Hier werden neue Technologien entwickelt und getestet, den „Kampf" lassen sich die Automobilhersteller hunderte von Millionen Euro jährlich kosten.[13] So liegt es auf der Hand, dass ein hochgradiges Interesse darin besteht, die eigenen technologischen Vorteile zu verbergen und über Spionage-Aktivitäten Erkenntnisse der Gegner in Erfahrung zu bringen. Mehrere Hundert Millionen Menschen verfolgen die Rennen im Fernsehen – es geht also um Markenkommunikation und Image sowie um eine gute Positionierung in der Wahrnehmung der potenziellen Kunden.

Die „Technikspionage" hat im Rennbereich bereits eine lange Tradition, wie die folgende Auswahl an Zwischenfällen verdeutlicht:

1936: Während des GP Libyen wird das Telefon der Mercedes-Rennleitung vom Technischen Rennleiter der Auto-Union angezapft.

1938: Ein von Auto-Union bei Mercedes eingeschleuster Koch gibt Informationen zu Testfahrten weiter.

1984: Ein F1-V6-Turbo-Motor von McLaren-Porsche wird „versehentlich" an BMW geliefert; 1986 landet die Porsche-Technik mit dem Wechsel des damaligen McLaren-Designers John Barnard bei Ferrari.

1996: Im Fahrerlager wird eine Transportbox mit einem Mercedes V10 aufgebrochen, Teile des Ansaugtrakts werden gestohlen.

1996: Ferrari verpflichtet nach Michael Schumacher auch Ross Brawn, Rory Byrne und Tad Czapiski aus dem Team Benetton – ein legaler Know-how-Transfer.

2001: In Brasilien werden aus der Box von Jaguar sieben Laptops mit technischen Daten entwendet.

2003: Toyota steht unter Verdacht, Ferrari kopiert zu haben (es besteht eine große Ähnlichkeiten des Toyota F1-Wagens TF103 mit dem Ferrari-Modell von 2002). Ende 2004 gibt Toyota die illegale Nutzung von Daten des Konkurrenten zu[14]; man behauptet darüber hinaus jedoch, selbst bespitzelt worden zu sein (es wurden bei Toyota Abhörmikrofone gefunden, die per Funk sendeten).

Das wirft die Frage auf: Warum sind unrechtmäßiger Know-how-Transfer und Ideenpiraterie so einfach? Als Antwort darauf lassen sich die folgenden Punkte anführen:

---

12 Die Ausführungen stützen sich auch auf Vorträge auf der „Fachtagung Einkauf" (durchgeführt am 23. und 24. Februar 2005 in Ulm, Veranstalter: Automobil Produktion).

13 Angeblich gibt Toyota ca. 400 Mio. US-$ aus, dicht gefolgt von Renault, BMW und Honda.

14 Siehe *www.netzeitung.de/sport/formel1/315706.html.*

Technische Produktdokumentation: Aufzeichnungen, Testergebnisse und Serviceunterlagen geraten in die falschen Hände – mal aus Versehen, mal mit Absicht.[15]

Computertechnik: Die kompletten Aerodynamikdaten eines F1-Wagens passen auf 4 CD-Rohlinge. Zudem verwenden die meisten Teams Windows-Programme, die es einfach machen, Daten zu stehlen.[16]

Human Ressources: Techniker/Ingenieure bieten ihr Know-how zu technischen Details den Konkurrenzteams offen an. Im Gegenzug erwarten sie zumeist Geld oder einen Arbeitsplatz. Ein Problem ist in der Branche zudem das gezielte Abwerben von „klugen Köpfen" durch die Konkurrenz. Allerdings sind Headhunter in allen Branchen tätig.

Offenes Abgucken: Fotografen versuchen bei den Rennen, technische Details der gegnerischen Wagen „abzulichten".

Zu bedenken ist aber: „Eine Kopie ist nie so gut wie das Original."[17] Und was nützen durch Spionage erkaufte Siege, wenn der gute Ruf leidet? Letzteren gilt es wirklich dauerhaft zu schützen bzw. zu verbessern – und Vorsicht: Manche Kopie *ist* besser als das Original...

3.2.3 Microsoft

Das Europäische Gericht hat entschieden[18]: Microsoft muss die Kommunikations-Protokolle der Schnittstellen seines Betriebssystems Windows offenlegen und an Wettbewerber lizenzieren. Dies bedeutet einen erzwungenen Technologiezugang. Microsoft muss zudem eine „abgespeckte" Windows-Version anbieten, die nicht den Media-Player enthält – eine Verpflichtung zur Produktentbündelung.

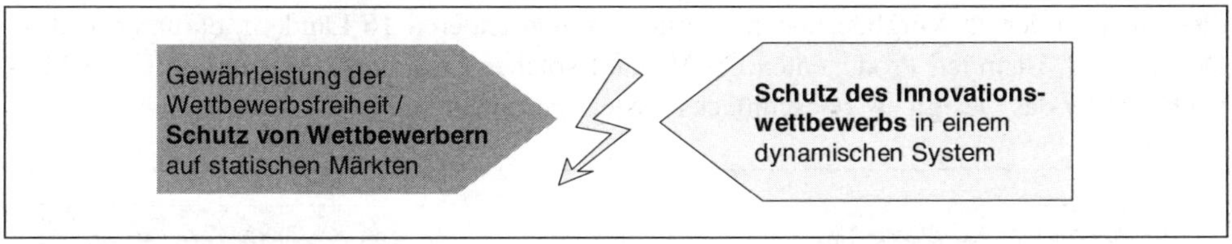

Abbildung 6: *Konfliktsituation: Eingriffe zugunsten von (schwächeren) Wettbewerbern*

Durch die Urteile wird der Marktzutritt für Wettbewerber ermöglicht; gleichzeitig aber bedeutet dies einen nachträglichen Eingriff in die betreffende Investition des Unternehmens, das

15 Zum Thema Produktdokumentation siehe auch den Beitrag von Volkmar Helbig.

16 Moderne Betriebssysteme unterstützen einfaches CD-Brennen und die „Plug and Play"-Einbindung von USB-Speichermedien. Die – durchaus vorhandenen – Sicherheitsfunktionen der Betriebssysteme, etwa die Beschränkung der Nutzerrechte, werden vielfach nicht genutzt, da Komfort- oder Kompatibilitätseinbußen drohen.

17 So Gustav Brunner, Chefdesigner bei Toyota.

18 Aufgrund mutmaßlichen Missbrauchs von Marktmacht.

die Technologie entwickelt hat (Microsoft). Anreize für künftige Innovationen werden so erheblich geschwächt, denn es besteht die Gefahr, erwartete Erträge von Investitionen mit Wettbewerbern teilen zu müssen. Anreize für Innovationen auf nachgelagerten Märkten werden ebenfalls geschwächt, wenn die Unternehmen auf eigene Neuentwicklungen verzichten in der Erwartung, Zugang zur Technologie des innovativen Unternehmens per Gesetz zu erhalten.

Zu schlussfolgern ist hieraus:

> *Der Preis für die Ermöglichung/Intensivierung des Wettbewerbs in statischen Märkten ist die Beeinträchtigung von Innovationsaktivitäten.*

Wettbewerb ist ein Prozess, in dem Wettbewerbsvorsprünge durch Innovationen erzielt werden, die zu marktstarken, im Grenzfall zu marktbeherrschenden Positionen führen können, in dem aber der nachstoßende Wettbewerb die Vorsprünge im Zeitablauf auch wieder zerstört (Wettbewerb als System schöpferischer Zerstörung). Werden Anreize für Innovationen verschüttet, leidet darunter die Dynamik des Wettbewerbs. Der Schutz der Wettbewerber in statischen Märkten ist nur bei kurzfristiger Betrachtung vorteilhaft, langfristig geht er zu Lasten von Innovationen – ein hoher Preis.

3.2.4 (Automobil-)Designschutz in Europa

Die EU-Kommission möchte den Designschutz für sichtbare Automobil- und Motorrad-Ersatzteile (Kotflügel, Türen, Motorhauben, Scheinwerfer, Außenspiegel, Blinklichter und Windschutzscheiben) in Europa aufheben. Damit könnten künftig auch Nicht-Marken-Hersteller so genannte Crash-Teile in der ganzen EU herstellen und vermarkten. Bislang ist dies nur in 9 der 25 Mitgliedstaaten möglich. In den anderen 16 Ländern, darunter auch in Deutschland, ist freien Produzenten der Verkauf solcher Ersatzteile verboten, falls ein Markenhersteller das Design als „Geschmacksmuster" geschützt hat.

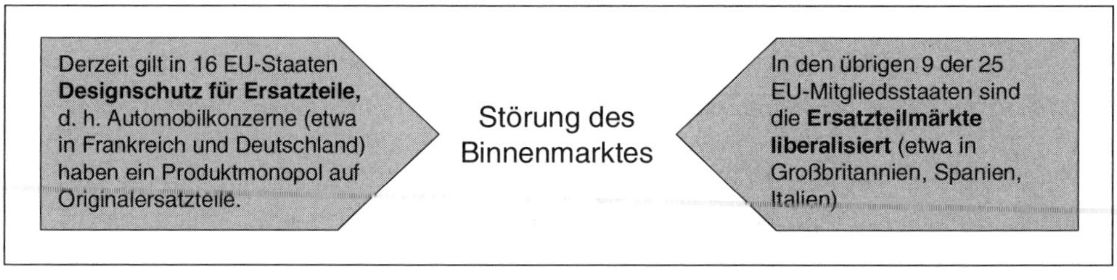

Abbildung 7: *„Uneinige Europäer"*

Die EU-Staaten im Brüsseler Ministerrat und das Europaparlament müssen den Plänen noch zustimmen. Die Regierungen in Frankreich und Deutschland wollen die Automobilindustrie schützen und sind mit einer Liberalisierung des Ersatzteilmarktes nicht einverstanden (Befürchtung: nachteilige Auswirkungen auf Beschäftigung und Wettbewerbsfähigkeit). Mit diesem Widerstand wird es schwer, eine Mehrheit im EU-Ministerrat für das geplante Gesetz zu erreichen.

Die Argumente der Kritiker wie die der Befürworter sind umfangreich:

Pro: Frits Bolkestein (Binnenmarktkommissar): „Der Vorschlag vermittelt zwischen den Interessen der Autohersteller, der unabhängigen Ersatzteilhersteller, der Verbraucher und der Versicherer." Man befürchtet keine Qualitäts- und Sicherheitsrisiken, da nicht-sichtbare Teile wie Motoren und Teile neuer Autos von dem Vorschlag der Kommission nicht betroffen sind. Positiv sind die um 6–10 % geringeren Reparaturkosten für Verbraucher; Versicherer rechnen sogar mit 20 % geringeren Reparaturkosten bei Unfallschäden im Rahmen der Kfz-Haftpflicht. Zudem besteht eine Markteintrittsmöglichkeit für unabhängige Ersatzteilhersteller.

Kontra: Aus Sicht der Automobilhersteller droht folgendes Szenario: Große Hersteller aus Asien werden (Ersatz-)Teile kopieren und nach Europa exportieren. Damit entsteht eine Gefährdung von bis zu 50.000 Arbeitsplätzen in der deutschen Fahrzeugindustrie. Zudem fürchtet man Sicherheits- und Qualitätsrisiken, sofern Qualitätskriterien nicht denen der Originalteile entsprechen. Der EU-Kurs widerspreche somit dem Ziel der EU, weltweit eine Stärkung der gewerblichen Schutzrechte gegen Raubkopierer durchzusetzen. Schließlich kommt auch die Kostenkalkulation ins Wanken, da die geringe Marge im Neuwagengeschäft mit Werkstattgeschäft kompensiert wird (ca. 41 % des Gewinns, der im Laufe eines Autolebens erwirtschaftet wird, entfällt auf Inspektionen, Reparaturen, Ersatzteile). Hier droht ein Preiskampf bei Wegfall des Designschutzes.

Der VDA (Verband der deutschen Automobilindustrie) setzt sich auch für die Beibehaltung des rechtlichen Status quo beim Designschutz in Deutschland ein. Der Geschmacksmusterschutz an sichtbaren Ersatzteilen sei weiterhin aufrechtzuerhalten. Die so genannte Free-For-All-Lösung, die derzeit gültig ist, „erlaubt es den einzelnen Mitgliedstaaten, ihre nationalen Rechte beizubehalten, Änderungen dürfen allenfalls zugunsten des freien Marktes getroffen werden, weshalb man von der ‚Stand-Still-Plus-Lösung' spricht."[19]

3.2.5 China

Know-how, technische Ideen, Konzepte, Systeme, Methoden etc. – kurz: immaterielle Werte – können nach chinesischer Vorstellung nie Besitz eines Einzelnen sein. Entsprechend fremd ist die Vorstellung, dass „geistiges Eigentum" einen einzigen Urheber haben soll, dem die ausschließliche kommerzielle Nutzung zusteht. Die Übernahme fremder Gedanken (und deren Weiterverbreitung) zeugt nach chinesischer Vorstellung von Lernbegierde, Begeisterung und Respekt gegenüber den Inhalten. Die Fähigkeit, gute Kopien anfertigen zu können, ist in Asien sehr hoch angesehen. Mitunter wird Technologie-Transfer (z. B. in Joint Ven-

---

19 Siehe das Glossar zum Eintrag „Designschutz" unter *www.competence-site.de/automobil.nsf.*

tures) als unentgeltliche „Entwicklungshilfe" angesehen. Ein Umdenkprozess im Zusammenhang mit westlicher Kritik setzt langsam ein.

„Es gibt mittlerweile kaum ein Produkt, vom Golfschläger bis zum Weißen Haus (das sich ein reich gewordener Bauer in Hangzhou hat hinstellen lassen), für das findige chinesische Produzenten nicht eine Kopie liefern würden. Und wenn es auch stimmt, dass der Geist kostbar ist, der in vielen der Originale steckt, so wird ein positiver Aspekt dabei bislang recht wenig diskutiert: der zwar von Fälschern nicht beabsichtigte, aber gleichwohl fruchtbare Beitrag ihrer kriminellen Aktivitäten zur Entwicklungshilfe. Die Tatsache also, dass auch unbezahlter Geist segensreich wirken kann."[20]

Rechtliche Voraussetzungen hierzu wurden in den 80er und 90er Jahren geschaffen:[21]

1. Das chinesische Warenzeichen- oder Markengesetz trat 1984 in Kraft.
2. Das Patentgesetz trat ebenfalls 1984 in Kraft und umfasst Erfinderpatente, Gebrauchs- und Geschmacksmuster. Es ist sehr stark an das deutsche Patentrecht angelehnt.
3. Das Gesetz zum Schutz von Urheberrechten wurde 1991 geschaffen und schützt Urheber und Autoren. Ebenfalls 1991 wurde eine ergänzende Verordnung zum Schutz von Computersoftware erlassen.
4. Der „Vertrag zum Schutz geistigen Eigentums" *(Treaty on Intellectual Property Rights,* kurz TRIPs) ist Bestandteil der WTO-Vereinbarungen; im Zusammenhang mit dem WTO-Beitritt wurden Marken-, Patent- und Urheberrechtsgesetz 2001 revidiert, d. h. der Umfang der geschützten Rechte erweitert und Durchsetzungsmaßnahmen verschärft.

Dabei ist das Patentsystem in China sehr stark vom Europäischen Patentsystem beeinflusst – im Grunde ist fast alles übernommen worden. Vielerorts mehren sich jedoch die Klagen darüber, dass die Umsetzung zu langsam und zu wenig umfassend erfolgt. Die Gründe hierfür sind vielfältig. So sind Behörden und Gerichte überfordert und überlastet[22], zudem macht die Vielzahl der Verstöße gegen Marken-, Patent- und Urheberrechtsgesetze eine effektive Ahndung unmöglich. Schließlich sind die Behörden selbst direkt betroffen: Weite Teile der Verwaltung würden ohne Raubkopien (von Software-Produkten) zusammenbrechen.[23]

Fazit:

> *Ohne die kulturellen Besonderheiten eines Landes ausreichend zu berücksichtigen, kann kein wirksames Konzept gegen Produktpiraterie aufgebaut werden. Dies gilt insbesondere im asiatischen Raum.*

---

20 Kai Strittmatter: *Gebrauchsanweisung für China*. München 2004.

21 Reisach/Tauber/Yuan: *China – Wirtschaftspartner zwischen Wunsch und Wirklichkeit.* Frankfurt a. M. 2003.

22 Im Jahr 2002 konnte nur jede dritte Patentanmeldung bearbeitet werden.

23 Einen besonderen Fokus auf China legen in ihren Beiträgen Eginhard Vietz, Elliot Papageorgiou und Matthias Seyboth sowie Christian Brenner.

4. Landläufige Irrtümer

Im Folgenden sollen einige Irrtümer im Themenfeld **Produkt- und Konzeptpiraterie** beleuchtet und beispielhaft mit der Realität verglichen werden. Die Reihenfolge stellt keinen Rang der Bedeutung oder Häufigkeit des Auftretens dar. Die Ordnung erfolgt nach den Begriffen *erkennen, vorbeugen, abwehren, dulden, nutzen.* Die gewählte Perspektive ist die von durch Produkt- und Konzeptpiraterie potenziell Geschädigten.

Erkennen

- **„Konzept- und Produktpiraterie wird von unseriösen Firmen und finsteren Gestalten praktiziert."**

Die heute in der Automobilindustrie so erfolgreichen Japaner haben – als „Touristen" verkleidet – in den 50er und 60er Jahren in den US-amerikanischen, aber auch europäischen Werken fleißig Fotos und Notizen gemacht, um dann die den größten Erfolg versprechenden Konzepte in heimischen Fabriken umzusetzen und zu verbessern. In der Zwischenzeit haben die meisten Firmen die Gefahr erkannt und lassen vielfältige Maßnahmen zur Abwehr von Spionage walten – nicht immer mit Erfolg.

- **„Piraterie-Produkte werden geächtet."**

Nein, sie werden gekauft – und verschenkt. *Piratenschätze unterm Tannenbaum* titelte die F.A.Z.[24] pünktlich zu Weihnachten 2005 und brachte es damit auf den Punkt: Viele Verbraucher freuen sich eher über ein vermeintliches Schnäppchen, als kritisch die Konsequenzen aus der grassierenden ‚Geiz ist geil'-Haltung zu sehen. Etwa, dass die Imitate fast immer im Ausland hergestellt werden und so heimische Arbeitsplätze gefährden.[25] Oder dass ein billig imitiertes Spielzeug für Kinder zur Gefahr werden kann.[26]

- **„Große Kunden honorieren die Patente ihrer (kleineren, schwächeren) Lieferanten."**

Irrtum. Hier zählt häufig ein „Power Play"; Einkäufer versuchen gar, die Bedeutung von Patenten der Lieferanten herunterzuspielen. Eine häufig angewandte Auflage besteht in der erzwungenen Lizenzierung von Patenten des Lieferanten an dessen Konkurrenten, die ebenfalls den Abnehmer (z. B. ein Automobilunternehmen) beliefern sollen. Auf diesem Weg soll

---

24 *F.A.Z.*, 24.12.2005, S. 11.

25 Produktpiraterie kostet Schätzungen der *Vereinigung zur Bekämpfung von Produktpiraterie* (VBP) zufolge allein in Deutschland jährlich bis zu 70.000 Arbeitsplätze.

26 Siehe *www.tagesspiegel.de/wirtschaft/archiv/03.04.2006/2438932.asp*, zuletzt aufgerufen am 18.4.2006. Darin heißt es unter anderem: „Etwa 50 Prozent der unsicheren Produkte stammen aus China. Und: Mehr als 40 Prozent der beanstandeten Fabrikate richten sich an Kinder – vom mit Chemikalien belasteten Plüschtier bis zum instabilen Kinderbett."

nach Möglichkeit eine unerwünschte Abhängigkeit des Abnehmers von einem einzelnen Lieferanten eingedämmt werden. „Leben und leben lassen“ ist eine Einkaufspolitik, die bei der Entwicklung langfristiger Kunden-Lieferanten-Beziehungen von gut geführten Unternehmen praktiziert wird.

- **„Das alleinige Ziel einer Lizenzierung von Schutzrechten ist es, Einnahmen zu erwirtschaften.“**

Es gibt noch eine Reihe von weiteren potenziellen Motiven und Zielen, wie

- das Abwenden gerichtlicher Auseinandersetzungen, z. B. wenn die Rechtslage nicht eindeutig ist
- den Aufbau oder die Weiterentwicklung eines Standards
- das Abwenden von Lieferengpässen, hier evtl. über eine Second-Source-Vorgehensweise, also unter Zuhilfenahme von weiteren Lieferanten
- den Aufbau einer „Technologiewährung“, die den Wert des Unternehmens erhöht
- die Vorbereitung eines Cross-Licensings
- „If you can't fight them, join them.“ (Potenziellem Streit aus dem Weg gehen).

- **„Patente und Marken sind ein sicherer Weg zu Wohlstand und zum Erfolg.“**

Auch hier sieht die Realität anders aus: Viele Innovationen (auch patentgeschützte), fristen ebenso wie manche Marken ein klägliches Dasein: sei es, weil sie nicht konsequent (sprich: mit ausreichend Ressourcen und mit einer geeigneten Strategie) zur Wirkung gebracht werden, sei es, weil die Kunden kein Interesse für die Technologie zeigen, sei es aus anderen Gründen. Patente und Marken müssen im Idealfall einer Geschäftsstrategie folgen und diese unterstützen. Häufig gibt es Interdependenzen: dass die Patent- und Markenstrategie die Geschäftsstrategie maßgeblich beeinflusst – und umgekehrt.

Gar nicht selten rechnen sich Firmen und Erfinder reich, bis der Wert des Portfolios an Patenten und Marken einer harten Kalkulation unterzogen werden muss. Die Forschungs- und Entwicklungskosten sind dann im Extremfall abzuschreiben bzw. im Wert zu berichtigen. Konkret formuliert: „An Ideenmangel leidet dieses Land [Deutschland – *der Herausgeber*] also wahrlich nicht. Doch die Frage sei erlaubt: Wenn der geistige Ausstoß ein Maßstab für den Erfolg ist, warum werden keine Arbeitsplätze geschaffen, warum steigt die Erwerbslosigkeit? Antwort: Weil nicht die Zahl der Patentschriften über das Wachstum entscheidet, sondern die Fähigkeit, aus diesen Einfällen vermarktungsfähige Produkte zu machen.“[27] In diese Kerbe schlägt auch August-Wilhelm Scheer: „Zurzeit bekommt die meisten Forschungsgelder, wer die besten Anträge schreibt. Man bekommt aber kein Geld dafür, dass die Ideen umgesetzt wurden, dass sie volkswirtschaftlichen Nutzen erbrachten und Arbeitsplätze schufen. Es sind diese Kriterien, die honoriert werden sollten.“[28] Zu beachten ist hier aber auch, dass die Höhe der Arbeitslöhne, die fiskalische Belastung des Faktors „Arbeit“ die Risikobereitschaft und somit die unternehmerische Nutzung von Patenten in Deutschland dämpft.

---

27 *Absatzwirtschaft* 1/2005, S. 11.

28 *Ibid.*, S. 12.

■ **„Ein Patentstreit geht primär die gegnerischen Parteien an und nicht die Kunden."**

Ein Patentstreit kann die Kunden gravierend verunsichern und somit den Absatz und den Umsatz des beklagten Unternehmens beeinflussen. So hat der Erfinder der „Blackberry"-Geräte, Research in Motion (RIM), im Winter 2005 und Frühjahr 2006 in Folge eines Patentstreits um die Gerätetechnologie des Mobiltelefons mit E-Mail-Funktion insbesondere die Kaufzurückhaltung von Unternehmenskunden gespürt, die ihre Mitarbeiter mit Blackberry-Geräten ausstatten. Der Patentstreit mit dem amerikanischen Unternehmen NTP (Patentholding) wurde außergerichtlich verglichen gegen Zahlung von 612,5 Mio. US-$ an NTP. Aufgrund dieser Unsicherheit hat auch der Börsenkurs von RIM gelitten. Diese Schwäche des Konkurrenten RIM, der immer noch Kultstatus genießt, versucht Vodafone zu nutzen, indem es einen neuen E-Mail-Pushdienst auf Microsoft-Basis startet.

Quelle: Hersteller

Abbildung 8: *Blackberry-Geräte: Objekte der Begierde einerseits, Grund für gerichtliche Auseinandersetzungen in den USA andererseits*

■ **„Besonders häufig wird auf dem Universitätscampus das Schutzrecht verletzt und Filesharing betrieben."**

Studenten sind „chronisch klamm" und haben zudem „viel Zeit"; die Universitäten bieten ihnen sehr schnelle Internetverbindungen „für Lehre und Forschung", aber darüber laufen vor allem illegale Up- und Downloads – so lauten zumindest gängige Vorurteile. Doch unlängst berichtete das Wall Street Journal[29] von einem gegenläufigen Trend: An etlichen Universitäten gibt es mittlerweile offizielle und legale Angebote zur Nutzung von urheberrechtlich geschütztem Material, speziell Musik. So hat das Massachusetts Institute of Technology (MIT) einen campusweiten Service namens LAMP (Library Access to Music Project), der den Studenten Zugriff auf einen Musikserver erlaubt. Das MIT zahlt dafür regulär Urheberrechtsabgaben. Doch nicht nur die Universitätsleitungen handeln, auch unter den Studenten

29 *Wall Street Journal*, 6.4.2006, S. 34.

gibt es mittlerweile Gruppen, die sich der Aufklärung ihrer Kommilitonen über die Unrechtmäßigkeit des „wilden Tauschens" verschrieben haben. Mittlerweile gibt es mit so genannten „Copynights" eigene Aufklärungsveranstaltungen.

- **„Software kann über Patente geschützt werden."**

Das Europäische Patentamt hat sich im Juli 2005 dagegen ausgesprochen. Obwohl der ZVEI (Zentralverband Elektrotechnik- und Elektronikindustrie e. V.) und andere Industrie-Lobbyisten sich vehement für eine Patentierung ausgesprochen haben, ist das Patentamt den Argumenten der kleineren (Entwickler-)Softwareunternehmen gefolgt: Einen Patentwettkampf gegen die großen Unternehmen würden die kleinen mangels Ressourcen verlieren. Und: Eine Anspruchslawine von Patentinhabern würde das Aus für tausende kleine Software-Entwickler in Europa bedeuten. Geschützt ist Software durch das Urheberrecht bei Eigenentwicklung.[30]

- **„Eine Vermarktung von fremden Ressourcen ist ohne Einwilligung der Geschädigten nicht möglich."**

Mit Hilfe von Patenten schon. Solche Fälle sind z. B. im Kontext von Biopiraterie bekannt geworden. In einem Fall hat das Europäische Patentamt ein bereits erteiltes Patent zurückgezogen. Dabei handelte es sich um das Patent eines US-Unternehmens zur Nutzung des Öls des indischen Neem-Baumes als Insektizid. Darüber empörten sich die Inder, denn in ihren Augen beschrieb das Patent keine Neuerung, sondern vielmehr tradiertes Wissen, das nun zum einseitigen Vorteil eines Konzerns vermarktet werden sollte. Das Patent wurde in der Zwischenzeit als nichtig erklärt (Art. 54 EPÜ).[31]

- **„Die Globalisierung führt zur Ökonomisierung der Weltpolitik und somit zum Primat der Wirtschaft in der Politik. Daher werden nationale Patenthandhabungsmechanismen, z. B. über die EU-Behörden, den neuen Gegebenheiten angepasst."**

Die Realität ist eine andere: Das europäische Gemeinschaftspatent, preiswert und in allen Mitgliedsstaaten funktionsfähig, stößt an nationale Interessen und wird vermutlich nie Realität. Im Gegensatz zu den USA, wo ein Patent automatisch in allen Staaten rechtskräftig wird, kann ein vom europäischen Patentamt erteiltes Patent für ein bestimmtes EU-Land vor den nationalen Gerichten angefochten und für nichtig erklärt werden.

- **„Wer ein Patent besitzt hat ausgesorgt, wenn die im Patent formulierte Idee von einem Anbieter in der Massenproduktion erfolgreich umgesetzt wird."**

Die Realität sieht auch hier anders aus. Starke Ähnlichkeiten technischer Erfindungen führen nicht zwangsläufig zu einer Lizenzierung, sondern können die Gerichte jahrelang beschäftigen. Der sehr erfolgreiche Hybridantrieb von Toyota verletzte (angeblich) ein Patent des Erfinders Roumen Antonov. Toyota hat eine Nichtigkeitsklage zur Löschung des Antonov-Patents beim Bundespatentgericht in München eingereicht. [32]

---

30 Siehe auch die Beiträge von Bert Eichhorn und Olaf Kehrer.

31 Siehe *www.zdf.de/ZDFde/inhalt/1/0,1872,3792705,00.html*, zuletzt eingesehen am 19.4.2006.

32 Siehe auch *www.rp-online.de/public/article/dtoday/news/aktuell/172415*, zuletzt eingesehen am 3.04.2006.

Ein weiteres Beispiel ist das Patent des Deutschen Andreas Pavel auf eine „körpergebundene Kleinanlage für die hochwertige Wiedergabe von Hörereignissen". Das bereits 1977 in Italien angemeldete Patent führte zu einem mehr als 20 Jahre dauernden Rechtsstreit mit Sony, weil der Weltkonzern sich weigerte, für den Verkaufsrenner „Walkman" Lizenzgebühren an den Erfinder zu zahlen. Zwischenzeitlich sah sich Pavel mit Gerichtskosten in Millionenhöhe konfrontiert, da er den erbittert geführten Patentstreit verlor: Der Walkman sei eine „normale Weiterentwicklung der Technik"[33] gewesen, Sony habe zwar das Patent des Erfinders verletzt, doch dieses sei ungültig. Erst 2004 einigte man sich außergerichtlich.[34]

Vorbeugen

- **„Konzepte können mit Patenten solide geschützt werden."**

Das ist leider selten der Fall. Bei Geschäftskonzepten, die primär aus einer genialen Idee bestehen, welche jedoch wenig proprietär ist, ist die Gefahr groß, dass diese blitzartig kopiert werden. In diesem Fall ist eine Patentierung nicht opportun – auch nicht in den USA.[35]

Ein hervorragendes Beispiel ist der Fall „Hotmail". Bei diesem Dienst ging es um das Senden und Empfangen von E-Mails über eine Webseite, passwortgeschützt. Was heute selbstverständlich erscheint und von unzähligen Webmail-Dienstleistern angeboten wird, war ursprünglich revolutionär, da über das HTML-Protokoll von jedem internetfähigen PC die elektronische Post verschickt werden kann. In den frühen Jahren des Internets durften nämlich Angestellte nur mit Sondergenehmigung das Intranet für ihre privaten E-Mails nutzen. Der Aufruf von Webseiten wie *www.hotmail.com* hingegen war erlaubt – und somit problemlos möglich. Jack Smith und Sabeer Bhatia verkauften Hotmail im Dezember 1997 – zwei Jahre nach der Realisierung unter eigener Regie – für 400 Mio. US-$ an Microsoft. Das notwendige Startkapital betrug lediglich 300.000 US-$: für Server, einige Monate Entwicklungszeit und einige Techniker. Höchst vorsichtig hatten sich die Erfinder an Venture-Capital-Firmen angenähert und etliche unter Vorwänden, etwa mit angeblichen weiteren Erfindungen, auf ihre Vertrauenswürdigkeit geprüft. Die Gefahr für Bhatia und Smith war riesig: Sobald eine der großen IT-Firmen ein vergleichbares Produkt auch nur angekündigt hätte, wäre es vorbei gewesen: „Egal, ob sie es dann in sechs Monaten oder in einem Jahr oder nie auf den Markt bringen, die Ankündigung reicht. Man bekommt kein Geld mehr. Deine Idee ist mausetot."[36] Der wirksame Schutz des Konzepts bestand somit in absoluter Diskretion.

---

33 Siehe *Spiegel* 22/1993, S. 128.

34 Innerhalb von 25 Jahren hat Sony bis heute mehrere 100 Millionen „Walkman" weltweit verkauft (*www.tecchannel.de/news/themen/business/418242/*, zuletzt eingesehen am 03.04.2006). Siehe auch *www.taz.de/pt/2004/11/22/a0136.1/text.ges,1*, zuletzt eingesehen am 03.04.2006.

35 Dort ist – im Gegensatz zu Europa – der Schutz von Konzepten viel gängiger.

36 *Econy*, 3/1999, S. 50.

- **„Auto-Ersatzteile[37] von Drittanbietern sind grundsätzlich minderwertig, gar gefährlich. Man sollte immer nur Originalteile nutzen."**

Es handelt sich hierbei um eine gekonnte Marketing-Kampagne der OEM-Hersteller mit realem Hintergrund. Sicher gibt es schwarze Schafe. Allerdings beziehen die OEM ca. 70 % ihrer Wertschöpfung von Lieferanten. Und diese Lieferanten können auch zu Konkurrenten werden auf dem hart umkämpften und höchst lukrativen Ersatzteilmarkt. Sie bieten dann die von ihnen für den Automobilhersteller produzierten Ersatzteile auch freien Händlern an und streichen selbst einen Teil der Marge ein (einen weiteren Teil bekommen – über günstigere Preise – die Kunden). Allerdings gibt es auch jene, die Ersatzteile kopieren, ohne die Gewährleistung erbringen zu können. Der Geschädigte wendet sich dann mit seinen Ansprüchen an das Opfer: den OEM-Automobilhersteller. Die Problematik wird ausführlich beleuchtet im Beitrag von Robert Eck und Olaf Jelken.

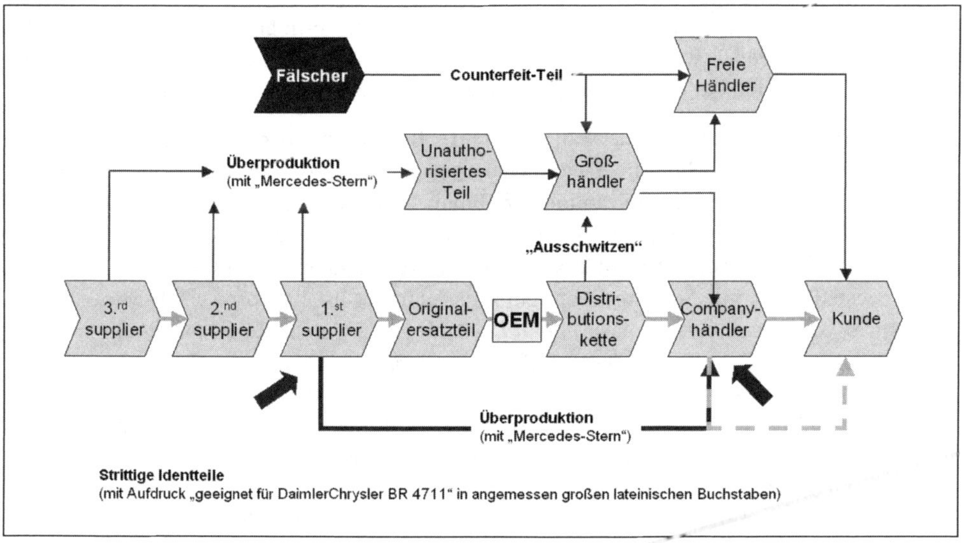

Quelle: r.o.l.a. Business Solutions
Abbildung 9: *Hauptproblemstellung im Automotive-Bereich*

- **„Patentverletzung geht man am besten aus dem Weg, indem man gar nicht erst seine Rechte anmeldet, denn Patentrecherchen sind teuer und umständlich, Patentanmeldungen sehr kostspielig."**

Diese Überlegungen sind in kleinen und mittelständischen Unternehmen leider häufig anzutreffen. Und nicht richtig. Eine Wettbewerbsanalyse, auch hinsichtlich patentgestützter Technologien, ist ein Muss, Patentrecherchen über das Internet[38] kostenlos möglich. Eine Patent-

---

37 Diese unterliegen nicht dem Designschutz.

38 Etwa über www.dpma.de.

anmeldung ist zwar zeitaufwendiger als die Anmeldung einer Wortmarke, aber kein „Buch mit sieben Siegeln“. Leider wird diese Methodik noch viel zu wenig an Universitäten und Fachhochschulen gelehrt. Dies soll nicht heißen, dass Patentanwälte nicht erforderlich sind. Die Zusammenarbeit der Produktentwickler mit Juristen gestaltet sich jedoch effizienter, wenn ein solides Grundverständnis zu der Materie *Produkt- und Markenschutz, Patentanmeldungen, Lizenzrecht (auch zu den jeweiligen Grenzen des IP-Schutzes) etc.* verankert ist. Nicht zuletzt ist wichtig zu wissen, wie Verstöße gegen Rechte Dritter geahndet werden.

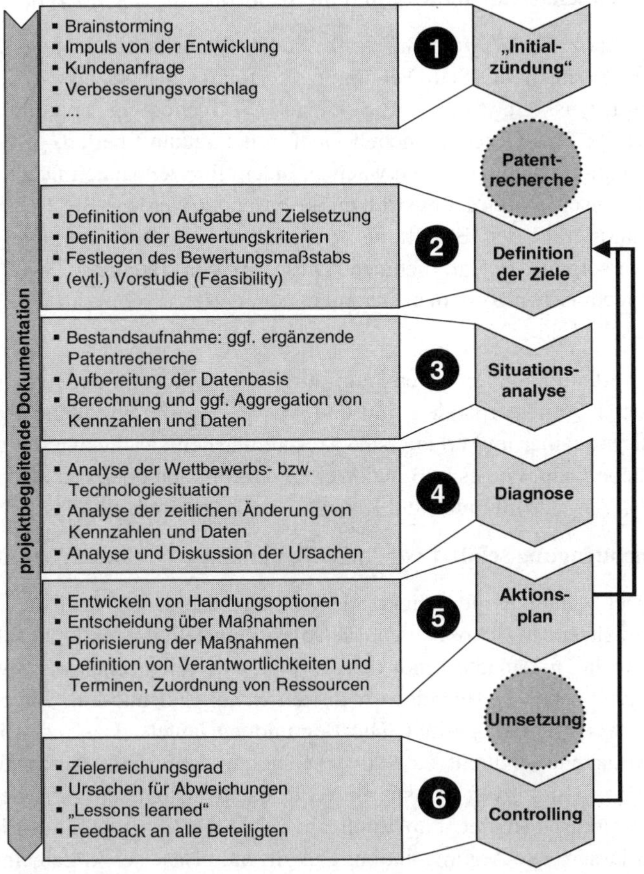

Quelle: In Anlehnung an und Erweiterung von Athena Technologie Beratung[39]

Abbildung 10: *Ablaufprozess einer patentgestützten Technologietrend- und Wettbewerbsanalyse.*

39 Seminardokumentation *Strategisches Patentmanagement,* Veranstalter: Management Forum Starnberg, 23./24. Februar 2006, Mainz.

Abwehren

- **„Es gibt nur unzulängliche oder zu teure technische Maßnahmen, um seine Produkte vor Piraterie zu schützen."**

Die Technik macht große Fortschritte und gibt neue Perspektiven: Ob Hologramme oder RFIDs oder eine Kombination verschiedener Techniken (wie bei Banknoten) – es lohnt sich, hierzu mit System vorzugehen. Siehe auch den Beitrag von Klaus Krämer.

- **„Konzepte und Geschäftsmodelle kann man in Europa nicht schützen."**

Man kann doch. So hat z. B. der Medizingerätehersteller Siemens Medical das Geschäftsmodell „Telemetrie in der medizinischen Versorgung" erfolgreich geschützt – siehe auch den Beitrag von Artur Raczynski und Nicolas P. Sokianos. Die Technologie spielt hierbei zweifellos eine wichtige Rolle. Das Geschäftsmodell kann in der Zukunft helfen, gefährdete Personen mit Herz-Kreislauf-Problemen zu überwachen, indem ihre relevanten Daten per Funksignal zu einem medizinischen Betreuungsstützpunkt gesendet werden. Bei erkannten Problemen wird der Kunde (als der Betroffene) per Anruf instruiert, konkrete Schritte zur Prophylaxe oder Versorgung zu unternehmen. Diese Art von Telemetrie wird z. B. bei der Überwachung von technischen Systemen schon lange eingesetzt. Neu wird diese Anwendung beim „System Mensch" sein.

Die Wahrung und Verteidigung von Ideen kann durchaus vorgenommen werden, wenn diese Ideen in ausgestalteter Form vorhanden sind und wenn die darin enthaltene eigenschöpferische Leistung in signifikanter und erkennbarer Gestaltungshöhe nachgewiesen werden kann. Hier greift das Urheberrecht, wie es z. B. bei Werbekonzeptionen oder von Agenturen gestalteten Anzeigen als „Werk der Literatur und Kunst" (UrhG) von Bedeutung ist.[40]

- **„Eine Markeneintragung schützt vor Angriffen anderer Wettbewerber auf Dauer."**

Oder auch nicht: Der weltbekannte Schokoladenhersteller Lindt ließ sich im Jahr 2000 das Halsband an seinem sitzenden Schokoladenhasen als Alleinstellungsmerkmal schützen. Nach Erlangung dieses Rechts untersagte Lindt dem kleinen österreichischen Mitbewerber Hauswirth die Verwendung eines Halsbandes an dessen Schokoladenhasen. Vor dem obersten Gerichtshof in Österreich unterlag Lindt. Die Begründung lautete: Das rot-weiße Band des österreichischen Anbieters sei nicht zu verwechseln mit dem Lindt-Band (einfarbig rot). Beflügelt von diesem Erfolg greift Hauswirth, da er nachweislich seit 1951 derartige Halsbänder an seine Osterhasen knotet, nun Lindt an, mit dem Ziel, die Lindt-Eintragung für nichtig erklaren zu lassen. Die Argumentation: Der sitzende Hase sei Allgemeingut der Konditoren und daher als Markenname für das industriell betriebene Schokohasen-Geschäft nicht von einer Firma zu vereinnahmen.[41]

---

40 Siehe hierzu auch den Beitrag von Ulrich Pallas und Christian Unsinn.

41 Siehe *F.A.Z*, 15.4.2006, S. 16.

Quelle: F.A.Z. (links), Autor (Mitte/rechts)

Abbildung 11: *Die Protagonisten im „Hasenstreit“: der „Prachthase“ von Hauswirth (links) und der „Goldhase“ von Lindt (Mitte). Ein Halsband trägt übrigens auch der Hase der Firma Hussel (rechts).*

- **„Chinesen sind hinsichtlich der Produktpiraterie immer Täter.“**

Die Klage eines chinesischen Rechteinhabers gegen einen bekannten deutschen Automobilhersteller auf Verletzung seiner Patente ist nur die Spitze des Eisbergs. Ähnliche Prozesse dürften in der Zukunft deutlich zunehmen. Chinesische Technologien und Patente werden von westlichen Unternehmen illegal kopiert bzw. verletzt. Unglaublich, aber wahr! Zudem werden auch die Chinesen ausspioniert: Vor drei Jahren wurde der Versuch der USA öffentlich, den neuen Boeing des chinesischen Ministerpräsidenten komplett verwanzt zu haben. Boeing hat die Verantwortung auf den Innenausstatter des Flugzeuges geschoben. Boeing selber wusste von den Vorgängen nichts. Die chinesische Regierung hat das Flugzeug dennoch abgenommen und bezahlt, nachdem es „entwanzt“ worden ist. Ob jetzt die Chinesen die „ergatterte“ Abhörtechnologie der Amerikaner kopieren, ist nicht bekannt.

- **„Biologie: Spezielle Pflanzenzüchtungen lassen sich schützen.“**

Nein, für Züchtungen gibt es keinen Patentschutz, sofern sie auf dem konventionellen Weg der Züchtung entstehen. Im Falle von Gemüsesorten ist z. B. das Bundessortenamt zuständig. Es erteilt eine Sortenzulassung, etwa für Äpfel oder Kartoffeln. Somit wird die kommerzielle Nutzung reglementiert. Ein Patentschutz kann allerdings bei gentechnischen Verfahren beantragt werden, was auch im Falle von menschlichen, tierischen und pflanzlichen Genen zu einer Flut von Patentanmeldungen geführt hat.

- **„Man kann gegen die Veröffentlichung des Namens eines Mitarbeiters, der eine Erfindung anmelden will, nichts tun. Somit läuft man immer Gefahr, dass er abgeworben wird.“**

Das stimmt nicht. Die Namensveröffentlichung kann gegen Entgelt (und mit Einverständnis des Mitarbeiters) vertraglich unterbunden werden.

- **„Mit der juristischen Verteidigung seiner Patent- und Urheberrechte kann man sich Zeit lassen – man ist doch im Recht!"**

Versäumnisse terminlicher Art können kostspielige Folgen haben. Wird etwa eine einstweilige Verfügung in juristisch korrekter Form nicht fristgerecht erwirkt, so kann der Plagiator mit den Kopien das Geschäft machen. So geschehen im Fall von Nikolaus Krinner, dessen Christbaumständer ein Volltreffer in eine Marktlücke war. Seine Idee, den Weihnachtsbaum mit vier Metall-Klauen und einem Seilzug besonders sicher und bequem zu fixieren, damit er nicht umkippen kann, wurde zehntausendfach kopiert und verkauft. Dafür hat Krinner den Ärger von unzufriedenen Kunden abbekommen – der Kopist hatte am Material gespart.

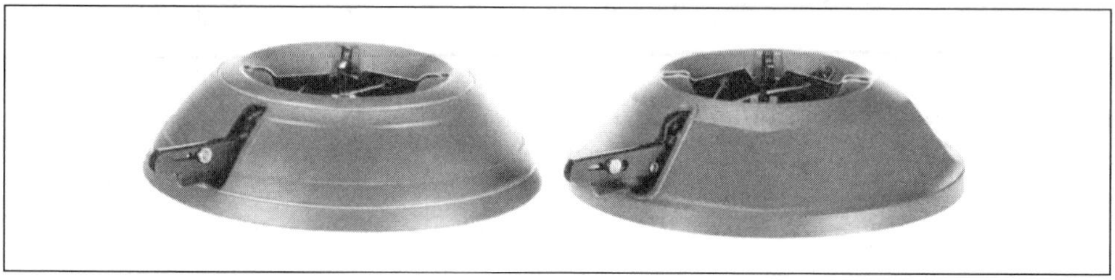

Quelle: Süddeutsche Zeitung Magazin, 18.6.1999
Abbildung 12: *Ein neuartiger Christbaumständer – das Original von Krinner (links), der Nachbau von Artmann Industrie Technik (rechts).*

Dulden

- **„Wenn ein Unternehmen sich konsequent auf die Forderung der chinesischen Regierung nach Lokalisierung** (Local Content) **einlässt, wird es seiner Technologie beraubt und verliert viel Geld."**

Das ist falsch. Selbstverständlich verfolgt die chinesische Regierung die Strategie des Technologie-Transfers, nicht zuletzt um Arbeitsplätze zu schaffen und die gefährliche Arbeitslosigkeit einzudämmen. In Sektoren von nationaler Bedeutung wie Energie, Verkehr, Rüstung, Pharmaindustrie, Informatik und Weltraumtechnologie werden alle Aktivitäten entweder direkt von Regierungsstellen oder indirekt über staatliche Firmen kontrolliert. Kooperierende Firmen, die interessante technologische Systeme anbieten, werden durchaus belohnt: durch Ausschaltung von Wettbewerbern, so dass nur zwei die lukrativen Aufträge erhalten. Einige deutsche Unternehmen „spielen dieses Spiel mit". Mit Erfolg.

- **„Produktpiraterie geht grundsätzlich zu Lasten des Marktanteils des Eigentümers von relevanten Rechten."**

Das ist nicht immer der Fall. Im Gegenteil: Es kann Bestandteil der Unternehmensstrategie sein, seine Produkte von bestimmten Personen (Zielgruppe) kopieren zu lassen, damit das eigene Produkt Marktanteile gewinnt und – noch wichtiger – die Nutzer sich daran gewöhnen. Diese Strategie wurde über Jahre z. B. von Microsoft verfolgt. Die Firma hat Studenten und Lehrkräfte als (künftige) Multiplikatoren erkannt und das Kopieren ihrer Softwareprodukte geduldet. Noch heute werden Microsoft-Produkte mit erheblichen Preisabschlägen an Hochschulmitglieder abgegeben. Auch in China hat Microsoft lange Zeit das Kopieren geduldet, um die Verbreitung seiner Software zu fördern. Nach dem WTO-Beitritt Chinas wurden mit Hilfe der US-Regierung „die Zügel angezogen". Die chinesische Regierung wiederum hat die Gefahr der Abhängigkeit vom Riesen Microsoft erkannt und will als Gegenstrategie einen eigenen Standard auf der Grundlage von Linux entwickeln lassen. So könnte Microsoft die Nutzerbasis seines Betriebssystems entzogen werden.

Nutzen

- **„Konzept- und Produktpiraterie ‚im großen Stil' ist neu."**

Mitnichten: Ideenklau und Spionage reichen bis weit in das erste Jahrtausend vor Christus. Der Schutz von technischen Geheimnissen war z. B. den ägyptischen Behörden und Pharaonen so wichtig, dass sie die Träger von bestimmtem Know-how/Wissen, etwa den Zugang zu Grabkammern betreffend, töteten. Piraten waren im Mittelalter im Auftrag von Königen unterwegs und wurden von der englischen Krone mitunter geadelt.

- **„Die Kopie ist nie so gut wie das Original."**

Es gibt genügend Beweise für das Gegenteil: Die „Konzeptpiraterie" (besser: Konzeptübertragung und -adaption) des erfolgreichen Automobilproduktionssystems von Ford aus den USA wurde im Laufe der Jahrzehnte von den Japanern derart verbessert (über Kaizen/KVP-Programme in kleinen Schritten, aber kontinuierlich), dass es Anfang der 90er Jahre der Welt als neues Vorbild vom renommierten MIT (Massachusetts Institute of Technology) präsentiert wurde. Europäische Hersteller wiederum „studierten" die japanischen Konzepte auf direktem und indirektem Weg und adaptierten sie in Europa und in ihren Ablegern in den USA.

- **„Fertigungsverfahren lassen sich schwer kopieren."**

Irrtum. Über *Best Practice*-Studien und *Benchmarking* gibt es sogar systematische Wege, von anderen zu lernen. Teilweise öffnen sich die Unternehmen bewusst, um von den Erkenntnissen und Verfahren anderer Unternehmen zu profitieren. Entscheidend ist hierbei, wer am effizientesten und schnellsten die Umsetzung schafft. Daher hütet beispielsweise Toyota seine Fertigungsmethoden, die unter „TPS"[42] berühmt geworden sind, nicht als Geheimnis. Toyota ist der Meinung, dass die Unternehmenskultur der Firma (z. B. die über Jahrzehnte gewach-

---

42 Toyota-Produktionssystem. Das Ziel ist eine Produktion im Kundentakt. Eine wichtige Strategie dabei ist die Eliminierung der Verschwendung im Produktionsprozess. Wichtig sind zudem die Synchronisierung und Standardisierung der Prozesse, die Vermeidung von Fehlern, die Verbesserung der Produktionsanlagen sowie Qualifizierung und Training der Mitarbeiter. Als Basis vorausgesetzt wird eine kontinuierliche Weiterverbesserung der Prozesse. Siehe auch *de.wikipedia.org/wiki/Toyota-Produktionssystem.*

sene Prozessdisziplin) den besten Kopierschutz bietet.[43] Diese Haltung wird durch Erkenntnisse aus der Computerindustrie bestätigt. So wird der Imitationsschutz in Bezug auf die Werte und die Unternehmenskultur auf ca. 5–7 Jahre geschätzt (siehe Abbildung 13).

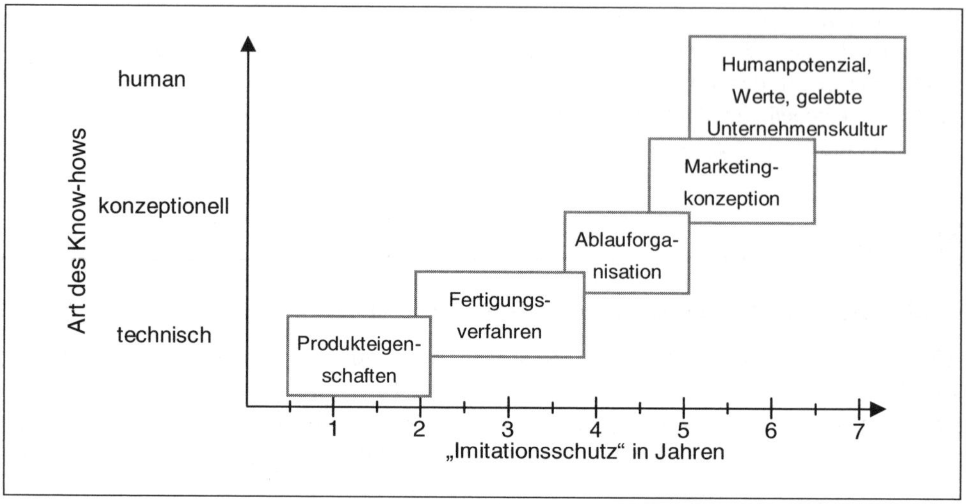

Quelle: Rolf Hohmann: Digital Equipment Corporation, München.
Abbildung 13: *Strategische Erfolgsfaktoren eines Unternehmens*

„Große Firmen verfolgen Verstöße gegen ihre IP hartnäckig über die Gerichte."

Das ist nicht immer der Fall. Die Gerichte werden meist nicht bemüht, man versucht eher, mit dem Gegner zu einer einvernehmlichen Regelung zu kommen, z. B. über *Cross-Licensing*-Abkommen.[44] Sehr häufig wird nach dem Prinzip gehandelt: „Publicity ist schädlich und kontraproduktiv." Gleichwohl wird hinter den Kulissen mit harten Bandagen gekämpft.

„Wessen Patent- und Markenrechte verletzt wurden, ist immer der Geschädigte."

Der skizzierte Fall von RIM gegen NTP belegt, dass es mitunter zu hohen Abfindungen oder Vergleichszahlungen kommen kann, im Fall NTP zu den besagten 612,5 Mio. US-$. So wie die NTP, die als Holding von Patenten in den USA agiert, gibt es andere Gesellschaften, die eigens zu dem Zweck gegründet wurden, Patentrechte zu kaufen, die Aussicht auf erfolgreiche Klagen haben. Das Geschäftsmodell ist mittlerweile in den USA berüchtigt – es werden Stimmen laut, dies gesetzlich zu unterbinden, da es der volkswirtschaftlichen Agilität schade.

---

43 „Prozessdisziplin" wird definiert als die Fähigkeit einer Organisation oder einzelner Personen, die geplanten Prozesse oder Standards ohne Abweichungen einzuhalten. Verbunden mit dem Konzept der kontinuierlichen Verbesserung (KVP) in der lernenden Organisation werden Wettbewerbsvorteile erzielt.

44 Die zwei Parteien einer *Cross-Licensing*-Vereinbarung erteilen sich gegenseitig ein Nutzungsrecht für jeweils relevante Patente. So können beide Parteien die in den Patenten verankerte Technologie nutzen, ohne eine Klage der anderen Partei fürchten zu müssen. Oft ist die Patentnutzung für beide Parteien kostenfrei (nicht an Lizenzgebühren gebunden), solange beide Patentportfolios in etwa den gleichen Wert haben.

- **„Produktpiraten haben nur kurzfristig einen Vorteil."**

Irrtum. Mehrere Pioniere in der frühen Zeit der Industrialisierung, z. B. August Borsig (Lokomotiven), die später zu Ruhm und großem Erfolg gekommen sind, haben ihr Unternehmen als Plagiatoren aufgebaut. Es darf nicht verwundern, dass chinesische Unternehmer jetzt ihre Chance, auf diesem Weg zum Erfolg zu kommen, erkennen. Sie können sich so die Entwicklungskosten sparen oder diese zumindest deutlich reduzieren. Fakt ist: Plagiatoren wissen den Wert der Originale zu schätzen.

- **„Staatliche Institutionen in Europa, in den USA und in Russland sorgen grundsätzlich für eine korrekte Wahrung der IP-Rechte."**

Nicht immer: Die Raketen- und Luftfahrt-Technologie der besiegten Deutschen wurde nach Beendigung des Zweiten Weltkrieges systematisch von den Briten, Amerikanern und Russen kopiert, verfeinert und vermarktet. „Die sowjetischen Konstrukteure verstanden unter ‚Rekonstruktion' nicht nur das vollständige Beschreiben und die Erstellung einer Dokumentation. Gleichzeitig sollten die deutschen Raketenspezialisten den sowjetischen Ingenieuren erläutern, warum die Konstruktion gerade so und nicht anders ausgeführt worden war. Weiterhin sollten nicht nur die Herstellung und Prüfung der Raketenteile, sondern die gesamte dazu notwendige Organisation und die jeweils zugrundeliegenden Vorstellungen, Überlegungen und Berechnungen erarbeitet und in Berichten dokumentiert werden."[45]

Quellen: Matthias Uhl: Stalins V-2. *Oberhaching: 2001, S. 115 (links)*
J. Richard Smith & Eddie J. Creek: Me 262. *Königswinter 1999 (rechts).*
Abbildung 14: *Links: Eine Startübung der V2. Rechts: Die Messerschmitt Me 262.*

45 Matthias Uhl: *Stalins V-2. Der Technologietransfer der deutschen Fernlenkwaffentechnik in die UdSSR und der Aufbau der sowjetischen Raketenindustrie 1945 bis 1959.* Oberhaching: 2001, S. 116.

Im Falle der Raketenentwickler wurden ganze Teams um Wernher von Braun[46] in die USA übernommen und im Eilverfahren eingebürgert. Das war der sicherste Weg des Technologietransfers.

Auch die von Messerschmitt entwickelten und gebauten Me 262 Kampfflugzeuge[47] waren äußerst begehrte Kriegsbeute – sowohl für die Engländer, als auch für die Amerikaner, die die revolutionären Flugzeuge mit ihrer Düsentriebwerk-Technologie samt der technischen Produktdokumentation zur Entwicklung eigener Flugzeuge und Triebwerke heranzogen. Ein Fall von staatlich organisierter Produkt- und Konzeptpiraterie.

- **„Kein Land profitiert indirekt von den Produktpiraten."**

Indien hat einen großen Nutzen durch die Problematik der Produktplagiatoren in China. Mehrere Industrieunternehmen überlegen sehr konkret, künftige Asienaktivitäten in Indien auf- oder auszubauen, da sie China vermeiden wollen. In Indien werden – orientiert am britischen Rechts- und Patentsystem – Patentverletzungen konsequent geahndet. Die Verständigung in englischer Sprache ist ein weiterer Pluspunkt. Der Respekt vor den IP-Rechten hat in Indien einen Stand, den China vermutlich in den nächsten 50 Jahren nicht erreichen wird (aufgrund der kulturellen Besonderheiten). Aus ähnlichen Überlegungen haben Investitionen in Ländern der erweiterten EU-Zone – einschließlich der Länder, die sich ernsthaft Hoffnungen auf einen EU-Beitritt machen können (wie die Türkei) – Pluspunkte bei Standortentscheidungen.

- **„Das Vertriebsnetz des Produktpiraten gilt es ‚auszulöschen'."**

Es gibt auch andere Wege: Man kann z. B. Vereinbarungen mit dem Plagiator treffen und die von ihm geleistete Vertriebsarbeit oder die Organisation gegen Entgelt für den Vertrieb der Produkte des Rechteinhabers nutzen – die Einstellung der Produktion und des Vertriebs der Fälschungen vorausgesetzt. Bei Maschinen und Anlagen kann auf diesem Weg ein *Recruitment* stattfinden: Mitarbeiter des Plagiators werden für den technischen Support in bestimmten Regionen übernommen. In schwierigeren Fällen kann es aber besser sein, die gesamte Firma des Produktpiraten aufzukaufen. Manchmal handelt es sich bei diesem auch um einen Joint-Venture-Partner „auf Abwegen".

- **„Einen Vorteil aus den kopierten Produkten, Systemen und Anlagen haben allein die Produktpiraten."**

Irrtum. Hinter der professionell betriebenen Produktpiraterie verbirgt sich eine organisierte Industrie. Eine herausragende Rolle spielen hierin spezialisierte Engineering-Unternehmen (auch aus Deutschland), die das professionelle und effiziente Kopieren mit ihrem Know-how und Equipment (und mit Niederlassungen in der Nähe des Auftraggebers, z. B. in China) erst ermöglichen. Der Wettbewerb um die lukrativen Aufträge ist hart.

---

[46] Wernher von Braun war als Chefentwickler in Peenemünde für die Raketenprogramme V1 und V2 tätig. In den USA baute er für die NASA das Apollo-Programm, in dessen Verlauf die ersten Amerikaner auf dem Mond landeten, erfolgreich auf.

[47] Die Me 262 war das erste düsengetriebene Kampfflugzeug der Welt; sie wurde 1944 als Jagdbomber eingesetzt. Die Technologie wird als Meilenstein in der Entwicklung von Militär- und Zivilflugzeugen betrachtet.

5. Abwehrstrategien

An dieser Stelle soll tabellarisch ein Überblick möglicher Abwehr-Taktiken gegeben werden. Abwehr-Strategien sind in Abbildung 16 dargestellt.

Taktik	Ziel(e)
Gefahr im Keim ersticken	Missbrauch verhindern; zuvorkommen; Zugang verwehren; innovativer sein
„Beruhigungsmittel verordnen"	Die Wettbewerbsintensität verringern, z. B. durch gesteuerte Veröffentlichungen über wissenschaftliche Institute – aber erst dann, wenn ein komparativer Vorsprung gesichert ist
Kompetenzen vernetzen	Kernkompetenzen verflechten; Erzeugen von Synergien zwischen verwandten Geschäftsbereichen, Portfolio-Entwicklung der verbündeten Unternehmen
Angebote bündeln	Gesicherte und ungesicherte Produkte verbinden; Kompetenzen mit Ergänzungsprodukten koppeln; Netzwerkpartner und deren IP-Rechte in die Strategie einbeziehen
Grenzpfosten verrücken	Die Grenzen des eigenen Unternehmens neu definieren; das Kerngeschäft durch Zusatzprodukte schützen; in den Geschäftsbereich des Konkurrenten expandieren; das eigene Geschäftsfeld verkleinern
Loslassen	Kernkompetenzen preisgeben; Ressourcen auf angrenzende Geschäftsbereiche umverteilen
Verletzungen bewusst dulden	Verhandlungsposition für Gegenleistung aufbauen; Duldung auf bestimmte Zielgruppen begrenzen; Duldung regional eingrenzen; Duldung zeitlich befristet zulassen
Irreleitung der Gegner	Um „unwichtige" Patente kämpfen, um Aufmerksamkeit abzulenken; durch bewusste Indiskretion den Gegner glauben lassen, er habe ein tolles Geheimnis in Arbeit; versteckte Mängel oder „Fallen" einbauen
Hürden aufbauen	Die Zeit des IP-Schutzes verlängern; die Komplexität erhöhen; Kundenbindungsprogramme aufbauen; die Markenbindung fördern; Hürden über Partner-Unternehmen oder Netzwerkallianzen steuern

Abbildung 15: *Denkbare Taktiken gegen Produkt- und Konzeptpiraterie (Auswahl)*[48]

48 In Anlehnung an und Erweiterung von „How Market smarts can protect property rights", *Harvard Business Manager*, Dezember 2004, S. 77.

Im Kampf gegen Produkt- und Konzeptpiraterie sind diverse Strategien denkbar, um das Risiko für das eigene Unternehmen zu senken. Grundsätzlich lassen sich diese in *Prävention, Kooperation* und *Sanktion* unterteilen.

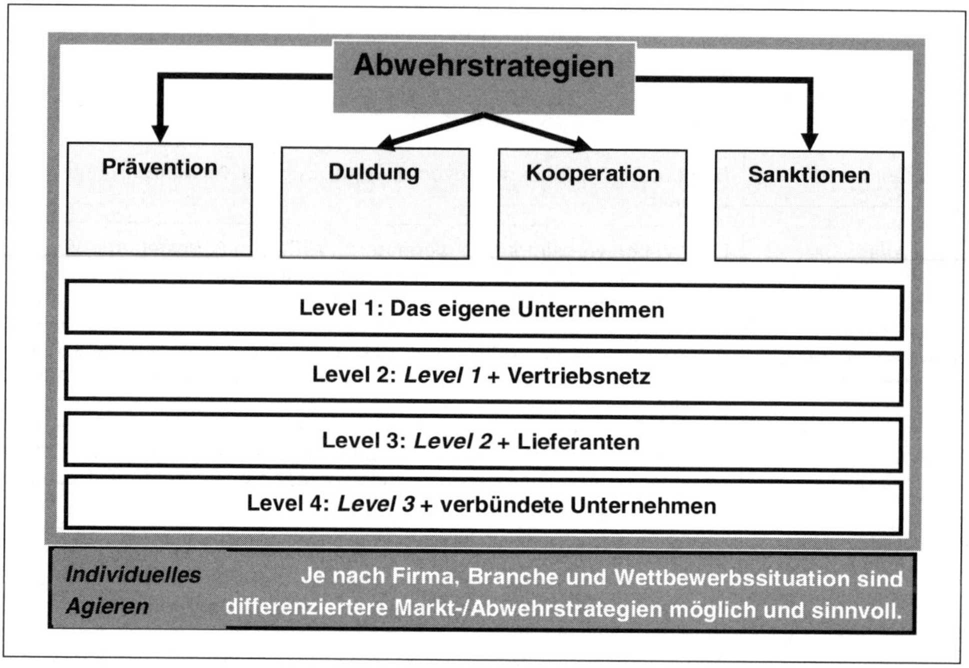

Quelle: Logicon

Abbildung 16: *Kopier-Abwehrstrategien: stufenweise Aktivierung der verfügbaren Ressourcen.*

5.1 Prävention

Um Produkt- und Konzeptpiraterie vorzubeugen, lautet eine grundsätzliche Empfehlung: Innovativer und **mit besserem Timing als der Wettbewerb agieren** (das bedeutet nicht immer „schneller" – „langsamer" kann in bestimmten Situationen die klügere Wahl sein!). Dazu ist vorhandenes Wissen konsequent zu nutzen und zu dokumentieren sowie interdisziplinäres Arbeiten in den Teams zu fördern. Ein konsequent und so früh wie möglich durchgeführter **Erwerb von Schutz- und Markenrechten,** sowohl national als auch international (Patente, Gebrauchs- und Geschmacksmuster, Eintragung von Marken) ist ebenfalls dringend anzuraten. Es sollte jedoch darauf geachtet werden, die Patentkosten in einem angemessenen Rahmen zu halten. Zudem sollte der Markt immer genau **beobachtet** werden, um Produkt-

und Markenpiraten aufspüren. Eine **Produktkennzeichnung oder Kopierschutz** (Sicherheitsetiketten, Hologramme, Codierung etc.) kann ebenfalls helfen, die Hürden für die Fälscher zu vergrößern und vor allem auch die Vertriebskette besser zu sichern. Siehe hierzu insbesondere auch den Beitrag von Klaus Krämer. Ähnliche Effekte lassen sich erzielen, wenn sich die Produkte durch aufwendige/gesicherte **Verpackungen** differenzieren lassen. Eine geeignete **Vertriebsstrategie** im Ganzen umfasst zudem, Sicherheitslücken im Vertrieb aufzudecken, Vertriebswege gezielt auszuwählen und zu überwachen sowie Vertriebsschulungen durchzuführen. Bei Fremdvergabe von Unternehmensleistungen an Externe, z. B. Lagerung, Kommissionierung, Verladung und Transport, sind die Dienstleister nach einer **Distributionslogistik** gezielt auszuwählen und zu überprüfen – siehe auch den Beitrag von Robert Eck und Olaf Jelken.

Schließlich trägt besonders ein gutes **HR-Management** zur Prävention bei, indem Loyalität aufgebaut und gesichert wird – auch in kritischen Situationen, etwa wenn Entlassungen anstehen. Eberhard von Rundstedt und Thomas Pütz behandeln – neben Empfehlungen zu dieser Sondersituation – weitere grundsätzliche Aspekte zum Thema Personalentwicklung.

Zwei letzte Strategien bieten sich in besonderen Fällen an: **Technologie zurückzuhalten**, um Know-how abzusichern, oder **Gegner in die Irre zu leiten,** etwa indem vermeintliche neue Erkenntnisse, die jedoch unbrauchbar sind, dem Gegner gezielt zugespielt werden.

5.2 Duldung

Es kann durchaus von großem Nutzen sein, für eine bestimmte Zeit oder eine bestimmte Zielgruppe (bzw. exklusiv für ein Unternehmen) die Verletzung von Rechten zu dulden. Das ist mitnichten generell ein Zeichen von Schwäche, sondern kann vielmehr Bestandteil einer entsprechenden Unternehmungspolitik sein. Diese Vorgehensweise wird sogar von sehr großen und mächtigen Konzernen praktiziert.

5.3 Kooperation

Eine hilfreiche Methode besteht darin, **Aufklärungsarbeit** zu leisten. Gewinnbringend ist auch ein regelmäßiger **Erfahrungsaustausch** mit anderen Unternehmen. Hierzu bietet sich die Mitarbeit in **Interessengemeinschaften** an – viele Automobilhersteller wie z. B. Audi AG, BMW AG, DaimlerChrysler AG engagieren sich im „Aktionskreis Deutsche Wirtschaft gegen Produkt- und Markenpiraterie e. V.“ und leisten Öffentlichkeitsarbeit und Aufklärung, führen Ermittlungen durch, betreiben das Sammeln und Weitergeben von Informationen sowie die Einflussnahme auf staatliche Stellen. Eine individuelle außergerichtliche **Problem-**

lösung bietet sich an, wenn die Chancen auf dem Gesamtmarkt größer sind als die Verluste im Marktsegment, das von der Patentverletzung betroffen ist. Unter Umständen kommen auch **Partnerschaften** mit den Unternehmen, die Produkte kopieren (sofern diese eine ausreichende Qualität aufweisen), in Frage, um den Gesamtmarkt gemeinsam zu bearbeiten. Auch der **Kauf des Produktpiraten** kann gegebenenfalls sinnvoll sein. Grundsätzlich anzuraten ist in jedem Fall ein **fairer Umgang** der OEM und Systemlieferanten mit ihren Lieferanten – siehe hierzu auch den Beitrag von Beatrix Weber.

5.4 Sanktionen

Sanktionen sind Maßnahmen, die die Aktivitäten der gegnerischen Parteien stoppen oder bremsen sollen. In den Beiträgen von Christian Brenner, Bert Eichhorn, Olaf Gillert, Elliot Papageorgiou & Matthias Seyboth und Beatrix Weber wird diese facettenreiche Thematik juristisch erörtert. In den folgenden Absätzen sollen lediglich „Konturen" skizziert werden.

5.5 Juristische Abwehrstrategien

Grundsätzlich zu unterscheiden sind hier zwei Maßnahmen: *strafrechtliche Maßnahmen* (Freiheits- und Geldstrafen) sowie *zivilrechtliche Maßnahmen* (Schadenersatz, Unterlassungsanspruch, Vernichtungsanspruch).

- Grenzbeschlagnahme[49]

Schutzrechtsverletzende Ware kann frühzeitig aus dem Verkehr gezogen werden, wenn der Markeninhaber einen entsprechenden Antrag bei der Zentralstelle Gewerblicher Rechtsschutz gestellt hat. Zollstellen sind ermächtigt, im Verdachtsfall schutzrechtsverletzende Ware vorübergehend zurückzuhalten; der Antragsteller wird informiert und kann die Echtheit der Ware beurteilen. Eine ausführliche Darstellung von juristischen Sanktionen findet sich im Beitrag von Olaf Gillert.

- Vergeltung/Drohen mit Kollateral-Maßnahmen

Es handelt sich um eine Strategie, die im Vorfeld von gerichtlichen Schritten das Ziel verfolgt, den Gegner zum Einlenken zu zwingen. Dazu werden z. B. andere Geschäftspartner oder Geschäftsbeziehungen ins Feld geführt.

---

49 Siehe zum Thema Grenzbeschlagnahme auch die Beiträge von Olaf Jelken/Robert Eck und Beatrix Weber. Seit dem 1. 7. 2004 ist der Grenzbeschlagnahmeantrag gebührenfrei.

Bei derartigen Auseinandersetzungen sind sehr wohl Juristen involviert, ohne dass der Fall bei Gericht eingereicht wird. Obwohl die Machtverhältnisse, z. B. die wirtschaftliche Größe der gegnerischen Parteien, eine bedeutende Rolle spielen, kann sich der „Schwächere“ durch geschicktes Verhandeln verteidigen. Das Szenario „David gegen Goliath“ interessiert schließlich nicht zuletzt auch die Medien.

6. Der Abwanderung/Abwerbung durch strategisches (Personal-)Management vorbeugen

Sieht sich das klassische Personalmanagement mit den Mitarbeitern des eigenen Unternehmens befasst, erfordert die Gestaltung von Netzwerken ein strategisches Management der Human Ressources über alle relevanten Partner. Dies stellt keine leichte Aufgabe dar – aber eine lösbare.

6.1 Spitzenkräfte in der Produktentwicklung finden, gewinnen – und halten

Angesichts der beschleunigten Wettbewerbsdynamik und der Globalisierung sind die Unternehmen gezwungen,

- Produktinnovationen zu beschleunigen,
- hierbei Flops zu vermeiden und
- dies zunehmend arbeitsteilig in Entwicklungsnetzwerken zu tun.

Obwohl die Arbeitslosigkeit in Europa sich hartnäckig auf hohem Niveau hält, ist es gleichzeitig schwierig, den Bedarf an fachkompetenten Entwicklern zu decken, die sich zudem in internationalen Projektentwicklungsteams zurechtfinden müssen. Daher ist ein Kampf um talentierte Mitarbeiter zu beobachten, der innerhalb von Konzernen zwischen den Abteilungen ausgetragen wird, aber auch gezieltes Headhunting (Abwerbung) aus anderen Unternehmen, mitunter mit Hilfe von spezialisierten Firmen. Die Wege, die dabei auf der Suche nach den geeigneten Mitarbeitern gegangen werden, reichen von einer Rasterfahndung über Patentdatenbanken und hören bei hohen Versprechungen bezüglich der potenziellen Karriereperspektiven (Gehalt, Status, Dienstwagen, Handlungsspielräume, unterstellte Mitarbeiter, Budget, Spesenkonto etc.) nicht auf. Umso heftiger ist die Ernüchterung, ja die Frustration, wenn die Versprechen in der Realität nicht eingehalten werden können oder sollen (weil das Manöver ein bewusst übertriebenes Ködern war, um den Spezialisten mit seinem Know-how, seinen Kontakten und seinem Insiderwissen zum Wechsel zu bewegen). Nicht selten werden komplette Teams vom Konkurrenten abgeworben und hinterlassen im ehemaligen Unternehmen Lücken, die sich kaum oder zumindest nur mit größerer Verzögerung schließen lassen.

Unter diesem Gesichtspunkt sollten sich Unternehmensleiter und Personalentwickler sowie Personalberater verstärkt mit der Frage befassen:

> *Welche Anforderungen müssen Unternehmen/Organisationen erfüllen, damit sie für Spitzenkräfte attraktiv sind (bzw. werden)?*

An eine Antwort auf diese Frage können wir uns mit Hilfe einer *Wertehierarchie* der humanen Grundwerte herantasten (siehe Abbildung 17). Die in dieser Wertehierarchie enthaltenen Elemente sind selbstverständlich individuell unterschiedlich stark ausgeprägt. Empirische Beobachtungen[50] des Autors, in Zusammenhang mit Personalberatungsarbeit, lassen die Annahme zu, dass bei Spitzenkräften – neben der Höhe des Einkommens – der Wunsch nach Selbstverwirklichung (Freiheit, Macht und Gestaltungsoptionen) und auch die Suche nach der Wahrheit (hier sei auf die Aspekte „Wissensdrang" und „Identitätssuche" hingewiesen) bei der Entscheidung für ein Stellenangebot wichtig sind.

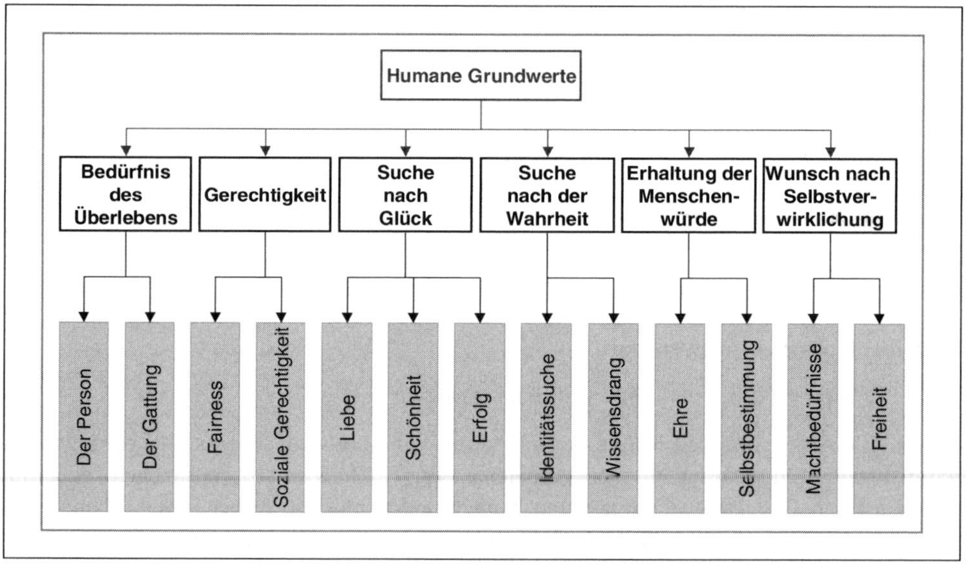

Abbildung 17: *Typische Wertehierarchie des Menschen*[51]

50 Unveröffentlichte Studie; nähere Informationen beim Autor dieses Beitrages erhältlich.

51 Aus: Nicolas Sokianos: *Die Zielanalyse als ein Instrument des Konfliktmanagements. Eine systemtechnische Methodik.* Berlin 1981.

Die Attraktivität des beruflichen Umfeldes, Standort- und Lebensqualität sind als Kriterien nicht neu. Ein gutes Image des Unternehmens, gestützt auf seine Produkte und die Dienstleistungen und gefördert durch professionelle Kommunikationsmaßnahmen (interne und externe Public Relations), ist wertvoll, wenn es um die Gewinnung von Spitzenkräften geht. Hervorragend geführte Unternehmen sind sich der Bedeutung ihres Images in der Öffentlichkeit bei der Gewinnung von Aufträgen **und** Spitzenkräften bewusst. Die Zielvorstellungen von Ogilvy & Mather[52] (internationale Werbeagentur) seien an dieser Stelle exemplarisch genannt:

- Effizientere Leistungen für unsere Klienten zu erbringen als jede andere Agentur;
- jedes Jahr einen größeren Gewinn zu erwirtschaften;
- unsere hohen ethischen Maßstäbe beizubehalten;
- die Agentur unter strengen Wettbewerbsmaßstäben zu führen;
- unsere Dienstleistungen *up to date* zu halten;
- dafür zu sorgen, dass Ogilvy & Mather der interessanteste Arbeitsplatz in der Branche bleibt, und
- den Respekt der Gemeinschaft zu verdienen.

Hat man nun durch ein entsprechend gutes Bild in der Öffentlichkeit sowie durch systematisches Networking die Aufmerksamkeit von Spitzenkräften für das Unternehmen und Interesse für ein Aufgabenfeld geweckt, so sind die ersten Hürden genommen. Nun gilt es einige Empfehlungen zur Diskussion zu stellen sowie potenzielle Fehler im Zuge der sich konkretisierenden Gespräche mit dem gewünschten Kandidaten zu vermeiden.

Erste Empfehlung: *Geben Sie eine (möglichst präzise) Beschreibung der Funktion und des Umfeldes (sowohl unternehmensintern als auch unternehmensextern).*

Hierbei gilt es nicht nur die funktionale Entscheidung und Verantwortung zu definieren, sondern auch die Kompetenzen und die Handlungsspielräume einschließlich der Grauzonen, die eher situativ zu bestimmen bzw. auszufüllen, ja manchmal offensiv zu besetzen sind. Da das einzige Beständige der Wandel ist, erscheint es angebracht, über Veränderungsszenarien rechtzeitig zu sprechen und somit auch die mentale Einstellung des potenziellen Mitarbeiters bezüglich der Veränderungen zu eruieren.

---

52 David Ogilvy: *Was mir wichtig ist. Provokative Ansichten eines Werbemannes.* Düsseldorf 1988, S. 137.

Zweite Empfehlung: *Finden Sie die wirklichen Veränderungsmotive sowie die persönlichen Prioritäten und Wertvorstellungen des künftigen Mitarbeiters heraus.*

Es ist wesentlich, die Gespräche mit dem Kandidaten zur Besetzung einer bestimmten Position nicht einseitig zu führen (ist er für uns geeignet, erfüllt er unsere Anforderungen), sondern auch umgekehrt festzustellen, ob das neue Unternehmen die Zielvorstellungen, die Denkstruktur und auch die Gefühle und Emotionen des Kandidaten positiv erreichen kann. In diesem Zusammenhang ist sehr wohl auch eine gemeinsame Reflexion über prägnante Erfahrungen des Kandidaten in seinem bisherigen Unternehmen empfehlenswert.

Dritte Empfehlung: *Die „Chemie" muss stimmen!*

Dieser alte Spruch hat ohne Zweifel nach wie vor seine Gültigkeit. Unter „Chemie" ist sowohl die persönliche Sympathie und Wertschätzung zwischen den Kandidaten und seinem neuen Umfeld (Mitarbeiter, Vorgesetzter, Kollegen), aber ggf. auch die Affinität zu wichtigen externen Partnern des Unternehmens, z. B. zu Lieferanten, Kunden, Banken (je nach Funktion), zu verstehen.

Obwohl der Begriff „Kultur" mitunter strapaziert wird, ist er im Kontext der Gewinnung von Spitzenkräften wichtig. Die Unternehmenskultur prägt nämlich Verhaltensweisen und Denkmuster nachhaltig. Gerade wenn Sie „frischen Wind" durch eine neue Spitzenkraft wünschen, müssen Sie auch intern mit Geduld die Voraussetzungen für eine Veränderung schaffen. Ihr innovativer Wunschkandidat könnte andernfalls an der gewachsenen Kultur, die sich in hunderten von Aspekten wiederfindet (auch in „Kleinigkeiten"), scheitern.

Vierte Empfehlung: *Übersehen Sie hierbei den Einfluss des Lebenspartners nicht.*

Gerade wenn es um die Besetzung von Spritzenpositionen geht, ist die Einbeziehung der Lebenspartner in den Entscheidungsprozess von Bedeutung. Wenn das neue Unternehmen als neue Familie und häufig genug als neues Zuhause empfunden werden soll, müssen die „klassischen" Familien der Führungsmannschaft auch harmonieren.

Fünfte Empfehlung: *Seien Sie ehrlich!*

Ein relativ häufig vorhandener Fehler bei dem Versuch, Spitzenkräfte zu gewinnen, besteht in der Übertreibung oder – noch schlimmer – in wissentlich falscher Darstellung relevanter Sachverhalte, Kompetenzen, Stärken und Schwächen. Es ist durchaus legitim, das eigene Unternehmen und die vakante Position positiv darzustellen, mit einer falschen Darstellung jedoch riskieren Sie nicht nur die Kündigung einige Monate später, sondern auch einen nachhaltigen Schaden an Glaubwürdigkeit im eigenen Unternehmen und auch extern.

Sechste Empfehlung: *Sorgen Sie für ein ausgewogenes Paket an Entlohnung, Handlungsspielräumen und Perspektiven.*

Die monetäre Seite ist für eine Spitzenkraft wichtig; auch die Wirksamkeit von nicht monetären Zusatzleistungen sollte der Funktion angemessen gestaltet werden. Eine signifikante Erfolgskomponente hängt wiederum von dem im Unternehmen praktizierten Entlohnungssystem ab. Dieser Punkt lässt sich mit den Entwicklungsperspektiven verknüpfen und korrekterweise mit den Folgen im Falle eines Misserfolgs. Spätestens an dieser Stelle sollten die angestrebten Ziele dahingehend überprüft werden, ob realistische Maßnahmen, die Ressourcen verbrauchen, umgesetzt werden können.

Spitzenkräfte reagieren nicht wie der Pawlowsche Hund, der derart konditioniert ist, dass er auf bestimmte Reize in immer dasselbe Verhaltensmuster verfällt. Spitzenkräfte wünschen Gestaltungsräume, Mitwirkung bei Entscheidungen, inspirierenden Gedanken- und Erfahrungsaustausch mit anderen und herausfordernde Aufgaben. Dann können Spitzenkräfte sich selbst und auch andere motivieren. Dieses Umfeld wird letztendlich auch helfen, die Spitzenkräfte, die Sie schon haben, zu behalten.[53]

Siebte Empfehlung: *Sollte es zur Trennung kommen müssen, gehen Sie anständig und würdevoll mit den betroffenen Mitarbeitern um.*

Ein Kardinalfehler wäre es, enttäuschte Spitzenkräfte zu verlieren und obendrein zu einem Racheakt gegen das Unternehmen zu treiben.[54] Die Handhabung einer beruflichen Trennung ist für die Betroffenen oft so wichtig wie eine Scheidung. Das ist auch nicht verwunderlich, wenn man bedenkt, dass Mann oder Frau die meiste Lebenszeit (in wachem Zustand) im Betrieb, im Büro oder – allgemein gesprochen – im Dienst verbringt. Eine Trennung im Bösen wirft nicht selten lange Schatten auf das Unternehmen generell und auf den direkten Vorgesetzten im Speziellen. Professionelle Unterstützung von Spezialisten (Personalberater für Outplacement) zu holen, kann konkret Schaden verhindern, z. B. durch Abwendung von Geheimnisverrat.

---

53 Alfie Kohn: „Rethinking Rewards." In: *Harvard Business Review*. November/Dezember 1993, S. 37 ff.

54 Siehe auch den Beitrag von Thomas Pütz und Eberhard von Rundstedt.

6.2 Werteorientierte Entwicklungspartner- und Lieferantenpolitik

In Zeiten von wirtschaftlichen Bedrohungen, des Kampfes um Ergebnisse mutet dieser Titel eher antiquiert an. Meint man mit „Werten“ die Rendite? Natürlich nicht! Wer kann sich Zeit für derartiges, edles Gedankengut nehmen? Philosophen oder Theologen vielleicht, doch Einkäufer? Aber speziell in Zeiten hoher ökonomischer Belastungen ist der Aufbau einer soliden und tragfähigen Vertrauensbasis unerlässlich. Dies bedeutet nicht, dass alle Partner voller Harmonie ein gemeinsames Lied anstimmen. Es bedeutet jedoch das Unterlassen von betrügerischen oder undurchsichtigen Manövern, die darauf abzielen, den Partner zu übervorteilen, um das eigene Ziel (und somit die Tantieme) zu sichern. Erfolgreiche Beziehungen zeichnen sich durch Verlässlichkeit und Vertrauen aus, gleichwohl durch Führungskräfte, die Konfliktfeldern nicht aus dem Weg gehen, und die es vermeiden, den Lieferanten (oder den Kunden) auszutricksen.

Gerade zu Beginn von wichtigen Projekten oder bei Hinzunahme eines neuen Partners sollten die folgenden Fragen beantwortet werden:

- *Wie wollen wir miteinander umgehen?*
- *Wie nicht?*
- *Was sind die Erwartungen?*
- *Welche Befürchtungen gibt es?*
- *Welche Konfliktregelungsmechanismen wollen wir installieren?*
- *Wie wollen wir den Gewinn (oder auch den Verlust) teilen?*

Die soziokulturellen Rahmenbedingungen sind ebenso wichtig wie das Kalkulationsschema. „Die Beziehung zwischen den Netzwerkbeteiligten sowie die Atmosphäre unter ihnen haben erheblichen Einfluss auf die Höhe der Transaktionskosten. Als bedeutendste soziokulturelle Rahmenbedingung wird vielfach das *Vertrauen* (Hervorhebung N. Sokianos) genannt.“[55] Werden jedoch die Lieferanten herablassend behandelt oder gar mit Reklamationen belastet, die ihre Ursache beim Kunden selber haben, wird man wohl kaum belastbar auf die partnerschaftliche Teilung von Know-how und auf exklusive Patentrechte/Lizenzen setzen können.

---

55 Achim Boomers: *Transaktionskostenbasierte Prozessoptimierung in Entwicklungsnetzwerken*. München 2006, S. 156.

6.3 Ausblick: Wertschätzung und Vertrauen

Die aktive Beteiligung von Partnern in Netzwerken, mit gemeinsamen Zielen, sollte die Ausarbeitung von gemeinsamen Werten umfassen. Die Betrachtung der immateriellen Seite der Geschäfte und des Vermögens, frei nach der Definition „Vermögen ist das, was die Partner (im Netzwerk) zu schaffen vermögen", wird künftig dramatisch an Bedeutung gewinnen.

Planung kostet Zeit; zudem ist die Klärung von Werten und Beziehungen erst einmal kein dringendes Anliegen – sie wird daher gern verschoben, manchmal mit fatalen Folgen, weil in der Krise derartige Versäumnisse kaum nachgeholt werden können.

Die Positionierung der Aspekte **Werteklärung, Planung** und **Beziehungsarbeit** im Dringlichkeits-Wichtigkeits-Quadranten nach Steven W. Covey veranschaulicht die Problematik:

	Dringend	Nicht dringend
Wichtig	I Krisen Drängende Probleme Projekte, Besprechungen, Vorbereitungen mit Zeitlimit	II Vorbereitung Vorbeugung ***Werteklärung*** ***Planung*** ***Beziehungsarbeit*** Echte Erholung Förderung der Selbstverantwortung
Nicht wichtig	III Unterbrechungen Manche Anrufe/Post/Berichte Einige Konferenzen Viele anstehende Angelegenheiten Viele beliebige Tätigkeiten	IV Triviales, Geschäftigkeit Wurfsendungen Manche Anrufe Zeitverschwendende Beschäftigungen Fluchtaktivitäten

Abbildung 18: *Dringlichkeits-Wichtigkeits-Quadrant nach Steven W. Covey*[56]

Was „common sense", also gesunder Menschenverstand, ist, wird Covey zufolge noch lange nicht „common practice": Es mangelt an der Umsetzung. Die Entwicklung derartiger Wertevereinbarungen und Beziehungen ist ein mühsames Unterfangen, das Hürden im Tagesgeschäft überwinden muss. Werteklärung, Planung und Beziehungsarbeit sind wichtig, aber nicht dringend. Sie drohen, vom dringenden Tagesgeschäft verdrängt zu werden.

Unter dem Begriff *Code of Conduct* haben einige Unternehmen ihre Grundsätze sozialer Verantwortung aufgenommen. Die meisten sind jedoch auf das Verhältnis der Unternehmen zu ihren Mitarbeitern fokussiert oder enthalten Appelle und Bekenntnisse („fairer Welthan-

---

56 Siehe Barbara Mettler-von Meibom: *Wertschätzung. Wege zum Frieden mit der inneren und äußeren Natur*. München 2006, S. 120.

del" etc.). Ein Code of Conduct sollte als Chance genutzt werden, die Gestaltung der Geschäfts- und auch der kulturellen Beziehungen im Unternehmensnetzwerk zu verankern – und zwar nicht nur auf dem Papier, sondern mit konkreten Ausführungen für das Tagesgeschäft.

> *Unterschiedliche Kultur- und Religionskreise können durchaus mit belastbaren Vereinbarungen überbrückt werden; diese müssen jedoch regelmäßigen Belastungstests unterzogen werden. Wertschätzung ist die Grundvoraussetzung für eine Kooperationsverbindung, die über einen „quick win" hinaus in neue Beziehungsqualitäten führt.*

Auf diesem Weg können Unternehmen den Herausforderungen im erweiterten Unternehmensnetzwerk hinsichtlich Produkt- und Konzeptpiraterie, auch in Zeiten wirtschaftlicher Turbulenzen, solide begegnen.

Personalpolitik und Technologieschutz: Zufriedenheit ist entscheidend

Thomas Pütz, Eberhard von Rundstedt

1. Problemdarstellung

Eine Facette der Produkt- und Konzeptpiraterie ist der Geheimnisverrat durch Mitarbeiter, die ein Unternehmen verlassen. Sie nehmen ihr Wissen um Produkte und Konzepte des alten Arbeitgebers mit. Problematisch wird es, wenn sich die ausscheidenden Mitarbeiter dieses Know-how in Form von digitalen oder gedruckten Dokumenten aneignen. Insbesondere Beschäftigte, die das Unternehmen nicht auf eigenen Wunsch verlassen, kopieren mitunter Datenbanken, vertrauliche Konzepte, Handbücher, Dokumentationen aus der Produktentwicklung oder Strategiepapiere.

Mit diesem Problem werden wir immer wieder in unserer Beratungsarbeit konfrontiert und stellen fest, dass ein Unrechtsbewusstsein bei den ausscheidenden Mitarbeitern kaum oder überhaupt nicht vorhanden ist. Es herrscht oft vielmehr die Einstellung vor, durch die eigene Mitarbeit maßgeblich die Unterlagen mit entwickelt zu haben. Nach dem Motto „Ohne mich würden die Produkte, Konzepte und Unterlagen überhaupt nicht existieren" reklamiert der Mitarbeiter die Nutzungsrechte für sich, auch über sein Anstellungsverhältnis hinaus. Das Wissen um Produkte und Konzepte des alten Arbeitgebers soll nun das berufliche Fortkommen fördern.

Die freiwilligen Wechselgründe von Mitarbeitern sind breit gefächert: mehr Gehalt, größerer Verantwortungsbereich, mehr Mitarbeiter, kürzerer Anfahrtsweg, beruflicher Aufstieg, internationale Projekte, bessere Sozialleistungen etc. Das sind oft gehörte Gründe, doch unsere Erfahrung zeigt, dass alles auf einer Hauptursache basiert: Unzufriedenheit.

Ein unzufriedener Mitarbeiter mit Wechselabsichten wird sich immer seine Chancen und Risiken ausrechnen. In der derzeit schwierigen Arbeitsmarktsituation wird er sich bewusst machen, dass seine Chancen auf Erfolg dann am höchsten sind, wenn er dem neuen Arbeitgeber oder dem Markt etwas Wertvolles bieten kann. Falls die eigenen Fähigkeiten, Erfahrungen und Erfolge dafür von ihm selbst oder vom Arbeitsmarkt als nicht ausreichend erachtet werden, wird Produkt- und Konzeptpiraterie mitunter in Erwägung gezogen.

2. Motive für Produkt- und Konzeptpiraterie

2.1 Motiv Profilierung

2.1.1 Im Rahmen einer Anstellung

Ein Mitarbeiter wird einen Arbeitgeber immer mehrfach von sich überzeugen müssen: zunächst bei der Bewerbung und dann während seiner Anstellungszeit im Unternehmen. Sich in der heutigen Zeit erfolgreich zu bewerben, erachten viele noch als reine Glücksache, da sie ihren wahren „Arbeitswert“ nicht genau kennen und einen Dritten erst recht nicht von sich und ihren Fähigkeiten überzeugen können. Die meisten Bewerber gehen ganz ohne oder mit einem unscharfen Eigenprofil in den Bewerbungsprozess. Sie sind sich dieser Schwäche oftmals gar nicht bewusst. Statt die eigenen Fähigkeiten, Erfahrungen und Erfolge herauszustellen, profiliert sich der Bewerber mit Projekten, Konzepten und Know-how des alten Arbeitgebers. In der Klientenberatung sind wir immer wieder überrascht, wie offen manche mit Daten und Fakten in den Bewerbungsunterlagen oder im Interview umgehen. Ein Unrechtsbewusstsein ist nur in den seltensten Fällen festzustellen.

Mitarbeiter, die dem neuen Arbeitgeber Insider-Informationen im Laufe ihrer Anstellungszeit anbieten, sehen dies als Beweis für ihr Engagement und ihre Loyalität. Insbesondere wenn der Arbeitgeber eine solche Erwartungshaltung äußert oder annehmen lässt, kann ein Mitarbeiter dies für seine Profilierung nutzen.

Neben dieser für den Arbeitgeber doch recht offensichtlichen Form von Geheimnisverrat, können Mitarbeiter vertrauliche Informationen des alten Arbeitgebers nutzen, ohne dass die Quelle ersichtlich wird. Man denke nur an den neuen Vertriebsmitarbeiter, der durch gestohlene Unterlagen Kenntnis von Umsätzen und Konditionen der Kunden mit dem alten Arbeitgeber hat. Es wird schwer nachzuweisen sein, wie er es nun geschafft hat, innerhalb kurzer Zeit neue Kunden mit besseren Konditionen zu gewinnen. Seiner Profilierung im neuen Unternehmen hat es jedoch geholfen.

2.1.2 Im Rahmen einer Selbstständigkeit

Das Problem der Produkt- und Konzeptpiraterie stellt sich nicht nur, wenn der scheidende Mitarbeiter in ein anderes Unternehmen wechselt, sondern insbesondere, wenn er den Weg in die Selbständigkeit einschlägt. Mit der Auffassung „Ich kann das genauso gut, wenn nicht noch besser“ übernehmen die ehemaligen Mitarbeiter die Geschäftsidee des alten Arbeitgebers als Grundlage für die eigene Selbständigkeit. In der Frage, was der Unternehmensgründer übernehmen darf und was nicht, verläuft die Grenze fließend. Hat er ein Konzept in allen Einzelheiten entwickelt, darf er zwar die Idee „mitnehmen“, nicht jedoch die Präsentationen oder Produktblätter, die er für den alten Arbeitgeber erarbeitet hat. Einem Unternehmensgründer ist folglich eine umfassende Rechtsberatung zu empfehlen, damit er sich nicht aus Unwissenheit oder Leichtfertigkeit der Produktpiraterie schuldig macht.

2.2 Motiv Rache

Das wohl am meisten unterschätzte, aber nach unserer Erfahrung am häufigsten zu beobachtende Motiv ist Rache am alten Arbeitgeber. Im Anschluss an eine Kündigung stellen sich bei den Betroffenen Zorn, Wut und Verärgerung über den alten Arbeitgeber ein. Diese Gefühle sind menschlich nachvollziehbar, insbesondere wenn die Kündigung aus Sicht des Betroffenen unprofessionell verlaufen ist und er sich unfair behandelt fühlt. Es macht sich ein „Denen werde ich es noch zeigen"-Denken breit und mündet in den Wunsch, dem Unternehmen zu schaden. Hier ist höchste Vorsicht geboten, denn es ist beispielsweise auch eine subtile Form von Rache, wenn der Mitarbeiter in einem Gespräch mit einem Wettbewerber „nebenbei" wichtige geheime Produktinformationen weitergibt und dem Konkurrenten damit einen Vorteil verschafft.

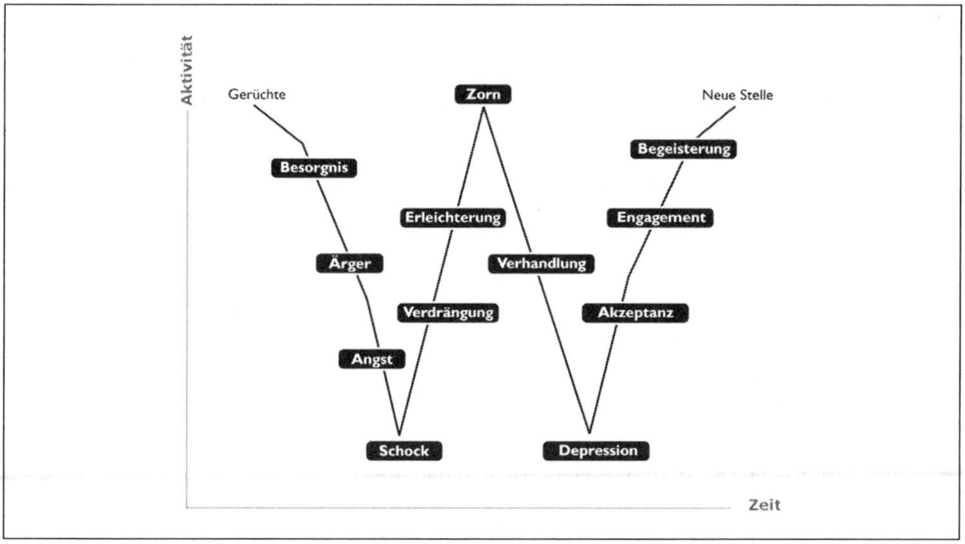

Abbildung 1: *Trennungskurve*

Arbeitgeber sollten sich stets über die Gefühle ihrer Mitarbeiter bewusst sein und versuchen, diese im Laufe der Zeit in Handlungen umzuleiten, die dem Unternehmen nicht schaden. Dies kann durch aktive Begleitung im Trennungsprozess geschehen, auch unter Einsatz von externen Beratern (Outplacement-Berater). Der ausscheidende Mitarbeiter sollte nicht das

Gefühl haben, von heute auf morgen ausgestoßen und nicht mehr erwünscht zu sein. Schließlich hat er ja einige Jahre seine Arbeitskraft dem Unternehmen zur Verfügung gestellt und möglicherweise auch entscheidend zum Unternehmenserfolg beigetragen.

Ein Gekündigter ist kein Aussätziger, dem man lieber aus dem Weg gehen sollte. Im Gegenteil: Vorgesetzte oder die Personalverantwortlichen sollten den Gesprächskontakt auch nach der Kündigung suchen. Beide Parteien können einen Vorteil für sich daraus ziehen und auch nach dieser Trennung „Geschäfts-Freunde" bleiben.

2.3 Andere Motive

Andere Motive für Geheimnisverrat wie zum Beispiel finanzielle Not oder schlichte Geldgier sollten zwar nicht vernachlässigt werden, sind jedoch nach unserer Erfahrung sehr selten anzutreffen. Auch hier gilt die Empfehlung, seine Mitarbeiter möglichst genau zu kennen.

Ein guter Vorgesetzter kann in einem persönlichen Gespräch eine Menge über seinen Mitarbeiter erfahren, vorausgesetzt er stellt die richtigen Fragen und kann die Antworten entsprechend einschätzen. Es spricht überhaupt nichts dagegen, seinen Mitarbeiter zum Beispiel nach dem Fortschritt beim Hausbau zu fragen. Erstens wird dem Mitarbeiter Interesse signalisiert und zweitens wird ihm eine Chance geboten, über etwaige (finanzielle) Probleme zu sprechen. Sollte er diese dann tatsächlich äußern, kann der Vorgesetzte reagieren und mit ihm eine Hilfe durch das Unternehmen besprechen. Ein zinsloser Arbeitgeberkredit wird immer besser und billiger für das Unternehmen sein als ein in die Enge getriebener Mitarbeiter, der seine finanzielle Not anderweitig zu regeln sucht. Ebenso hat eine solche Unterstützung durch den Arbeitgeber erhebliche Auswirkung auf die Mitarbeiterloyalität.

Als Beratungsunternehmen, das mit Menschen im Anschluss an ihre Kündigung arbeitet, kann von Rundstedt und Partner aus 20-jähriger Erfahrung bestätigen, dass Produkt- und Konzeptpiraterie durchaus in der eingangs beschriebenen Form betrieben wird. Eine solche Reaktion ist zwar menschlich nachvollziehbar, im rechtlichen Sinne aber eine Straftat. Trotz des engen Vertrauensverhältnisses lässt der Berater sich nicht zum Komplizen des Klienten machen. Er macht auf die Gefahren und rechtlichen Konsequenzen der Produkt- und Konzeptpiraterie aufmerksam. Will der Klient die Unrechtmäßigkeit seines Vorhabens nicht einsehen, empfiehlt ihm der Berater die Konsultation eines Rechtsanwalts. Ziel ist es, dem Klienten vor Augen zu führen, dass er mit einem solchen Verhalten bei einem potenziellen Arbeitgeber keineswegs punkten kann, sondern seine Chancen selbst zunichte macht. Kaum ein Arbeitgeber möchte einen Mitarbeiter in seinen Reihen wissen, der sich derart illoyal verhält. Wer einmal Firmengeheimnisse preisgegeben hat, wird es wahrscheinlich auch ein weiteres Mal tun. Das Bestreben des Beraters ist es also, dem Klienten die negativen Auswirkungen seines Vorhabens bewusst zu machen und ihn so von diesem Vorhaben abzubringen.

3. Personalpolitische Gegenmaßnahmen

Es lässt sich nicht in jedem Fall vermeiden, dass ein ausscheidender Mitarbeiter Geheimnisverrat begeht und damit sein altes Unternehmen erheblich schädigen kann. Arbeitgeber sollten sich jedoch immer darüber bewusst sein, dass ein Mitarbeiter nicht „plötzlich" zum Ende seines Beschäftigungsverhältnisses zum „Verräter" und somit „Gegner" werden kann. Möglicherweise ist es dem Mitarbeiter auch nicht immer bewusst, dass er ungesetzlich handelt.

Eine Vielzahl von personalpolitischen Gegenmaßnahmen hilft, das Risiko zu verringern. Ein Arbeitgeber ist gut beraten, wenn er den „Lebenszyklus" eines Mitarbeiters im Unternehmen aktiv beobachtet, begleitet und fördert. Von der Einstellung über die Bindung und Förderung bis hin zur Trennung von Mitarbeitern haben wir es immer mit Menschen zu tun, die emotional und rational unterschiedlich reagieren. Die Basis eines integrierten Personalmanagementsystems ist ein individuell auf das Unternehmen angepasstes Kompetenzmodell, welches Eigenschaften, Werthaltungen und Fähigkeiten der Mitarbeiter beschreibt.

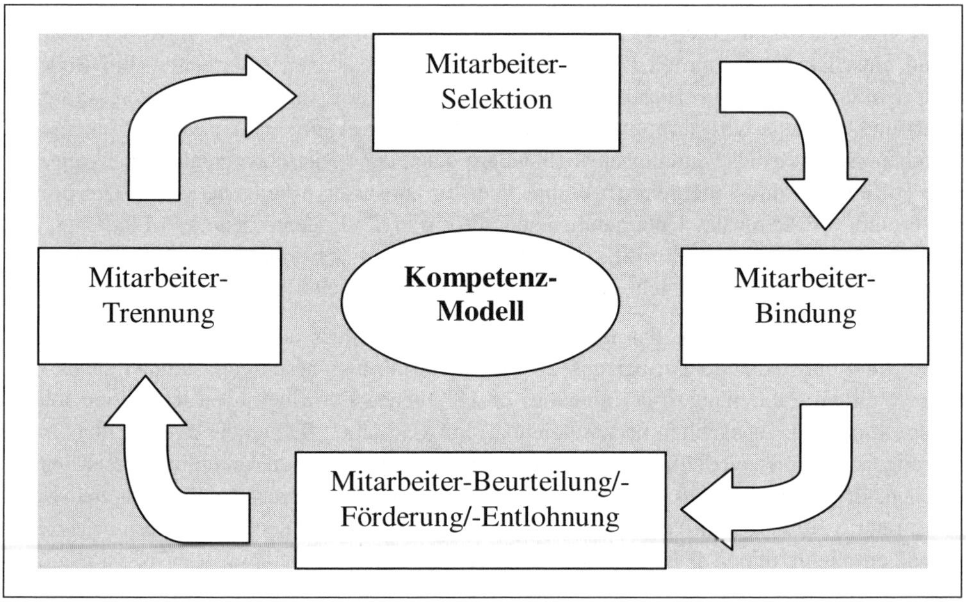

Abbildung 2: *Integriertes Personalmanagement*

3.1 Selektion neuer Mitarbeiter

Neben der Prüfung der fachlichen Eignung können Unternehmen bereits im Rahmen der Mitarbeiterauswahl sehr viel über Einstellungen, Werthaltungen und bisheriges Verhalten von Bewerbern erfahren. Dies kann zum Beispiel mit einer Potenzialanalyse als sinnvolle Ergänzung im Auswahlverfahren zur Bewerberauswahl geschehen, aber auch bereits im Vorfeld während des Bewerbungsprozesses und eines ersten Vorstellungsgespräches. Abzuprüfen wären hier zum Beispiel:

- Loyalität, auch über das bestehende Arbeitsverhältnis hinaus
- Ethische Werte (Gewissen, Moral)
- Vereinbarkeit von eigenen und Unternehmensinteressen
- Wahrung von Vertraulichkeit
- Zuverlässigkeit
- Engagement und Fairness

Bereits das Bewerbungsanschreiben kann Aufschluss geben: „... freue ich mich auf ein Gespräch mit Ihnen, in dem ich Ihnen sehr gute Insider-Informationen geben kann, Ihre Marktstellung deutlich zu verbessern." Eine solche Einlassung mag zunächst neugierig machen, sollte jedoch Anlass zur Vorsicht geben und im weiteren Verfahren genauer geprüft werden.

Nicht immer präsentiert sich ein Bewerber so offen und „ehrlich". Mittels gezielter Fragen im Interviewverlauf können eventuelle Schwachstellen aufgedeckt werden. Mögliche gezielte Fragen im Interview:

- Was verstehen Sie unter Loyalität, Verschwiegenheit etc.?
- Schildern Sie bitte eine Situation, in der Sie gegenüber Ihrem alten Arbeitgeber in einem Gewissenskonflikt waren.
- Gab es eine Situation, in der persönliche und berufliche Interessen kollidierten?
- Welche Geschäftsgrundsätze gelten für Sie?
- In unserer Branche muss man manchmal ein wenig „tricksen", um einen großen Kunden zu gewinnen. Schildern Sie bitte einmal eine solche Erfahrung.
- Wie stark identifizieren Sie sich mit Ihrem Arbeitgeber? Woran kann man das erkennen?
- Welche Stellenangebote lehnen Sie ab? Schildern Sie doch bitte ein konkretes Beispiel, in dem Sie ein lukratives Angebot ausgeschlagen haben.
- Wo sehen Sie die Grenzen Ihrer Loyalität?

- Sie haben sich bestimmt über unser Unternehmen informiert. Was unterscheidet uns von unseren Wettbewerbern?
- Was können Sie von Ihren bisherigen Arbeitgebern mitbringen (Know-how, Unterlagen etc.)?
- Was hat Ihnen bei Ihrem letzten Arbeitgeber am wenigsten gefallen? Was hätten Sie gerne verändert?
- Wie ist es um Ihr Netzwerk bestellt? Wen kann man sich da vorstellen (Branche, Firma, Personen)? Können Sie interessante Kontakte mitbringen?
- Wen würden Sie in Bezug auf Ihre Tätigkeit als Vorbild bezeichnen?
- Welches Motto (Ideale, Leitbild) haben Sie für Ihre Tätigkeit?

Im Zusammenspiel mit Körperhaltung, Mimik und Gestik sind nach den Antworten Rückschlüsse auf Einstellungen, Werthaltungen und (bisheriges) Verhalten des Bewerbers durchaus möglich. Auch Unternehmen sollten deutlich machen, was für sie Loyalität, Vertraulichkeit etc. bedeutet. Manch ein vorbelasteter Bewerber wird sich dann überlegen, ob er seine Bewerbung nach dem Gespräch nicht besser zurückzieht.

Arbeitgeber können bereits im Anstellungsvertrag klare Regeln für den Umgang mit Firmengeheimnissen und Wettbewerbern während der Tätigkeit im Unternehmen und im Anschluss daran festschreiben. Diese Regelungen können als Mahnung auch etwaige Folgen eines Verstoßes enthalten und hiermit zur Abschreckung beitragen.

3.2 Bindung der Mitarbeiter

Unternehmen jeglicher Größe stehen immer mehr vor der Herausforderung, zur Sicherung der eigenen Wettbewerbsfähigkeit die dafür maßgeblichen Mitarbeiter an sich zu binden und nicht zum Beispiel an konkurrierende Firmen zu verlieren. Es gilt, Know-how im Unternehmen zu behalten, wichtige Netzwerkstrukturen zu externen Partnern nicht in die Hände von Wettbewerbern kommen zu lassen oder Mitarbeiter mit der Geschäftsidee des Unternehmens in eine Selbstständigkeit zu verlieren.

Zum Thema Mitarbeiterbindung existieren viele Begriffe. Das Wort „Loyalitätsmanagement" trifft es in diesem Zusammenhang wohl am besten. Loyale und zufriedene Mitarbeiter mit einer hohen Unternehmensidentifikation werden naturgemäß weniger gefährdet sein, ihr eigenes Unternehmen durch Produkt- und Konzeptpiraterie zu schädigen. Loyalitätsmanagement fokussiert sich in der Regel auf die so genannten weichen Faktoren. Eher selten sind es finanzielle Aspekte. Hier gibt es kein allgemein gültiges Konzept als „Standardpaket". Da sowohl Unternehmen als auch die Mitarbeiter viel zu verschieden und vielschichtig sind, kann ein erfolgreiches Loyalitätsmanagement nur maßgeschneidert sein. Solche Maßnahmen sind langfristig angelegt und greifen auch erst dann, wenn die Mitarbeiter sich von der Ernsthaftigkeit über einen gewissen Zeitraum überzeugen konnten. Die folgende Vorgehensweise bei der Erarbeitung eines Loyalitätsmanagements soll als Leitfaden dienen:

- Risikoanalyse

  Definition und Identifikation von Mitarbeitern bzw. Positionen, die zur Sicherheit der Wettbewerbsfähigkeit von besonderer Bedeutung sind. Es gilt diejenigen Mitarbeiter zu ermitteln, deren Ausscheiden für das Unternehmen aus den geschilderten Gründen ein besonderes Risiko darstellt.

- Befragung

  Im zweiten Schritt erfolgt eine anonyme Befragung der jeweiligen Mitarbeiter. Diese ist mit einer Arbeitsgruppe des Unternehmens vorher abzustimmen und vom Unternehmen intern entsprechend anzukündigen. Im Fokus der Fragen stehen bei den Mitarbeitern die Gründe, die sie motivieren, im Unternehmen zu sein/zu bleiben bzw. welche Gründe Unzufriedenheit auslösen und sie eventuell zu einem Wechsel bewegen könnten. Eine solche Befragung ist auch für diejenigen Mitarbeiter zu empfehlen, von denen das Unternehmen bereits weiß, dass sie das Unternehmen verlassen werden (Exit-Interviews). Gleiches gilt für diejenigen, die bereits das Unternehmen verlassen haben (Post-Exit-Interviews).

- Ergebnisse und Maßnahmen

  Die Antworten und Aussagen der jeweiligen Gruppen werden aggregiert und innerhalb der Arbeitsgruppe des Unternehmens vorgestellt. In Workshops erarbeitet die Arbeitsgruppe anschließend die einzelnen Maßnahmen. Die Art der unternehmensinternen Kommunikation an die Mitarbeiter ist hier von entscheidender Bedeutung und sollte nicht von den Ergebnissen abhängig gemacht werden.

- Follow-Up

  Um die Nachhaltigkeit zu gewährleisten, sind Follow-Up-Befragungen zu empfehlen. Diese können auf die jeweiligen kritischen Faktoren beschränkt sein und in zeitlichen Intervallen in Abhängigkeit zu der Umsetzung der Maßnahmen durchgeführt werden.

3.3 Beurteilung und Förderung von Mitarbeitern

Ein Mitarbeiter ist sehr betroffen, wenn er sich vom Unternehmen ohne für ihn nachvollziehbare Begründung in seiner Entwicklung übergangen fühlt. Die Unzufriedenheit steigt mit jedem Mal, das er nicht befördert wurde, nicht die von ihm gewünschten Aufgaben erhalten hat oder nicht bei der Gehaltserhöhung berücksichtigt wurde. Mitarbeiter wünschen sich eine Wertschätzung ihrer Leistungen vom Unternehmen und diese ist in den wenigsten Fällen ausschließlich finanzieller Natur.

Die Beurteilung eines Mitarbeiters sollte daher einem für alle Beteiligten transparenten strukturierten Prozess folgen. Dieser Prozess basiert auf dem bereits an anderer Stelle beschriebenen Kompetenzmodell, welches die vom Unternehmen erwarteten Eigenschaften, Verhaltensdimensionen und Fähigkeiten des Mitarbeiters eindeutig beschreibt.

Insbesondere den Verhaltensdimensionen kommt im Zusammenhang mit dem Thema Produkt- und Konzeptpiraterie eine besondere Bedeutung zu. Auch hier existiert kein Standardpaket, sondern jede Unternehmens- und Mitarbeitersituation muss individuell erfasst und bewertet werden. Individuelle Verhaltensdimensionen können im Rahmen einer Potenzialanalyse erfasst und mit dem definierten Kompetenzmodell abgeglichen werden. Ob dies als Einzel-/Gruppen-Assessment oder Management Audit/Development Center umgesetzt wird, hängt von der jeweiligen Aufgabenstellung und dem Anlass ab.

Es ist festzustellen, dass die Angst der Mitarbeiter vor einer Potenzialanalyse dann gering ist, wenn der Anlass vom Unternehmen offen und klar kommuniziert wird. Durch eine Potenzialanalyse erkennen die Mitarbeiter, dass ihr Unternehmen in ihre Entwicklung investiert. Sie werden wertgeschätzt und fühlen sich auf diese Weise auch in kritischen Unternehmensphasen intensiver an das Unternehmen gebunden. Einer ungewollten Fluktuation wertvoller Mitarbeiter kann so besser vorgebeugt werden. Gleiches gilt für die Fluktuation von Fach- und Führungskräften in Positionen, in denen das Risiko einer Konzept- und Produktpiraterie besonders hoch ist.

Entscheidend für den Erfolg einer Potenzialanalyse sowie für ihre positive Innenwirkung ist die konkrete Umsetzung der hieraus gewonnenen Erkenntnisse. In weiterführenden Gesprächen zwischen Mitarbeiter und Vorgesetztem werden konkrete Entwicklungsschritte und Fördermaßnahmen verabschiedet. Hierzu können zum Beispiel Seminare, externe Trainings, Training on the job, Coaching, Intervision, Mediation, internes Mentoring und Job Rotation gehören. Mitarbeiter, die sich durch einen transparenten Prozess fair und gerecht beurteilt und gefördert fühlen, werden zufriedener sein und loyaler zum Unternehmen stehen, auch wenn die erhoffte Beförderung einmal ausbleiben sollte.

3.4 Trennung von Mitarbeitern

Ein offener und fairer Umgang mit der Trennungssituation ist nicht selbstverständlich. Viele Unternehmen sehen als Lösung des heiklen Problems das großzügige Aufhebungsangebot. Die teilweise hohen Abfindungszahlungen versöhnen den ausscheidenden Mitarbeiter jedoch nur kurzfristig. Die Abfindung hilft nur über die erste Zeit hinweg. Erscheint jedoch nach einer angemessenen Zeit kein neuer Job, wächst die Wut auf den ehemaligen Arbeitgeber erneut. Und Wut ist nicht weit entfernt von Rache, einem wichtigen Motiv für Produkt- und Konzeptpiraterie.

Eine Kündigung bedeutet sowohl für den Mitarbeiter als auch für den Vorgesetzten eine starke Belastung, die es auszuhalten gilt. Wie jede auf Zustimmung ausgerichtete Geschäftstätigkeit sollte eine professionelle Trennung daher auch sorgfältig geplant werden. Professionell heißt, fair die schwierige Situation des anderen zu würdigen sowie die Nachricht und die nötigen Informationen angemessen zu transportieren. Gerade im entscheidenden Trennungsgespräch werden häufig Fehler gemacht, die später nicht wieder gutzumachen sind.

Empfehlungen für ein professionelles Trennungsgespräch

- **Gesprächsteilnehmer:** Die übliche Unternehmenspraxis sollte beibehalten, das Gespräch durch den Fachvorgesetzten oder Personalverantwortlichen geführt werden. In den Fällen, in denen möglicherweise ein Rechtsstreit droht, sollte auf jeden Fall ein zweiter Teilnehmer des Unternehmens als Zeuge anwesend sein.
- **Zeitpunkt und Ort:** Montag- oder Dienstagmorgen im Büro des Vorgesetzten (für Störungsfreiheit sorgen).
- **Gesprächsdauer:** Zeitziel: 30 Minuten für das Erstgespräch. Weiteres Gespräch anbieten.
- **Gesprächsinhalte:** Die Trennung sollte innerhalb der ersten drei Minuten ausgesprochen werden und der Mitarbeiter die Möglichkeit haben, auch selbst zu reden und seinen Gefühlen Luft zu machen. Der Vorgesetze oder Personalverantwortliche erklärt die Entscheidung, ohne sie zu verteidigen, und vermeidet Floskeln und diskriminierende Redensarten. Es ist ratsam, gemeinsam die offizielle Trennungsversion abzustimmen. Ein weiteres Zeichen der Wertschätzung ist die Zusage eines wohlwollenden Zeugnisses und guter, jedoch realistischer Referenzen. Der ausscheidende Mitarbeiter erhält die Konditionen der Trennung (Fristen, Bonusregelung, Abfindungszahlung, Resturlaub, Outplacement-Beratung etc.) schriftlich ausgehändigt. Wichtig ist, keine unrealistische Hilfe zuzusagen und ein weiteres Gespräch anzubieten.

Es ist grundsätzlich zu empfehlen, den Mitarbeiter im Trennungsgespräch auch ausführlich auf die Folgen eines möglichen Verstoßes gegen die Vertraulichkeitsvereinbarung hinzuweisen – nicht nur in besonders sensiblen Unternehmensbereichen und Positionen.

Zugangsdaten des Mitarbeiters wie Türcode, Ausweis, Passwörter, Mailzugang etc. sollten bei einer Freistellung ebenfalls unverzüglich zurückgefordert bzw. gelöscht werden. Die Rückgabe von Arbeitsmitteln und Unterlagen aus dem Firmeneigentum, die der Mitarbeiter im Laufe seiner Anstellung erhalten hat, sollte protokolliert und das Protokoll vom Mitarbeiter gegengezeichnet werden. Das Unternehmen kann sich zusätzlich absichern, indem es sich von dem ausscheidenden Mitarbeiter eine Verpflichtungserklärung unterzeichnen lässt, dass er keinerlei Unterlagen des Unternehmens mehr in seinem Besitz hat.

Bei einer sofortigen Freistellung oder spätestens am letzten Arbeitstag sollte der Mitarbeiter selbst die Gelegenheit erhalten, seine Privatsachen aus seinem Büro räumen zu können. Dies durch eine dritte Person in Abwesenheit des Mitarbeiters durchführen zu lassen, greift in seine Privatsphäre ein. Bei Verdacht auf möglichen Geheimnisverrat kann der Vorgesetzte zugegen sein, aber nicht vor den Augen der gesamten Abteilung.

Und wie geht es danach weiter? Diese Frage sollte nicht allein dem Mitarbeiter überlassen bleiben. Zur Vermeidung von Gerüchten sollte das Unternehmen den Informationsprozess nach innen und außen aktiv steuern. Hier seien zum Beispiel Abteilungsversammlung, Mitteilung an alle Beschäftigten, aber auch Information von Kunden und Lieferanten genannt. Entscheidend dabei ist die klare Kommunikation der Trennungsversion, die gemeinsam mit dem ausscheidenden Mitarbeiter abgestimmt wurde.

4. Fazit

Produkt- und Konzeptpiraterie durch die eigenen Mitarbeiter wird nicht gänzlich zu verhindern sein und auch weiterhin einen illegalen Tatbestand in unserer Arbeitswelt darstellen. Unternehmen können diesem Umstand aber entgegenwirken, indem sie stärker auf die Zufriedenheit ihrer Mitarbeiter achten – auch auf die der Gekündigten und Ausgeschiedenen.

Zufriedenheit kann zu jedem Zeitpunkt des „Lebenszyklus" eines Mitarbeiters im Unternehmen aktiv beeinflusst werden. Ein zufriedener Mitarbeiter wird sich immer loyaler, zuverlässiger und ehrlicher verhalten als ein unzufriedener Mitarbeiter – auch über das Ende des Beschäftigungsverhältnisses hinaus. Unternehmen sollten keine Angst vor Offenheit, Transparenz und Wertschätzung gegenüber den eigenen Mitarbeitern haben, denn sie sind das größte und wichtigste Kapital zur Erhaltung und Steigerung der Wettbewerbsfähigkeit. Professionelle Personalmanagementsysteme unterstützen dabei maßgeblich in den Phasen der Rekrutierung, Bindung, Förderung und Trennung von Mitarbeitern.

Produkt- und Konzeptpiraterie:

Erkennen?	
Vorbeugen?	Die Zufriedenheit der Mitarbeiter sorgt für Loyalität.
Abwehren?	
Dulden?	
Nutzen?	Wer Mitarbeiter einstellt, die zur Weitergabe von Informationen aus ihren früheren Beschäftigungsverhältnissen bereit sind, riskiert selbst einen ungewollten Informations- oder Know-how-Abfluss.

Wertevereinbarungen zur Vermeidung von (Konzept-)Piraterie in der Produktentwicklung

Michael Bremicker

1. Vorbemerkungen

Bei internationalen Kooperationen treffen oft Unternehmen aufeinander, die durch unterschiedliche Kulturen, Ethiken und Wertevorstellungen geprägt sind. Dies kann sehr bereichernd sein. Ernsthafte Probleme sind aber zu erwarten, wenn Werte bzw. moralische Grundsätze sowie die daraus abgeleiteten Verhaltensregeln nicht kommuniziert und miteinander abgestimmt werden. Dann stimmen die ethisch-moralischen Erwartungen an den anderen nicht mit der Wirklichkeit überein. So kann es z. B. ein grundsätzlich abweichendes Unrechtsbewusstsein zum Thema „Diebstahl geistigen Eigentums“ geben. Die einen sehen dies vielleicht als schwerwiegende Straftat, wodurch jegliche engere Zusammenarbeit sofort in Frage gestellt wird. Andere betrachten dies dagegen eher als Kavaliersdelikt, das in gewissem Rahmen „einfach dazugehört“. So wird beispielsweise im asiatischen Kulturraum manchmal ein geradezu sportlicher Ehrgeiz darin entwickelt, die Besten zu kopieren und „sich nicht erwischen zu lassen“. Es kann gar passieren, dass das Plagiat dann mit dem Prädikat „Better than original“ beworben wird. Werden hier nicht ein gemeinsames Wertefundament und eine gesunde, tragfähige Vertrauensbasis geschaffen, so werden Produkt- und Konzeptpiraterie zu einer latenten Bedrohung.

Viele Unternehmen verfahren nach dem Leitsatz „Vertrauen ist gut – Kontrolle ist besser“ und installieren einen umfangreichen Abwehr- und Kontrollapparat, um Piraterie entgegenzuwirken. Da aber Diebstahl geistigen Eigentums oft nur sehr schwer nachzuweisen ist, sind die Kontrollmöglichkeiten begrenzt bzw. setzen erst dann ein, wenn das „Kind schon in den Brunnen gefallen ist“ und bereits Schaden entstanden ist. Zudem kann der Kontrollaufwand enorm aufwendig werden und birgt die Gefahr, dass er als Misstrauen ausgelegt wird, was ungünstige Auswirkungen auf die Arbeitsatmosphäre hätte. Gerade bei der Zusammenarbeit auf der Entwicklungs- und Innovationsebene sind aber Vertrauen und die daraus resultierende Bewegungs-, Kommunikations- und Handlungsfreiheit unerlässliche Grundvoraussetzungen für eine gegenseitig befruchtende Kreativität.

Folgende Fragen sollen in diesem Beitrag behandelt werden:

- Kann ein in Ergänzung zu professionellen Abwehr- und Kontrollmechanismen implementierter, gemeinsamer Wertekonsens mithelfen, Produkt-, Konzept- und Markenpiraterie zwischen Partnern wirksam gegenzusteuern?
- Können dadurch entsprechende Risiken gemindert werden?
- Könnte dadurch gar so manches umfangreiche Vertrags- und Regelwerk eingespart bzw. kostensparend verschlankt werden?

Die Thesen werden durch langjährige Erfahrungen eines „christlich-werteorientiert“ geführten Unternehmens untermauert.

Die im Artikel getroffenen weltanschaulichen Aussagen spiegeln bewusst die persönliche Sicht des Autors wider, mit denen der Leser sich entweder identifizieren kann oder von denen er sich abzugrenzen mag. Da Ethik und Werte oft religiös begründet sind, kann auf Bezüge zu Religion und Glaube nicht ganz verzichtet werden. Es würde aber den Rahmen des Artikels bei weitem sprengen, eine Darstellung der Ethik der Weltreligionen zu versuchen. Deshalb wird hier lediglich der christliche Ansatz beispielhaft näher erläutert.

2. Was sind Werte – wer legt sie fest?

Laut *Wikipedia* sind Werte

> „Eigenschaften (Qualitäten), die Dingen, Ideen, Beziehungen u. a. m. von Einzelnen (sozialen Akteuren), von Gruppen von Menschen oder von einer Gesellschaft beigelegt werden, und die den Wertenden wichtig und wünschenswert sind. Man kann hierbei zwischen materiellen Werten und immateriellen Werten unterscheiden. Werte sind die konstitutiven Elemente der Kultur, sie definieren Sinn und Bedeutung innerhalb eines Sozialsystems (Gruppe, Gesellschaft, etc.). Es ist durchaus möglich, dass anderen die gleichen ‚Werte' absolut unwert, abscheulich, verfolgenswürdig oder verächtlich vorkommen. [...] Aus Werten (z. B. dem Wert der Achtung des Eigentums) lassen sich soziale Normen (konkrete Vorschriften für das soziale Handeln) ableiten – z. B. ‚Wer eine fremde bewegliche Sache, in der Absicht, sie sich anzueignen, wegnimmt ...'. Werte sind ein zentraler Bestandteil vieler Verhaltensvorschriften, jedoch sind sie nicht selber Verhaltensvorschriften. Werte werden i. d. R. über die Sozialisation an nachfolgende Generationen weitergegeben. Dies geschieht jedoch nicht vollständig, so lässt sich beispielsweise in den westlichen Industriegesellschaften innerhalb der letzten Jahrzehnte ein Wertewandel weg von materiellen und hin zu postmateriellen Werten beobachten. Die Ursachen für den Wertewandel sind vielfältig (veränderte Umweltbedingungen, Konflikthaltung gegenüber anderen Generationen, etc.). Werte unterscheiden sich von Einstellungen darin, dass Werte stabiler sind. Das System aller Werte ist nicht widerspruchsfrei: Zum einen stehen einige Werte untereinander in einem immanenten Konkurrenzverhältnis. So steht z. B. der Wert des Wohlstands im Konflikt mit dem Wert der Nachhaltigkeit; oder der Wert der individuellen Freiheit steht im Widerspruch zu nahezu allen anderen Werten.[1] Zum anderen können in einer konkreten Situation Werte miteinander in Konflikt treten, die abstrakt gesehen miteinander vereinbar scheinen. Es ist dann nicht möglich, sich so zu verhalten, dass man allen Werten gleichzeitig gerecht wird. Jedoch werden auch nicht alle Werte als gleichrangig angesehen, so dass auch in solchen

1 Vielleicht sollte man hier besser sagen: „Der Wert der individuellen Freiheit wird begrenzt durch nahezu alle anderen Werte."

> Fällen meist eine mehr oder weniger klare Orientierung gegeben ist. Problematisch ist auch, wie man die allgemein anerkannten Werte durchsetzt. Aus egoistischer Sicht ist es manchmal vorteilhafter, sich nicht an Wertvorstellungen zu halten, insbesondere dann, wenn man eine gute Chance hat, nicht erwischt zu werden. Deswegen muss eine Gesellschaft ebenso wie Lebens- und Arbeitsgemeinschaften, wie Firmen und Firmenverbände bzw. -partnerschaften ein Sanktionssystem aufbauen, damit die Werte möglichst gut von allen eingehalten werden. Ist dieser Druck zu groß, beschneidet man allerdings wieder die individuelle Freiheit des Einzelnen."[2]

Einem Individuum werden Werte über einen längeren Zeitraum in einem abgegrenzten kulturellen und gesellschaftlichen Umfeld (Familie, Schule, Freundeskreis, Firma etc.) eingeprägt. Übertragungsmittel der Werteerziehung sind Lehre und Vorbild. In der Tiefe sind Werte oft religiös basiert. Eine religiös begründete Ethik sucht ihren Ausgangspunkt jenseits der materiellen Welt bei der höchsten Instanz überhaupt, im Falle des Monotheismus bei Gott. Menschen, die an einen persönlichen Gott glauben (Juden, Christen, Moslems), haben die Überzeugung, dass der Schöpfer für seine geschaffene Welt die umfassendsten und grundlegendsten Werte gibt, nach denen der Mensch lebt und sein Menschsein auf die bestmögliche Art verwirklichen kann. Sie sehen also letztendlich ihren Schöpfergott als den Stifter von Ethik, Moral und Grundwerten, demgegenüber sie verantwortlich sind, was insbesondere auch für Wirtschaft und Unternehmertum als bedeutenden Teil der geschaffenen Welt gilt. Konkrete Gebote wie „Du sollst nicht stehlen!" gehen oft ihren Wert-Abstraktionen voraus.

In den meisten Religionen fernöstlicher Prägung wie dem Hinduismus, Buddhismus und Taoismus werden Ethik und Werte vorwiegend als Regeln aufgefasst, die zur persönlichen Lebenserfüllung (Karma, Tao) beitragen.

Natürlich sagt das Bekenntnis zu einer Glaubensrichtung bzw. die Erziehung im Umfeld einer Glaubensgemeinschaft allein noch nicht viel über den tatsächlichen Lebenswandel (vor allem „im Verborgenen") aus. Erst die bewusste Willensentscheidung für einen Glauben, das konstante Beschäftigen mit den Glaubensinhalten sowie das Praktizieren derselben bewirken eine tief wurzelnde Prägung des Empfindens für das, was „wertvoll", „wertlos", „recht" oder „unrecht" ist. Andererseits kann auch ein Westeuropäer, der den Glauben an Gott abgelegt hat, durchaus stark von christlichen Werten wie der Nächstenliebe (man denke z. B. an Begriffe wie „soziale Verantwortung" und „Gemeinnutzen") geprägt sein. Im westlichen Kulturraum beobachten wir in den vergangenen Jahrzehnten eine zunehmende Abwendung vom persönlichen christlichen Glauben. Dazu schreibt der Ethik-Professor Dr. Thomas Schirrmacher[3]: „Wer sich vom christlichen Gott verabschiedet, verabschiedet sich auch vom Leitbild des höchsten Richters, dessen absolute Gerechtigkeit und Unbestechlichkeit Ausgangspunkt für die Verwerfung jeder Rechtsbeugung aus Geld- und Machtgier war und ist." Damit geht ein bis dato stillschweigend als vereinbart geltender Wertecodex mehr und mehr verloren.

---

2 Wikipedia – die freie Enzyklopädie, eingesehen am 05.02.06.

3 Thomas Schirrmacher: *Ethik – Band 5: Gottes Ordnungen in Erziehung, Wirtschaft, Kirche.* Hamburg: 2. Auflage, 2001.

Viele Unternehmen erkennen aber die Wichtigkeit eines solchen Codex als unverzichtbaren Bestandteil einer fruchtbaren Zusammenarbeit mit Mitarbeitern und Partnern und definieren nun ihren eigenen Unternehmenscodex („Code of Conduct"). Von jedem Mitarbeiter und Geschäftspartner wird erwartet, dass er oder sie diesem Codex zustimmt und zumindest versucht, sich daran zu halten. Damit werden ethisch-moralische Erwartungen klar kommuniziert und vereinbart.

3. Werte gegen Produktpiraterie – Beispiel eines mittelständischen Unternehmens

Die Firma Abus Aug. Bremicker & Söhne KG ist ein bedeutender Hersteller von Sicherheitstechnik mit Sitz in Deutschland. Sie wurde 1924 in Wetter/Ruhr gegründet, ist bis heute in Familienbesitz und wird von Familienmitgliedern der 4. Generation geleitet. Verwaltung, Vertrieb und ein großer Teil der Produktion und Entwicklung sind nach wie vor in Deutschland beheimatet. In den vergangenen 4 Jahrzehnten wurden internationale Kooperationen mit europäischen und asiatischen Firmen aufgebaut.

In Fernost sammelte man zunächst Erfahrungen mit auftragsbezogenen, temporären Kooperationen. Den Beginn dieser Aktivitäten markierte ein eindrückliches Erlebnis mit einem Schlosshersteller aus Taiwan. In – nach westlichen Maßstäben – unglaublicher Dreistigkeit hatte er ein Abus-Erfolgsprodukt detailgetreu kopiert und in großen Mengen auf dem amerikanischen Markt verbreitet. Das Abus-Logo wurde nicht nur kopiert, sondern gar in Taipeh beim „Bureau of Standards" als eigene Marke eingetragen. Nachdem man den „Produktpiraten" ausfindig gemacht hatte, zeigte er ein völliges Unverständnis über die ganze Aufregung. Vielmehr erwartete er, dass Abus sich durch sein Plagiat geehrt fühlte, dies gleichsam als Anerkennung der hohen Produktqualität und der Bedeutung der Marke ansah. Zitate des damals verantwortlichen Exportleiters: „Man kommt sich so vor: Er muss eine Bewusstseinsstörung haben!", „Wir mussten völlig umdenken: Er hatte absolut kein Unrechtsbewusstsein.", „Erst am dritten Tag wuchs das Vertrauen langsam." Nachdem man ihn vom Gegenteil überzeugt hatte, wozu auch eine Erläuterung des eigenen Weltbildes und Wertefundamentes gehörte, „kaufte" man ihm die eigene Marke offiziell für den taiwanesischen Markt ab. Da er die Werkzeuge nun einmal hatte, gewann man ihn als Teileproduzenten für dieses Produkt und später auch für andere Produkte. Es wurde eine erfolgreiche Kooperation und der Partner erwies sich von da an als sehr zuverlässig. Unverzichtbarer Bestandteil dieser Vertrauensbeziehung war eine klare Wertevereinbarung (im Fortgang des Beitrages näher ausgeführt).

Derart „vorgewarnt" ging Abus weitere Kooperationen mit chinesischen Herstellern ein. Man gründete eine eigene Vertriebsgesellschaft in Hong Kong. Zweck dieser Gesellschaft war unter anderem, mit Hilfe chinesischer Mitarbeiter verlässliche, langfristige Partnerschaften aufzubauen und effizient zu verwalten. Als Leiter wählte man einen chinesischen Geschäftsmann aus, der sowohl mit der landeseigenen als auch mit der europäischen Kultur und Denkweise vertraut war. Dieser Mann adaptierte die Abus-Werte und machte sie quasi zu seinen eigenen. Er erwies er sich als absolut zuverlässig und vertrauenswürdig. Alle Kooperationen wurden von da an von ihm maßgeblich betreut und überwacht. Abus hat u. a. seit über 20 Jahren mehrere schnell wachsende Produktionspartner in China. War die Zusammenarbeit zunächst auf die Produktionsebene beschränkt, so führt man in jüngerer Zeit auch gemeinsame Entwicklungsprojekte durch. Das installierte „Klima des Vertrauens" – basierend auf einem gemeinsamen Wertekonsens – machte es möglich, dass gemeinsam etliche Innovationen entwickelt, produziert und erfolgreich vermarktet werden konnten. Inzwischen ist ein tiefes Vertrauen gewachsen, gepaart mit großer Handlungsfreiheit und Innovationsfreude. Selbst Patente werden heute gemeinschaftlich angemeldet, was bei gemeinsamen Entwicklungsprojekten sehr hilfreich ist und vor Streitigkeiten bewahrt, wenn es darum geht, wer nun genau welches Gedankengut eingebracht hat.

In einem Imagevideo für Kunden und Partner bezeichnet sich die Firma selbst als „geprägt von einer christlichen Unternehmenskultur" und versucht damit, seinen Kunden und Partnern zum einen die eigene Vertrauenswürdigkeit zu zeigen. Darüber hinaus ist es gängige Praxis bei dem Unternehmen, vor jeder Geschäftsanbahnung Erwartungen bezüglich der praktizierten Werte des anderen zu äußern. Hierzu ein Auszug aus einem noch unveröffentlichten Leitbild-Dokument: „Wir praktizieren die uns wichtigen Werte im Umgang mit Mitarbeitern, Kunden, Lieferanten und Partnern. Dazu zählen z. B. Ehrlichkeit, Offenheit, Berechenbarkeit und Fairness. Im Mittelpunkt unseres Handelns steht der Mensch. Wir legen Wert auf langfristige und partnerschaftliche Bindungen. Führungskräfte sind Vorbild für andere. Wir verpflichten uns gegenseitig zu einer offenen Kommunikation. Auftretende Konflikte werden durch faires Ansprechen und gezielte Lösungen umgehend bereinigt, möglichst aber ganz vermieden. Die Zusammenarbeit soll allen Beteiligten Freude machen. Wir berücksichtigen bei unternehmerischen Entscheidungen die Belange der Gesellschaft und der Umwelt."

Bei allen neuen Kooperationspartnern verfährt man in Bezug auf Ethik und Werte nach folgendem „Fahrplan":

- Gleich zu Anfang Farbe bekennen: „Wir sind praktizierende Christen. Ehrlichkeit, Treue und Vertrauen sind unbedingte Voraussetzungen für eine dauerhafte Zusammenarbeit". Erwartungen im Sinne einer Selbstverpflichtung klar äußern. Den Partner wissen lassen, worauf er sich einlässt.
- Fortlaufende Kommunikation („bei uns werdet ihr nie eine bewusste Lüge finden") dieser Werte, vor allem vor jedem neu zu beginnenden „Vertrauensprojekt".
- Konsequentes, vorbildhaftes „Leben" der Firmen-Ethik. Dazu muss man natürlich sicherstellen, dass jeder eigene Mitarbeiter wertekonform denkt und arbeitet. Beispielsweise muss ein „Ja" immer ein „Ja", und ein „Nein" immer ein „Nein" sein. Ein „Ja" wird also keineswegs leichtfertig (vielleicht aus Höflichkeit, wie z. B. in Asien oft üblich) gesagt, sondern will als echte Verpflichtung verstanden werden.

- Verstöße, auch kleinere, werden nach Aufdeckung und Bekennen thematisiert und als Gelegenheit eines neuen Werteabgleichs (Gespräche) genutzt. Über eine Fortsetzung der Zusammenarbeit mit „untreuen" Mitarbeitern muss situationsbezogen entschieden werden.
- Was zählt und nützt, sind letztlich nicht hehre Worte, sondern die gelebte Praxis. Die vereinbarten Werte müssen im „Unternehmensstil" permanent sichtbar sein.

Das Unternehmen beobachtete dann ein langsames Wachstum von gegenseitigem Vertrauen und Treue. Insbesondere in einer jungen, interkulturellen Verbindung braucht man viel Geduld: Es bedarf eine ganze Weile des Kommunizierens, Vorlebens und Beobachtens, bis „der Groschen fällt", d. h. bis die Werte akzeptiert und gelebt werden.

4. Wie kann man mit Werten der Produkt- und Konzeptpiraterie entgegensteuern?

Kann ein installierter und gepflegter Wertekonsens mithelfen, Produkt- und Konzeptpiraterie im Vorfeld einzuschränken? Kann man dann am Ende sogar ganz auf aufwendige und teure Vertragswerke und Kontrollapparate verzichten? Ist dies auch im globalen Geschäft mit all seinen Tücken sozial-ethischer Unterschiede und kultureller Inkompatibilitäten und Missverständlichkeiten möglich?

In diesem Zusammenhang muss auf eine Besonderheit in Verbindung mit *Konzeptpiraterie* hingewiesen werden: Lassen sich Produkte noch leidlich durch Patente schützen, so sind Konzepte, Gedanken oder Gedankenfragmente kaum in adäquater Weise gegen Diebstahl zu sichern. Sind Plagiate – wenigstens im Nachhinein – meist noch leicht identifizierbar, so ist dies bei gestohlenen Konzept(-fragmenten) – vor allem wenn leicht abgewandelt – nur noch in sehr seltenen Fällen eindeutig möglich. Eine vorbeugende Abwehr durch eine Form der „Werteimpfung" wird umso wichtiger. Gesätes Vertrauen sowie vereinbarte Ehrlichkeit und Loyalität werden unter Umständen zum einzigen Abwehrmechanismus, der wirklich greift.

Wichtig scheint zunächst zu sein, dass alle Partner ihre Erwartungen klar äußern und herausstellen, was sie als „gut", „richtig" oder „akzeptabel" und was als „böse", „falsch" oder „unakzeptabel" einstufen. In der Praxis, wo man meist unter hohem Zeit- und Entscheidungsdruck steht, fehlt oft der Maßstab dafür. Drohende finanzielle Verluste und Krisen machen Entscheidungsverantwortliche besonders anfällig für einen Missbrauch von Gestaltungsmöglichkeiten. Auch deswegen muss in den Aufbau persönlicher Integrität investiert werden.

Konkret sollte jede Form von Plagiatentum, absichtlich verdeckten Informationsflüssen und verheimlichten Geschäften als Unrecht deklariert werden. Dabei gilt: „Wehret den Anfängen" – auch kleinste Vergehen sind prinzipiell unzulässig. Die Vergehen werden somit zur Gewissensfrage. Die „innere Stimme", wie Platon das Gewissen genannt hat, kann aber leider durch vielerlei Methoden besänftigt, beschwichtigt, gedämpft oder gar zum Schweigen gebracht werden. Deswegen muss es durch stetige Wiederholungen der Leitwerte immer wieder sensibilisiert und „geschärft" werden. Ulrich Hemel drückt es so aus: „Ethik hat mit Haltung zu tun, und Haltung geht jeder Tat voraus … Immerhin geht vom Gewissen als der Mitte unserer verinnerlichten Werte und Normen eine starke Strahlkraft aus, die sich letztlich in Haltungen und daraus abgeleiteten Aktionen ausdrückt."[4] Produkt- und Konzeptpiraterie müssen als Gewissenskonflikt wahrgenommen werden.

Wir wollen diesen Sachverhalt einmal am Beispiel der Erziehung von Kindern verdeutlichen, wohl wissend, dass das Verhältnis zwischen Geschäftspartnern natürlich ein anderes ist als das zwischen Eltern und Kindern. Ein Teilziel elterlicher Erziehung ist, das Gewissen ihrer Kinder so zu prägen, dass in ihnen eine natürliche Hemmung gegen das Stehlen und andere Vergehen entsteht. Das Gewissen von Kindern muss in Bezug auf diesen Punkt immer wieder geschärft werden. Kommunikation des Wertes „Eigentum" durch Wort und Beispiel, Überwachung (zumindest anfangs) und angemessene Ahndung von Vergehen sind Elemente dieser Erziehung. Als gelungen kann die Erziehung beispielsweise dann gelten, wenn Eltern ihr Geld offen zu Hause liegen lassen können, ohne befürchten zu müssen, dass das Kind es entwendet. So entsteht eine Atmosphäre des Vertrauens, die eine wachsende Handlungs- und Bewegungsfreiheit für das Kind zur Folge hat. Eine solche „Werteerziehung" kann auch im Bereich von geschäftlichen Partnerschaften funktionieren.

Wer prägt dabei wen? Wer übernimmt die Werte von wem? Hier sind eigene Lernbereitschaft und eine gewisse „Demut" unbedingt vonnöten. Auch wollen wir unserem Partner nicht unsere eigene Kultur oder Religion aufzwingen. Die Würde des Menschen und seine eigene Entscheidungsvollmacht sind unbedingt zu achten. So spielt es bei Abus weder im Hinblick auf ein internes Beschäftigungsverhältnis noch auf eine externe Partnerschaft eine Rolle, welchen Glaubens man ist (was natürlich nicht ausschließt, dass man zur Identifikation einlädt). Aber es gibt Werte, die für das eigene Unternehmen absolut essenziell sind und deren Nichtbeachtung eine Zusammenarbeit mit Partnern absolut in Frage stellen würde.

Das Beispiel Abus zeigt – und dies deckt sich mit den Erfahrungen vieler anderer Unternehmen: Ein konsequenter Werteabgleich kann tatsächlich entscheidend dazu beitragen, Fällen von Diebstahl, „Dunkelgeschäften" und Piraterie wirksam vorzubeugen. Eine ganz entscheidende Rolle spielt dabei natürlich die *Vorauswahl potentieller Geschäftspartner.* Auch bei dieser sollten ethische Aspekte im Sinne einer Risikominimierung berücksichtigt werden.

---

4 Ulrich Hemel: *Wert und Werte*. München, Wien: 2005.

4.1 Auswahl von Geschäftspartnern

Im Folgenden werden einige Anti-Piraterie-Strategien vorgeschlagen, die nicht als direkt umzusetzende Handlungsanweisung, sondern mehr als Richtschnur, als Anregung für eigenes Handeln aufgefasst sein wollen. Mindestens vier Strategien sind hier grundsätzlich denkbar:

4.1.1 „Suche die Treuen im Lande."

In jeder Kultur gibt es tatsächlich sehr große Unterschiede. Hat man einen „Treuen", einen Partner des Vertrauens gefunden, ermöglicht dies ein freies, angenehmes, fruchtbares Arbeiten. Der Abwehrapparat bleibt schlank und kostengünstig.

Aber: Derartige Firmen sind schwer zu finden. Ein mit der Landeskultur vertrauter „Partnerscout" des eigenen Hauses vor Ort kann dabei sehr hilfreich sein. Auch ist die Frage zu stellen, ob Konstanz wirklich auf Dauer gewährleistet ist (Wechsel von Leitern etc.). Diese „Methode" ist für sich allein genommen nicht sicher.

4.1.2 „Frage nicht nach Werten, sondern installiere ein dichtes Überwachungs- und Abwehrnetz."

Diese Strategie ist der ersten genau entgegengesetzt. Sie wird vermutlich heute noch von den meisten Unternehmen praktiziert, denn da die Auswahl der Partner rein nach wirtschaftlichen und technischen Gesichtspunkten erfolgt, hat man beste Chancen kurzfristiger Gewinnmaximierung und der Pool potentieller Partner wird nicht durch ethische Kriterien beschnitten. Auch glaubt man, durch die Abwehr- und Überwachungsmechanismen die „Dinge in der Hand" zu haben und Piraterie-Risiken weitgehend ausschließen zu können.

Der Überwachungsapparat birgt aber die Gefahr, dass schnell ein vergiftetes, innovationsunfreundliches „Klima des Misstrauens" entstehen kann. Die Handlungsfreiheit der Partner wird notgedrungen eingeschränkt, der Teamgeist leidet. Auch sind Abwehrinstrumentarien (Patente, Vertragswerke) oft teuer, die Überwachung ihrer Einhaltung ist schwierig, da Diebstahl geistigen Eigentums mitunter schwer nachzuweisen ist (vor allem bei Konzeptpiraterie) und man erst reagieren kann, wenn das „Kind schon in den Brunnen" gefallen ist.

4.1.3 „Wähle unabhängig von Werten, aber erziehe und präge den Partner gemäß der eigenen Ethik."

Auch hier hat man eine größtmögliche Auswahl der Partner im technischen/wirtschaftlichen Sinne. Durch den Erziehungs- bzw. Leitbildansatz kann der Kontrollapparat klein bleiben und man schafft ein angenehmes Arbeitsklima, Kreativität und Eigenverantwortung werden gefördert. Dies ist besonders im Hinblick auf gemeinsame Entwicklungsprojekte von größter Wichtigkeit. Ein weiterer Vorteil dieses Ansatzes: Die Mitarbeiter des eigenen Unternehmens werden „miterzogen".

Aber: Der Prozess der Vertrauensbildung ist langwierig. Einem Kind, das früher oft gestohlen hat, vertraut man ungern gleich die Geheimzahl des Familiensafes an. Zudem bestehen anfangs große Risiken des Vertrauensbruchs. Auch die Gefahr von „Heuchelei" (Vorspielen der eigenen weißen Weste) ist nicht von der Hand zu weisen, und es kann zu einer belastenden Krise kommen, wenn eigene Vertrauensbrüche aufgedeckt werden.

4.1.4 „Suche zuverlässige Partner, installiere ein effizientes Schutzsystem, erziehe und präge gemäß den eigenen Werten."

Diesen Weg, sozusagen eine Kombination der drei vorhergehenden, ist Abus gegangen. Die Suche der Geschäftspartner erfolgt nach technischen, wirtschaftlichen *und ethischen* Gesichtspunkten mit Unterstützung des eigenen, vertrauenswürdigen Mitarbeiters der Tochterfirma in Hong Kong. Dieser kann durch seine langjährigen Kontakte natürlich viele Hintergrundinformationen vom Markt beschaffen. Mit der Zeit entsteht bei den Kooperations-Verantwortlichen ein zunehmend sicheres Gespür für die Zuverlässigkeit von Partnern. Vor den Geschäftsabschlüssen versucht man in offensiver Weise, einen vollständigen Wertekonsens zu erzielen, indem man die Erwartungen klar kommuniziert. Danach setzt der kontinuierliche „Prägungsprozess" ein, der immer gleichzeitig in Richtung der eigenen Mannschaft und des Partnerteams erfolgen muss. Zusätzlich investiert man in gute Patentanwälte, und zeigt bei Vertragsabschlüssen Professionalität, definiert Konventionalstrafen usw., denn, so der Abus-Exportchef: „Unter Stümpern macht man keine Verträge."

Konkret bedeutet dies auch, dass man grundsätzlich zu verstehen gibt: „Ihr Vertrauen ist mir wichtiger als das Papier!" Jeder Vertrag ist nur so gut wie das Vertrauen zueinander. In der Firmenleitung ist man von Folgendem überzeugt: „Wenn die Werte nicht da sind, schreibt man zig Seiten von Verträgen, alle Androhungen sind aber im Grunde ein ausgesprochenes Misstrauen." Und dies schädigt wiederum Teamgeist, Innovationskraft, Selbstverpflichtung und Schaffensfreude. Dem Partner wird stattdessen ein hohes Maß an Eigenverantwortung übertragen. Der Leiter der Entwicklung bei Abus ergänzt dazu: „Wir vermeiden reine Lieferantenverhältnisse, sondern betonen das Prinzip der Gegenseitigkeit. Wenn wir selbst z. B. mal unsere Zielvereinbarungen nicht einhalten können, spielen wir mit offenen Karten und zeigen Geradlinigkeit. Genauso erwarten wir es von unseren Partnern, wenn sie mal mit Qualitätsmängeln oder Projekt-Deadlines zu kämpfen haben. Wir handeln dann nach dem Prinzip Fairness: Wenn sie mal einen Fehler gemacht haben, werden wir sie nicht sofort rasieren. Natürlich gibt es darüber hinaus Vereinbarungen von Konventionalstrafen."

4.2 Basis-Leitfaden zum Erzielen eines Wertekonsens

Folgende Vorgehensweise hat sich bei Abus bewährt und gilt als bestes Pfand zur Vermeidung von Piraterie und Dunkelgeschäften in Entwicklung, Produktion und Vertrieb:

- Kommuniziere von Anfang an Deine Unternehmenskultur, Überzeugungen, Erwartungen und Standards. Suche bei Wertedifferenzen den Konsens im Sinne eines vollen „Ja".
- Lege die Wertevereinbarungen als Unternehmensleitbild, „Corporate Policy", „Code of Conduct" o. Ä. schriftlich nieder und sorge dafür, dass die Geschäftsführung sowie zumindest jeder Leiter in Entwicklung, Produktion, Vertrieb, Finanzwesen usw. sie zur Kenntnis nimmt und seine Akzeptanz bestätigt. Bei bedeutenden und langfristigen Kooperationen bietet es sich an, die Wertevereinbarungen gemeinsam mit den Partnern zu diskutieren und zu erarbeiten. Sei auch bereit, die Wertevereinbarungen immer wieder zu hinterfragen und im gemeinsamen Konsens zu verbessern.
- Lebe die Werte konsequent als vertrauensbildende Maßnahme. Auf allen Ebenen in persönlichen Beziehungen (Chef-Chef, Leiter-Leiter, Chef-Leiter, usw.). Betone besonders Offenheit und Transparenz. Praktiziere sie. Mache sie zum Lebensstil des Unternehmens.
- Installiere parallel dazu gemeinsam mit dem Partner ein Kontroll- und Sanktionssystem. *Sei in Zeiten wirtschaftlicher Schwierigkeiten besonders vorsichtig!* Ahnde Verstöße konsequent.
- Nimm (kleinere) Verstöße zum Anlass, wieder neu auf die Maßstäbe und Erwartungen hinzuweisen. Beuge dadurch Werteverschiebungen und Werteverlusten vor.
- Offenheit, Ehrlichkeit und Vertrauen werden langsam, aber stetig wachsen, und aus dem Partner wird ein verlässlicher Freund („ich kann meinen Freund einfach nicht betrügen"). Es erfolgt eine immer stärker werdende Identifikation mit dem wertestiftenden Partner, die Motivation, Arbeitsfreude und Kreativität fördert und einen fruchtbaren Boden für langfristigen wirtschaftlichen Erfolg bietet.

5. Zusammenfassung

Ein in Ergänzung zu professionellen Abwehr- und Kontrollmechanismen implementierter, gemeinsamer Wertekonsens kann tatsächlich mithelfen, Produkt-, Konzept- und Markenpiraterie zwischen Partnern wirksam entgegenzusteuern. Risiken können erheblich gemindert werden.

Es wird vorgeschlagen, Werte wie Ehrlichkeit, Offenheit, Glaubwürdigkeit, Berechenbarkeit, Treue, Verlässlichkeit, Fairness und soziale Verantwortung von Anfang an klar zu kommunizieren, vorbildhaft zu leben und in ihrer Wichtigkeit permanent zu betonen. Daraus werden konkrete Verhaltensregeln abgeleitet. Die Thesen werden durch langjährige Erfahrungen eines international und interkulturell kooperierenden, mittelständischen Unternehmens, der Abus KG, untermauert. Die Firma Abus bekennt sich offen zu „christlichen Werten“ und hat mit ihrer Hilfe sehr erfolgreiche, stabile und verlässliche Partnerschaften, u. a. mit chinesischen Partnern, auf Entwicklungs- und Produktionsebene installieren können.

Produkt- und Konzeptpiraterie:

Erkennen?	Ein „Frühwarnsystem“ zur Kontrolle ist hilfreich.
Vorbeugen?	Eine auf gemeinsam gelebten Werten fußende Kooperation mit (internationalen) Partnern hilft, gegenseitiges Vertrauen aufzubauen.
Abwehren?	Verstöße gegen Vereinbarungen sollten konsequent angesprochen und geahndet werden.
Dulden?	Nein. „Wehret den Anfängen!“
Nutzen?	Der Anreiz, am Partner vorbei Geschäfte mit z. B. Produktkopien zu machen, ist groß. Daher ist eine stetige Schulung des „Gewissens“ nötig.

Die Genehmigung des Nachbaus von Luftfahrzeug-Teilen

Matthias Funk

1. Einführung und Begriffsbestimmung

Der vorliegende Beitrag ist eine Betrachtung von Ursprung, Entwicklung und aktueller Bedeutung des *Parts Manufacturer Approval* (PMA), einer staatlichen Nachbaulizenz für Bauteile des Originalherstellers, durch die *U. S. Federal Aviation Authority*, bezogen auf Flugzeugtriebwerke. Der Gang der Darstellung zielt über die Begriffsbestimmung und den Ursprung des Parts Manufacturer Approval auf die technischen, ökonomischen und rechtlichen Aspekte der staatlichen Genehmigungspraxis und zeigt deren Folgen auf.

Die *U. S. Federal Aviation Authority* (im Weiteren FAA), also die Luftfahrtbehörde der Vereinigten Staaten gewährt in nunmehr beständiger Praxis Antragstellern die Genehmigung zur Herstellung, zum Verkauf und zum Einbau von in Luftfahrzeugen zur Verwendung kommenden Teilen (hier: Triebwerken), ohne dass diese Antragsteller der Originalhersteller des Luftfahrzeugs bzw. seiner Komponenten sind oder eine Genehmigung durch den Originalhersteller unterhalten. Solche Nachbauteile unterliegen weder dem Qualitätssicherungssystem des ursprünglichen Herstellers, noch übernimmt dieser irgendeine Verantwortung in Bezug auf solche Nachbauteile. Dennoch erteilt die FAA eine Vielzahl solcher Genehmigungen mit dem Ziel, den Wettbewerb in der Luftfahrt zu fördern.

Zu beachten ist dabei, dass ohne ein Parts Manufacturer Approval die Herstellung und die Verwendung solcher Teile in zulassungspflichtigem Luftfahrtgerät nicht möglich wäre, da Luftfahrzeuge grundsätzlich nur so konfiguriert und betrieben werden dürfen, wie es in der Musterzulassung für dieses Luftfahrzeug bzw. Triebwerk vorgesehen ist. Erst das PMA durch die FAA, die allein zuständig ist, Änderungen an den von ihr zugelassenen Luftfahrzeugen zu genehmigen, ermöglicht es anderen als den Originalherstellern, diesen Markt zu bedienen, und legalisiert die Verwendung von Nachbauteilen. Hierbei machen sich die Hersteller von Nachbauteilen zu Nutze, dass sie die hohen Aufwendungen für die Entwicklung und Zertifizierung des Gesamtsystems, die den Originalhersteller treffen, vermeiden können und für die weltweite Betreuung des Gesamtsystems nicht aufkommen müssen. Gleichzeitig sind aber diese Vorleistungen unabdingbare Voraussetzung für den Markteintritt der Nachbauteile-Hersteller.

Es stellt sich die Genehmigungspraxis eines solchen Nachbaus daher als zielgerichteter staatlicher Eingriff dar, dessen Folgen beträchtlich sind, wie nachstehend aufgezeigt wird. Diese Folgen sind dabei territorial nicht auf die USA beschränkt, sondern entfalten ihre Wirkung unmittelbar in einer Vielzahl von anderen Ländern, einschließlich der Bundesrepublik Deutschland.

Nicht Gegenstand der Darstellung sind Nachbauteile, die ohne jede Genehmigung falsch als Originalteile deklariert in Verkehr gebracht werden (so genannte *Bogus Parts*).

2. Historische Entwicklung

Der Ausgangspunkt der Entwicklung liegt in den USA in den 1950er Jahren. Für militärische Flugzeugmuster, die in der Nachkriegszeit nicht mehr hergestellt wurden, waren Ersatzteile rar geworden; hier sollten Nachbauteile einen Engpass vermeiden helfen. Dies galt gerade auch vor dem Hintergrund der Nutzung einer Vielzahl von Flugzeugen, die zu militärischer Nutzung nicht mehr erforderlich waren, für zivile Zwecke. Es handelte sich dabei um älteres Fluggerät, für das eine Unterstützung durch den Originalhersteller nicht mehr in ausreichendem Maß vorhanden war. Das Parts Manufacturer Approval sollte also eine neue Bezugsquelle für Ersatzteile eröffnen, weil deren herstellerseitige Bereitstellung nicht mehr erfolgte. Deshalb blieb diese Entwicklung für den Bereich der zivilen Luftfahrt auch ohne weitere Auswirkung. Insbesondere kam es in keinem erkennbaren Maß zu Nachbau-Genehmigungen der FAA bezüglich von Bauteilen, für die es lieferbereite Hersteller gab. Für Airlines als auf ihren Ruf bedachte Unternehmen kam die Verwendung von anderen als den Originalteilen lange Zeit nicht in Betracht.

Einen wesentlichen Beitrag zur weiteren Entwicklung des PMA lieferte in den 80er Jahren die Wirkung der 1978 erfolgten Deregulierung der Luftfahrtindustrie in den USA. Der hiermit zwischen den Luftfahrtgesellschaften begründete wirtschaftliche Wettbewerb brachte einen bis heute andauernden Preis- und Kostendruck, der die Airlines zwang, stets neue Wege der Verringerung von Betriebskosten zu suchen.

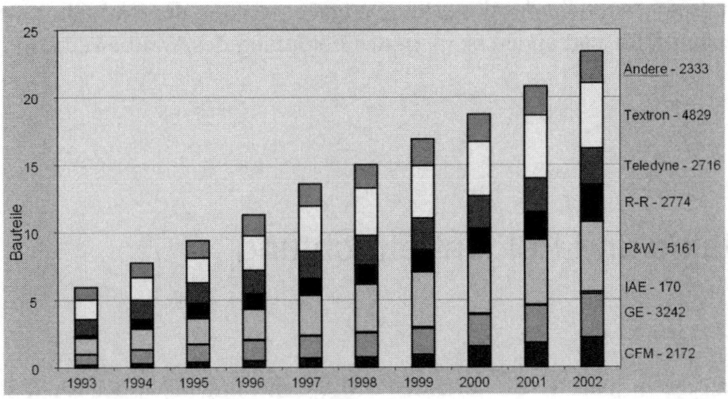

Quelle: Rolls-Royce Deutschland
Abbildung 1: *Zahl der Bauteile (Faktor 10.000), deren Nachbau genehmigt wurde*[1]

[1] Abkürzungen: Textron (Textron Lycoming); Teledyne (Teledyne Continental); R-R (Rolls-Royce); P&W (Pratt & Whitney) IAE (International Aero Engines); GE (GE Aircraft Engines); CFM (FM International).

In diesem Umfeld war es im Jahr 1986 zu einem unerwarteten Lieferengpass für ein Bauteil eines der seinerzeit am weitesten verbreiteten Triebwerksmuster gekommen. Für das JT8 Triebwerksmuster konnte der Hersteller Pratt & Whittney keine Ersatzteile für die Brennkammer des Triebwerks liefern. Um zu verhindern, dass ansonsten einsatzbereite Flugzeuge am Boden blieben, wurden – zunächst also wiederum aus dem Gedanken der Versorgungsknappheit – Airlines zu Kunden der Hersteller von Nachbauteilen. Dies beseitigte den bis dahin bestehenden Widerstand und begründete eine Zusammenarbeit, bei der die Hersteller von Nachbauteilen im Auftrag der Airlines eine immer größer werdende Zahl von Teilen nachahmten.

In der Folgezeit wurde das Parts Manufacturer Approval zunehmend zu einem Werkzeug im Wettbewerb der Airlines um geringere Kosten und fand so eine erhebliche Verbreitung. Heute gehören viele große Airlines zu den Auftraggebern der Nachbauhersteller und beauftragen dabei auch Neuentwicklungen. Abbildung 1 zeigt den Anstieg der Zahl derjenigen Triebwerksbauteile in jüngerer Vergangenheit, für die PMA im Zeitraum von 1993 bis 2003 durch die FAA erteilt wurden, aufgeschlüsselt nach Triebwerksherstellern.

Ein Merkmal der Genehmigungen in diesem Zeitraum ist, dass ihr Zweck nicht in der Eröffnung eines Beschaffungswegs für Teile bestand, deren Verfügbarkeit geringer war als die Nachfrage, sondern umgekehrt wurden die Genehmigungen weitgehend für Nachbauteile gewährt, für deren Originalteile ausreichende Lieferfähigkeit bestand.

Zusammenfassend lässt sich feststellen, dass sich das Parts Manufacturer Approval entwickelt hat: von einem Instrument, dessen Berechtigung die Vermeidung von Versorgungsengpässen für Ersatzteile militärisch genutzter Flugzeuge lieferte, hin zu einem vornehmlich aus Gesichtspunkten der Kostenreduzierung eingesetzten Mittel zur Steuerung des zivilen Luftfahrtmarkts. Es handelt sich bei dieser Entwicklung nicht um ein eher zufälliges Nebenprodukt, sondern diese entspricht der doppelten Aufgabenstellung der FAA, die einerseits in der Sicherheit der Luftfahrt und andererseits in der Förderung des Wettbewerbs in der Luftfahrt besteht.

3. Status und Folgenbetrachtung

Betrachtet man die in jüngster Zeit erteilten PMA-Genehmigungen der FAA, so ergibt sich einerseits eine Tendenz zu immer komplexeren Bauteilen und andererseits eine Tendenz, vom Antragsteller eigene Untersuchungen über die Eigenschaften und das Betriebsverhalten der Nachbauteile zu verlangen. In dieser Genehmigungspraxis spielen die ökonomischen Folgen für die Originalteilhersteller keine Rolle; auch weitergehende Folgebetrachtungen im Hinblick auf die technischen Verantwortlichkeiten werden weitgehend außer Betracht gelassen.

3.1 Fallgruppen und Entwicklungstendenz

Die FAA gewährt Parts Manufacturer Approvals in zwei Fallgruppen:

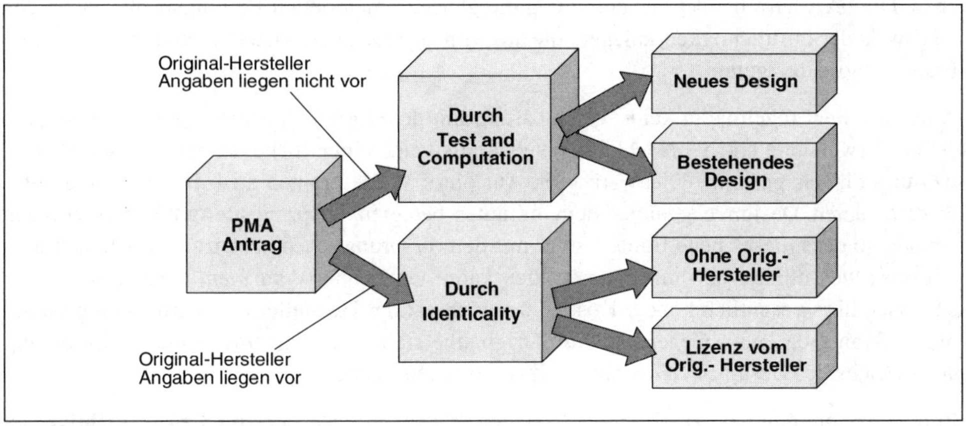

Quelle: Rolls-Royce Deutschland
Abbildung 2: *Alternative Wege zur Parts Manufacturer Approval*

- Die Baugleichheit *(Identicality)*

Hier gewährt der Originalhersteller eine ausdrückliche Lizenz zur Herstellung des Bauteils. Dem liegt regelmäßig eine Vereinbarung zugrunde, in der technische Verantwortung, Qualitätskontrolle und der ökonomische Ausgleich in einer systemkonformen Art festgelegt werden. Dies erlaubt dem Originalhersteller die fortgeführte Verantwortung für das Gesamtsystem aufgrund einer detailliert geregelten Zusammenarbeit. In der Regel ist der Lizenznehmer bereits Lieferant des Originalherstellers.

In anderen Fällen kann ein Antragsteller nachweisen, dass er im Besitz einer gültigen Fertigungsunterlage oder Bauteilezeichnung ist. Diese reicht der FAA für die Genehmigung des Parts Manufacturer Approval grundsätzlich aus, auch wenn es keine Vereinbarung des Antragstellers mit dem Originalhersteller gibt. Hier handelt es sich also in der Regel um einen nicht autorisierten Nachbau. Vielmehr hat der Antragsteller die Fertigungsunterlagen anderweitig erhalten, zuweilen etwa sogar durch den Originalhersteller selbst, der zwecks Vergabe der Fertigung eine Anfrage mit detaillierten Zeichnungen potentiellen Lieferanten zugänglich macht, die dann ein unterlegener Anbieter bei der FAA vorlegen kann. Den sonst grundsätzlich erforderlichen Nachweis der Lufttüchtigkeit (des Nachbauteils) mittels validierter Entwicklungs- und Erprobungsmethoden muss der Antragsteller nicht gesondert führen, sondern kann sich auf die Baugleichheit mit dem Originalteil berufen. Hierin liegt eine wesentliche Einsparung von Aufwand, die zu einer deutlich günstigeren, bzw. wettbewerbsverzerrenden, Kostenbasis führt.

- Eigenes Testen und Berechnen *(Test & Computation)*

Der Antragsteller kann durch Nachweisführung, dass er unabhängig vom Originalhersteller mit eigenen Methoden ein Nachbauteil entwickelt und erprobt hat, einen Antrag bei der FAA auf Erteilung eines PMA stellen. Er wird dabei nach Analyse der Dimensionen und der Materialzusammensetzung des Bauteils eine möglichst genaue Entsprechung zu erreichen versuchen. Die FAA wird bei der Genehmigung die gleichen materiellen Prüfungsmaßstäbe an den Nachweis der Lufttüchtigkeit anlegen, die auch für den Originalhersteller, etwa im Falle einer Bauteileänderung, gelten.

Auch hier liegt regelmäßig keine Vereinbarung mit dem Originalhersteller zugrunde, so dass es bei Verwendung solcher Nachbauteile ebenfalls keine einheitliche herstellerseitige Verantwortung für das gesamte Triebwerk gibt. Auf diese Weise können auch Bauteile eingeführt werden, deren Design gegenüber dem mitunter betagten Ursprungsdesign Verbesserungen enthält, so dass dieses neue Bauteil zwar mit dem ursprünglichen austauschbar ist, sich aber teilweise wesentlich von ihm unterscheiden kann. Gegenüber dem *Identicality* Nachbauteil entstehen hier wesentlich höhere Kosten; dennoch hat der Hersteller einen erheblich geringeren Aufwand, da er im Gegensatz zum Originalhersteller die Leistungen für die Betreuung des Betriebs des Gesamtsystems nicht selbst erbringen muss.

In der Genehmigungspraxis der FAA lässt sich feststellen, dass der Trend zu vermehrter Genehmigung auf Test & Computation geht; der Anteil der Identicality-Genehmigungen ist dagegen rückläufig (siehe Abbildung 3). Gleichzeitig geht der Trend zu immer komplexeren Bauteilen, wie in Abbildung 4 gezeigt.

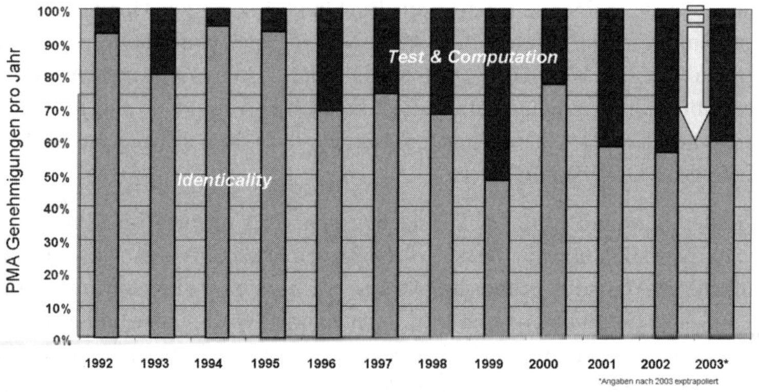

Quelle: FAA PMA Database

Abbildung 3: *Trend zu Test & Computation: PMA-Genehmigungen für Bauteile*

Mit zunehmender Komplexität nimmt die Zahl und Schwierigkeit der einzelnen Bearbeitungsschritte zu, so etwa in der Gewährleistung der erforderlichen Materialeigenschaften. Die Anforderungen an die technischen Fähigkeiten einerseits, aber andererseits auch zur Bestimmung des Bauteileverhaltens im Gesamtsystem, steigen an. Betrachtet man das Volumen dieses Nachbaumarkts:[2] lässt sich feststellen, dass dieser ein jährliches Volumen von ca. 400 Mio. US-$ erreicht hat, was etwa einem Anteil von 5–6 % des gesamten Ersatzteilmarkts für Flugzeugtriebwerke weltweit entspricht.

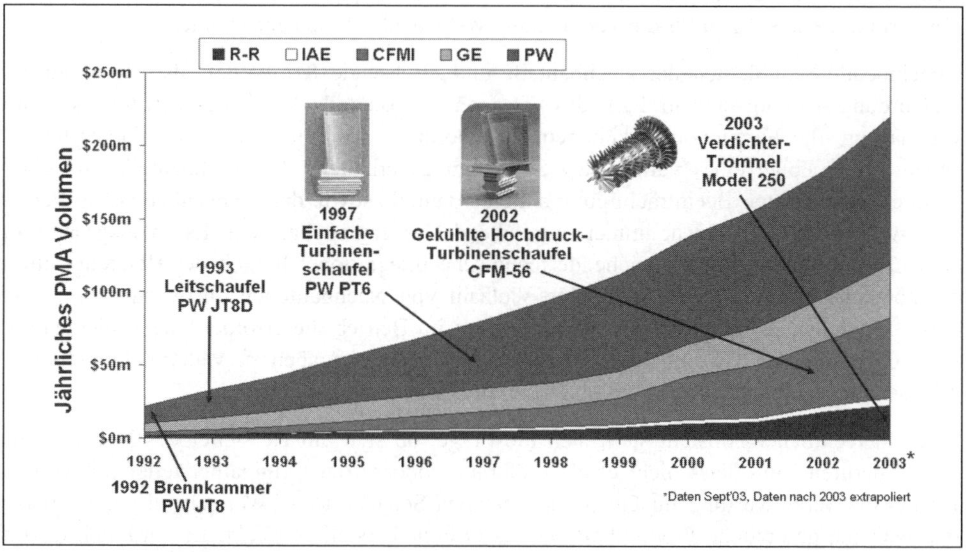

Quelle: FAA PMA Database
Abbildung 4: *Anstieg von Komplexität und Wert der Nachbauten*

Festzuhalten ist, dass sich um das PMA eine Industrie etabliert hat, die einen nennenswerten Marktanteil besitzt. Sie hat nach einer Befragung[3] von Marktteilnehmern ein erhebliches Wachstumspotenzial. Mindestens doppelt so schnell wird danach der Anstieg der Zahl der Nachbauteile für Triebwerke erwartet, im Vergleich mit anderen Flugzeugkomponenten. Auf bis zu 20 % des Gesamtmarkts sieht man den Anteil der Nachbauteile zum Jahr 2015 steigen.

3.2 Folgenbetrachtung

Umgekehrt wird damit der Einschnitt deutlich, der die Originalhersteller trifft bzw. zukünftig treffen wird. Unverändert bleibt bei all dem die technische Verantwortung für das Gesamtsystem, die der Markt beim Auftreten von Problemen und bei der Betreuung im Betrieb dem

2 Ohne dabei die unterschiedlichen Arten der Genehmigung zu beachten.

3 *PMA Survey 2005,* die gemeinsam von AT Kearney und der Universität Stuttgart durchgeführt wurde.

Originalhersteller ohne weiteres zuordnet. Hieran aber bestehen erhebliche Zweifel: Es dürfte bei genauerer Betrachtung der Erwartung entsprechen, dass der Triebwerkshersteller keine Verantwortung für Bauteile anderer Hersteller übernimmt. So ist auch tatsächlich davon auszugehen, dass die vertraglichen Regelungen der Triebwerkshersteller mit den Airlines ausdrückliche Ausschlüsse hierzu enthalten. Es liegt daher in der Folge die Verantwortung bei der Airline, wenn sie sich für die Verwendung von Nachbauteilen entscheidet.

Zunehmende Komplexität der Nachbauteile und wachsende Kritikalität, also der Grad der Gefährdung des Flugzeugs im Falle des Versagens des Bauteils, können es allerdings schwierig machen, die Verantwortlichkeit genau zuzuordnen. Kommt es etwa zu Folgeschäden, sagen wir in Folge eines veränderten Schwingungsverhaltens des Nachbauteils und einer dadurch verursachten Beeinträchtigung anderer Bauteile sowie deren anschließendem Versagen, wird die Ursache nicht immer hinreichend klar abgrenzbar sein. Es ist insgesamt zu fragen, ob zu Recht eine hinreichende technische Integrationsfähigkeit der Hersteller eines Nachbauteils unterstellt wird. Auf eine Vielzahl von Nachbauteilen dürfte zutreffen, dass deren Hersteller im Fall eines Bauteileversagens im Betrieb die erforderliche Fehleranalyse nicht ohne weiteres bzw. nur unter Rückgriff auf Daten, Angaben zu Materialeigenschaften oder sonstige Erkenntnisse des Originalherstellers leisten können.

Auch in rechtlicher Hinsicht stellt sich die Frage, ob sich ein Hersteller des Nachbauteils darauf berufen kann, dass nicht er als Lieferant, sondern der Originalhersteller mit seinem Design die Verantwortung für einen aufgetretenen Schaden trägt. Weitgehend ungeklärt ist, wie weit die gesetzliche Produkthaftung des Originalherstellers reicht: Er wird sich darauf berufen wollen, dass ihn Pflichten zur Produktbeobachtung und aus der Produkthaftung dann nicht treffen, wenn das Triebwerk mit Nachbauteilen betrieben wird. Andererseits wird eine Airline die Argumentation versuchen, der Schaden sei nicht auf das Nachbauteil zurückzuführen. Der Fall eines im Jahr 2003 verunglückten Hubschraubers des Herstellers McDonnel Douglas unterstreicht die Problematik: Für das Rolls-Royce 250 Triebwerk, eines der gängigsten Muster weltweit, gibt es eine Vielzahl von Nachbauteilen, bezüglich des im vorliegenden Fall versagenden Nachbauteils sogar von zwei unterschiedlichen Nachbauherstellern. Noch bevor die Unfallursache vom zuständigen *National Transport Safety Board* in seinem Schlussbericht festgestellt wurde, hatte – wie in solchen Fällen üblich – die FAA eine Sicherheitsanweisung *(Airworthiness Directive)* herausgegeben, die den Austausch der Bauteile und die Vornahme einer Modifikation vorsah. Allerdings war die vorgegebene Zeit, in der dies zu erfolgen hatte, für eines der Nachbauteile innerhalb der nächsten 50 Flugstunden, für das andere, sobald eine Gesamtleistung von 600 Stunden erbracht war, aber für das Originalteil wurde verfügt, dass ein Austausch erst anlässlich der nächsten regulären Wartung erfolgen könne, mithin ohne vergleichbare zeitliche Vorgabe. Diese Ungleichbehandlung wirft allerdings einige Fragen auf und lässt vermuten, dass man nicht von einer technischen Gleichwertigkeit der Bauteile ausgehen wollte. Diese allerdings war Grundlage der ursprünglichen Genehmigung. Der Fall löste auch eine Diskussion der Frage aus, inwieweit die Hersteller von Nachbauteilen eigene Verantwortung für die Betreuung ihrer Produkte übernehmen. Es darf erwartet werden, dass mit zunehmendem Betriebsalter der Nachbauteile solche Fragen häufiger aufgeworfen werden.

Neben der technischen Problematik ist auch die ökonomische Seite zu betrachten: Betrachten wir zunächst weiter den Bereich der Betreuung des Betriebs von Triebwerken. Zu den Pflichten des Originalherstellers gehört es nicht nur, der Zulassungsbehörde den Nachweis der Lufttüchtigkeit des Geräts zu führen, sondern auch die Anweisungen zu Betrieb und Wartung zu erstellen und genehmigen zu lassen. Diese Dokumente zu erstellen, zu erhalten und anzupassen erfordert einen erheblichen Aufwand und ein personalintensives System mit hoher fachlicher Qualifikation. Und die Betreiber des Triebwerks sind darauf angewiesen, dass dieses System zuverlässig funktioniert. Mit dem Gedanken der Gleichwertigkeit von Nachbauteilen verlangt die FAA aber von den Herstellern der genehmigten Nachbauteile keine eigenen Betriebs- und Wartungsverfahren. Sie gestattet die Anwendung der durch den Originalhersteller erarbeiteten Betriebs- und Wartungsanweisungen. Auf diese Weise wird nur dem Originalhersteller eine Verpflichtung gesetzlich auferlegt, aber deren Nutzung kommt dem Nachbauteilhersteller zugute. Dies gilt gleichermaßen für die Identicality- als auch für die Test & Computation-Nachbauteile.

Für den Bereich der Zulassungsvoraussetzungen für Triebwerke zeigt sich folgendes Bild: Zu den Zulassungsvoraussetzungen von Triebwerksmustern gehört der Nachweis der Lufttüchtigkeit, der im Interesse höchster Integrität und Sicherheit des Produkts durch die Verwendung von validierten Methoden und Materialien sowie umfangreiche Erprobungsläufe[4] geführt werden muss. Auch die Organisation des Betriebs des Antragstellers muss genehmigt werden, bis hin zur Genehmigung der detaillierten Zertifizierungsstrategie, also der Vorgehensweise zur Erlangung der Zulassung. Für die Zulassung eines neuen Triebwerksmusters müssen heute Kosten im Bereich von hunderten Millionen Euro eingerechnet werden.

All diese Aufwendungen entstehen dem Hersteller eines Nachbauteils naturgemäß nicht. Er ist nicht darauf angewiesen, eine Investition dieser Größenordnung durch Einnahmen wieder zu erlösen. Die Liste der Aufwendungen, die der Nachbauteilehersteller einspart, ließe sich fortsetzen, der entscheidende Punkt wird jedoch klar: Die Nachbaugenehmigung setzt die Vorleistung des Inhabers der Musterzulassung und dessen fortgesetzte Betreuung voraus. Die zu deren Finanzierung erforderlichen Mittelrückflüsse werden über die Nachbaugenehmigung aber in einem erheblichen Umfang entzogen.

Verschärft wird die tatsächliche ökonomische Problematik durch die Eigenheiten des Markts für Triebwerke. Hier kommt es nicht selten vor, dass die Erlöse beim Verkauf der Triebwerke einen Kostenbeitrag liefern, aber keinen oder keinen nennenswerten Gewinn erlauben. Dieser stellt sich erst über längere Zeit durch den Betrieb der Triebwerke und die folgenden Einnahmen aus der Wartung ein. Den wesentlichen Beitrag zu diesen Einnahmen bestreiten die Ersatzteilverkäufe. Eröffnet man nun Dritttherstellern die Möglichkeit, auf einer ganz anderen Kostenbasis den Markt für die lukrativsten Bauteile zunehmend an sich zu ziehen, so entzieht man den Originalherstellern einen zentralen Träger der Refinanzierung. Eine auf die Feststellung und Regelung von Auswirkungen von Maßnahmen bedachte Folgenbetrachtung ist bei alldem nicht zu erkennen.

---

4 Wie etwa zyklische Dauertests, Wasser-, Hagel- und Vogelschlag und vieles mehr.

3.3 Territoriale Auswirkung

Die Genehmigungspraxis der FAA wirkt zunächst unmittelbar für die Luftfahrzeuge, die in den USA zugelassen sind. Allerdings bestehen mit einer Vielzahl von Nationen bilaterale Abkommen, die eine gegenseitige Anerkennung von Zulassungsentscheidungen regeln. Die Bundesrepublik Deutschland hat am 26. Mai 1996 ein entsprechendes Abkommen abgeschlossen, dessen *Implementation Procedure* unter anderem die Anerkennung von Zulassungsentscheidungen regelt. Auf diese Weise entfalten Parts Manufacturer Approvals ihre Wirkung auch hierzulande.

Allerdings ist anzumerken, dass es in der Bundesrepublik und auf europäischer Ebene (hier bei der EASA) keine Entsprechung zum Parts Manufacturer Approval der FAA gibt, d. h., es gibt derzeit keine Zulassung von Nachbauteilen durch diese Behörden. Vorschläge hierfür sind aber gemacht und werden mit dem Ziel, eine entsprechende Regelung einzuführen, diskutiert. Danach würde auch die EASA die Befugnis erhalten, Nachbauteile zuzulassen.

4. Strategien im Umgang mit dem Parts Manufacturer Approval

Betrachtet man die Optionen, die es dem Originalhersteller erlauben, der geschilderten Entwicklung entgegenzuwirken, so ist zunächst festzustellen, dass ein unmittelbares Vorgehen gegen die Genehmigungspraxis der FAA wenig Erfolg versprechend ist, da deren Vorgehen gesetzlich geregelt und somit formell legalisiert ist.

Realistischer ist dagegen die Frage, wie gegenüber den Nachbauteilherstellern vorzugehen ist. Für die Vertragspraxis ist es in der geschilderten Sachlage notwendiger denn je, auf die Kontrolle von Bauteilezeichnungen zu achten. Soweit Ausschreibungen die Herausgabe von Bauteilezeichnungen zwingend erfordern, ist es ratsam, deren Rückgabe zu vereinbaren, falls das Angebot des Empfängers der Zeichnung nicht erfolgreich war. Dies gilt auch dort, wo bestehende Liefervereinbarungen auslaufen. Für den Bereich der Vertraulichkeitsvereinbarungen und die darunter ausgetauschten Informationen gilt dies entsprechend.

Eine Markierung der Zeichnung, die diese als Fertigungsunterlage ausschließt, ist ebenso ein geeignetes Mittel. Gerade auch bei elektronischen Daten erlaubt die Markierung einen guten Schutz. Wirksam wird dieser dann, wenn der FAA die Zeichnung vorgelegt und auf Grund der Markierung als nicht zur Fertigung verwendbar deklariert wird. Zusätzlich lässt sich mit Empfängern auf rechtlich zulässige Weise vereinbaren, dass eine Nutzung der Unterlagen für andere als die vereinbarten Zwecke zu unterbleiben hat. Bei Zuwiderhandlung kann der Empfänger auf Unterlassung in Anspruch genommen werden. Helfen wird dies regelmäßig nur gegenüber dem unmittelbaren Vertragspartner, der aber hierdurch generell von einer anderweitigen Verwertung abgeschreckt werden dürfte. Außerhalb der vertraglichen Regelungen wird es dagegen schwieriger: Kommt ein Antragsteller auf rechtlich nicht zu beanstandende Weise in den Besitz solcher Unterlagen, wird es im Normalfall keine geeigneten Rechtsmittel geben, ihm die Verwendung für das PMA zu untersagen.

In diesem Zusammenhang sei auf die Frage des Patentschutzes eingegangen: In seiner Wirkung als absolutes Schutzrecht, das auch ohne vertragliche Regelung gegenüber Dritten Wirkung entfaltet, ist das Patent dem Grunde nach die sinnvollste Verteidigungsmöglichkeit gegenüber dritten Antragstellern auf ein PMA. Der tatsächliche praktische Nutzen für die derzeitige Problematik hält sich dagegen oft in Grenzen. Denn für bereits seit geraumer Zeit im Betrieb befindliche Triebwerke nachträglich Patentschutz zu erhalten wird oft an der technischen Neuerung scheitern, die Voraussetzung für eine Patenterteilung ist. Hier wird vieles – als Stand der Technik – nicht patentierfähig sein.

Demgegenüber ist bei Neuentwicklungen zu erwarten, dass verstärkt Patentschutz nachgesucht wird, soweit es zu technischen Neuerungen kommt, um dem Risiko des Nachbaus entgegenzutreten. Es mag sogar der Gedanke sinnvoll werden, ein zunächst nicht änderungsbedürftiges Bauteil zu modifizieren, wenn es in der Gefahr der Erteilung eines PMA ist und die Änderung eine technische Neuerung darstellen würde, für die Patentschutz erreicht werden kann. Ist ein Patentschutz gegeben, kann der Antragsteller bzw. Inhaber einer Nachbau-Genehmigung auf Unterlassen in Anspruch genommen werden.

Die wichtigste Form des Schutzes entfaltet dagegen ein ganz anderes Vorgehen, nämlich der Abschluss langfristiger Verträge der Originalhersteller mit den Airlines bzw. sonstigen Betreibern über die Betreuung im Betrieb. Hier übernimmt der Originalhersteller einen umfangreichen Service, der wesentliche Teile der Wartung der Triebwerke umfasst, einschließlich des Austauschs oder der Reparatur von Bauteilen, die ihre Lebensdauer erreicht haben oder die reparaturbedürftig sind. Dies ist für den Betreiber des Triebwerks sinnvoll, da er sich im vereinbarten Umfang nicht selbst um Wartung und Reparatur kümmern muss und da in aller Regel die Bezahlung für diesen Service als feste Rate pro Flugstunde vereinbart wird. Das erlaubt ihm Planungs- und Budgetsicherheit, und gerade für die unter signifikantem Kostenmanagementdruck stehende Branche der Airlines ist dies ein gewichtiger Vorteil.

Über solche Gestaltungen wird letztlich ein wesentliches Element aus dem Betreiberrisiko auf den Originalhersteller verlagert, der hiermit deutlich effektiver umgehen kann; er wird bestrebt sein, die Überarbeitung des Triebwerks so zu optimieren, dass eine möglichst lange *Time on Wing*[5] erreicht wird, denn je öfter das Triebwerk überarbeitet werden muss, desto höher sind seine Kosten. Dies liegt auch im Interesse des Betreibers an einem möglichst ungestörten Betrieb. Soweit solche Vereinbarungen bestehen, hat die Kontrolle über die Austauschteile der Hersteller, der damit die Verwendung von Nachbauteilen ausschließen kann.

---

5 Die Zeit bis zur nächsten Reparatur.

5. Ausblick

Von einem weiter beschleunigten Anstieg der Zahl der Nachbauteile muss ausgegangen werden. Allein der Findigkeit der Originalhersteller wird es wie bisher obliegen, sachgerechte Lösungen für eine im Hinblick auf die Folgen unzureichend strukturierte Genehmigungspraxis zu finden. Von der in Europa geführten Diskussion darf erwartet werden, dass es zu einer ähnlichen Gestaltung kommen wird, wie die FAA sie in den USA etabliert hat. Eine differenziertere Betrachtung der Folgen einer solchen Maßnahme ist in Europa wohl nicht zu erwarten, zumal die aufgeworfenen Fragen schwer zu beantworten sind. Beachtlich ist dabei dennoch, dass die von den Herstellern vorgetragenen Argumente, soweit sie ökonomische Aspekte betreffen, zurückgewiesen werden. Derlei Folgen werden grundsätzlich nicht betrachtet.

Unterdessen hat sich die Problematik weiter verschärft, indem 2006 erstmals ein Originalhersteller ankündigte, unter Verwendung eines PMA für 55 Bauteile eines Triebwerks seines Wettbewerbers Nachbauteile herzustellen. Dies unterstreicht, wie weit sich die heutige Genehmigungspraxis vom ursprünglichen Zweck der Regelung entfernt hat und wie sehr die jetzige Ausprägung des Parts Manufacturer Approvals ein Mittel zur erzwungenen Marktanpassung darstellt.

Produkt- und Konzeptpiraterie:

Erkennen?	Der Nachbau von Teilen ist staatlich gewollt.
Vorbeugen?	Die Kontrolle über Bauteilezeichnungen wird immer wichtiger; eine Herausgabe derselben sollte nur unter strengen Bedingungen erfolgen sowie mit einer Markierung, die eine Verwendung als Fertigungsunterlage ausschließt. Vertragspartner sind zu verpflichten, Unterlagen nur zum vereinbarten Zweck zu verwenden. Patentanmeldungen können helfen, die Erteilung von Nachbaugenehmigungen zu erschweren oder unterbinden.
Abwehren?	Langfristige Kooperationen mit den Kunden, vor allem im Servicebereich, sorgen für eine bessere Bindung der Kunden an den Originalhersteller.
Dulden?	Mit den Originalherstellern liegen oft keine Vereinbarungen/Lizenzierungen für einen Teilenachbau vor.
Nutzen?	Die Luftfahrtbehörde FAA der USA nutzt die PMA als Mittel, um den Wettbewerb in der Luftfahrt zu steigern. Der Nachbau von Teilen ist für Nachbauhersteller äußerst lukrativ, da sie sowohl in Forschung & Entwicklung als auch im Service deutlich geringeren Aufwand betreiben. Die Wettbewerbsproblematik wird durch den Einstieg von OEM-Triebwerksherstellern in das Ersatzteilgeschäft der Konkurrenten noch verschärft.

Teil II: (Marken-)Kommunikation und Vertriebswege

Die Bedeutung von Marken und die Schutzfähigkeit von Werbekonzeptionen

Ulrich Pallas, Christian Unsinn

1. Einleitung

In einer Welt omnipräsenter Marken haben diese einen immensen ökonomischen Wert. In der aktuellen Berechnung des Wirtschaftsmagazins „Business Week" der 100 *Top Brands* wird der Markenwert von Coca-Cola, des weltweit größten Erfrischungsgetränkeherstellers, mit 67,5 Mrd. US-$ beziffert, was Coca-Cola zur wertvollsten Marke überhaupt macht. Die Verfahren zur Markenbewertung sind unterdessen sehr zahlreich.[1] Der Wert einer Marke ist auch längst nicht mehr nur fiktiv oder Gegenstand von Marketingbetrachtungen, sondern geht als immaterieller Vermögensgegenstand – je nach Art des Erwerbs oder der Erstellung – in die internationale Bilanzierung nach IAS/IFRS bzw. US-GAAP ein. Wie entstehen in einer Zeit der Verdrängungsmärkte Marken, die zu solchen Vermögenswerten werden können? Neben so wichtigen Dimensionen wie Qualität, Innovation und Nachhaltigkeit ist dabei der Schlüssel zum Erfolg u. a. in der Schaffung von geeigneten Werbekonzeptionen zu suchen.

2. Die Bedeutung von Marken

2.1 Was eine Marke ausmacht

Gemäß § 3 Absatz 1 Markengesetz können Marken u. a. alle Zeichen, Wörter und Abbildungen sein, die geeignet sind, Waren und Dienstleistungen eines Unternehmens von denen anderer Unternehmen zu unterscheiden. Diese Unterscheidung der Waren und Dienstleistungen dient der Marke.[2]

Über die Unterscheidungsfunktion hinaus beinhaltet die Marke ein ausschließliches Nutzungsrecht und damit eine Schutzfunktion im jeweiligen Markt, für den sie eingetragen wurde. Natürlich kann ein solcher Schutz letztlich auch ohne Eintragung einer Marke erreicht werden, indem eine Marke in einem Markt mit Verkehrsgeltung benutzt wird oder notorisch bekannt ist. Eine solch geschützte Marke bietet ihrem Besitzer eine juristische Position gegen Wettbewerber mit identischen oder verwechslungsfähig ähnlichen Warenzeichen. Zu den traditionellen Registrierungen von Worten, Bildern sowie Kombinationen daraus sind in den letzten Jahren auch Möglichkeiten der Eintragung von Farben und dreidimensionaler Formen

---

1 Siehe z. B. Alexander Schimansky (Hrsg.): *Der Wert der Marke: Markenbewertungsverfahren für ein erfolgreiches Markenmanagement*. München 2004.

2 Hartmut Eisenmann: *Grundriss Gewerblicher Rechtsschutz*. 5. Aufl., Heidelberg 2004, S. 112.

sowie solcher vorerst noch eher exotischen Markenformen wie Gerüchen, Klängen bzw. Jingles gekommen.[3]

2.2 Was eine starke Marke ausmacht

Der Nutzen einer Marke für den Käufer und auch der Wert für ihren Inhaber bestimmen sich letztlich aus drei Faktoren:

- dem ideellen Nutzen für den Käufer zur Unterstreichung seines individuellen Profils;
- der Informationseffizienz für den Konsumenten bei der Wiedererkennung und Orientierung in einer Flut von Botschaften und Angeboten;
- der Möglichkeit der Risikoreduktion für den Käufer, beim Kauf keine Fehlentscheidung zu treffen und stattdessen gleichbleibend gute Qualität zu erhalten.[4]

Dabei ist unbestritten, dass die Qualitätsdimension, kontinuierlich risikolos ein gutes und durch Innovation stets noch besseres Produkt kaufen zu können, eine wesentliche Voraussetzung für den Mehrwert jeder Marke ist. In einer Zeit, in der in vielen Segmenten echte Qualitätsvorsprünge geringer und Produkte in ihrer Leistung ähnlicher werden, wird die Marke selbst zum bedeutsamsten Instrument der Kommunikation der am Markt Beteiligten, was den Abnehmern gegenüber insbesondere durch die Werbefunktion zum Ausdruck kommt.

Wenn Marken zu Bedeutungsträgern werden, bietet sich ein unendliches Potenzial zur Differenzierung, weil man sich der Kommunikation eines riesigen Zeichenvorrats bedienen kann. Die Aufgabe von Kommunikationsdienstleistern ist dabei die Differenzierung durch das Schaffen eines emotionalen Mehrwerts.[5] Mit einer Marke werden heutzutage neben dem Produkt selber auch Qualität, Lifestyle, Prestige und Image verbunden. Vielen Marken wird unterdessen sogar eine eigene Persönlichkeit zugesprochen.[6]

---

3 Jürg Simon: „Wirtschaftsrecht kann mehr – Juristische Strategien für die Durchsetzung der Marke." In: Deichsel/Meyer: *Jahrbuch Markentechnik 2006/2007*. Frankfurt a. M. 2005, S. 215.

4 Hajo Riesenbeck/Jesko Perrey: *Mega-Macht Marke – Erfolg messen, machen, managen*. Frankfurt a. M. 2004, S. 21ff.

5 Holger Jung/Jean-Remy von Matt: *Momentum – Die Kraft, die Werbung heute braucht*. Berlin 2002, S. 193.

6 Thomas Wölfel: *Marken- und Produktpiraterie – Eine Studie zu Erscheinungsformen und Bekämpfungsmöglichkeiten*. Stuttgart 2003, S. 21.

2.3 Marken- und Produktpiraterie

Ein Hauptaugenmerk jedes Markenmanagements muss auf der Verteidigung der Position einer Marke gegen aufkommende Handelsmarken von Wettbewerbern und Nachahmern liegen. Daneben ist fast jeder zumindest einmal mit der simpelsten Form von Produkt- und Markpiraterie direkt konfrontiert worden. Auf fliegenden Märkten oder in den Weiten des *World Wide Web* werden sie angeboten: italienische Lederwaren, französische Tennishemden oder Schweizer Uhren. Jede gute Marke lockt Produktpiraten an, weil gute Marken den Wert von Produkten und damit deren Absatzmöglichkeiten erhöhen. Der jährliche Schaden, der den Markeninhabern durch Produkt- und Markenpiraterie in Deutschland entsteht, wird seitens der Unternehmensberatung A.T. Kearney auf 20–25 Mrd. geschätzt; der DIHK geht sogar von ca. 30 Mrd. aus. Hinzu kommt der langfristige volkswirtschaftliche Schaden durch den Verlust von Arbeitsplätzen. Kaum verwunderlich, dass sich Industrie und Gesetzgeber mit allen Mitteln zu wehren versuchen, und Programme wie das auf der letzten Cebit vorgestellte iDetective des Fraunhofer-Instituts, mittels dessen sich das Netz nach Markenpiraten durchforsten lässt, auf großes Interesse stoßen.

Bei der strafrechtlichen Verfolgung dieser Delikte ist die Gesetzeslage in Deutschland eindeutig: Gemäß der §§ 106 ff. Urhebergesetz sowie der §§ 143 ff. Markengesetz kann bei Marken- und Produktpiraterie eine Freiheitsstrafe von bis zu 3 Jahren oder eine Geldstrafe verhängt werden. Für gewerbsmäßige Produktpiraterie, den hier relevanteren Fall, ist dabei sogar ein Strafmaß von bis zu 5 Jahren Freiheitsstrafe oder Geldstrafe vorgesehen. In anderen Ländern reichen die Normen sogar noch weiter.[7] Letztlich wird wohl niemand behaupten können, er habe solche Artikel nur zu im wahrsten Sinne des Wortes unglaublich günstigen Preisen „gutgläubig" erwerben wollen. Doch warum werden Piraterieprodukte überhaupt gekauft? Denn diese Produkte erfüllen zumeist ganz und gar nicht einen wesentlichen Faktor einer Marke: die Vertrauensfunktion in die stets gleich gute Qualität.

Die Marke, sogar die gefälschte, kommuniziert für den Verwender: Sie drückt ein Lebensgefühl aus, eine Identität. Waren Marken früher nur Wegweiser und Orientierungshilfen im Angebots-Dschungel, sind sie heute Teil der Persönlichkeit geworden. Es heißt schon längst nicht mehr: „Kleider machen Leute" – treffender ist es längst zu sagen: „Marken machen Leute."[8] Mag auch Nachahmung die größte Form der Anerkennung sein, so kann diese natürlich nicht geduldet werden. Ironischerweise macht gerade eine starke Marke sich zum Hauptziel von solch widerrechtlicher Ausbeutung. Wenn eine konsequente Markenkommunikation, etwa durch Schaffung einer Differenzierung und eines emotionalen Mehrwerts, ein wesentlicher Schlüssel für den Aufbau und Erhalt einer Marke ist, stellt sich die Frage nach dem Schutz solcher Kommunikationskonzepte.

---

7 Aufsehen erregte der Fall einer dänischen Urlauberin, die im Sommer 2005 in Italien zu einer Geldstrafe von 10.000 Euro wegen vorsätzlichen Erwerbs einer einzigen gefälschten Luxusbrille verurteilt wurde.

8 Siehe Jung/von Matt 2002, S. 193.

3. Werbekonzeptionen

3.1 Zum Begriff der Werbekonzeption

Kommunikation in Form von Werbekampagnen basiert in der Regel auf einer Werbeidee, die in einem nächsten Schritt zu einer gesamtheitlichen Werbekonzeption erweitert und in einem letzten Schritt in der Form der Werbekampagne umgesetzt wird. Somit ist eine Werbekonzeption bzw. ein Werbekonzept das verbindende Element zwischen einer Werbeidee und der fertigen Werbekampagne an sich und steht im Mittelpunkt der vertraglichen Beziehung zwischen dem Urheber einer solchen Konzeption (zumeist einer Werbeagentur) und seinem Kunden, in der Regel ein werbetreibendes Unternehmen. Dabei besteht eine Werbekonzeption zumeist aus zwei Teilen, nämlich aus einem beobachtenden Teil zur Marksituation, der sich mit der Stellung des Kunden am Markt, dessen Image sowie dem zu bewerbenden Produkt, seiner Zielgruppe und den sonstigen Rahmenbedingungen auseinandersetzt, sowie einem darauf aufbauenden konzeptionellen Teil, worin eine einzigartige und führende Kommunikationsstrategie für den Kunden und seine Marken entwickelt wird. Aus dieser Kommunikationsstrategie wiederum leiten sich später die konkreten Entwürfe der Werbemittel wie Anzeigen, Plakate, Hörfunkspots, Werbefilme usw. ab.

Werbeideen liegen diesem, auf den Kunden individuell zugeschnittenen, Werbekonzept in den unterschiedlichsten Formen zugrunde. So kann der ganzen Kampagne eine einzige Idee zugrunde liegen oder aber sie kann auch aus mehreren Werbeideenkomplexen bestehen, die etwa zeitlich aufeinander folgen und erst im weiteren Verlauf ein neues Image des Kunden bzw. dessen Marken aufzubauen vermögen.[9] Bei einem Werbekonzept sollte dessen Kern idealerweise erlauben, dass später eine Umsetzung in alternativen Formen möglich bleibt, das Konzept also mit unterschiedlichen Inhalten ausgefüllt werden kann, ohne jedoch das hinter allem stehende Grundkonzept zu verändern. Dies ermöglicht ein schnelles Reagieren auf Veränderungen am Markt, ohne dass es jeweils eines neuen Gesamtkonzeptes bedarf.

3.2 Die Bedeutung von Werbekonzeptionen

Die Werbekonzeption bildet das Herz einer jeden Kampagne. Die Entwicklung und Ausarbeitung einer Werbekonzeption stellt die eigentliche Hauptleistung der Agenturarbeit dar. Mit ihr

---

9 Zusammenfassend: Gerhard Schricker: „Der Urheberrechtsschutz von Werbeschöpfungen, Werbeideen, Werbekonzeptionen und Werbekampagnen.“ *GRUR* 1996, S. 815 ff.

ist der Großteil der strategischen und intellektuellen Leistung einer Werbeagentur erbracht. Die spätere Umsetzung der Konzeption ist dagegen zwar aufwendig, aber in erster Linie ausschließlich technisch bedingt. Eine gute Werbekonzeption erlaubt es, eine Marke gegenüber der Konkurrenz deutlich und dauerhaft abzugrenzen, einen eigenen Markenmehrwert zu bilden und sich dadurch gegen Anbiederungsversuche von Konkurrenten zu wehren.

Bereits bei der Erschaffung einer Werbekonzeption entstehen dem Konzepturheber erhebliche Kosten, für die er eine hinreichende Vergütung in der Regel nur bei dem finalen Zuschlag für die Ausarbeitung der Werbekampagne durch seinen Kunden erhalten bzw. erwarten kann. Daher versteht es sich von selbst, dass dem Urheber der Konzeption im Falle des Nichtzuschlages eines Auftrages bei einer Ausschreibung daran gelegen ist, dass ihm die Rechte an der von ihm geschaffenen, aber nicht zum Zuge gekommenen Konzeption weiter zustehen.

3.3 Der Schutz von Werbekonzeptionen

3.3.1 Vorbetrachtungen

Da also die Entwicklung und Ausarbeitung der Werbekonzeption das Herzstück der Agenturleistung bildet und dem Kunden langfristig beim Markenaufbau von Nutzen sein soll, stellt sich die Frage, ob tatsächlich nur das aus der Werbekonzeption entstandene Endprodukt, also etwa der fertige TV-Werbefilm, schutzfähig ist, oder ob nicht vielmehr schon eine Schutzfähigkeit der Konzeption als solche anzunehmen ist. Im juristischen Schrifttum ist diese Frage durchaus umstritten. Der Schutz einer Werbekonzeption könnte sich dabei sowohl gegen eine unbefugte Übernahme oder Nachahmung einer Kampagne als auch deren Nutzung ohne Einwilligung oder Übertragung der Nutzungsrechte durch den Urherber als eigentlicher Rechteinhaber richten; dies sowohl bei einer erstmaligen Nutzung als auch bei Fortsetzung bereits geschaffener fertiger Werke.

Im Folgenden sollen zunächst die verschiedenen Standpunkte, die bei der Diskussion um die urheber- oder wettbewerbsrechtliche Schutzfähigkeit von Werbekonzeptionen vertreten werden, in der angemessenen Kürze dieses Beitrags aufgezeigt werden, bevor die Autoren jeweils anschließend Stellung zur Schutzfähigkeit von Werbekonzeptionen nehmen.

3.3.2 Schutzfähigkeit nach dem Urheberrecht

Schricker[10] ist der Ansicht, Werbekonzeptionen seien als komplexe Werke eigener Art einzuordnen, da ihre Vielschichtigkeit mit Filmwerken und digitalen Multimediawerken vergleich-

10 Gerhard Schricker, „Urheberrechtsschutz von Werbeschöpfungen ...“; ders., „Werbekonzeptionen und Fernsehformate“. *GRUR Int.* 2004, S. 923 ff.

bar und somit einem Urheberrechtschutz zugänglich seien. Zur Begründung dieses Urheberrechtsschutzes seien alle Elemente heranzuziehen, die in der Konzeption zusammengeführt sind. In manchen Fällen sei eine Einordnung als Sammelwerk im Sinne des Urhebergesetzes möglich. Sammelwerke sind dabei Sammlungen von Werken oder anderen Beiträgen, die durch Auslese oder Anordnung eine persönliche geistige Schöpfung sind und gemäß § 4 Urhebergesetz Schutz genießen.[11] Bei ihnen werde laut Schricker der Schutz nicht durch Addition von Schutzkriterien der Einzelwerke begründet, sondern unabhängig von diesen durch die Leistung der Auswahl und/oder Anordnung der aufgenommenen Elemente.[12] Die das Werk bildenden Einzelelemente könnten dabei verschiedenen Werkkategorien zuzuordnen sein, etwa Sprache und Bild.[13] Die sachliche Einheit der Werbekonzeption ergebe sich aus dem aufgezeichneten Konzept in Bild und Text. Dadurch habe die Konzeption ihre notwendige Formgestaltung gefunden. Besser würde der Natur der Werbekonzeption nach Ansicht Schrickers jedoch die Qualifizierung als komplexes Werk eigener Art gerecht werden. Der offene Werkkatalog des § 2 Urhebergesetz erlaube zudem einen Schutz der Werbekonzeptionen als solche komplexen Werke.

Hertin[14] geht hingegen von einer mangelnden Schutzfähigkeit von Werbekonzeptionen aus und begründet dies damit, dass diesen wegen der von einer konkreten Formgebung losgelösten Ideen grundsätzlich keinerlei urheberrechtlicher Schutz zuzusprechen sei. Dies gelte unabhängig von der Frage, ob die abstrahierbaren Elemente in Werbemitteln ihren Niederschlag gefunden haben oder nicht, sowie auch dann, wenn sie sich in Werbemitteln wiederfänden, die auf eine bestimmte Werbekonzeption zurückgingen. Ansprüche aus dem Urheberrecht kämen nur dann und insoweit in Betracht, als der Anspruchsteller einen Eingriff in konkrete Werbegestaltungen geltend machen könne.

Dreier/Schulze[15] sind der Auffassung, dass Werbekonzeptionen wegen ihres komplexen Werkschaffens, ähnlich wie Filmwerke, als Werke eigener Art zu behandeln seien und allein schon deswegen urheberrechtlichen Schutz genießen würden.

Die Rechtsprechung[16] geht hingegen überwiegend (noch) davon aus, dass einem Sammelwerk der Urheberrechtsschutz zu verweigern sei, wenn die Zusammenfassung nur aus den gemeinsamen abstrakten Merkmalen einer größeren Anzahl von Einzelwerken bestehe. Dieser Zusammenfassung fehle es nämlich an dem Merkmal der Werkeinheit, weswegen bei der Werbekonzeption auch nicht von einem komplexen Werk eigener Art auszugehen sei. Ein Werk im Sinne des Urheberrechts und damit Gegenstand des Urheberrechtsschutzes könne nur das Ergebnis der schöpferischen Formung eines bestimmten Stoffes sein. Daran fehle es bei einer vom Inhalt losgelösten bloßen Anleitung zur Formgestaltung gleichartiger Stoffe,

---

11 Hartmut Eisenmann: *Grundriss Gewerblicher Rechtsschutz*. Heidelberg, 5. Aufl. 2004, S. 17.

12 Gerhard Schricker: „Werbekonzeptionen und Fernsehformate“, S. 923 ff.

13 Vergleiche auch Thomas Dreier/Gernot Schulze: *Urhebergesetz*. München, 2. Aufl. 2005, § 8 Rn. 4.

14 Paul.-W. Hertin: „Zur urheberrechtlichen Schutzfähigkeit von Werbeleistungen unter besonderer Berücksichtigung von Werbekonzeptionen und Werbeideen“. *GRUR* 1997, S. 799 ff.

15 Dreier/Schulze, *Urhebergesetz*. § 8 Rn. 19.

16 BGH *GRUR* 1955, S. 598 ff. , OLG Düsseldorf *ZUM* 1998, S. 65 ff.

möge dieses auch ein individuell erarbeitetes, ins Einzelne gehendes und einzigartiges Leistungsergebnis sein.[17]

Möhring/Nicolini/Ahlberg[18] sprechen sich wiederum für eine Schutzfähigkeit von Werbekonzeptionen aus, weisen aber gleichzeitig darauf hin, dass Einzelteile, wie etwa Werbeslogans, sonstige Werbetexte und Anzeigengestaltungen einzeln betrachtet ggf. nicht schutzfähig seien. Jedoch sei gegenüber einer zergliederten Einzelbetrachtung das Gesamtwerk zu würdigen und entsprechend zu schützen. Hingegen spricht sich Wüterich[19] im Ergebnis wohl auch gegen eine urheberechtliche Schutzfähigkeit von Werbekonzepten aus, da eine bloße Idee oder eine abstrakte Kommunikationsmethode mangels der für den urheberrechtlichen Werkschutz erforderlichen Formgebung nicht urheberrechtsfähig sei.

Die Autoren dieses Beitrags sind der Ansicht, dass es Aufgabe des Urheberrechts sein muss, im Interesse sowohl des das Werbekonzept schaffenden Urhebers, des die Konzeption verwertenden Kunden als auch der Rechtssicherheit der Allgemeinheit sämtliche kreativen Leistungen in ihrer Gesamtheit zu schützen.

Deswegen darf ein angemessener Schutz geistigen Eigentums nicht an einer begrifflichen Einordnung der Werbekonzeptionen in den Katalog der nach dem Urhebergesetz geschützten Werke scheitern, zumal dieser Katalog nach allgemeiner Ansicht auch nicht abschließend ist. Andernfalls würde dies zudem einer gerechten Interessensverwertung widersprechen.

Auch an dem spezifisch deutschen Erfordernis einer besonderen Schöpfungshöhe, welche aus § 2 Absatz 2 Urhebergesetz herausgelesen werden soll und gelegentlich – als eine dem urheberrechtlichen Schutz von Werbekonzeptionen entgegenstehende Anforderung – noch immer gefordert wird,[20] kann nach Ansicht der Autoren nicht länger festgehalten werden:[21]

Ursprünglich wurde diese Tatbestandsvoraussetzung von den deutschen Gerichten herausgearbeitet, um Werke der angewandten Kunst vom Geschmacksmusterschutz[22] abzugrenzen.[23] Bei der Grenzziehung, ob dieses geforderte Maß an Schöpfungshöhe bei einem Werk vorliegt, haben deutsche Gerichte ein breites Spektrum an Bewertungsfreiheit.[24] Das Festhalten an diesem wegen dieser Bewertungsfreiheit äußerst schwer greifbaren Erfordernis einer „besonderen Schöpfungshöhe" ist nicht länger mit der europäischen Urheberrechtsharmonisierung vereinbar. So hat der europäische Gesetzgeber inzwischen in mehreren Richtlinien ein

---

17 BGH *GRUR* 2003, S. 876 ff.

18 Möhring/Nicolini/Ahlberg: *Urhebergesetz*. München, 2. Aufl. 2000, § 2 Rn. 23.

19 Christoph Wüterich: „Wettbewerbsrechtlicher Schutz von Werbe- und Kommunikationskonzepten", *GRUR* 2004, S. 389 ff.

20 Statt vieler: Paul.-W. Hertin: „Zur urheberrechtlichen Schutzfähigkeit ...", S. 799 ff.

21 So auch Gerhard Schricker: „Urheberrechtsschutz von Werbeschöpfungen ...", S. 815 ff.; ders ., „Werbekonzeptionen und Fernsehformate". *GRUR Int.*, 2004, S. 923 ff.

22 Zum Geschmacksmusterschutz zusammenfassend: Heinrich Hubmann/Horst-Peter Götting: *Gewerblicher Rechtsschutz*. München, 7. Aufl. 2002, S. 240 ff.

23 Gerhard Schricker: „Abschied von der Gestaltungshöhe im Urheberrecht". *Festschrift Kreile*. 1994, S. 715 ff.

24 Hartmut Eisenmann: *Grundriss Gewerblicher Rechtsschutz*. Heidelberg, 5. Aufl. 2004, S. 10.

neues europäisches Kriterium eingeführt, nachdem es nur noch einer „eigenen geistigen Schöpfung" bedarf.[25] Eine solche eigene geistige Schöpfung liegt danach bereits dann vor, wenn schlichte Individualität vorliegt. Individualität liegt nur dann nicht vor, wenn dem Urheber der geistige Gehalt seines Werkes durch den Gegenstand der Darstellung, durch die verwendete Fachterminologie oder durch sonstige Übungen so vorgegeben war, dass kein Raum für eigene Entscheidungen verblieben ist.[26]

Für Werbekonzepte ist, um dem europäischen Gesetzgeber und dessen Vorgaben gerecht zu werden, wie bei anderen Werken auch, also nur noch eine schlichte Individualität – ein eigenständiges Konzept – zu verlangen. Es wäre begrüßenswert, wenn die höchste deutsche Rechtsprechung hierzu eine eindeutigere und der europäischen – und wirtschaftlichen – Entwicklung folgende Stellung beziehen würde, zumal die Rechtsprechung der unteren Gerichte hierzu in jüngerer Zeit uneinheitlicher zu werden scheint und vielerorts die erst- und zweitinstanzlichen Gerichte nicht mehr an der alten BGH-Rechtsprechung festhalten zu mögen scheinen. Als der BGH[27] zuletzt mit dem Thema der Schutzfähigkeit von Werbekonzepten konfrontiert wurde, tat er die Kernfrage des Rechtsstreits, nämlich den Schutz von Werbekonzeptionen an sich, nur knapp ab, ohne konkreter Stellung zu beziehen. Derzeit besteht wegen dieser uneinheitlicher werdenden Rechtsprechung eine erhebliche Rechtsunsicherheit.

Die bereits zuvor zitierte ältere Ansicht der Rechtsprechung[28] entspricht nicht mehr den heutigen wirtschaftlichen Erfordernissen, in denen Werbekonzeptionen mitunter einen Wert von mehreren Millionen haben. Insofern sind die Autoren dieses Beitrags allein schon deswegen der Überzeugung, dass Werbekonzeptionen zweifelsohne in den Schutz des Urhebergesetzes einzubeziehen sind, um dem Wert der dahinterstehenden Leistung gerecht zu werden.

Weiterhin frei von Urheberrecht müssen natürlich allgemeine Techniken und Stil bleiben, solange diese nicht Eingang in einem konkreten Werk gefunden haben.

3.3.3 Schutzfähigkeit nach dem Wettbewerbsrecht

Aufgrund der derzeitigen Unsicherheit hinsichtlich der gerichtlichen Durchsetzbarkeit[29] eines urheberrechtlichen Schutzes von Werbekonzeptionen stellt sich die Frage, ob der Schutz von konzeptioneller Urheberleistung nicht vielmehr auch jenseits des Urheberrechts durch das Wettbewerbsrecht gegeben und durchsetzbar bzw. durchsetzbarer ist.[30] Erst seit kurzem wurde dieser Frage in der juristischen Literatur und Rechtsprechung, und dies auch nur am Rande, aufgegriffen. Sofern die Thematik überhaupt Eingang im Schrifttum findet, wird ein

25 Gerhard Schricker: „Abschied von der Gestaltungshöhe …", S. 715 ff.

26 OLG Nürnberg, *GRUR-RR* 2001, S. 225 ff.

27 BGH *GRUR* 2003, S. 876 ff.

28 Siehe 4.2.

29 Vergleiche auch LG Berlin, *GRUR* 1974, S. 412 ff.; Willi Erdmann: „Schutz von Werbeslogans". *GRUR* 1996, S. 550 ff.

30 Vgl. 4.1.

wettbewerbsrechtlicher Schutz in der Regel versagt. Dabei wird zumeist eine Schutzmöglichkeit analog § 4 Nr. 9 c UWG erörtert und verneint.[31]

Nach § 4 Nr. 9 c UWG handelt unlauter, wer Waren oder Dienstleistungen anbietet, die eine Nachahmung der Waren oder Dienstleistungen eines Mitbewerbers sind, wenn er die für die Nachahmung erforderlichen Kenntnisse oder Unterlagen unredlich erlangt hat. Vereinzelt wird zur ablehnenden Begründung des Anspruchs lediglich auf den vorrangigen Schutz nach dem Urhebergesetz verwiesen,[32] der aber aufgrund der überholten, aber noch geltenden Rechtsprechung nicht sicher durchsetzbar ist.[33]

Ein solcher wettbewerbsrechtlicher Anspruch aus § 4 Nr. 9 c UWG analog kann zudem nur dann vorliegen, wenn ein Mitbewerber – also in der Regel ein anderer als derjenige, dem eine Werbekonzeption von dem Konzepturheber präsentiert wurde[34] – „unredlich" vom Inhalt der Werbekonzeption erfahren hat.[35] Unredlich sind Kenntnisse dann erlangt, wenn sich der Nachahmer die für die Leistungsübernahme erforderliche Kenntnis vom fremden Vorbild „in verwerflicher Weise" verschafft hat.[36] Dies ist insbesondere unter den in §§ 17 und 18 UWG genannten Voraussetzungen der Fall.[37]

Die Fälle, in denen die erforderliche Kenntnis vom fremden Vorbild „in verwerflicher Weise", also durch kriminalistische Mittel von Mitbewerbern des Konzepturhebers erlangt werden, sollen hier nicht weiter verfolgt werden. Zuletzt würde allein die Begründung der Analogiefähigkeit des § 4 Nr. 9 c UWG den Rahmen dieses Beitrags sprengen.

Der in der Praxis um ein Vielfaches relevantere Fall ist der eines Anspruchs gegen denjenigen, der vom Urheber der Konzeption diese ihm präsentierte Werbekonzeption nutzt, ohne einen Vertrag mit dem Urheber zu schließen. Dabei wären im Rahmen der Herleitung eines Anspruchs aus § 4 Nr. 9 c UWG analog inzident wohl zumeist auch die Voraussetzungen des § 18 UWG zu prüfen.

Deswegen erscheint es nur konsequent, gegen den Empfänger der Präsentation des Konzepturhebers gleich auf einen Anspruch aus § 18 UWG zu sprechen zu kommen. Ein entsprechender Anspruch lässt sich nach diesseits vertretener Auffassung nämlich in jedem Fall zumindest aus § 18 Absatz 1 UWG herleiten.

Nach der Regelung des § 18 Absatz 1 UWG wird nämlich derjenige Geschäftspartner bestraft, der die ihm im geschäftlichen Verkehr anvertrauten Vorlagen technischer Art, insbesondere Zeichnungen, Modelle, Schablonen, Schnitte, Rezepte, zu Zwecken des Wettbewerbs unbefugt verwertet oder jemandem mitteilt.

---

31 Vergleiche beispielsweise Dieter Krimphove: *Werberecht*. Freiburg 2004, S. 141 f.

32 Ders., a. a. O.

33 Vergleiche dazu 4.1.

34 Also etwa eine mit der Werbeagentur, die das Werbekonzept erschaffen hat, konkurrierende Werbeagentur.

35 Zu denken ist hier an seltene Fälle wie etwa Kenntnisnahme durch *Computer Hacking* in das Computersystem einer Werbeagentur durch eine Konkurrenzagentur; ein solches Vorgehen ist aber kaum vorstellbar.

36 BGH *GRUR*, 2003, S. 356 ff.

37 Wolfgang Gloy/Michael Loschelder: *Handbuch des Wettbewerbsrechts*. München 2004, S. 626.

Diese Regelung scheint schon auf den ersten Blick besser auf Situationen zu passen, in denen ein Urheber bei einer Konzept-Präsentation einem potentiellen Abnehmer eine Werbekonzeption präsentierte, dieser dem präsentierenden Urheber den Auftrag jedoch nicht erteilt und diese Konzeption später mittels eines anderen, in der Umsetzung ggf. billigeren Anbieters umsetzen lässt.

„Vorlagen“ im Sinne des § 18 UWG sind dabei Sachen, die bei der Erstellung neuer Sachen als Vorbild dienen.[38] Bei der Frage, ob Werbekonzeptionen solche Vorlagen sein können, ergibt eine Betrachtung von § 18 Absatz 1 UWG, dass damit jegliche unbefugte Verwertung von den Ergebnissen fremden Gedankenguts gemeint ist, was auf eine ganzheitliche Kampagnenkonzeption eines Konzepturhebers zutrifft, da diese *Intellectual Property* im eigentlichen Sinne darstellt.

Im Übrigen ist in § 18 Absatz 1 UWG beispielhaft auch von Rezepten die Rede, also Handlungsanleitungen, wie sie mit einer Werbekonzeption, die auch eine solche Handlungsanleitung für die Realisierung konkreter Werbung darstellt, vergleichbar ist.[39] Dies spricht für die Annahme, dass von der Norm auch Werbekonzeptionen mitgeschützt werden. Somit lässt sich nach Auffassung der Autoren im Ergebnis eine Werbekonzeption unter den Begriff der „Vorlage“ subsumieren.

Zuletzt sind diese Vorlagen von der Agentur gegenüber einem Dritten auch „anvertraut“ worden. „Anvertraut“ sind dabei solche Vorlagen, die vertraglich oder außervertraglich mit der ausdrücklichen oder aus den Umständen folgenden Verpflichtung überlassen wurden, sie nur „im Interesse“ des Anvertrauenden zu verwerten.[40] Unabhängig von der Frage eines ausdrücklichen Anvertrauens, wird dieses Konzept stets zumindest konkludent anvertraut worden sein, denn die Präsentation wird im Regelfall individuell für den potentiellen Kunden entwickelt worden sein.

Dem ersten Anschein nach liegt die Erarbeitung und Präsentation „im Interesse“ des potentiellen Abnehmers. Aufgrund der wirtschaftlichen Bedeutung der Präsentationsausarbeitungen bedarf es jedoch einer genaueren Betrachtung, die zu einem anderen Ergebnis führt als zunächst angenommen: Der Urheber der Konzeption wird nämlich seine Vorstellungen eines Werbekonzeptes ausarbeiten und bei einer Präsentation mit der Erwartung vortragen, auch den Auftrag zur Durchführung der Gesamtkonzeption bzw. Werberealisierung zu bekommen.

Aufgrund des erheblichen Aufwands und des wirtschaftlichen Wertes der konzeptionellen Leistungen muss davon ausgegangen werden, dass der Urheber des Konzeptes dem potentiellen Abnehmer eine Nutzung der Präsentationsergebnisse nur im Rahmen einer gemeinsamen Kooperation der entwickelten Konzeption gestatten will.

---

38 Baumbach/Hefermehl: *Wettbewerbsrecht.* München, 22. Aufl. 2001, § 18 UWG Rn. 3.

39 Vergleiche Christoph Wüterich: „Wettbewerbsrechtlicher Schutz von Werbe- und Kommunikationskonzepten“. *GRUR* 2004, S. 389 ff.

40 Baumbach/Hefermehl: *Wettbewerbsrecht*, § 18 UWG Rn. 4.

Die rechtliche Beziehung der Parteien ist nach der hier vertretenen Auffassung insofern nicht anders zu beurteilen als im Urheberrecht[41], denn auch dort darf der Auftraggeber die Werke nur nutzen, wenn und soweit ihm die urheberrechtlich geschützte Befugnis ausdrücklich eingeräumt wurde.

Eine konkludente Übertragung eines Nutzungsrechts durch die bloße Präsentation einer Werbekonzeption scheidet demnach aus. Nach alledem liegt die Präsentation vielmehr „im Interesse" des das Konzept schaffenden Urhebers. In einem Stadium, in dem der Konzepturheber somit auf eigenes Risiko und zumeist auf weitgehend eigene Kosten arbeitet, wäre es zuletzt äußerst unbillig, die Leistung schon als im Interesse des Werbetreibenden liegend anzusehen.[42]

Dieser Schluss trägt zudem auch dem Umstand Rechnung, dass sich die zeit- und gedanklich aufwändige Vorarbeit, in der die gesamte spätere Kampagne bereits angelegt ist, qualitativ von der späteren handwerklichen Ausführung unterscheidet.[43] Wenn also nun der potentielle Abnehmer die ihm präsentierte Werbekonzeption ohne Zustimmung des Urhebers nutzt, kann dieses Handeln unter § 18 Absatz 1 UWG subsumiert werden.

In der Praxis wird der Anspruchsgegner sich aber wohl auf das Vorliegen einer zufälligen Doppelschöpfung berufen oder behaupten, er habe die Werbekonzeption zeitlich vor der Präsentation des Anspruchsstellers eigenständig erarbeitet. Die Beweislast liegt dann bei dem Anspruchsteller. Bei der Beweisführung ergibt sich das Problem, dass der den Anspruch stellende Urheber der Werbekonzeption beweisen muss, dass sein Konzept tatsächlich eine Priorität gegenüber dem vom Anspruchsgegner verwendeten Konzept hatte und von ihm stammt.

Man mag beispielsweise auch an eine „unveröffentlichte Anmeldung" in der Form denken, wie sie das neue Geschmackmustergesetz ermöglicht, wobei man etwa grobe Skizzen der auf dem Werbekonzept basierenden Werbeausführungen beim Deutschen Patent- und Markenamt in München hinterlegen könnte, aus denen man dann auf den Inhalt des Werbekonzepts schließen könnte. Aber man muss festhalten, dass auch dieses Verfahren derzeit noch unerprobt und damit mit erheblichen Risiken verbunden ist.[44]

In praktischer Hinsicht empfiehlt es sich deswegen, spezielle Präsentationsverträge[45], Werbekonzeptionsverträge[46] oder zumindest Geheimhaltungsvereinbarungen[47] im Vorwege der Präsentation eines Werbekonzeptes abzuschließen, um später daraus entsprechende Beweise für

---

41 So auch Christoph Wüterich: „Wettbewerbsrechtlicher Schutz ...". *GRUR* 2004, S. 389 ff.

42 Ders., a. a. O.

43 Ders., a. a. O.

44 Vergleiche zu diesem Ansatz ähnlich 4.4.

45 Ein Vorschlag für eine solche Vereinbarung findet sich bei Eberhard Kolonko: *Verträge mit Kommunikationsagenturen.* Frankfurt a. M. 2005, S. 111 ff.

46 Eine Vorlage für eine solche Vereinbarung findet sich beispielsweise bei: *Münchener Vertragshandbuch*, Bd. 3, Wirtschaftsrecht II, 5. Aufl., VIII 9.

47 Vgl. als Vorlage etwa Heussen/Korf/Schröder/Weber (Hg.): *Unternehmer-Handbuch.* München 2005, § 7 Rn. 18 ff. Siehe auch *Münchener Vertragshandbuch*, Bd. 3, Wirtschaftsrecht II, 5. Aufl., VIII 9, Anm. 4.

die Begründung eines Anspruches aus § 18 Absatz 1 UWG ableiten zu können. Zudem empfiehlt es sich, zur Vermeidung unterschiedlicher Erwartungen der Parteien schon solche vorausschauenden Absicherungsmaßnahmen vorzunehmen.

Somit kann der Urheber im Ergebnis nach der hier vertretenen Auffassung die Nutzung der von ihm erarbeiteten Konzeption auch durch die Erhebung eines Unterlassungsanspruchs nach den §§ 823, 1004 BGB, 18 Absatz 1 UWG durchsetzen und/oder nach einer bereits erfolgten Nutzung einen Schadensersatz aus den §§ 18 Absatz 1, 19 UWG gelten machen. Der Anspruch kann dabei zudem im Wege der (sehr schnellen) wettbewerbsrechtlichen einstweiligen Verfügung verfolgt werden. Der Schadensersatzanspruch bemisst sich der Höhe nach an der üblichen fiktiven Lizenzgebühr.[48]

Präsentierte Werbekonzepte sind also nach Auffassung der Autoren dieses Beitrags auch nach dem Wettbewerbsrecht geschützt, insbesondere dann, wenn eine ausdrückliche wirksame Vereinbarung dies regelt oder aus den für die Parteien ersichtlichen Umständen des Einzelfalls eine Verwendung des präsentierten Konzeptes ohne Zustimmung der Urheber ausgeschlossen werden soll.

3.3.4 Schutzfähigkeit nach dem Markenrecht?

Der Vollständigkeit halber soll zur Schutzfähigkeit von Werbekonzeptionen an dieser Stelle ein relativ neuer Vortrag von Fezer zur „Theorie der variablen Marke“[49] erwähnt werden, der sich mit dem markenrechtlichen Schutz von Markenbildungskonzeptionen auseinandersetzt. Kern der Fezer'schen Theorie der variablen Marke ist die These, dass ein Markenschutz für ein Markenformat bestehe. Der Begriff des Markenformats, den er für seine dynamische Theorie der variablen Marke einführt, beruhe auf einem kommunikationstheoretischen Markenverständnis.[50]

Ausgangspunkt seiner Theoriebildung ist das europäische Markenrechtsverständnis, wie es in den Entscheidungen des EuGH zum Ausdruck komme. Der EuGH gehe von einem offenen Markenbegriff im Sinne der Markenfähigkeit eines Zeichens aus. Den Leitentscheidungen des EuGH zur olfaktorischen Marke (*Sieckmann*-Urteil), zur Formmarke (*Philips/Remington*-Urteil), zur Farbmarke (*Libertel*-Urteil) und zur Hörmarke (*Shield Mark*-Urteil) liege nämlich ein solch weites Markenverständnis zugrunde.[51]

Ein offener Katalog an innovativen Markenformen in der Markenrichtlinie entspricht nach Ansicht Fezers dem europäischen Markenverständnis. Die Theorie der variablen Marke versuche dabei, mit dem Begriff des Markenformats der Realität des Marketings und der Wer-

---

48 Vgl. dazu die gängige Rechtsprechung zur „Vorlagenfreibeuterei“ sowie Gloy/Loschelder: *Handbuch des Wettbewerbsrechts*, 3. Aufl., S. 885 ff.

49 Karl-Heinz Fezer: „Eine Theorie der variablen Marke“. *GRUR* 2005, S. 102 ff.

50 Ders., a. a. O.

51 Urteile: *Sieckmann* EuGH, *GRUR* 2003, S. 145 ff. – *Philips/Remington* EuGH, *GRUR* 2002, S. 804 ff. – *Libertel* EuGH, *GRUR* 2003, S. 603 ff. – *Shield Mark* EuGH, *GRUR* 2004, S. 54 ff.

bung am Markt einen rechtlichen Rahmen zu geben. Die Fezer'sche Theorie der variablen Marke sei zugleich Ausdruck eines „Investitionschutzes im Markenrecht", wonach das Immaterialgut Marke auch ein Schutzinstrument zur rechtlichen Absicherung von Marketing und Werbeinvestitionen sei.[52]

Die Autoren dieses Beitrags halten den Ansatz von Fezer für interessant, mögen aber derzeit noch nicht absehen, ob sich dieses innovative Markenverständnis in der Praxis der Markenämter und Gerichte auch tatsächlich durchzusetzen vermag. Insofern sollte man diese Neuentwicklung fortan aufmerksam verfolgen und ggf. zu einem späteren Zeitpunkt in der eigenen Marken-, Markenbildungskonzeptions- bzw. Werbekonzeptionsführung berücksichtigen.

4. Die neue europäische Produktpiraterieverordnung

Seit dem 01.07.2004 gilt die neue europäische Produktpiraterieverordnung[53], welche das Verfahren der Grenzbeschlagnahme von Waren, die im Verdacht stehen, Schutzrechte geistigen Eigentums zu verletzen, regelt.[54] Dabei enthält die Verordnung zahlreiche Verfahrenserleichterungen sowie eine Ausweitung ihres Anwendungsbereichs. Bislang traf der Zoll eine Sachentscheidung, was nunmehr nicht mehr vorgesehen ist. Es ist jetzt vornehmlich Sache des jeweiligen Rechtsinhabers, hierbei tätig zu werden. So sind die Mitgliedstaaten unter anderem ermächtigt, ein vereinfachtes Verfahren einzuführen, um Pirateriewaren unter Überwachung des Zolls vernichten zu lassen.[55]

Eine Piraterie von Werbekonzepten wäre hierbei insofern denkbar, als dass verkörperlichte, ausgefertigte Werbeprodukte im außereuropäischen Ausland hergestellt und dann nach Deutschland geliefert werden, diese Werbeprodukte auf einer im europäischen Inland präsentierten Werbekonzeption beruhen und dabei ohne Einwilligung des die Rechte Innehabenden von Dritten „verkörpert" würden.

---

52 Karl-Heinz Fezer: „Eine Theorie der variablen Marke". *GRUR* 2005, S. 102 ff.

53 Verordnung (EG) Nr. 1383/03. Zur Produktpiraterie auch: Dieter Krimphove: *Europäisches Werberecht*. S. 303 f.

54 Zum Thema Produktpiraterie ausführlich: Thomas Wölfel: *Marken- und Produktpiraterie, Eine Studie zu Erscheinungsformen und Bekämpfungsmöglichkeiten*. Stuttgart 2003.

55 Markus Welser: „Die neue europäische Produktpiraterieverordnung". *EWS* 2005, S. 202 ff.

4.1 Neue Möglichkeiten durch die Verordnung?

Zunächst stellt sich die Frage, ob die Verordnung bei unberechtigter Nutzung einer präsentierten Werbekonzeption hier überhaupt weiterhelfen kann. Denn nach dem Wortlaut und dem Titel der Verordnung mag zunächst die Vermutung nahe liegen, dass die Verordnung nur verkörperlichte Produkte vor einer Nachahmung schützen will, nicht jedoch die Nachahmung von Konzeptionen.

Artikel 2 (1) b der Verordnung, der den Geltungsbereich der Verordnung regelt, spricht bei „Waren, die Rechte geistigen Eigentums verletzen“, unter anderem von unerlaubt hergestellten Waren, die Nachbildungen sind und ohne Zustimmung des Inhabers des Urheberrechts angefertigt werden und dabei Rechtsvorschriften[56] des Mitgliedstaats, in dem der Antrag auf Beschlagnahme gestellt wird, verletzen würden. Rechtsinhaber ist dabei nach Artikel 2 (2) a der Verordnung der Urheber.

Nach Artikel 2 (3) werden Matrizen, die speziell zur Herstellung von Waren, die ein Recht geistigen Eigentums verletzen, bestimmt oder daran angepasst worden sind, Waren gleichgestellt, wenn die Verwendung dieser Formen nach den Rechtsvorschriften der Gemeinschaft oder des Mitgliedstaats, in dem der Antrag gestellt wird, die Rechte des Rechtsinhabers verletzt.[57] Eine „Matrize“ ist zunächst nur eine körperliche „Mutterform“[58]. Wenn Mutterformen geschützt sein sollen, dann muss nach diesseitig vertretener Auffassung unter dem Begriff der „Matrize“ auch ein „Mutterrezept“ zur Erstellung von Waren verstanden werden. Dafür spricht der allgemein weite Wille des europäischen Gesetzgebers, geistiges Eigentum möglichst umfassend zu schützen.[59] Zudem bedarf es mit einer solchen Matrize zur Erstellung der Ware selbst nur weniger weiterer Schritte; auch an einer entsprechenden „Bestimmung“ zur Herstellung von Waren ist auszugehen. Nicht anders verhält es sich auch beim in den Händen Halten eines Rezeptes, wo selbst auch nur wenige handwerkliche Schritte vorzunehmen sind, um damit eine Ware herzustellen. Eine Werbekonzeption ist dabei ein solches Rezept, was bereits oben dargelegt wurde. Die beiden Situationen sind dabei vergleichbar, weswegen nach der hier vertretenen Auffassung eine Konzeption – also ein Rezept – einer Matrize im Sinne der Verordnung gleichzustellen ist.

Da nach der oben dargelegten Auffassung Urheber von Werbekonzepten nach deutschem bzw. europäischen Recht einen urheberrechtlichen Schutz genießen, fallen verkörperlichte Produkte, die auf einer im innereuropäischen Inland präsentierten Werbekonzeption beruhen, ohne Einwilligung des Rechteinhabers von Dritten im nichteuropäischen Ausland verkörpert und dann wieder in die EU eingeführt werden, demnach in den Schutzbereich der Verordnung. Man mag hier beispielsweise an Werbemittel denken, die Teil einer Werbekampagne

56 Vergleiche dazu 4.1.

57 Zu einem entsprechenden Schutz von Rezepten bzw. Matrizen in Deutschland vgl. 3.3.3

58 Siehe de.wikipedia.org/wiki/Matrize, zuletzt eingesehen am 24.04.2006.

59 Dieser Wille ist zum Beispiel ersichtlich in der EU-Richtline 2004/48/EG.

sind und die – etwa als Werbegeschenk – beispielsweise im asiatischen Bereich produziert und dann von dort nach Deutschland eingeführt wurden, ohne dass dafür die Rechte von Urhebern des hinter der Kampagne stehenden Werbekonzepts erworben wurden.

4.2 Ausblick

Die neue Europäische Produktpiraterieverordnung gibt dem Werbekonzepturheber ein neues Instrumentarium an die Hand, welches neben die Möglichkeiten tritt, die bereits das Markengesetz[60] , Urhebergesetz[61] sowie UWG bieten.[62] Wie handhabbar dieser Anspruch sein wird, wird die zukünftige Rechtsprechung zeigen, zumal es zu der noch sehr jungen Produktpiraterieverordnung bislang keine Weg weisenden Urteile gibt.

5. Schlussbemerkungen

Starke Marken stellen ein immer wichtigeres Asset für ihre Inhaber dar. Speziell in Verdrängungsmärkten sind differenzierende Kommunikationskonzepte dabei ein wichtiges Instrument zur Schaffung eines emotionalen Markenmehrwerts. Die Grenzziehung der Schutzfähigkeit von Konzeptionen ist sicher fließend.

Gerade vor dem Hintergrund der erheblichen Aufwendungen der Urheber bei der Erstellung von Kommunikationskonzepten ist es zwingend, solche Konzepte angemessen vergütet zu bekommen, und nicht einsehbar, dass komplexe Inhalte von Kommunikationskonzepten nur in ihren verkörperten konkreten Ausformungen, und nicht schon als eigenständiges *Intellectual Property* schutzfähig sein sollen. Dies läge auch im Interesse des Investitionsschutzes der Erwerber der Nutzungsrechte an solchen Konzepten. Dieser Sichtweise sollte sich aus den aufgezeigten Gründen auch die deutsche Rechtsprechung anschließen.

Allerdings verhehlen die Autoren nicht, dass dieser Auffassung auch ein Problem innewohnt: In einer virtuell kleiner gewordenen Welt würde es ohne eindeutige Regelung der Registrierung solcher Rechte vermutlich noch mehr Rechtsunsicherheit hinsichtlich möglicher Rechtsverletzungen und ggf. am Ende erhebliche Einschränkungen in der Wahl der Kommunikationsmöglichkeiten geben.

---

60 Vergleiche dort zur Beschlagnahme auch § 111 b.

61 Siehe dort insbesondere zur Beschlagnahme § 146.

62 Einzelheiten dazu siehe weiter oben unter 4.1 und 4.2.

Vertriebsstrukturen nachhaltig gegen Produkt- und Konzeptpiraterie sichern

Robert M. Eck, Olaf Jelken

1. Einleitung

Produkt- und Konzeptpiraterie ist in der globalisierten Wirtschaft ein milliardenschweres Geschäft der organisierten Kriminalität. Eine strategische Vorgehensweise für die nachhaltige Absicherung der Vertriebsstrukturen ist zu entwickeln, entlang der gesamten Supply Chain ist der Know-how-Schutz zielgerichtet aufzubauen, um Piraterieschäden frühzeitig zu erkennen bzw. an ihrem Ursprung zu verhindern.

Galt die Produkt- und Konzeptpiraterie früher als Bagatelldelikt in Branchen mit Produkten wie Uhren, Textilien und Parfüms, ist heute Folgendes offensichtlich: Keine Branche bleibt verschont, gefälscht wird heute alles. Von Porzellan, Spielzeug, Medikamenten oder Kosmetik, über Fotoapparate, Telefone und Werkzeuge bis hin zu komplett kopierten Autos. So hat der Chef der Rechtsabteilung von Ferrari bereits über zehn Werkstätten – unter anderem in Oregon, USA, oder Oberhausen und Bad Breisig, Deutschland – entlarvt, die ein Modell vollständig nachbauten. DaimlerChrysler musste in Südafrika gegen einen Hersteller vorgehen, der das Modell Sprinter komplett kopierte. In China ist auf einer nationalen Automobilmesse sogar ein komplett kopierter VW Polo vorgestellt worden. Die technologischen Entwicklungen ermöglichen den Produktpiraten immer professionellere Fälschungen, so dass selbst Fachleuten die Unterscheidung zwischen Original und Imitat oft schwer fällt. Produktpiraterie hat sich vom schlichten Ideenklau hin zum komplexen Technologieraub, von Kopien in kleiner Auflage in minderwertiger Qualität hin zu hochprofessioneller Produktfälscherei in industrieller Massenproduktion entwickelt. Produkt- und Konzeptpiraterie ist ein Milliardengeschäft der organisierten Kriminalität. Doch wie können sich die Unternehmen in diesem gefährlichen Milliardenpoker schützen? Der folgende Ansatz zur Absicherung der Vertriebskanäle stellt Strategien vor, die in der richtigen Kombination die Produkt- und Konzeptpiraterie wirksam und insbesondere nachhaltig eindämmen. Diese Strategien decken die gesamte Wertschöpfungskette des Unternehmens ab und begleiten Produkte über deren gesamten Lebenszyklus.

Die Piraterie-Thematik wird in der Öffentlichkeit häufig nur bei Luxusartikeln wie Uhren, Textilien oder Parfüms wahrgenommen, da die Markenhersteller hier den Strategie-Baustein „Öffentlichkeit informieren" forcieren. Über gefälschte Bremsscheiben, Handys oder Elektronik-Konsumgüter wird eher ungern offen kommuniziert. So kommt es zu einer gefährlichen Fehleinschätzung, denn gefälscht wird heute alles: von Arzneimitteln und Flugzeugersatzteilen, über Getränkedosen bis hin zu vollständig nachgebauten Fahrzeugen. Neben finanziellen Einbußen sind es erhebliche Reputationsschäden. Hinzu kommen Sicherheitsrisiken, die die betroffenen Unternehmen zum Handeln zwingen. Dabei sind es meist Schwachstellen in der eigenen Wertschöpfungskette, die es den Produktpiraten leicht machen, Produkte zu fälschen, intelligente Konzepte zu übernehmen und Imitate am Markt anzubieten.

1.1 These: Der wichtige Produktionsfaktor „Intellectual Property" ist für Unternehmen extrem anfällig

Der weltweit durch Produkt- und Markenpiraterie verursachte Umsatzverlust belief sich im Jahr 2004 auf über 300 Mrd. Euro. Dies entspricht 8–10 % des Welthandelsvolumens.[1] Neben den finanziellen Einbußen der Unternehmen sind es Steuerausfälle und allein für Deutschland geschätzte 70 bis 80 Tausend verlorene Arbeitsplätze.[2] Nur selten erreichen Fälschungen die Qualität der Originalprodukte. Meist sind Funktionalität und Lebensdauer erheblich eingeschränkt. Darüber hinaus kann die Verwendung von Imitaten im Besonderen Verbraucherschädigungen herbeiführen. Leicht entflammbare Teddybären aus China als sicherheitsgefährdendes Spielzeug, schwere Verkehrsunfälle wegen untauglicher Bremsbeläge oder der Absturz des französisch-englischen Gemeinschaftsprodukts Concorde bei Paris machten weltweit Schlagzeilen. Neben der Gefährdung von Menschenleben sowie Imageschäden für die betroffenen Unternehmen hat dies auch rechtliche Konsequenzen: Kommt es durch qualitativ minderwertige Produkte zu Sach- oder Personenschäden, kann der Originalhersteller im Rahmen der Produkthaftung zu hohen Schadenersatzforderungen herangezogen werden. Die Einschätzung und Bewertung der Risiken und Schäden durch Imitate sind dabei bei Markeninhabern und Verbrauchern sehr unterschiedlich. In der Automobil- und Luftfahrtindustrie sowie bei medizinischen Produkten stehen Sicherheitsrisiken, Qualitätsmängel und die Produkthaftung im Vordergrund. Bei Luxusgütern wie hochwertigen Uhren und Accessoires sind es die Reputationsschäden und die damit verbundenen Umsatzausfälle. Gerade aus diesen Gründen müssen Unternehmen ihre eigenen Produkte, Marken, Konzepte und ihr Know-how mehr denn je durch gewerbliche Schutzrechte (wie Patente, Geschmacksmuster, Gebrauchsmuster, Marken etc.) sichern, um eine rechtliche Handhabe gegen die Piraterie zu haben. Aber genau dies ist in Deutschland, wie die nachfolgenden Zahlen belegen, nicht genügend der Fall.

Im Jahr 2004 wurden allein für Europa rd. 180.000 Patentneuanmeldungen beim Europäischen Patentamt (EPA) eingereicht. Dies entspricht einer Steigerung von mehr als 6 % gegenüber dem Vorjahr. Die größten Bereiche bilden hierbei „Instrumente" mit insgesamt 14 %, gefolgt von „Elektrotechnik, Elektronik und Nachrichtentechnik" mit über 13 %, „Transport" mit gut 5 %. Aus dem Bereich „Gesundheitswesen" kommen mittlerweile 4 % aller Patentanmeldungen. Für Deutschland hingegen wurden rd. 60.000 nationale und internationale Patente mit Wirkung in der BRD beim Deutschen Patent- und Markenamt (DPMA) angemeldet. Das sind gut 8 % weniger als im Vorjahr. Zudem war bis zum Jahr 2004 die Zahl der Patentabgänge aufgrund von Löschungen oder Nichtverlängerungen durchschnittlich 10 % höher als die der Zugänge. Fasst man DPMA- und EPA-Anmeldungen zusammen, entspricht die Zahl der Abgänge ungefähr der der Zugänge. Es zeigt sich der Trend, dass die Halbwert-

---

1 Nach Schätzungen des Counterfeiting Intelligence Bureau (CIB) der Internationalen Handelskammer in London (ICC) und des Ausschusses für Außenwirtschaftsbeziehungen des Europäischen Parlaments.

2 Deutscher Industrie- und Handelskammertag (DIHK)/Bundesverband der Deutschen Industrie (BDI).

zeit von Patenten sich in Europa in den letzten Jahren halbiert hat. Dies ist vor allem im Bereich der Gebrauchsmuster- und Markenanmeldungen zu erkennen. Hier sinkt der Bestand kontinuierlich um 2 % jährlich. Bei den Markenanmeldungen sind es mittlerweile über 5 % und bei Geschmacksmusteranmeldungen sogar 9 % weniger Anmeldungen pro Jahr. Blicken wir in die Zukunft von europäischen Unternehmen, so sollten uns diese Fakten in Alarmbereitschaft versetzen.

Lässt sich eine Marken- und Konzeptverletzung in Europa oder in den USA meist technisch und juristisch abgrenzen, so sieht dies in China ganz anders aus. Dort haben westliche Unternehmen kaum eine Chance auf juristischen Erfolg, wenn nicht im Vorfeld eine Schutzrechtsanmeldung bzw. juristische Maßnahmen getroffen wurden. Namhafte Unternehmen mussten in der Vergangenheit viel Lehrgeld bezahlen. So beispielsweise eine bekannte Markenfirma für Schneidwaren aus Solingen, die ein neues Werk im Süden Chinas aufbaute, um dort Scheren und Messer für den chinesischen Markt zu produzieren. Kein halbes Jahr verging, bis Imitate von Scheren und Messern auf den europäischen und amerikanischen Märkten auftauchten. Kaum vom Original zu unterscheiden, selbst die Verpackungen und das Logo wurden kopiert. Man hatte anfangs auf den Wachstumsmarkt, die hohe Arbeitsbereitschaft und die kostengünstige Herstellung im Land gesetzt, gleichzeitig jedoch den wichtigen Unternehmensfaktor *Intellectual Property* vernachlässigt. Nur durch juristische Klimmzüge und vor allem persönliches Engagement vor Ort in China war der Schaden durch Piraterie wieder einzudämmen.

1.2 These: Know-how-Abfluss in einer vernetzten, globalisierten Wirtschaft wird oft unterbewertet

Die Globalisierung ist seit Jahren ein viel diskutiertes Thema. Handelsströme und Tourismus, Firmenzusammenschlüsse und Finanzmärkte umfassen zunehmend die ganze Welt, wodurch stark ausgeprägte internationale Verflechtungen entstehen – insbesondere auch mit Blick auf die EU-Osterweiterung und die Öffnung des chinesischen Marktes. In den stagnierenden europäischen Volkswirtschaften können Marktanteile nur auf Kosten der Mitbewerber ausgeweitet werden. Doch vor allem in China entstehen täglich neue Firmen und Joint Ventures von europäischen bzw. amerikanischen Industrieunternehmen. Jeder will in diesem Wachstumsmarkt des 21. Jahrhunderts dabei sein. Haben führende Automobilhersteller noch bis vor ein paar Jahren geglaubt, sie könnten den chinesischen Markt allein erschließen, so wurden sie auf der Internationalen Automobilausstellung IAA 2005 in Frankfurt eines Besseren belehrt. Gleich drei neue chinesische Automarken waren dort präsent. Was vor 40 Jahren mit den Japanern begann und vor 15 Jahren von den Koreanern aufgegriffen wurde, wird heute mit neuen chinesischen Automarken fortgeführt. Nicht nur für den eigenen Markt, sondern auch auf den europäischen und amerikanischen Märkten sollen diese Modelle in den kommenden 10 Jahren angeboten werden. Woher stammt in diesem Land das Know-how zum

Bau von Automobilen? Alles nur nachgemacht? Diese Antwort geht zwar in die richtige Richtung, ist aber dennoch unvollständig. Früher wurden Produkte nachgemacht. Heute werden Konzepte inkl. Forschung und Entwicklung, Beschaffung und Produktion sowie Vertrieb komplett übernommen. Die neuen chinesischen Autohersteller produzieren selbstverständlich ebenfalls in Modulbauweise auf Basis einer Plattformstrategie. Sie kaufen die Module sogar bei den gleichen Modullieferanten wie die alteingesessenen Automobilhersteller.

Benchmarking als ein (noch) positiv besetztes Wort für Know-how-Diebstahl? Wird heute ein modernes neues Automobilwerk gebaut, so waren die Planer und Erbauer sicher in 100 anderen Automobilwerken weltweit, um Ideen und Konzepte zu übernehmen. Die führenden Automobilhersteller müssen sich Gedanken machen, wo und an welcher Stelle ihr Know-how abfließt. Häufige Angriffsstellen laut einer Studie des ICC in London sind die Forschungs- und Entwicklungsabteilungen. Hier findet der größte Know-how-Abfluss statt, auch weil der Umfang von an externe Dienstleister vergebener Entwicklung stetig zunimmt. Schwachstellen sind zum einen (durch Kündigungswellen) demotivierte Mitarbeiter, zum anderen die Verlockung des schnellen Euro durch den Verkauf von Prototypen oder Planungsunterlagen.

Die koreanischen Automobilhersteller gehen seit einigen Jahren einen bemerkenswerten Weg: Sie haben ihre Entwicklungsabteilungen teilweise oder ganz nach Europa verlegt, um dort gezielt Know-how und Marktkenntnisse zu sammeln. Auch amerikanische Automobilhersteller orientieren sich mehr und mehr am „Allerweltsauto“: Einen Fahrzeugtyp bauen, der sich auf fast allen Märkten der Erde verkaufen lässt. Aber wie gelangen jetzt alle Hersteller an dieses Wissen? Nur durch Vernetzung oder Marktbeobachtungen sicherlich nicht. Auch hier gilt: derjenige hat die Nase vorn, der als Erster mit einer qualitativ hochwertigen Innovation auf den Markt kommt. So hat Toyota mit seinem serienreifen Hybridantrieb zu erschwinglichen Preisen gegenüber anderen Hersteller in diesem Segment sicher drei bis vier Jahre Vorsprung!

Haben sich US-amerikanischen Geheimdienste in Zeiten des Kalten Krieges mit dem „Klassenfeind“ beschäftigt, so sieht dies heute anders aus. Eine Studie des Bundesnachrichtendienstes belegt, dass rund 35 % der 40 bis 50 US-Geheimdienste damit beschäftigt sind, gezielt technologisches Know-how für US-Industrieunternehmen zu beschaffen. Ob legal oder illegal soll an dieser Stelle nicht diskutiert werden; nach Ansicht der BND-Experten handelt es sich aber eindeutig um Industriespionage. Einige Unternehmen nehmen aber den Umgang mit Datenschutz und Datensicherheit sehr ernst. Diverse Großunternehmen haben eigene *Security Policies* erstellt, in denen klar geregelt ist, wie mit Altbeständen, Datenschutz, Zugriffs- und Zutrittsrechten verfahren wird. Leider findet man diese Policies in deutschen Unternehmen bisher nur sehr selten vor – im Mittelstand fast gar nicht.

Es wiegt zudem schwer, dass den Firmenmitarbeitern zumeist das Bewusstsein für die Wichtigkeit und den Umgang mit Informationen und Systemen fehlt. Oftmals unbewusst werden Betriebsgeheimnisse bei einem Glas Wein bei Freunden oder unter Kollegen nach dem Motto „ich erzähle es nur Dir und sonst niemandem“ anvertraut. Auch die störenden und lauten Telefonate von Mitreisenden im ICE sind oft aufschlussreich. Denken Sie an das Bearbeiten von E-Mails, die Beantwortung von Korrespondenz in Zug und Flugzeug. Es gilt, sich ständig mit neuen Techniken und Technologien zu beschäftigen. Heute passt die komplette Buchhaltung eines großen mittelständischen Unternehmens leicht auf einen USB-Datenstick. All dies kann zum Abfluss von Know-how führen.

1.3 These: Know-how-Schutz – eine betriebliche Notwendigkeit in *jedem* Unternehmen

Die Notwendigkeit, sich gegen die Folgen der illegalen Nutzung des eigenen Wissens durch fremde Staaten, Konkurrenten oder Einzelpersonen zu wehren, ist angesichts eines weltweit verschärften Wettbewerbs, einer angespannten Wirtschaftslage sowie einer ständig steigenden Abhängigkeit von moderner Informations- und Kommunikationstechnik unbedingt gegeben. Unternehmenserfolg und präventives Sicherheitsmanagement sind in einem engen Zusammenhang zu sehen. Know-how verkörpert das strategische Potenzial eines Unternehmens. Es sichert den Wettbewerbsvorsprung am Markt und ist für den zukünftigen Unternehmenserfolg von hoher Relevanz. Der Verlust geistigen Eigentums kann von existenzieller Bedeutung für ein Unternehmen sein.

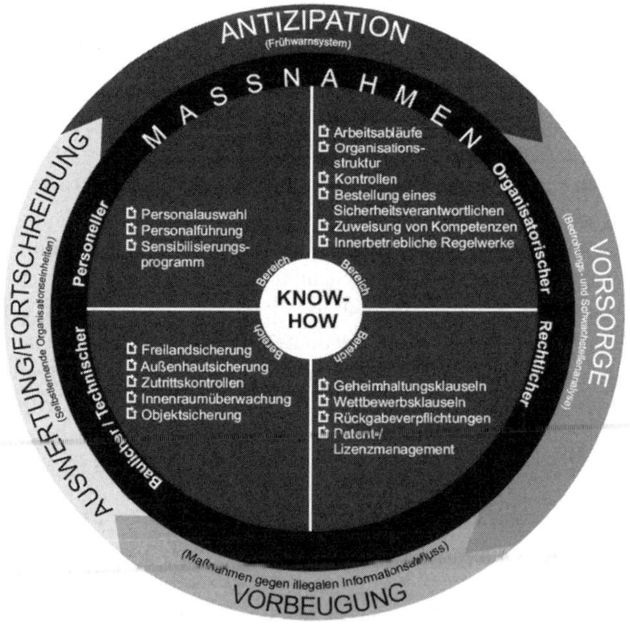

Quelle: Landesamt für Verfassungsschutz Baden-Württemberg
Abbildung 1: *Regelkreis der Prävention*

Prävention in Form von unternehmensbezogenen Schutzkonzepten bietet die Gewähr dafür, materielle und immaterielle Schäden zu verhindern oder wenigstens zu minimieren. Dabei sollte sich die Aufmerksamkeit nicht allein auf die Vereitelung des eigentlichen Spionage- oder Sabotageakts richten. Vielmehr gilt es, bereits das – häufig durch menschliche Schwächen begünstigte – „Aushebeln" vorhandener Schutzvorkehrungen abzuwehren und dem damit verbundenen unbemerkten Eindringen in sensible Bereiche vorzubeugen.

Gesellschaftliche und wirtschaftliche Veränderungen sowie verfeinerte Methoden der illegalen Informationsbeschaffung erfordern auch neue Formen der Prävention. Nur professionell gestaltete Abwehrmaßnahmen bieten die Gewähr, den heutigen Herausforderungen gerecht zu werden. Die Erarbeitung und Realisierung eines Informationsschutzkonzepts ist zu einer komplexen und interdisziplinären Managementaufgabe geworden. Konzeptionelles Vorgehen bedeutet mehr als die Addition von Einzelmaßnahmen. Vielmehr ist darunter das geplante Erfassen und strukturierte Aufarbeiten von Problemen zur Erreichung des definierten Ziels zu verstehen. Jedes Unternehmen hat in Abhängigkeit von seiner Größe, Struktur, Produktpalette, Finanzkraft und Gefährdungssituation spezifische Sicherheitsvorstellungen und -vorkehrungen zu entwickeln.

Nur wer selbst durch sein Handeln der Sicherheitsphilosophie gerecht wird und durch präzise Vorgaben und vorbildliches Verhalten Kompetenz sowie Verantwortungsbereitschaft erkennen lässt, kann von den Mitarbeitern aller betrieblichen Ebenen das erforderliche Maß an Akzeptanz und Risikobewusstsein erwarten. Führungsverantwortliche größerer Unternehmen, insbesondere Vorstände von Aktiengesellschaften, sind im Übrigen auch durch gesetzliche Vorgaben verpflichtet, Vorkehrungen im Rahmen eines Sicherheitsmanagements zu treffen, um ihren Betrieb vor existenzgefährdenden schädigenden Einflüssen zu bewahren.[3] Im Zuge der Delegation tragen Vorgesetzte die Verantwortung für die Sicherheit der Daten und Informationen ihres Zuständigkeitsbereichs. Unabhängig von den gesetzlichen Vorgaben wirkt es sich durchweg positiv aus, wenn die Unternehmensleitung den Regelkreis der betrieblichen Risikobewältigung selbst steuert, kontrolliert und optimiert. Sie darf sich Entscheidungen über die konkrete Umsetzung interner und externer Informationsschutz-Konzepte nicht nehmen lassen.

1.4 These: „Intellectual Property" und Vertriebsnetz sind bestens aufeinander abzustimmen

Im ersten Abschnitt wurde erläutert, dass die rechtlichen Vorkehrungen zum Schutz von Know-how in Form von Wissen und Konzepten durch deutsche Unternehmen nicht ausreichend genutzt werden. Im zweiten Abschnitt wurde gezeigt, dass Konzepte und Wissen in einer arbeitsteiligen Weltwirtschaft beschleunigt aus den Unternehmen abfließen. Je nach

3 Vgl. Gesetz zur Kontrolle und Transparenz im Unternehmensbereich/KonTraG vom 1. Mai 1998.

Branche und Produkt sind andere Strategien zu verwenden. Die Marke Coca-Cola etwa gibt es als eingetragenes Warenzeichen (Trademark) seit 1927. Doch die Rezeptur ist nicht patentiert und dank eines sehr einfachen, aber wirkungsvollen Know-how-Schutzkonzeptes auch nicht bekannt geworden: Das Rezept ist ausschließlich dem Firmeneigner bekannt. Wäre Coca-Cola patentiert, könnte jeder das Rezept gegen eine geringe Kopier-Gebühr direkt vom Patentamt mit nach Hause nehmen und sich die Cola selber anrühren. Auch Parfüms sind nicht patentiert, geschützt wird „nur" die Marke. Denn mit der Rezeptur des Designer-Duftes könnte jeder gute Parfümerie-Mitarbeiter zunächst den gleichen Duft mixen, um ihn dann geringfügig zu verändern. Die Mischungsverhältnisse eines Parfüms sind daher sehr streng gehütete Geheimnisse. Das ist selbst gut nachgemachten Fälschungen anzumerken. Diese riechen leicht anders; zudem wird sich ein nachgemachtes Parfüm über den Tag in seiner Basisnote, seiner Spitze immer anders entwickeln als der Original-Duft.

Typische Vertriebskonzepte und -netze im Bereich Parfüm sehen nun folgendermaßen aus: Es wird durch einen Markeninhaber eine Lizenz zur Entwicklung, Produktion und zum Vertrieb eines Markenparfüms mit klaren Auflagen und Zielen an einen Parfümhersteller vergeben. Die Rezeptur ist wie ein Augapfel zu hüten. Das Produkt wird daher meist nur an wenigen Produktionsorten weltweit hergestellt. Der Verbraucher unterscheidet (beim Kauf) das Parfüm nach der Verpackung und dem Flakon. Hier sind also besonders hochwertige und fälschungssichere Materialien zu verwenden. Eventuell sind Produktsicherungstechnologien einzusetzen. Aber von besonderer Wichtigkeit sind die Abstimmung und der Schutz des Vertriebsnetzes. Die Marke muss zum Vertriebsweg „passen". Sieht die Preispolitik regionale Unterschiede hinsichtlich der Preisgestaltung vor, so ist sicherzustellen, dass Graumarktreimporte verhindert werden. Die durchdachte Preispolitik eines Unternehmens kann durch Distributeure, Handelsunternehmen oder Konzessionäre, die sich nicht an die vertraglichen Vorgaben halten, vollständig ausgehebelt werden. Vereinfacht wird die Graumarktbekämpfung durch den Verkauf der Produkte in verschiedenen Ausstattungen für unterschiedliche Länder. Soll das hochwertige Parfüm, die hochwertige Uhr nur auf gezielten Vertriebswegen verkauft werden (z. B. nicht auf Wochenmärkten oder in Drugstores), sind „unerlaubte" Wege zu überwachen. Moderne Graumarkbekämpfung im Parfüm- oder Luxusuhrenbereich setzt heute neben einer eineindeutigen Benummerung auf Einzelartikelbasis auch neuartige Produktsicherungstechnologien auf Produktschutzbasis voraus. Ggf. sind rechtliche Schritte aus in der Regel positiver Vertragsverletzung einzuleiten.

Aus diesen 4 Basisthesen – Intellectual Property als anfälligster Produktionsfaktor, zunehmendem Know-how-Abfluss in der globalisieren Wirtschaft, Know-how-Schutz als betrieblicher Notwendigkeit und Abstimmung von Intellectual Property und Vertriebsnetz – werden im Folgenden branchenabhängig Strategien für einen nachhaltigen Schutz vor Produkt- und Konzeptpiraterie abgeleitet.

2. Vertriebskanäle sichern

2.1 Welche Möglichkeiten und Strategien gibt es?

Strategie 1:
Schutzbedarf ermitteln. Gewerbliche Schutzrechte herausarbeiten und anmelden.

Die strafrechtlich relevanten Vorschriften zur Produkt- und Konzeptpiraterie finden sich in den gewerblichen Schutzrechten wieder: dem Patent-, Gebrauchsmuster-, Geschmacksmuster-, Marken-, Urheberrechts-, Halbleiterschutz-, Sortenschutz- und Warenzeichengesetz. Rechtliche Maßnahmen sind bereits in der Forschungs- und Entwicklungsphase eines Produktes einzuleiten. Das frühzeitige Anmelden von nationalen und internationalen Schutzrechten ist nahezu die einzige Möglichkeit, einen rechtlichen Anspruch auf geistiges Eigentum zu erwerben. Allerdings haben erste Firmen nun auch schon in China Prozesse aufgrund „sklavischer Nachahmung“ ihrer Produkte gewonnen. Hier wird mit Hilfe des Wettbewerbsrechts ohne eine vorangegangene Schutzrechts-Anmeldung gegen den Plagiator vorgegangen. Neben dem juristischen Schutz vor Produkt- und Konzeptpiraten erhöhen intellektuelle Vermögenswerte (wie etwa Patente) den Firmenwert bei Akquisitionen und Fusionen und eröffnen die Möglichkeiten zu vorteilhaften Kooperations- und Lizenzbeziehungen. Es wäre jedoch falsch, pauschal zur Patentierung sämtlicher Produkte zu raten. Firmen müssen das Fälschungsrisiko und den Wert ihrer Patente kennen und anhand von sorgfältigen Prüfkriterien genau ermitteln: Denn auch Patentschutz darf nicht mehr kosten, als er einbringt. So muss ein modernes Unternehmen im Bereich Designschutz Produkt für Produkt abschätzen, wie gut sich dieses am Markt durchsetzen wird. Für die künftigen Umsatzbringer ist der entsprechende Schutz in den relevanten Ländern und Kontinenten umzusetzen.

Zur Durchsetzung der gewerblichen Schutzrechte stellen Firmen wie Philip Morris, adidas oder Intel im grenzüberschreitenden Verkehr Grenzbeschlagnahmeanträge bei den Zollbehörden. Inzwischen liegen beim deutschen Zoll ca. 3.000 Anträge auf Grenzbeschlagnahme von Unternehmen vor. Es werden vorsorglich Strafanträge zur Sicherstellung der Strafverfolgung gestellt. Die Zollstellen achten darauf, ob eingeführte Sendungen schutzrechtsverletzende Waren enthalten. Bei Zweifeln wird gemäß der EG-Verordnung Nr. 3295/94 die Ware zur Überprüfung festgehalten und der Rechteinhaber informiert. Bewahrheitet sich eine Schutzrechtsverletzung, wird die Ware beschlagnahmt und im Regelfalle vernichtet. Notwendig ist jedoch eine enge Zusammenarbeit mit den Grenzzollstellen, da allein an den europäischen Grenzen, Frachtflughäfen und Häfen jährlich Waren im Wert von einer Billion Euro ein- und ausgeführt werden.

Strategie 2:
Einsatz von Produktsicherungstechnologien zur Produktkennzeichnung

Innovative Produktkennzeichnungen erschweren das Fälschen und erleichtern zudem die Unterscheidung der Imitate von den Originalen. Eine sehr verbreitete Vorgehensweise zur Markierung sind Hologramme, die allerdings (als einzelne Sicherungstechnologie) sehr leicht zu kopieren sind und damit nur geringen Schutz bieten. Zudem gibt es weltweit ca. 300 Hologramm-Hersteller – davon ungefähr die Hälfte in Indien und China. Allein aus diesen Zahlen wird deutlich, dass ein Hologramm allein nicht wirksam sein kann. Abbildung 2 zeigt einen bewertenden Leistungs- bzw. Technologieüberblick möglicher Produktkennzeichnungen. Zur besseren Differenzierung sind Untergruppen bei den Hologrammen gebildet worden, die sich in Sicherheit/Kosten je nach Hersteller deutlich voneinander unterscheiden können. Zudem wird unterschieden, wer für die Verifikation des Sicherheitsmerkmals in Frage kommen kann („public or specialists"). Diese ist neben der Fälschungssicherheit die Kernkomponente eines jeden Sicherheitskonzeptes.

Skala: 5 = sehr hoch, bis 1 = sehr niedrig	**Holospot Lithogramme**	**3D Hologramme, Kinegramme**	**Photopolymer Hologramme**	**Präge-Hologramme**	**Sicherheits-Kippfarben**	**Taggants, Biomarker**	**Sicherheitstinten (TR, UV etc.)**	**Sicherheitsdruck**	**RFID**
Fälschungssicherheit	**5**	3	**4**	2	3	**5**	2	2	3
Sichtbare Merkmale, z. B. für Verifikation durch Konsumenten oder den Zoll	**Ja**	**Ja**	**Ja**	**Ja**	**Ja**	Nein	Nein	**Ja**	Nein
Verdeckte Merkmale, z. B. für Verifikation durch Spezialisten	**Ja**	Nein	Nein	Nein	Nein	**Ja**	**Ja**	Nein	**Ja**
Datenspeicherung möglich, z. B. für die Produktverfolgung	**Ja**	Nein	Nein	Nein	Nein	Nein	Nein	Nein	**Ja**
Integrationsaufwand	3	3	3	3	3	3	**2**	**2**	4
Kosten	3	3	4	**2**	3	**2**	**2**	**1**	5

Abbildung 2: *Sicherheitstechnologien, Leistungsüberblick*

Von besonderer Wichtigkeit ist aber auch das Kommunikations- und Prüfkonzept. Zum einen ist entlang der gesamten Vertriebskette zu kommunizieren, dass und wo ein Hologramm verwendet wird und wie die entsprechende Prüfung erfolgt.[4] Darüber hinaus gibt es eine Vielzahl weiterer technischer Innovationen zur Produktkennzeichnung wie chemische Fingerabdrücke, Polyester Filme, Farbcodes, molekulare Markierungssysteme, Smartcard Technologie, DNA Technologien, digitale Signaturen oder RFID (Radio Frequency Identification). Beim US-Militär wird RFID schon seit dem Zweiten Weltkrieg genutzt, um den Verbleib von Nachschub wie Treibstoff oder Munition besser nachverfolgen zu können. Heute finden wir teilweise RFID-Anwendungen in der Industrie zur Materialverfolgung sowie in der Handelslogistik. Die Metro Group, einer der Vorreiter auf diesem Gebiet, setzt die RFID-Technik in einem „Future Store" bei der Metro-Vertriebsmarke Extra in Rheinberg bei Düsseldorf ein und zeigt damit einen zukunftsweisenden Trend im Handel. Dennoch bleibt festzustellen: „Sicher ist nur, dass nichts sicher ist." Forschungs- und Entwicklungsabteilungen sind bereits in der Entwicklungsphase von Produkten, Präventionsmaßnahmen und innovativen Produktkennzeichnungen zu integrieren.

Strategie 3: Verpackungslogistik absichern

Eine häufige Erscheinungsform der Produkt- und Markenpiraterie ist der Verkauf von Fälschungen in gut nachgeahmten oder gar in Originalverpackungen. Zollbehörden, Endverbraucher und selbst Händler und Experten haben dann Schwierigkeiten, die Plagiate zu erkennen. Dies betrifft besonders Produkte, die rein äußerlich nur wenige Differenzierungsmerkmale aufweisen, wie beispielsweise Parfüms oder Medikamente. Arzneimittel in flüssiger, Tabletten- oder Salbenform sind meistens geruchs-, farb- oder geschmacklos, die Herstellung macht kaum technische Schwierigkeiten und verursacht nur minimale Kosten bei riesigen Gewinnmargen. Dass die Präparate entweder keine, nicht die vorgegebenen oder gar toxische Inhaltstoffe enthalten können, ist selbst für Ärzte, Krankenhäuser und Apotheker frühestens nach Verabreichung zu erkennen – wenn überhaupt.[5] Anders als bei Uhren, Parfüm oder Textilien, wo Endverbraucher mitunter bewusst Imitate kaufen, ist dies bei medizinischen Produkten nahezu auszuschließen. Abhilfe schaffen die äußere Differenzierung der Produkte durch hochwertige Verpackungen mit innovativen Kennzeichnungen wie Thermoetiketten, Spezialpapieren oder Prägungen sowie aufwändig gestaltete und markierte Beipackzettel. Damit wird erreicht, dass Verbraucher und Fachleute Fälschungen schon an der Verpackung erkennen können. Aber auch die Produktionsabläufe sind zu kontrollieren. So darf beispielsweise Ausschussware nicht ins Altpapier gelangen, sondern muss wie etwa vertrauliche Dokumente vernichtet werden. Die Kontrolle der Entsorger ist eine überschaubare und lösbare Aufgabe.

---

4 So hat ein großer weltweit tätiger Automobilhersteller im Konzern von seinen 400.000 (Ersatz-) Teilen ca. 50.000 mit diesem Verfahren gekennzeichnet. Natürlich weiß jeder Händler und jede Vertragswerkstatt auf welchen Teilen sich Hologramme befinden und auf welchen nicht.

5 Siehe auch den Beitrag von Michael Brückner, Gerrit Fleige und Marc P. Philipp.

Strategie 4: Beschaffungslogistik absichern: Dienstleistermanagement

Neben der Verpackungslogistik ist die Überwachung und Kontrolle der Beschaffung im Unternehmen ein weiterer wichtiger Baustein in der Absicherung der Wertschöpfungskette. Im Kern geht es um zwei Dinge: Erstens ist zu verhindern, dass Fälschungen in den eigenen Produktionsprozess gelangen können. Dies betrifft insbesondere Roh-, Hilfs- und Betriebsstoffe, die nicht sofort als Falsifikat erkennbar sind, z. B. Zusatzstoffe der chemischen Industrie. Zweitens will der Hersteller verhindern, dass sein Know-how an Produkt- und Markenpiraten weitergegeben wird. Die Gefahr ist groß, da in den letzten Jahrzehnten die Fertigungstiefe in der Industrie kontinuierlich abgenommen hat und die Zulieferer über umfangreiches Produkt- und Produktionswissen ihrer Kunden verfügen. Selbstverständlich soll auch vermieden werden, dass Zulieferer die Produktpiraten mit Zuliefermaterial versorgen, das zur Herstellung geschützter Produkte genutzt werden könnte. Hier können Einkauf und Beschaffung in Zusammenarbeit mit der Rechtsabteilung Verträge aushandeln. Das Besondere daran: Neben den gewerblichen Schutzrechten werden hier privatrechtliche neue Anspruchsgrundlagen aus positiver Vertragsverletzung geschaffen. Das Qualitätsmanagement (oder auch die Revision) muss die Zulieferer und deren Prozesse überwachen. Ähnlich wie bei den Verpackungen nimmt dabei die Absicherung von Recycling-Material und Abfall eine zentrale Rolle ein. Der Warenfluss im Unternehmen ist exakt zu kontrollieren und anhand der Datenerfassung und -kontrolle sowie den Zu- und Abgangskontrollen genau zu überprüfen. Die Qualitätsmanager führen, wie im laufenden Produktionsprozess ohnehin üblich, stichprobenartig Kontrollen beim Zuliefermaterial durch. Schließlich ist die gesamte Kette, von der Beschaffung über die Produktion, auf undurchlässige und nahtlos miteinander verbundene Abläufe hin zu untersuchen. Der Hersteller muss gewährleisten, dass Produkte nicht gestohlen oder ausgetauscht werden können und dass gefälschtes Zuliefermaterial nicht in den Produktionsprozess hineingelangen kann. Die Absicherung der Beschaffung ist eine Kernaufgabe des Herstellers. Vorhandene Sicherheitslücken sind stets auf Schwachstellen in der eigenen Wertschöpfungskette zurückzuführen. Auch für den Handel ist das Thema von immenser Bedeutung. Nicht nur wegen möglicher Schadenersatzforderungen der Hersteller, wenn Fälschungen nachweislich in die Handelskette gelangt sind, sondern auch wegen des großen Vertrauensverlustes der eigenen Kunden in die Integrität und die Produkte des Handelsunternehmens.

Strategie 5: Die Vertriebspolitik anpassen

Sicherheitslücken im Vertrieb, aber auch schon in der Entwicklung sind für die Produkt- und Konzeptpiraterie maßgeblich verantwortlich. Sicherlich werden Fälschungen über dunkle Kanäle, zwielichtige Geschäftemacher oder bei Ebay vertrieben. Imitate können jedoch auch über offizielle Wege zum Endkunden gelangen. Die kontinuierliche Überwachung und gezielte Auswahl der Vertriebswege sind somit entscheidend. So bietet das italienische Unternehmen Hunting World seine Produkte weltweit in nur 80 Geschäften an, die leicht zu kontrollieren sind. Ein Luxusuhrenhersteller kennt jeden seiner Konzessionäre. Zusätzlich wird für jeden offenkundig, dass außerhalb des Systems angebotene Produkte Fälschungen oder Diebesgut sein müssen. Die Strategie des selektiven Vertriebs reicht von der Exklusivbelieferung selbstständiger Einzelhandelsunternehmen, über Vertragshandelssysteme und Franchising bis hin zu eigenen Filialen. Hohen Kontrollschutz bietet das Franchising, da der Franchise-Geber dem Franchise-Nehmer vorschreiben kann, wann und wo er Waren zu beziehen hat. Dies stellt sicher, dass nur Originalprodukte auf den Markt gelangen können. Einen hundertprozentigen Schutz gibt es jedoch nie. Selbst in eigenen Filialsystemen tauchen immer wieder Fälschungen auf. Der Versuchung, mit Fälschungen viel Geld zu verdienen, erliegen immer wieder auch eigene Mitarbeiter, Dienstleister und Lieferanten. Daher ist es wichtig, den Vertrieb ständig zu überwachen und mit Hilfe von Schulungen und Aufklärungsarbeit zu begleiten.[6] Dazu gehört die Aufklärung über die versicherungsrechtlichen sowie straf- und zivilrechtlichen Konsequenzen beim bewussten Kauf, der Verarbeitung oder dem Vertrieb von Imitaten.

Strategie 6: Distributionslogistik

Die meisten Industrieunternehmen haben ihre Distribution an externe Logistikdienstleister abgegeben. In der Distributionskette übernehmen diese die Funktionen der Lagerung, Kommissionierung, Verladung, des Transports und Umschlags der Waren. Bei der Distributionslogistik steht somit die Auswahl eines zuverlässigen Logistikdienstleisters im Vordergrund. Bei der Fremdvergabe von Logistikleistungen werden Fehlmengen, Fehllieferungen, Schwund- und Schadenquoten grundsätzlich detailliert verhandelt. Es ist jedoch im Bereich der Produkt- und Konzeptpiraterie sicherzustellen, dass Fälschungen nicht in die Logistikkette hineingelangen oder Originale ausgetauscht werden können. Ausschreibungen sind daher um Sondervereinbarungen zu erweitern. So kann beispielsweise vereinbart werden, dass der Logistikdienstleister keine Aushilfsfahrer und keine Frachtführer, sondern nur eigene Fahrer einsetzen darf. Um die Zuverlässigkeit des eingesetzten Personals zu gewährleisten, müssen sich die Mitarbeiter besonderen Sicherheitsüberprüfungen unterziehen: Stichproben werden vereinbart. Detaillierte Vorgaben zur Sendungsverfolgung (Tracking & Tracing-Informationen), Qualitätszertifizierungen nach ISO-Norm, maschinenlesbare Schichtpläne mit vorgeschriebener Datenhaltung sowie die Einhaltung des Vieraugen- bzw. Sechsaugenprinzips an neuralgischen Punkten werden zum Vertragsinhalt. Eine zusätzliche Maßnahme stellt zudem der Einsatz vertrauenswürdiger und angesehener Dienstleister mit Branchenfokus dar. Die sorgfältige Auswahl eines Logistikdienstleisters wird durch die Verwendung von Standard-Ausschreibungsunterlagen gewährleistet. Die Erstellung von Ausschreibungsblanketten sowie die Angebotsbewertung und anschließende Dienstleisterauswahl bereiten im Vorfeld einige Mühe, sind im Kampf gegen Counterfeiting jedoch eine unverzichtbare Strategie mit nachhaltig positiver Wirkung.

---

6 So sind die Vertriebsmitarbeiter in Autowerkstätten oder Apotheken, aber auch der Handel zu schulen, wie Fälschungen erkannt werden können.

Strategie 7: Datamining, Ermittlung/Analyse sowie Strafverfolgung

Von zentraler Bedeutung ist die Professionalisierung der internen Ermittler, der Rechtsabteilung und der Unternehmenssicherheit. Das Kernproblem bei der Fahndung nach Plagiaten ist, dass niemand genau sagen kann, wie viele Imitate am Markt existieren und wo diese vertrieben werden. Abhilfe schafft eine permanente Marktüberwachung durch regelmäßige Testkäufe im Handel durch eigene Fahnder oder Privatdetektive, wobei die Ergebnisse der anonym durchgeführten Käufe in regelmäßig zu erstellende Sicherheitsberichte einfließen. Solche Audits verfolgen zwei Ziele: erstens eine allgemeine Lagedarstellung der Unternehmenssicherheit im Ganzen und zweitens die Beschreibung der Leistungsfähigkeit, sich speziell gegen Produkt- und Markenpiraterie wirksam zu verteidigen. Mit Unterstützung von Checklisten, dem Vergleich mit den Besten der Branche und Branchenfremden (Benchmarks) sowie strukturierten Interviews erfolgt die Bewertung aller sicherheitsbezogenen Prozesse. Auch die Instrumentarien zum Erkennen und Bewerten der Produkt- und Konzeptpiraterie stehen auf dem Prüfstand. Studien belegen, dass an 60 % der Missbrauchshandlungen in Unternehmen interne Mitarbeiter beteiligt sind. Experten schätzen zumindest die Beteiligung des eigenen Vertriebes an Graumarktgeschäften noch weit höher ein.

Inzwischen gibt es eine ganze Reihe von Dienstleistern, die sich mit der Bewertung des Schadenpotenzials der Produkt- und Markenpiraterie beschäftigen. So ist es trotz gegenteiliger Behauptungen von bekannten Internet-Auktionshäusern heute möglich, auf Knopfdruck Fälschungen und Fälscher aus den vielen Angeboten herauszufiltern. Zum Vergleich: Bei einem Jahresumsatz von 30 Mio. Euro mit Parfümprodukten bei einem deutschen Internet-Auktionshaus liegen die Fälschungsquoten je nach Parfümmarke zwischen 3 % und 34 %. Ähnlich sieht es bei trotz vertraglichem Verbot verkauften Testern bzw. Proben (Echantillons) aus. Die Testerquote liegt je nach Parfümmarke zwischen 7 % und 40 %.

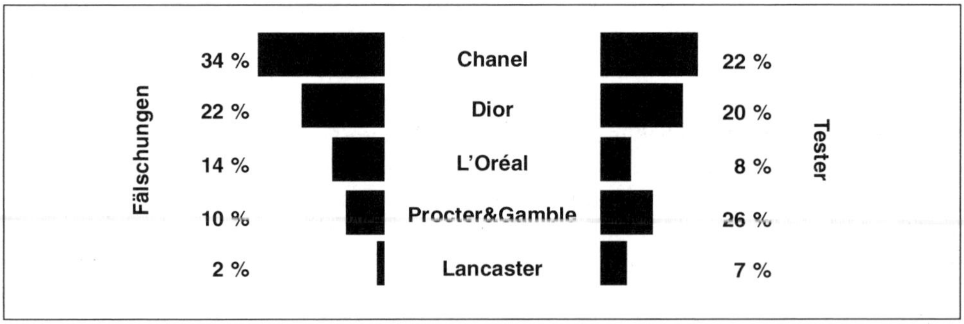

Abbildung 3: *Auswertung am Beispiel Ebay Deutschland, Kategorie Parfüm*[7]

7 Gesamtumsatz Parfüm pro Jahr: 30,00 Mio. Euro (Ebay.de). Gesamtumsatz Fälschungen: 4,80 Mio. Euro (Ebay-Provision: 528.000 Euro). Gesamtumsatz Tester: 6,30 Mio. Euro (Ebay-Provision: 639.000 Euro). Der Missbrauchsumsatz bei Ebay beträgt über 11 Mio. Euro pro Jahr (ca. 37 % des Gesamtumsatzes).

Die professionelle Ermittlung und Analyse bereitet den Unternehmen jedoch mitunter Schwierigkeiten. Insbesondere die Bewältigung der Datenmengen, bedingt durch die Vielzahl von Informationen, wird häufig zum Problem. Dabei stammen die Informationen aus unterschiedlichsten Quellen, wie Datenbanken, Tabellen, Texten oder gar Bild- und Tonmaterial. Schließlich erfordert die systematische Analyse die Berücksichtigung von Informationen über mehrere Jahre. Für die zielführende und wirtschaftliche Auswertung steht den Unternehmen heutzutage professionelle Fahndungs- und Analysesoftware zur Verfügung, die früher nur von Zoll, Steuerfahndung und BKA verwandt werden durfte, wodurch Daten, Informationen und Hinweise aufbereitet und die entscheidenden Beziehungen und Verknüpfungen hergestellt werden können. In Beziehungsdiagrammen werden Verbindungen zwischen verschiedensten Objekten und Personen aufgezeigt. Geld-, Waren- und Transportströme werden in Netz- und Flussdiagrammen sichtbar gemacht. In Geo-Informationssystemen werden problematische Regionen mit dem höchsten Fälschungsrisiko lokalisiert. Im Ergebnis können Tat- und Aktionsmuster erkannt, Missbrauchsketten identifiziert und Produktpiraten überführt werden. Polizeiliche Fahndung ist damit keine mühsame Puzzle-Arbeit mehr.

Strategie 8: Gezielte Öffentlichkeitsarbeit und aktive Kommunikation

Das Instrument der Kommunikationspolitik setzt auf die Aufklärung und Schulung von Verbrauchern und Händlern. Ziel ist, die Konsumenten vor dem unbewussten Kauf von Plagiaten zu bewahren und somit vor Betrug zu schützen. Denn die in der Forschungs- und Entwicklungsphase aufwändig generierten fälschungssicheren Merkmale bleiben wirkungslos, wenn die Zielgruppen nicht in der Lage sind, diese zu erkennen. Positiv sei hier Siemens VDO Automotive genannt. Nach mehreren Fälschungsfällen wurde aus der Not eine Tugend: Offensiv geht das Unternehmen an seine Kunden heran und kommuniziert, was gefälschte Ersatzteile anrichten können. Zudem wird das Sicherungsmerkmal genau beschrieben. Ansprechpartner bei Unsicherheit über Authenzitität werden benannt. Von Nachteil, aber nicht zu verhindern, ist, dass durch eine aktive Informationspolitik gleichzeitig auch die Produktfälscher sensibilisiert und aufgeklärt werden. Die Argumentationslinie lautet: Produkt- und Konzeptpiraterie ist kriminell, da es sich um Diebstahl von geistigem Eigentum handelt. Der Kauf von Fälschungen vernichtet tausende von Arbeitsplätzen und führt zu Steuerausfällen in Milliardenhöhe. Ein anderes Argument sind die möglichen Qualitätsdefizite. So warnt Microsoft in Fernsehwerbespots vor Qualitätsmängeln, aber auch vor den juristischen Konsequenzen bei Raubkopien. Schließlich kann der Hinweis auf die Sicherheitsrisiken überzeugen. Diese sind selbst bei Textilien und Accessoires vorhanden, wie toxische Färbemittel in T-Shirts oder schwere Metallallergien bei Uhren und Schmuck zeigen. Dennoch muss bei allen Aktivitäten die Sicherstellung des Händlerverdienstes gewährleistet bleiben. Hoher Margen- und Erfolgsdruck kann unter Umständen das Gegenteil bewirken. Medienwirksame Einzelaktionen runden das kommunikationspolitische Maßnahmenbündel ab. So lassen Firmen wie Cartier und Walt Disney, aber auch Hersteller von Musik- oder Video-CDs, regelmäßig gefälschte Produkte vor laufender Kamera vernichten. Solche Inszenierungen sind mit geringen Kosten verbunden, erreichen eine hohe Zahl von Konsumenten und erhöhen so das Problembewusstsein.

Quelle: Ford
Abbildung 4: *Ford-Werbekampagne in den USA gegen gefälschte Produkte*

Strategie 9: Lobbying und Kooperationen

Die Mitgliedschaft in einem Verband betroffener Unternehmen dient dem vereinten Kampf gegen die Produkt- und Konzeptpiraterie.[8] In Deutschland ist dies zum Beispiel der Aktionskreis Deutsche Wirtschaft gegen Produkt- und Markenpiraterie e.V. (APM), auf europäischer Ebene das European Anti-Counterfeiting Network (REACT) sowie national auch branchenspezifische Vereinigungen. Wesentlicher Vorteil solcher Verbände ist die Bündelung von Einzelinteressen zu einem ernstzunehmenden und einflussreichen Gegengewicht, um so auf nationaler wie internationaler Ebene durch intensives Lobbying Druck auf Politik und Staaten ausüben zu können. Dass diese Maßnahmen erfolgreich sind, zeigen die Vereinigten Staaten bzw. China. In den USA wurden schon zu Zeiten von Ronald Reagan Handelsvergünstigen für Länder gestrichen, die vermehrt als Quelle von Plagiaten auftraten. In China stand der massive Anteil der Produkt- und Konzeptpiraterie dem Beitritt zur Welthandelsorganisation WTO bei Verhandlungen erheblich im Wege. Darüber hinaus dienen Kooperationen dem unternehmens-, branchen- und länderübergreifenden Informationsaustausch, sie unterstützen die Zusammenarbeit mit den Strafverfolgungsbehörden oder helfen bei einer gemeinsamen Pressearbeit und Verbraucheraufklärung. Zusammenfassend sind Lobbying und Kooperationen eine begleitende Maßnahme im Kampf gegen die Produkt- und Konzeptpiraterie – auf Grund der geringen Kosten zudem sehr zu empfehlen.

8 Vgl. hierzu auch den Beitrag von Olaf Kehrer (BSA).

Strategie 10: Integrationsstrategie und Preispolitik

Länder wie China sind wegen ihrer geografischen Größe, der Menschen- und Sprachvielfalt, aber auch der fehlenden Kooperation mit den offiziellen Behörden de facto kaum kontrollierbar. Hier greifen manche Unternehmen zu einer zunächst paradox klingenden Maßnahme: Zur Bekämpfung der Produktpiraterie bieten sie den Fälschern eine Zusammenarbeit an.[9] Bei der Herstellung lohnintensiver Produkte kann es mitunter sinnvoll sein, Produkt- und Markenpiraten in das eigene Unternehmen zu integrieren. Ist der Imitator in der Lage, Produkte in der gleichen Qualität herzustellen, können mit Hilfe der Integrationsstrategie die Fälscherei bekämpft werden und gleichzeitig zusätzliche Produktionskapazitäten erschlossen werden. Diese Strategie ist sicherlich nur selten geeignet, wird jedoch von Unternehmen wie Walt Disney in China seit Jahren erfolgreich praktiziert. Erst wenn der Fälscher sich nicht in die eigenen Wertschöpfungsprozesse einbinden lässt, leitet das Unternehmen rechtliche Schritte ein. Eine weitere Nebenstrategie zur Bekämpfung von Produkt- und Konzeptpiraterie ist die Preispolitik. Sie ist ein populäres Instrument der Softwareindustrie. Um Kunden vom Erwerb von Raubkopien abzuhalten, werden beispielsweise Upgrade-Versionen zu relativ geringen Kosten angeboten. Auch der fachliche und technische Telefon-Support sind im Regelfall ohne Daten und Seriennummern des offiziell im Handel erworbenen Programms nicht möglich. Ein anderes Vorgehen der Produkt- und Preispolitik ist, unter einem hochpreisigen und imageträchtigen Markenartikel, ein Produkt zu niedrigeren Kosten mit gleicher Qualität anzubieten. Unter dem Dach der Prestigemarke existiert dann ein Alternativangebot für Kunden, die den Preis für die Erstmarke nicht zahlen können oder wollen.

2.2 Einführung eines Frühwarnsystems gegen Produkt-, Marken- und Konzeptpiraterie

Die nachhaltige Bekämpfung der Produkt-, Marken- und Konzeptpiraterie benötigt ein umfassendes Frühwarnsystem in Form eines „Anti-Piraterie-Managements". Ob geschädigte Unternehmen dabei einen Mitarbeiter mit der Problemlösung betrauen, eine Eingreiftruppe (Task Force) einrichten oder eine Anti-Piraterie-Abteilung aufbauen, ist vom Ausprägungsgrad der Produkt-, Marken- und Konzeptpiraterie abhängig. Entscheidend ist die dauerhafte personelle und organisatorische Ausrichtung des Unternehmens auf den Kampf gegen Piraterie. Die verantwortlichen Mitarbeiter sind mit hohen Anforderungen konfrontiert und mit weitläufigen Kompetenzen und Entscheidungsbefugnissen auszustatten. Alle Gegenmaßnahmen innerhalb und außerhalb des Unternehmens müssen gesteuert und eng miteinander verzahnt werden. Die Einzelaktivitäten sind zu koordinieren und zu Strategien zu entwickeln.

9 Vgl. den Beitrag von Michael Bremicker.

Erst sinnvoll kombiniert und exakt aufeinander abgestimmt werden diese zu einer ganzheitlichen Anti-Piraterie-Konzeption. Notwendig ist die Fähigkeit zur Analytik und Kombinatorik. Alle wirtschaftskriminellen Handlungen im Unternehmen sind zu vergleichen und die Ergebnisse zusammenzuführen. Einzelfälle müssen analysiert, Verbindungen zwischen verschiedensten Delikten hergestellt werden. Hintergrund ist die Erkenntnis der Strafverfolgungsbehörden, dass unterschiedliche Straftaten oft miteinander in Verbindung stehen. Hierbei hilft u. a. der Einsatz professioneller Polizei-Standardsoftware von i2 Limited aus Cambridge.

Der letzte und zugleich schwierigste Schritt ist das Controlling der „Anti-Piraterie-Strategie". Der Aufbau eines Bewertungssystems ist erforderlich. Lageberichte, Sicherheitsaudits oder Security Reports dürfen keine Einmalaktionen bleiben. Sie müssen regelmäßig die Risiken, die Schäden, aber auch die Wirkung der Abwehrmaßnahmen darstellen. Den Ergebnissen einer Bestandsaufnahme werden die Idealprozesse und Benchmarks der in der Counterfeiting-Bekämpfung erfolgreichsten Unternehmen gegenübergestellt. In diesem Regelkreis werden ständig neue und innovative Gegenstrategien entwickelt. Auch eine länderspezifische Bewertung des Gesamtrisikos ist unentbehrlich. So sind die Bedeutung der Produkthaftung sowie die gesetzlichen Regelungen zu Gewährleistungs- und Garantieansprüchen in den USA wesentlich höher am Verbraucherschutz und Straf-Schadenersatz orientiert als in Europa. Andere Beispiele sind Osteuropa und die Türkei, wo die Strafverfolgung wegen mangelnder Unterstützung der Behörden geringer ausgeprägt ist als in Ländern der Europäischen Union. Im Ergebnis sind die Mitarbeiter im Anti-Piraterie-Management Generalisten mit Spezialkenntnissen. Sie sind Manager, Jurist, Polizist und Controller in einem. Sie müssen die einzelnen Bereiche und Abteilungen, die Produkte und das Unternehmen im Ganzen kennen und verstehen. Auch Branchenkenntnisse und das Wissen über länderspezifische Gesetzgebungen müssen vorhanden sein. Die Zusammenarbeit mit Verbänden, mit Rechts- und Strafverfolgungsbehörden, aber auch mit Wettbewerbern, ist erforderlich.

2.3 Maßnahmen zum Schutz von Vertriebsnetzen

Die Besten im Kampf gegen die Produkt- und Konzeptpiraterie gibt es nicht. Aber es gibt einige gute Ansätze, an denen sich ein betroffenes Unternehmen messen lassen kann. Am Anfang steht die Analyse des Schadens. So gibt es tatsächlich eine ganze Menge Rechteinhaber, die nicht nur von Produktpiraterie betroffen sind, sondern zusätzlich von „Produktpi*raterei*". Einige Rechteinhaber versuchen, ohne professionelle Hilfe und ohne den eigenen Umsatz mit Fälschungen zu kennen, Gegenmaßnahmen zu ergreifen.

Das nachfolgende Praxisbeispiel soll zeigen, wie gut Hersteller hochwertiger Produkte mit dieser Problematik umgehen. So hat kürzlich die Beiersdorf AG in einem schwerwiegenden Fälschungsfall in einer gezielten Aktion ihre Produkte mittels intelligenter „tesa Holospot"-Technologie geschützt, die Fälscher identifiziert und den Markt für die Zukunft bereinigt.

Im Jahr 2003 tauchten die ersten gefälschten Nivea *Hair Care*-Produkte auf dem russischen Markt auf. Die Fälschungsquote betrug für diese Marke mehr als 30 %. Der Umsatzverlust im Jahr 2004 wurde von der Beiersdorf AG als sehr kritisch eingeschätzt. Anhand der Verpackung war kaum ein nennenswerter Unterschied zu erkennen; der Inhalt war jedoch von sehr schlechter Qualität, so dass viele Konsumenten unzufrieden waren. Grund für die unkontrollierte Verbreitung der Fälschungen war die Nutzung der Beiersdorf-eigenen Distributionskanäle der Originalprodukte für die Fälschungen. Nach durchgeführter Schadenanalyse und einer vertiefenden Risikoabschätzung vermutete man eine nachhaltige Schädigung der Dachmarke Nivea und entschloss sich dazu, vorübergehend die Werbung in Russland einzustellen und das Produkt mit maximalem Fälschungsschutz und einer effektiven Produktrückverfolgbarkeit auszustatten. Hierzu musste der gesamte Distributionsprozess selektiert und teilweise neu definiert werden. Dabei wurden v. a. die Sicherheitsmerkmale des Produktes in verschiedene Stufen entlang des Prozesses unterteilt. Bestimmte Sicherheitsmerkmale wurden nur für die Distributoren, andere nur für die Einzelhändler in sichtbare und verdeckte Daten definiert. Die Kennzeichnung erfolgte in Form eines Holospots auf dem landesspezifischen Produkt. Parallel wurde nach dem Verursacher gefahndet und ein in Russland ansässiges Unternehmen, welches im Übrigen Hunde-Shampoo produzierte, ermittelt. Die Verantwortlichen jenes Unternehmens, die auch in politische Kreise verstrickt waren, wurden zu langjährigen Haftstrafen verurteilt.

Fazit: Mit einer professionellen Kommunikations- und Ermittlungsstrategie konnte der russische Markt innerhalb eines Jahres von Fälschungen bereinigt werden. Der Einsatz einer Produktschutztechnologie hat sich in diesem Fall für die Beiersdorf AG bereits innerhalb von 6 Monaten amortisiert. Neue Fälle wurden im Jahr 2005 nicht verzeichnet.

3. Nutzen und Wirtschaftlichkeitsnachweis

Stellen sich die Manager in Unternehmen häufig die Frage der Wirtschaftlichkeit und des Nutzens im Vorgehen gegen Produkt- und Konzeptpiraterie, so wird dieses Thema erst dann richtig ernst genommen, wenn ganze Stäbe von Wirtschaftsprüfern oder Revisoren die tatsächlichen Zahlen auf den Tisch legen. In der Vergangenheit häufig als Bagatellschäden abgehandelte Fälle entpuppten sich oftmals nach ein bis zwei Jahren als reales Piraterieproblem mit einem Ausmaß, das vorher für fast unmöglich gehalten wurde. Betrogene Unternehmen sind oft nicht in der Lage, den Gesamtschaden, insbesondere die hohen Folgekosten der Produkt- und Konzeptpiraterie, zu beziffern. Denn die finanziellen Einbußen beschränken sich nicht auf den geschätzten Umsatzverlust. Auch der Reputationsschaden ist zu bewerten und die Umsatzausfälle durch unzufriedene Kunden sind hinzuzurechnen. Schließlich sind die Kosten zur Bekämpfung der Produkt- und Konzeptpiraterie exakt aufzuschlüsseln. Dies sind

Personalkosten für die Rechtsabteilung und die Unternehmenssicherheit sowie alle Kosten für die Qualitätssicherung und die Absicherung der Logistikkette. Und auch Versicherungsprämien, Kosten für sichere Abläufe sowie Aufwendungen für die Schadensvermeidung müssen berücksichtigt werden. Erst die Kostentransparenz über alle Kostenarten zeigt das gesamte Schadensausmaß, welches um ein Vielfaches über den vordergründig sichtbaren Schäden liegt. So hat beispielsweise die Berliner Managementberatung r.o.l.a. Business Solutions GmbH einen Wirtschaftlichkeitsindex für Unternehmen entwickelt, der für ein gefährdetes Produkt wie z. B. Parfüms, Uhren oder Automobilersatzteile ein Raster-Screening für einen definierten Markt durchgeführt und einen Indexwert erzeugt. Dieser Wert gibt Sicherheit darüber, wie hoch der monetäre Schaden bezogen auf das Produkt ist bzw. sein wird. Für die eigenen Marken werden Graumarkt- und Fälschungsquoten aufgezeigt. Die eigenen Kennzahlen werden mit den wichtigsten Wettbewerbern verglichen. Auf Basis dieses Screenings lassen sich alle notwendigen Maßnahmen zur Absicherung der gesamten Supply Chain auf fast allen Wertschöpfungsebenen schnell und flexibel definieren und einleiten.

4. Ausblick

Die hier genannten Maßnahmen, Strategien und Praxis-Beispiele geben nur einen kleinen Einblick in die vielfältigen Möglichkeiten, wie gegen Produkt-, Marken- und Konzeptpiraterie vorgegangen werden kann. Ein Patentrezept gibt es freilich nicht – und es wird sich wahrscheinlich auch zukünftig keines entwickeln lassen. Das Vorgehen und die Strategie sind immer unternehmensspezifisch aufzubauen bzw. anzupassen, Maßnahmen sind individuell zusammenzustellen und zu kombinieren. Sicher ist aber, dass *Nichtstun* die falsche Maßnahme ist. Das Problem des Produkt- und Konzeptpiraterie ist stärker denn je vorhanden und wird sich auch niemals gänzlich verhindern lassen. Denn wie überall im Bereich der Wirtschaftskriminalität arbeiten auch Produkt- und Konzeptpiraten mit einer hohen Innovationsgeschwindigkeit. Eines der Ziele für Ihr Unternehmen sollte daher sein, die Missbrauchsketten in den Vertriebskanälen schnellstmöglich zu identifizieren, um frühzeitig Gegenmaßnahmen einzuleiten. Denn die Devise lautet: „Den Fälschern immer ein Stück voraus sein – Innovation heißt Sicherheit!" Ferner wird es in Zukunft unabdingbar sein, die eigenen Mitarbeiter im Kampf gegen die Piraterie mit neuesten Technologien auszurüsten. Garantiert die Luftfahrtindustrie heute ihre Teilerückverfolgbarkeit durch Bescheinigungen in Papierform, wird künftig das elektronische Zertifikat Maß aller Dinge sein. Wird heute noch dezentral in den Unternehmen gefahndet, ist in naher Zukunft mit einem weltweiten Web-Portal zu rechnen, das den Zugriff auf Datenbestände ermöglicht. Gemeinsame Plattformen und der gegenseitige Datenaustausch zwischen Partnern und Wettbewerbern werden zur Normalität. Wer den Kampf gegen die Produkt-, Marken- und Konzeptpiraterie gewinnen will, muss auch unkonventionelle Wege beschreiten.

Schutz der Leistung im Internet aus urheber- und wettbewerbsrechtlicher Sicht

Bert Eichhorn

1. Aktuelle Herausforderungen

In der virtuellen Welt des Internets stellt sich noch stärker als in der körperlichen Welt die Frage nach dem Schutz von Leistungen. Denn die im Internet zu findenden Unternehmensleistungen (wie z. B. Multimediaprodukte auf Webseiten) sind häufig ohne Qualitätsverlust beliebig reproduzierbar und damit die in sie investierten Aufwendungen leicht zu gefährden. Anhand der besonders relevanten Rechtsmaterien des Urheberrechts und des Wettbewerbsrechts soll deshalb der Leistungsschutz im deutschen Recht untersucht werden. Zunächst wird jeweils erläutert, was im Urheber- und Wettbewerbsrecht verboten ist, um die Grenzen des Erlaubten zu erkennen und Rechtsverstößen vorbeugen zu können. Speziell im Urheberrecht werden die Folgen von rechtswidrigem Verhalten, d. h. die Abwehrstrategien, dargestellt. Die gesetzlichen Spielräume zeigen sich anhand der aktuellen Rechtsprechung, aus der sich die Nutzungsmöglichkeiten für einen konkreten Anwendungsfall ableiten lassen.

2. Urheberrecht

Das Urheberrecht schützt die ideellen und materiellen Interessen des Urhebers an seinem Geisteswerk. Die Rechtsordnung bringt dadurch zum Ausdruck, wie viel ihr geistige Leistungen wert sind und welchen Respekt sie vor dem schöpferisch tätigen Individuum hat. Das Urheberrechtsgesetz (UrhG) schützt persönliche, geistige Schöpfungen (§ 2 II UrhG) und die in den §§ 70 ff. UrhG geregelten verwandten Schutzrechte. Zu den ausdrücklich im UrhG erwähnten, geschützten Werken gehören Sprachwerke, wie Schriftwerke, Reden- und Computerprogramme, Werke der Musik, pantomimische Werke einschließlich Werke der Tanzkunst, Werke der bildenden Künste einschließlich der Werke der Baukunst und der angewandten Kunst und Entwürfe solcher Werke, Lichtbildwerke, Filmwerke, Darstellungen wissenschaftlicher oder technischer Art, wie Zeichnungen, Pläne, Karten, Skizzen, Tabellen und plastische Darstellungen. Diese in § 2 I UrhG genannten Werkarten stellen keine abschließende Aufzählung dar.

Voraussetzung für ein Werk ist, dass es eine persönliche Schöpfung des Urhebers darstellt, die einen geistigen Gehalt aufweist, eine wahrnehmbare Formgestaltung gefunden hat und in der die Individualität des Urhebers zum Ausdruck kommt. Ist ein solches Niveau einer persönlich-geistigen Schöpfung nicht erreicht, dann werden unter Umständen die geschützten Leistungsergebnisse durch die verwandten Schutzrechte (§§ 70 ff. UrhG) erfasst. Es werden sehr unterschiedliche Leistungsergebnisse geschützt, wie z. B. einerseits die unternehmerische Leistung auf organisatorisch-technischem Gebiet beim Schutz von Veranstaltern, Tonträgerherstellern, Sendeunternehmen und Filmherstellern, und andererseits die persönliche Leistung des Interpreten beim Schutz der ausübenden Künstler. Diese Schutzrechte bestehen unabhängig von den Urheberrechten und sind in der Regel frei übertragbar, aber auch im Umfang und in der Dauer beschränkter als die persönlich-geistigen Schöpfungen.

Der Urheberrechtsschutz besteht kraft Gesetzes mit der Schaffung des Werkes ohne Beachtung jeglicher Förmlichkeiten. Eine Registrierung ist nicht erforderlich. Insbesondere bedarf es bei der Veröffentlichung des Werkes keines sogenannten Copyright-Vermerks oder anderer Zusätze wie „Alle Rechte vorbehalten" zur Entstehung des Urheberrechtes. Dem Copyright-Vermerk oder den anderen Hinweisen und Zusätzen kommt lediglich eine faktische Warnung vor Urheberrechtsverletzung zu.

2.1 Einzelne geschützte Werke im Internet

Beim Urheberrechtsschutz im Internet sind zwei Werkkategorien zu unterscheiden: vorbestehende Werke und netzbezogene Werke.

Bei den vorbestehenden Werken handelt es sich um den Bereich der bereits erwähnten Werkarten, wie z. B. Musik-, Sprach- oder Filmwerke (§ 2 I UrhG). Die Schutzfähigkeit und der Umfang des Schutzes richten sich sowohl bei Einzelwerken als auch bei Gesamtwerken jeweils nach den einzelnen Werkarten. Die Benutzung im Internet bedarf grundsätzlich der Zustimmung des jeweiligen Berechtigten.

Bei den netzbezogenen Werken handelt es sich um solche, die im Internet erst entstehen, d. h., sie sind entweder netzgenerierende oder netzbasierte Werke. Netzgenerierende Werke sind regelmäßig Computerprogramme, die die Serverrechner der Netzanbieter und die darin angeschlossenen Computernetz-Nutzer konfigurieren und miteinander verbinden. Ihr Schutz richtet sich nach den Vorschriften für Computerprogramme (§§ 69a–g UrhG). Bei den netzbasierten Werken sind schutzfähig die auf dem Bildschirm erscheinende Benutzeroberfläche, z. B. die Webseiten; sie können als Multimediawerk geschützt sein. Einige, für das Internet besonders wichtige, geschützte Leistungsergebnisse werden im Folgenden (1.1.1 bis 1.1.4) ebenso wie der Schutz von Ideen und Werkteilen (1.1.5) erläutert.

2.1.1 Sprachwerke

Der klassische Gegenstand des Urheberrechts sind die Sprachwerke. Hierunter fallen wissenschaftliche Bücher genauso wie Zeitschriften, Aufsätze, Reden und Rundfunkkommentare. Die Länge des Werkes spielt grundsätzlich keine Rolle. Gedichte, Liedzeilen und Werbetexte können geschützt sein, wenn sie die erforderliche Individualität aufweisen. Dies ist bei den kommerziell oft wichtigen Werktiteln meistens nicht der Fall. So ist der Buchtitel „Der Nahe

Osten rückt näher“ nicht für schutzwürdig erachtet worden.[1] Wann von einer individuellen schöpferischen Leistung oder nur einem alltäglichen Wortbeitrag auszugehen ist, lässt sich häufig schwierig abgrenzen. Während bei wissenschaftlichen Werken hohe Anforderungen an die Individualität gestellt werden, wird im gewerblichen Bereich ein sehr weitgehender Urheberrechtsschutz gewährt. Schutzfähig sind Adressbücher, Telefonbücher oder Formulare.[2]

2.1.2 Computerprogramme

Computerprogramme sind in jeder Gestalt einschließlich des Entwurfmaterials vom UrhG erfasst (§ 69a I UrhG) und werden in allen Entstehungsphasen (Problemanalysc, Datenflussplan mit Programmablaufplan und Kodierung in das fertige Programm) geschützt. Unter den Begriff fallen, unabhängig von der Art der Computerprogramme, Betriebsprogramme (Systemsoftware), Anwendungssoftware, Standard- und Individualsoftware. Informationsmaterial zur richtigen Bedienung eines Computerprogramms, wie z. B. Handbücher, Bedienungsanleitungen, werden hingegen ebenso wenig erfasst wie die Benutzeroberfläche, die als Sprachwerk (§ 2 I Nr. 1 UrhG), als wissenschaftlich-technische Darstellung (§ 2 I Nr. 4 UrhG) oder über das Wettbewerbsrecht geschützt sein kann. Ideen und Grundsätze, die einem Element eines Computerprogramms zugrunde liegen, einschließlich der den Schnittstellen zugrunde liegenden Ideen und Grundsätze, sind nicht geschützt (§ 69a II Satz 2 UrhG).

Computerprogramme werden geschützt (§ 69a UrhG), wenn sie individuelle Werke in dem Sinne darstellen, dass sie das Ergebnis der eigenen geistigen Schöpfung ihres Urhebers sind. Qualitative oder ästhetische Kriterien sind nicht von Bedeutung: Auch das Schaffen eines Durchschnittsprogrammierers ist geschützt. Entscheidend ist, dass er bei der Lösung der ihm gestellten Aufgabe einen hinreichend individuellen Gestaltungsspielraum hat.[3] Nur das völlig banale, nicht anders realisierbare Zusammenfügen vorgegebener Daten und bereits bekannter Programme und Modelle soll vom Urheberrechtsschutz ausgeschlossen werden.

Wenn Computerprogramme vom Urheber ausdrücklich[4] als Public Domain bezeichnet werden, dann sind sie nicht urheberrechtlich geschützt und können somit uneingeschränkt kopiert und weitergegeben werden[5]. Dies gilt auch bei als Freeware bezeichneten Programmen. Insoweit ist allerdings erforderlich, den Urheberrechtsvermerk des Autors weiterzureichen. Bei Shareware wird vom Autor hingegen der Vertriebsweg vielfach im Einzelnen vorge-

1 BGH, *GRUR* 1960, S. 346; in diesen Fällen hilft der kennzeichenrechtliche Schutz der geschäftlichen Bezeichnung (§§ 5 III, 15 II Markengesetz), sogenannter Titelschutz.

2 RGZ 116, S. 292, 295–Adressbuch; BGH, *GRUR* 1961, S. 631–Fernsprechbuch; BGH, *GRUR* 1987, S. 166–AOK-Merkblatt.

3 BGHZ 94, S. 276 (285)–Inkasso-Programm.

4 Wenn sich der Urheber nicht dazu äußert, darf nicht ohne Weiteres auf die Zulässigkeit des Kopierens geschlossen werden. Der Urheberrechtsschutz ist der Normalfall. Er bedarf keiner besonderen Darlegung.

5 LG Stuttgart, *BB*-Beilage zu Heft 22/1993, S. 15.

schrieben. Die Nutzung ist dann nur in diesem Umfang rechtmäßig.[6] Fehlt eine solche Einschränkung, dann darf die Shareware auch frei verbreitet werden.[7]

Die Tatsache, dass Software kostenlos zur Verfügung gestellt wird, wie z. B. die Zugangssoftware von AOL, reicht allerdings nicht dazu aus, von einer umfassenden Berechtigung zur Weiterverbreitung auszugehen. Die Software muss ausdrücklich vom Urheber als Public Domain, Free- oder Shareware bezeichnet werden.

2.1.3 Datenbanken

Es ist der Schutz von Datenbankwerken (§ 4 II UrhG) vom Schutz des Datenbankherstellers (§§ 87a–e UrhG) zu unterscheiden. Der Schutz des Datenbankherstellers erfasst Datenbanken, die nicht den für die Datenbankwerke erforderlichen individuellen Gestaltungsspielraum zur Anordnung der Daten enthalten. Insoweit geht es um den Investitionsschutz des Datenbankherstellers. Der Schutz von Datenbanken bezieht sich auf natürliche Personen oder eine Gruppe von natürlichen Personen als Urheber einer Datenbank.

Datenbankwerke

Ein Datenbankwerk ist ein Sammelwerk, dessen Elemente systematisch oder methodisch angeordnet und einzeln mit Hilfe elektronischer Mittel oder auf andere Weise zugänglich sind (§ 4 II UrhG). Ein Sammelwerk ist (§ 4 I UrhG) eine Sammlung von Werken, Daten oder anderen unabhängigen Elementen, die aufgrund der Auswahl oder Anordnung der Elemente eine persönliche geistige Schöpfung sind. Damit wird die reine Sammlung von Daten als Sammelwerk urheberrechtlich geschützt. Die Sammlung muss aufgrund einer Anordnung der Daten erfolgen. Diese Anordnung kommt bei digitalisierten Werken in der Struktur des Abfragesystems zum Ausdruck, welches den Zugriff auf die Daten ermöglicht. Die Struktur ist auf diese Weise geschützt, nicht aber der Inhalt des Datenbankwerkes. Dessen Schutz richtet sich nach dem sonstigen Schutz von Werken, worunter z. B. Sprachwerke zu verstehen sind.

Als weitere Voraussetzung für den Urheberrechtsschutz von Datenbankwerken ist ein gewisser Spielraum für eine individuelle Anordnung der Daten erforderlich.[8] Der Urheber eines Datenbankwerkes ist, wer die individuelle Anordnung beispielsweise von Lichtbildwerken in einer Sammlung auf einer Internetseite vornimmt. Wer hingegen eine Fachdatenbank mit einem klar vorgegebenen, fachlichen Themenkreis, die auf Vollständigkeit angelegt ist, auf einer Internetseite zusammenstellt, z. B. eine Sammlung von reinen Wirtschaftsdaten, ist

---

6 Ein Shareware-Programm, dessen gewerblicher Vertrieb in einer beiliegenden „Lies-Mich-Datei" untersagt wird, darf ohne Erlaubnis des Nutzungsberechtigten nicht auf einer CD verkauft werden; OLG Düsseldorf, NJW-RR 1996, S. 55–Shareware.

7 LG Düsseldorf, *CR* 1995, S. 730.

8 Geschützt ist auch hier – wie bei Computerprogrammen – ein Minimum an Individualität.

nicht Urheber eines Datenbankwerkes, da es regelmäßig an dem dafür erforderlichen individuellen Gestaltungsspielraum fehlt.[9]

Datenbankwerke unterfallen insgesamt dann nicht dem Schutz des § 4 II UrhG, wenn sich die Anordnung aus der Natur der Sache, den Gesetzen der Zweckmäßigkeit, der Logik oder aus technischen Notwendigkeiten ergibt. In diesem Fall ist aber wegen des mit dem Aufbau der Datenbank verbundenen finanziellen Aufwandes ein Datenbankschutz über den bereits erwähnten Schutz des Datenbankherstellers möglich.

Schutz des Datenbankherstellers

Hierunter fallen Datenbanken, die eine Sammlung von Werken, Daten oder anderen unabhängigen Elementen darstellen, deren Beschaffung, Überprüfung oder Darstellung eine nach Art und Umfang wesentliche Investitition erfordern, wie z. B. bei Telefonbüchern[10]. Was unter einer „wesentlichen Investition" zu verstehen ist, bedarf im Einzelfall der gerichtlichen Klärung.[11] Hierunter dürften z. B. umfangreiche Linksammlungen und sonstige Zusammenstellungen von Informationen auf Webseiten fallen.[12] Geschützter Datenbankhersteller ist, wer die Investition vorgenommen hat (§ 87a V UrhG). Der Datenbankhersteller hat das ausschließliche Recht, die Datenbank insgesamt oder einen nach Art oder Umfang wesentlichen[13] Teil der Datenbank zu vervielfältigen, zu verbreiten und öffentlich wiederzugeben (§ 87b UrhG).

Was im Einzelnen beim ausschließlichen Recht des Datenbankherstellers unter einem nach Art oder Umfang wesentlichen Teil der Datenbank zu verstehen ist, kann im Einzelfall schwierig zu definieren sein. Zumindest dürfte es für die Bestimmung der Wesentlichkeit erforderlich sein, dass gemäß dem Schutzgedanken der §§ 87a ff. UrhG ebenfalls die in der

---

[9] Zum Bereich der elektronischen Datenbank hat das OLG Hamburg entschieden, dass einem in das Internet gestellten Medizinlexikon der Schutz als Datenbankwerk (§ 4 II UrhG) zuerkannt, jedoch einer Zusammenstellung von Aktiendaten mit Kursen, Kennzahlen, Prognosen und Bewertungen der deutschen Aktien der Schutz versagt wird, weil sich die Anordnung der Daten und der jeweiligen Rubriken in alphabetischer und chronologischer Reihenfolge aus der Natur der Sache ergeben habe und durch Logik bzw. Zweckmäßigkeit vorgegeben sei, vgl. OLG Hamburg, *NJW-RR* 2001, S. 1198–Link auf Webseite und OLG Hamburg, *GRUR* 2000, S. 319–Börsendaten.

[10] BGH, *MMR* 1999, S. 470 ff.–Tele-Info-CD.

[11] Das OLG Düsseldorf verneinte für im Auftrag eines Kunden gestaltete Webseiten, die werbend auf Bau- und Handwerksbetriebe hinwiesen, einen Schutz nach § 87a ff. UrhG, da der Schutzgegenstand die wesentliche Investition sei und diese bei der bloßen Online-Umsetzung vorhandener Prospekte nicht hinreichend dargetan sei (OLG Düsseldorf, *MMR* 1999, S. 729–Baumarkt.de). Auch das Kammergericht verneinte für eine in einer Tageszeitung veröffentlichte Anzeige eines Stellenmarktes den Datenbankbegriff (KG, *GRUR*-RR 2001, S. 102–Schatz-Stellenmarkt).

[12] Z. B. 250 Links: LG Köln vom 25. August 1999-AZ: 28 O 527/98–Linksammlungen. Das KG, *NJW-RR* 2000, S. 1495 betrachtete bei einer Datenbank, die EDV-gestützt Tickets verkauft und dies für 300–400 Veranstalter an 500 Vorverkaufsstellen ermöglicht, die Entnahme eines Datensatzes eines Veranstalters als unwesentlich.

[13] Nach § 87a und b UrhG können auch nach Art und Umfang unwesentliche Teile einer Datenbank geschützt sein; vgl. LG Köln, Urteil vom 2. Dezember 1998, AZ: 28 O 431/98–Anzeigendatenbank.

Datenbank enthaltene wesentliche Investition des Datenbankherstellers betroffen ist[14]. Das Recht des Datenbankherstellers entsteht, sobald die Herstellung der Datenbank abgeschlossen ist. Es ist nach § 87d UrhG auf 15 Jahre befristet.

2.1.4 Multimediawerke

Multimediawerke sind netzbasierte Werke, wie z. B. eine Kombination von verschiedenen Werkarten (Musik, Sprache, Bilder), die auf einer Webseite als animierter elektronischer Stadtführer mit künstlerischen Abbildungen, Kurzfilmen von und über Sehenswürdigkeiten und verschiedenen Informationen aus den verschiedenen Zeiten angeboten wird. Charakteristisch ist hier die Einheit von Sprache, Daten, Computerprogrammen, Bildern und Tönen, die digital auf einem einheitlichen Datenträger gespeichert werden und so zu einer Verschmelzung der bisher bekannten Werkarten und Informationen zu einer neuen digitalen Einheit führen, die vom Nutzer interaktiv mitgestaltet werden kann.

2.1.5 Schutz von Ideen, Konzepten und Werkteilen

Grundsätzlich sind auch Teile eines Werkes, z. B. Teile einer Homepage, schutzfähig. Die Werkteile müssen dann nach § 2 II UrhG die Voraussetzung einer persönlichen geistigen Schöpfung erfüllen. Es kann ein Teil eines Multimediawerkes als Datenbank nach § 4 II UrhG geschützt sein (z. B. Zusammenstellung von Museen einer Stadt mit individuellen Beschreibungen der Werkstücke als eine persönlich geistige Schöpfung eines gesamten Multimedia-Stadtführers). Ideen und Motive, die Werken zugrunde liegen, sind nicht schutzfähig. Jeder kann z. B. die Idee des Hyper-Linkings verwenden und umsetzen. Bei Computerprogrammen ist dies, wie erwähnt, ausdrücklich im Urheberrechtsgesetz festgehalten (§ 69a II Satz 2 UrhG). Ab wann eine Idee z. B. als ein Konzept individuell soweit ausgestaltet ist, dass sie unter den Urheberrechtsschutz fällt, ist im Einzelfall zu klären. Davon abgesehen

---

14 Es wird das ausschließliche Recht als verletzt angesehen, wenn mindestens 50 %, regelmäßig wohl aber 75–90 % des Datenbankmaterials oder wenn ein geringerer Teil als 50 %, der qualitativ besonders bedeutsam ist, von Dritten verwandt wird. Die Rechtsprechung ist insoweit sehr restriktiv. Keine wesentlichen Teile sind danach kleinere Bestandteile aus den Zeitungsartikeln einer Pressedatenbank (BGH, *CR* 2003 S. 920–Paperboy), so genannte Abstracts aus Aufsätzen in der juristischen Fachpresse (OLG Frankfurt, *ZUM-RD* 2003, S. 532–Abstracts, Überschriften aus einigen Artikeln und Fundstellen (LG München I, *CR* 2002, S. 452), Übernahme verlinkter Schlagzeilen samt Stichworten und Linklisten mit Ausnahme der Volltexte (LG München I, *ZUM* 2001, S. 100), Entnahme der Anschriften einiger Tausend Telefonbuchteilnehmer aus einer mehrere Millionen Einträge erfassenden Datenbank (OLG Karlsruhe, *CR* 2000, S. 169), Übernahme des Datensatzes eines Veranstalters aus einer Datenbank von über 300–400 Veranstaltern (KG, *CR* 2000, S. 812f), Verwendung von Suchmaske und Suchergebnis einer Datenbank zur Fahrplanauskunft (LG Köln, *MMR* 2002, S. 689), Untergliederung einer Datenbank in bestimmte geografische Elemente, die den wirtschaftlichen Erfolg der Datenbank ausmachen und die wegen dieser Gliederung zum Standardwerk wurde (OLG Frankfurt, *CR* 2003, S. 50 (53)); für wesentlich angesehen wurde hingegen das Herunterladen eines Sachbegriffs aus einer Lexikondatenbank, da auf diese Weise das „Weiterblättern" im gesamten Lexikon möglich wurde (OLG Hamburg, *CR* 2001, S. 704).

kann in Ausnahmefällen die Übernahme fremder Leistungsergebnisse wettbewerbswidrig sein, wenn besondere unlautere Umstände vorliegen.[15]

2.2 Inhalt, Grenzen und Rechtsfolgen des Werkschutzes

Die kontinental-europäische Betrachtungsweise des Urheberrechts, wie z. B. in Deutschland, Frankreich und Italien, unterscheidet sich erheblich vom Urheberrechtsschutz im anglo-amerikanischen Rechtskreis (USA, Großbritannien, Kanada und Australien), deren Urheberrecht als Copyright bezeichnet wird. Auf das Urheberpersönlichkeitsrecht kann im Copyright verzichtet werden. Es kann außerdem originär in einer juristischen Person, z. B. dem Arbeitgeber, entstehen. Dies ist nach dem kontinental-europäischen Verständnis nicht möglich. Nach dem deutschen Recht kann Urheber nur eine persönliche Person oder eine Gruppe von natürlichen Personen sein.

2.2.1 Inhalt des Werkschutzes

Urheberpersönlichkeitsrechte

Die Urheberpersönlichkeitsrechte betreffen das Veröffentlichungsrecht (§ 12 UrhG), die Anerkennung der Urheberschaft (§ 13 UrhG) und das Recht des Urhebers, eine Entstellung oder eine andere Beeinträchtigung seines Werkes zu verbieten (§ 14 UrhG).

Nach dem Veröffentlichungsrecht kann der Urheber bestimmen, ob und wie sein Werk zu veröffentlichen ist. Die Anerkennung der Urheberschaft bedeutet, dass der Urheber bestimmen kann, ob das Werk mit einer Urheberbezeichnung versehen und welche Bezeichnung verwandt wird. Dies wird in der Praxis bei Multimedia-Werken mit mehreren Urhebern häufig schwierig sein. Insoweit sollten im Vorhinein mit den Urhebern Vereinbarungen getroffen werden. Der Urheber hat das Recht, eine Entstellung oder andere Beeinträchtigung seines Werkes zu verbieten, die geeignet ist, seine berechtigten geistigen oder persönlichen Interessen am Werk zu gefährden.

Eingeschränkt ist dieses Recht bei Computerprogrammen (§ 69d I UrhG) und Datenbank-Werken (§ 55a UrhG). Für die bestimmungsgemäße Benutzung erforderliche Bearbeitungen sind zulässig. Nur gröbliche Beeinträchtigungen können verboten werden. Dieser Integritätsschutz spielt eine besondere Bedeutung bei Multimedia-Werken. Denn durch die digitale

---

[15] Vgl. Abschnitt 3.1.

Werkform, bei der, wie bereits ausgeführt, verschiedene Werkarten (z. B. Sprachwerke, Musikwerke, Lichtbildwerke) in einem Medium digital vereinigt sind, wird die Werkintegrität erheblich gefährdet. Die digitale Werkform kann beliebig zerlegt, neu mit anderen Werken kombiniert, bearbeitet und umgestaltet werden. Es ist technisch sogar mittlerweile möglich, z. B. das Originalbild durch ein künstlich montiertes zu ersetzen, ohne dass selbst von Fachleuten ein Unterschied festgestellt werden kann.

Verwertungsrechte

Der Urheber hat ein umfassendes Verwertungsrecht an seinem Originalwerk oder einem Vervielfältigungsstück seines Werkes (§ 15 UrhG). Diese umfassende Rechtsposition beruht auf dem grundrechtlichen Schutz des Urheberrechtes aus Art. 14 GG. Die Verwertungsrechte sind die vermögenswerten Bestandteile des Urheberrechtes. Es gehört insoweit zu dem durch Arbeit und Leistung erworbenen Bestand an vermögenswerten Gütern[16] und wird deshalb auch als geistiges Eigentum bezeichnet[17]. Dem Urheber stehen körperliche und unkörperliche Verwertungsrechte zu.

Zu den körperlichen Verwertungsrechten gehört insbesondere die Vervielfältigung, worunter heute neben der dauerhaften auch eine nur vorübergehende Speicherung im Arbeitsspeicher des Computers zu verstehen ist. Typische Benutzerhandlungen, die unter das Vervielfältigungsrecht fallen, sind Scannen/Digitalisieren, Herunter- und Heraufladen eines Internetangebots und Aktivieren eines Links. In letzterem Falle dürfte grundsätzlich davon auszugehen sein, dass Links auf andere Webseiten gelegt werden können, ohne gegen das ausschließliche Vervielfältigungsrecht der jeweiligen Inhaber der Webseiten zu verstoßen.[18] Einige vorübergehende Vervielfältigungshandlungen werden jedoch vom Vervielfältigungsrecht ausgenommen. Es handelt sich insoweit um das Caching[19] und das Routing[20].

---

16 BVerfGE 31, S. 229 (239), ständige Rechtsprechung.

17 BVerfGE 49, S. 382 (392); 79, S. 29 (40).

18 Hier ist jedoch zu unterscheiden zwischen Surface-Links, Deep-Links und Inline-Links/Framing. Beim Surface-Link, der auf die Homepage geht, ist grundsätzlich von einer Zustimmung des Webseiten-Inhabers auszugehen (vgl. OLG Düsseldorf, *CR* 2000, S. 184 (186); OLG Hamburg, *CR* 2000, S. 776 (777)). Anders sieht dies bei Deep-Links aus. Problematisch ist hier, dass Internetauftritte vielfach dadurch finanziert werden, dass Dritten auf der Homepage Werbemöglichkeiten eingeräumt werden, die durch Deep-Links zum Nachteil des Inhabers des Werbeauftritts umgangen werden (vgl. zum Deep-Link LG München I, *CR* 2002, S. 452 ff.–Deep-Links im Onlinepressespiegel). Handelt es sich um einen Inline-Link in der Art, dass ohne Offenlegung der fremden Internet-Domains nur seiten- bzw. stichwortweise in Form eines Fensters innerhalb einer fremden Webseite mit eingeschränkten Navigationsmöglichkeiten die fremden Inhalte erscheinen, dann ist nicht von einer konkludenten Zustimmung des Inhabers der fremden Webseite auszugehen, LG Hamburg, Urteil vom 12. Juli 2000, AZ: 308 U 205/00–Linkhaftung.

19 Beim Caching erfolgt eine zeitlich begrenzte Zwischenspeicherung der bereits aufgerufenen Netzinhalte auf dem Server des Anbieters, um so einen schnelleren Zugriff bei erneutem Abruf zu gewährleisten und zugleich das Netz zu entlasten.

20 Dabei wird die Datei zum Transport in kleinste Einzelpakete zerlegt und diese werden über verschiedene Rechner transportiert. Beim Zielrechner wird das Datenpaket erneut zusammengesetzt, erst dann ergibt sich wieder ein Ansatzpunkt für eine urheberrechtlich relevante Vervielfältigungshandlung.

Bei der unkörperlichen Verwertung geht es nach § 19a UrhG speziell um das Recht der elektronischen Wiedergabe in der Öffentlichkeit, d. h. um die zwischen dem Herunter- und Heraufladen eines Internetangebots liegende digitale Übermittlung bzw. das Zugänglichmachen von Informationen. Hierunter fällt z. B. das Recht, ein Multimediawerk zum Abruf im Internet für Nutzer bereitzuhalten.

2.2.2 Grenzen der Urheberrechte

Das Urheberrecht unterliegt zeitlichen, inhaltlichen und räumlichen Schranken. Zeitlich ist das Urheberrecht 70 Jahre nach dem Tod des Urhebers erloschen. Es steht damit jedem zur Verwertung offen. Diese unterschiedliche Regelung zum Sacheigentum, das keiner zeitlichen Schranke unterliegt, rechtfertigt sich aus der Tatsache, dass Immaterialgüter nach und nach von immer mehr Personen genutzt werden und auf diese Art und Weise allmählich in den Bereich der Allgemeingüter fallen, die dann nicht mehr monopolisiert werden dürfen.

Die inhaltlichen Schranken (speziell §§ 45–63 UrhG) bestehen im privaten, wirtschaftlichen und staatlichen Interesse. Wichtige Schranken betreffen behinderte Menschen (45a UrhG), die öffentliche Rede (§ 48 UrhG), Zeitungsartikel (§ 49 UrhG), Berichterstattung über Tagesereignisse (§ 50 UrhG), Zitate (§ 51 UrhG), öffentliche (unentgeltliche) Wiedergabe (§ 52 UrhG), öffentliche Zugänglichmachung für Unterricht und Forschung (§ 52a UrhG) und die Vervielfältigung zum privaten Gebrauch (§ 53 UrhG).

Das Recht der Privatkopie gilt, wie die anderen genannten Schrankenregelungen, auch für das Internet. Es wird aber dadurch eingeschränkt, dass technische Schutzmaßnahmen des Herstellers nicht umgangen werden dürfen. Hierunter fallen technische Maßnahmen, wie sämtliche Kopierschutzvorrichtungen und Systeme zum Digital-Rights-Management.

Die räumlichen Beschränkungen beruhen auf dem Umstand, dass das Urheberrechtsgesetz nur innerhalb der Bundesrepublik Deutschland Geltungskraft hat. Das Urheberrecht basiert insoweit auf dem Territorialprinzip, das im Ergebnis einem ausländischen Urheber im Inland, d. h. hier in Deutschland, den Schutz versagt. Der nationale Gesetzgeber stellt dadurch das Interesse des inländischen Verwerters an einer freien Nutzung über das des ausländischen Urhebers. Die entsprechenden Regelungen im nationalen fremden Recht (§ 120 ff. UrhG) werden aber weitestgehend durch das internationale Fremdenrecht, d. h. durch zwischenstaatliche Abkommen, aufgehoben[21]. Festzuhalten bleibt, dass unabhängig von zwischenstaatlichen Vereinbarungen gemäß § 120 II Nr. 2 UrhG die Angehörigen anderer EU- und EWR-Staaten den Deutschen gleichgestellt sind, d. h., ihnen wird Urheberrechtsschutz gewährt, während unabhängig von Staatsverträgen die übrigen ausländischen Staatsangehörigen gemäß § 121 I UrhG Schutz nur für solche Werke genießen, die zuerst in Deutschland erschienen sind.

---

21 Z. B. Revidierte Berner Übereinkunft, Welturheberrechtsabkommen, TRIPs-Abkommen, Rom-Abkommen.

2.2.3 Rechtsfolgen der Verletzung von Urheberrechten (Abwehrstrategien)

Bei den Rechtsfolgen sind zivilrechtliche und strafrechtliche Konsequenzen zu unterscheiden. Die im Folgenden beschriebenen Rechte stehen dem Urheber, dem Inhaber von exklusiven Nutzungsrechten und Inhabern von exklusiven verwandten Schutzrechten (z. B. Schutz des Datenbankherstellers) zu.

Der Inhaber der genannten Rechte kann jeden von der Nutzung ausschließen oder die Nutzung unter bestimmten Bedingungen vertraglich gestatten. Regelmäßig geht es um die Zahlung eines Lizenzbetrages. Neben vertraglich vereinbarten Vergütungen gibt es gesetzliche Vergütungsansprüche. Soweit gesetzliche Vergütungsansprüche bestehen, kann der Rechteinhaber wegen der Sozialbindung des Urheberrechtes (Art. 14 II GG) die Nutzungshandlung nicht verbieten. Er hat nur einen Anspruch auf eine angemessene Vergütung. Der Inhaber von Ausschließlichkeitsrechten kann die Wahrnehmung seiner Rechte auch einer Verwertungsgesellschaft übertragen, so dass der Verwerter die benötigten Nutzungsrechte von einer Verwertungsgesellschaft erwerben muss.[22] Der Vorteil bei einer Wahrnehmung der Rechte durch eine Verwertungsgesellschaft ist für den Verwerter die Pflicht der Verwertungsgesellschaft, diesem Nutzungsrechte einzuräumen, soweit sie diese für den Berechtigten wahrnimmt.

Zivilrechtliche Folgen

Der Verletzer kann nach Urheberrechtsgesetz auf Unterlassung weiterer Rechtsverletzungen, auf Beseitigung der Beeinträchtigung, auf Ersatz des materiellen Schadens und auf Ersatz des immateriellen Schadens in Anspruch genommen werden. Der (verschuldensunabhängige) Unterlassungsanspruch richtet sich gegen drohende künftige (rechtswidrige) Verletzungen. Er setzt eine Wiederholungsgefahr voraus, die regelmäßig bereits aus einer erstmaligen Rechtsverletzung herzuleiten ist. Dies ist z. B. der Fall, wenn urheberrechtlich geschützte Werke ohne die erforderliche Zustimmung online angeboten werden.

Aber auch wenn eine solche Rechtsverletzung erstmals droht, kann der Betroffene seinen Unterlassungsanspruch dann im Wege einer vorbeugenden Unterlassungsklage geltend machen. Die erforderliche Erstbegehungsgefahr ist gegeben, wenn die objektiv rechtswidrige Verletzung unmittelbar bevorsteht, also z. B. in einer Werbung auf ein am nächsten Tag erhältliches urheberrechtswidriges Online-Angebot hingewiesen wird.

Der (ebenfalls verschuldensunabhängige) Beseitigungsanspruch ist auf die Beseitigung einer fortdauernden rechtswidrigen Störung gerichtet, die z. B. in einer urheberrechtsverletzenden Webseite oder urheberrechtsverletzenden Daten aus Datenbanken bestehen kann. Die Beseitigung besteht dann in der Abänderung der urheberrechtsverletzenden Webseite oder einer Beseitigung der urheberrechtsverletzenden Daten aus der Datenbank. Da es nicht auf ein

---

22 Beispiele für wichtige Verwertungsgesellschaften: GEMA (www.gema.de), VG Wort (www.vgwort.de) und VG Bild-Kunst (www.bildkunst.de).

Verschulden und damit nicht darauf ankommt, ob der Verletzer hätte wissen müssen, dass er eine Urheberrechtsverletzung begeht, können sogar den gutgläubigen Nutzer erhebliche wirtschaftliche Risiken treffen. Denn unabhängig von dem z. B. mit einer Multimedia-Produktion verbundenen wirtschaftlichen Aufwand ist der Verletzer grundsätzlich zum Unterlassen oder zur Beseitigung verpflichtet mit der Folge, dass bei einzelnen urheberrechtswidrig genutzten Teilen aus einem Multimedia-Werk das ganze Multimedia-Werk zurückgenommen werden muss.[23]

Strafrechtliche Folgen

Die für das Urheberrecht zentrale Vorschrift des § 106 UrhG betrifft die unerlaubte Verwertung urheberrechtlich geschützter Werke. Danach wird mit Freiheitsstrafe von bis zu 3 Jahren oder mit Geldstrafe bestraft, wer in anderen als den gesetzlich zugelassenen Fällen ohne Einwilligung des Berechtigten ein Werk vervielfältigt (§ 16 UrhG), verbreitet (§ 17 UrhG) oder öffentlich wiedergibt (§§ 15 II, 19-22 UrhG). Geschützt sind die Verwertungsrechte des Urhebers oder des Inhabers eines exklusiven Nutzungsrechtes.

Unter § 106 UrhG fällt z. B. der Betreiber von Rechnern, der in frei zugänglichen FTP-Bereichen Softwareprogramme, die vom Urheber nicht ausdrücklich (z. B. als Shareware- oder Freeware) zur Verbreitung freigegeben worden sind, zum Herunterladen bereithält.

Ebenfalls erfasst wird das sogenannte Filesharing. Das Heraufladen in Tauschbörsen wird als Zugänglichmachen im Sinne des § 19a UrhG und damit als ein Fall der öffentlichen Wiedergabe angesehen. Wenn keine Berechtigung und keine Einwilligung des Urhebers vorliegen, dann ergibt sich die Strafbarkeit aus § 106 I UrhG. Es handelt sich um Raubkopien.

In § 108b UrhG werden die Umgehungen von Schutzmaßnahmen und bestimmte Vorbereitungshandlungen der Umgehung unter Strafe gestellt. Von der Strafbarkeit ausgenommen sind diejenigen Verstöße, die ausschließlich zum eigenen Gebrauch des Handelnden oder von mit ihm persönlich verbundenen Personen erfolgen bzw. sich auf einen derartigen Gebrauch beziehen (vgl. § 108b I UrhG). Es ist also für diejenigen Personen Straffreiheit vorgesehen, die eine technische Maßnahme im Bereich der Vervielfältigung zum privaten Gebrauch ausschließlich zu privaten und nicht gewerblichen Zwecken umgehen.

---

23 In diesem Zusammenhang ist die weltweit erste Entscheidung über die Wirksamkeit freier Softwarelizenzen des LG München (Urteil vom 19.05.2004, AZ: 21 O 6123/04–GPL-License) zu erwähnen. In dem Rechtsstreit machte der Antragsteller als Mitglied eines Open-Source-Projektes einen Unterlassungsanspruch gegen einen Unternehmer geltend, der auf seiner Webseite Software zum kostenlosen Download bereithielt. In dieser Software war Software des Open-Source-Projekts enthalten. Entgegen den Bestimmungen der GNU General Public License (GPL) hatte der Unternehmer jedoch weder auf Open-Source-Software hingewiesen und die GPL mit veröffentlicht, noch hatte er den Source-Code zugänglich gemacht. Das Gericht stellte klar, dass die Entwickler von Open-Source-Software nicht auf ihre Urheberrechte verzichten, sondern lediglich Nutzungsberechtigung einräumen. Zur Begrifflichkeit „GNU General Public License“ siehe de.wikipedia.org/wiki/GNU-Projekt.

3. Wettbewerbsrecht

3.1 Einzelbeispiele der Ausbeutung fremder Leistung

Zwei Arten der Ausnutzung fremder Leistungsergebnisse werden unterschieden[24]: die *Nachahmung* und die *unmittelbare Leistungsübernahme*. Die beiden Arten differieren in der Methode, wie die fremde Leistung vom Wettbewerber benutzt wird.

- Bei der unmittelbaren Leistungsübernahme wird das fremde Leistungsergebnis ohne ins Gewicht fallende zusätzliche eigene Leistungen mühelos ausgebeutet, z. B. im Internet durch Erstellung einer digitalen Kopie oder Fotokopieren ausgedruckter Programmcodes.
- Bei der Nachahmung wird hingegen das fremde Produkt durch eine eigene Leistung nachschaffend wiederholt, z. B. wird eine vorgegebene Webseite über einen HTML-Editor, sei es durch Codieren oder durch Anklicken von Buttons, nachgeahmt.

Im Folgenden werden einige Fälle vorgestellt, bei denen die Ausnutzung fremder Leistungen keinem sondergesetzlichen Schutz (wie z. B dem Urheberrecht) unterliegt, wegen der besonderen unlauteren Umstände aber unter den Schutz des Wettbewerbsrechts (sogenannter ergänzender wettbewerbsrechtlicher Leistungsschutz[25]) fällt.

---

24 BGHZ 44, S. 288 (297)–Apfel-Madonna.

25 Zum ergänzenden wettbewerbsrechtlichen Leistungsschutz für Telefonverzeichnisse vgl. BGH, *MMR* 1999, S. 470–Tele-Info-CD. Der BGH stellt darauf ab, dass die Teilnehmerdaten als solche wegen ihrer stets unerreichten Vollständigkeit, Richtigkeit und Aktualität ein wirtschaftliches Gut darstellen, mit dem der Verkehr eine besondere Gütevorstellung verbindet, die für die Annahme der wettbewerblichen Eigenart ausreicht. Für die Annahme des Vorhandenseins besonderer unlauterkeitsbegründender Umstände stützt sich der BGH hauptsächlich auf den Aspekt der Rufausbeutung. Der Verkehr erwartet vom Angebot des Konkurrenten dieselbe Vollständigkeit, Richtigkeit und Aktualität, wie sie für die „amtlichen Daten“ der Telekom prägend sind. Diese Erwartung stützt sich letztlich auch auf die (zutreffende) Annahme, dass es sich auch beim Angebot der Tele-Info-CD um die (identisch übernommenen) „amtlichen“ Daten handelt. Damit profitiert der Wettbewerber von Gütevorstellungen des Verkehrs, die sich eigentlich auf das Verzeichnis der Telekom beziehen. Die Rufausbeutung beruht in diesem Falle auf der Anlehnung der Leistung an dieses Verzeichnis. Weitere unlauterkeitsbegründende Aspekte sieht der BGH in der Tatsache, dass die laufend und systematisch aktualisierten Daten der Telekom von dem Wettbewerber mit erheblichen Mühen und Kosten aufgebaut worden seien und daher ein erhebliches wirtschaftliches Gut darstellten. Die systematische Übernahme dieser Leistung führte zu einem ungerechtfertigten Preiswettbewerb mit dem Telekom-Verzeichnis, den die Wettbewerber führen können, ohne dass ihrerseits ein entsprechender Aufwand für die Datenerfassung notwendig sei.

3.1.1 Vermeidbare Herkunftstäuschung

Eine Herkunftstäuschung liegt vor, wenn der Nutzer irrigerweise annimmt, das nachgeahmte Arbeitsergebnis komme aus demselben Unternehmen wie die Originalleistung.

Eine solche Täuschung ist unlauter im Sinne des § 3 Gesetz gegen den unlauteren Wettbewerb (UWG), wenn die nachgeahmte Originalleistung wettbewerbliche Eigenart aufweist, im Verkehr bekannt ist und der Nachahmer nicht die geeigneten und zumutbaren Verhütungsmaßnahmen ergriffen hat.

Im Internet ist an die Nachahmung von urheberrechtlich nicht geschützten Homepages oder Icons zu denken, die vom Konkurrenten nachgeahmt werden und dazu geeignet sind, über den betrieblichen Ursprung der Homepage oder des Icons zu täuschen. Die wettbewerbliche Eigenart dient zur Abgrenzung der sogenannten Massen- und Dutzendware, bei der die Herkunft nicht von Bedeutung ist. Die wettbewerbliche Eigenart verlangt von einer Leistung, dass sie bestimmte Herkunfts- und Qualitätsvorstellungen in den jeweiligen Verkehrskreisen auslöst[26]. Soweit dies der Fall ist, wird jede Form der Darstellung im Internet wettbewerbsrechtlich gestützt.

Die vom Nachahmer verlangten zumutbaren Verhütungsmaßnahmen stehen im Zusammenhang mit der wettbewerblichen Eigenart und der Bekanntheit der Leistung des Erstherstellers. Je größer die wettbewerbliche Eigenart ist und die Bekanntheit der Leistung, desto stärker muss sich die nachgeahmte Leistung unterscheiden und umgekehrt. Insgesamt ist zu berücksichtigen, in welchem Bereich eine Nachahmung vorgenommen wird. Im technischen Bereich hinsichtlich des Nachbaus technisch-funktionaler Elemente darf der Wettbewerber nicht auf wirtschaftlich unrationale oder kostspielige Gestaltung verwiesen werden, nur weil eine sachgerechte technische Vorrichtung bereits vorher Anwendung gefunden hat.[27]

3.1.2 Ausnutzung des guten Rufes

Wenn sich der Nachahmer allerdings den guten Ruf zu Nutze macht und insbesondere an das Prestigedenken der Käufer appelliert, dann handelt er bei einer äußerlich nahezu identischen Ware wettbewerbswidrig.[28] Im ästhetischen Bereich kann vom Nachahmer verlangt werden, dass er einen erkennbaren Abstand vom Originalprodukt hält. Denn hier bestehen größere Gestaltungsspielräume für den Nachahmer, so dass eine nahezu identische Nachahmung selten gerechtfertigt sein dürfte.[29]

---

26 BGH, *GRUR* 1968, S. 698 (702)–Rekord-Spritzen.

27 BGH, *GRUR* 1968, S. 91 ff.–Pulverbehälter.

28 BGH, NJW 1986, S. 381 (382)–Tchibo-Rolex.

29 BGH, WRP 1976, S. 370 (371)–Ovalpuderdose.

3.1.3 Unmittelbare Leistungsübernahme

Ein Verstoß gegen § 3 UWG liegt vor, wenn das fremde Arbeitsergebnis unmittelbar übernommen wird und dies zum Schaden desjenigen geschieht, dem „billigerweise die Früchte davon zukommen müssten".[30] Der Wettbewerber übernimmt mittels technischer Vervielfältigungsverfahren, wie z. B. durch digitale Kopie einer Original CD-ROM[31], unmittelbar die Originalleistung, was bei ihm eigene Aufwendungen erspart.[32]

Eine unmittelbare Leistungsübernahme im Internet liegt z. B. dann vor, wenn eine Internetseite, deren Inhalt eine wettbewerbliche Eigenart aufweist, einfach über das Framing in den Internetauftritt eines Wettbewerbers „übernommen" wird. Der Wettbewerber erweckt hier den Eindruck, dass der Inhalt Bestandteil seiner eigenen Webseite sei. Anders sieht dies natürlich aus, wenn der Wettbewerber lediglich einen „einfachen" Link (Surface-Link) auf die Webseite des Konkurrenten legt. Hier ist grundsätzlich von einem konkludenten Zustimmen zum Linksetzen seitens des Inhabers der angelinkten Webseite auszugehen [33]. Es geht letztlich darum, ob und in welchem Umfang der Ersthersteller aufgrund der von ihm geleisteten Arbeit und der Kosten zur Erreichung des Arbeitsergebnisses einen Wettbewerbsvorsprung in Anspruch nehmen darf.

Das Wettbewerbsrecht schützt nicht das Leistungsergebnis, wie z. B. Computerprogramme oder Webseiten, die unter Umständen als Werke über das Urheberrecht, also sondergesetzlich, erfasst werden. Es schützt vielmehr bestimmte Formen der Benutzung fremder Leistungen, wenn diese Benutzung im oben genannten Sinne unlauter ist. Insoweit sind dann selbstverständlich auch z. B. Computerprogramme, gemeinfreie Algorithmen, Programmoberflächen, Multimedia-Produkte, Webseiten und sonstige Elemente des Internets mit einbezogen.

3.2 Sonstiger Wettbewerbsschutz

3.2.1 Belästigung durch E-Mail-Werbung

Im Wettbewerbsrecht (§ 7 II Nr. 3 und 4 und § 7 III UWG) gibt es eine Regelung für das **Spamming.** Nach § 7 II Nr. 3 UWG ist bei einer Werbung unter Verwendung elektronischer

---

30 BGHZ 44, S. 288 (297)–Apfel-Madonna; BGHZ 50, S. 41 (45 f.) Reprint.

31 OLG Karlsruhe, *CR* 1997, S. 149-D-Info 2.0.

32 BGHZ 51, S. 41 (45) Reprint.

33 Allgemein in der Rechtsprechung, siehe das Urteil des LG Düsseldorf, *CR* 1998, S. 763 ff–Inline-Linking, dass zu keinem Verstoß gegen § 1 UWG a.F. kommt; anders das Urteil des OLG Celle, *CR* 1999, S. 523 ff.–Deep-Links. Das Urteil des LG München I, *CR* 2002, S. 452, sieht in einem Deep-Link, durch den ohne urheberrechtliche Verletzung eine Art Internet-Pressespiegel erstellt wird, keinen Verstoß nach § 1 UWG a.F.; weitere Entscheidungen zu diesem Themenfeld sind zu finden bei LG Hamburg, *CR* 2001, S. 265–Bundesliga-Manager und OLG Köln, *CR* 2001, S. 708.

Post ohne Vorlage der Einwilligung des Adressaten eine unzumutbare Belästigung und damit eine unlautere Werbung anzunehmen.

In § 7 II Nr. 4 UWG ist die Werbung mit Nachrichten untersagt, bei der die Identität des Absenders, in dessen Auftrag die Nachricht übermittelt wird, verschleiert oder verheimlicht wird oder bei der keine gültige Adresse vorhanden ist, an die der Empfänger eine Aufforderung zur Einstellung solcher Nachrichten richten kann, ohne dass hierfür andere als die Übermittlungskosten nach den Basistarifen entstehen.

In § 7 II Nr. 3 UWG geht es um die **Opt-in-Regelung,** nach der ein vorheriges Einverständnis für Werbesendungen vorliegen muss. Es reicht also nicht aus, sich aus einem E-Mail-Verteiler austragen zu lassen. Die erhaltene E-Mail bleibt rechtswidrig. Ein mutmaßliches Einverständnis des Empfängers genügt ebenfalls nicht.[34] Eine Ausnahme hiervon ist in § 7 III Nr. 1–3 UWG geregelt. Danach kann ein Unternehmer bei laufenden Geschäftsbeziehungen die E-Mail-Adresse eines Kunden, die er in Zusammenhang mit dem Verkauf einer Ware oder Dienstleistung erhalten hat, zu Werbezwecken für eigene ähnliche Waren oder Dienstleistungen verwenden, falls der Kunde der Verwendung nicht widersprochen hat.

§ 7 III Nr. 3 UWG schränkt dies allerdings wieder erheblich ein: Der Kunde muss bei Erhebung der Adresse und bei jeder Verwendung klar und deutlich darauf hingewiesen werden, dass er der Verwendung jederzeit widersprechen kann, ohne dass hierfür mehr als die Übermittlungskosten nach den Basistarifen entstehen.

3.2.2 Newsletter und E-Cards

Beim **Newslette**r reicht es für den Beweis des Einverständnisses des Empfängers nicht aus, dass bei der Bestellung eines Newsletters die Eingabe einer E-Mail-Adresse in ein entsprechendes Formularfeld auf der Webseite des Versenders vorgenommen wird. Denn die E-Mail-Adresse kann auch von einem Dritten eingegeben worden sein. Der Werbende kann das Einverständnis des Empfängers am besten beweisen, wenn sich für die Bestellung ein E-Mail-Fenster öffnet und der Kunde an den Newsletter-Versender eine (vorformulierte) E-Mail unter Versendung seiner eigenen E-Mail-Adresse absenden muss.[35]

Bei der **E-Card** wird auf einer Webseite als besonderer (kostenfreier) Service angeboten, Motiv-Grußkarten an frei wählbare Empfänger zu senden. Ähnlich funktioniert dies bei Online-Zeitschriften, die die Möglichkeit vorsehen, ganze Artikel oder Links auf Artikel per E-Mail an Bekannte und Freunde zu senden. Häufig wird auf diese Weise auch Werbung mit versandt. Hier wird bisher ebenfalls davon ausgegangen, dass dies unzulässig ist.[36]

---

34 BGH, NJW 2004, S. 1655 ff.–E-Mail-Spamming.

35 BGH, NJW 2004 S. 1655 ff. (1657)–E-Mail-Spamming.

36 Siehe OLG München, *MMR* 2004, S. 324 ff.; LG München I, *CR* 2003, S. 209 ff.; AG Rostock, *CR* 2003, S. 621 ff. Kritisch zu bemerken ist, dass vielfach zumindest ein mutmaßliches Einverständnis der Empfänger vorliegen dürfte.

3.2.3 Werbung im Internet

Das medienrechtliche Schleichwerbeverbot, welches für alle Formen der Werbung Anwendung findet, ist in § 4 Nr. 3 UWG normiert. Die Bestimmung verlangt eine Trennung zwischen allgemein-informierenden Inhalten einer Webseite und der Werbung. Das Trennungsgebot ergibt sich auch aus den Vorschriften des Pressrechtes, dessen Anwendbarkeit auf periodisch erscheinende Online-Publikationen zu berücksichtigen ist. Wie im Offline-Bereich gibt es auch im Online-Bereich die Einbindung von Werbung in redaktionelle Beiträge. Auch hier wird der Umworbene über die Objektivität bzw. Unabhängigkeit einer publizistischen Empfehlung irregeführt [37].

- **Linksetzen:** Beim Linksetzen ist das Trennungsgebot nicht verletzt, wenn die sachliche Unterrichtung der Nutzer im Vordergrund steht und die mit der Verweisung auf ein bestimmtes Unternehmen unvermeintlich verbundene Werbewirkung nur als eine in Kauf zu nehmende Nebenfolge erscheint[38]. Diese Grenze kann überschritten sein, wenn mittels Deep-Link direkt auf die Produkt-/Warenbeschreibung verlinkt wird. Erst recht ist ein Verstoß gegen das Trennungsverbot anzunehmen, wenn durch Inline-Linking/Framing eingefügte Webseiten in ein bestehendes Angebot so integriert werden, dass eine Trennung der Inhalte nicht mehr möglich erscheint.
- **Bannerwerbung:** Wettbewerbsrechtliche Bedenken dürften gegen die Bannerwerbungen dann nicht bestehen, wenn diese aufgrund ihrer äußeren Gestaltung als selbstständige Bestandteile der Webseite erkennbar sind. Dies könnte nur dann anders sein, wenn das Banner unüblicherweise weitere fachliche Informationen zu dem in Bezug zum Banner stehenden Artikel verspricht. Da der Nutzer an Bannerwerbung gewöhnt ist und es für ihn selbstverständlich ist, dass die Bannerwerbung kostenlose Internetangebote oft erst ermöglicht, liegt keine unangemessene Belästigung des Nutzers nach § 4 Nr. 1 UWG vor.[39]
- **Pop-Ups:** Bei Pop-Up-Fenstern handelt es sich um automatisch aufgehende Werbefenster während des Surfens. Eine noch lästigere Variante ist das Exit-Pop-Up-Fenster, das sich erst beim Schließen des geöffneten Browserfensters öffnet. Der Nutzer ist, wie bei der Bannerwerbung, in gewissem Umfang daran gewöhnt, so dass das Fenster nicht generell als wettbewerbswidrig anzusehen ist.[40] Außerdem ist es technisch möglich, das Öffnen von Pop-up-Festern durch sogenannte Pop-up-Blocker zu verhindern.[41] Ab einem gewissen Umfang dieser Art Werbung könnte sich aber durchaus eine andere Betrachtungsweise ergeben. § 7 II Nr. 1 UWG nimmt eine unzumutbare Belästigung an, wenn geworben wird, obwohl erkennbar ist, dass der Empfänger diese Werbung nicht wünscht.

---

37 BGH, *GRUR* 1995, S. 744 ff. (746)–Feuer, Eis & Dynamit I.

38 BGHZ 50, S. 1 ff.–Pelzversand; BGH *GRUR* 1986, S. 382 ff.–Favorit II.

39 LG Frankfurt a.M., *MMR* 2001, S. 560.

40 A. A. zum Exit-Pop-Up-Fenster vgl. LG Düsseldorf, *MMR* 2003, S. 486.

41 Diese Blocker dürften ebenso zulässig sein wie die Werbeblocker für Fernsehprogramme: BGH-Entscheidung vom 24.06.2004, AZ: I ZR 26/02–Fernsehfee; OLG Frankfurt, *MMR* 1999, S. 720; LG Frankfurt a. M., *MMR* 1999, S. 613.

4. Ergebnis

Die Leistung wird im Internet grundsätzlich genauso geschützt wie in der körperlichen Welt. Die speziellen persönlichen und kommerziellen Interessen des Leistungsschutzes finden sich im Urheberrecht wider. Dort werden die Leistungsergebnisse wie Sprachwerke, Musikwerke, Lichtbildwerke, Datenbankwerke und Computerprogramme geregelt. Das Urheberrecht ist neben dem Patentrecht, dem Markenrecht, dem Gebrauchsmusterrecht, dem Geschmacksmusterrecht, dem Schriftzeichenrecht u. a. ein Sonderschutzrecht für Leistungen.

In diesen sondergesetzlichen Fällen ist die (schöpferische oder neue) Leistung geschützt und darf nicht genutzt werden. Erst wenn die Voraussetzungen für einen sondergesetzlichen Schutz nicht vorliegen, ist zu prüfen, inwieweit das Wettbewerbsrecht bestimmte Formen der Benutzung fremder Leistungen schützt.

Das Wettbewerbsrecht stellt mit seinen zahlreichen Einzelregelungen einen weitgehenden Schutz vor unlauteren Wettbewerbspraktiken dar, wie z. B. beim unzulässigen Framing, dem E-Mail-Spamming und der Schleichwerbung.

Die Ausführungen haben gezeigt, dass sich auch im Internet Rechtsverletzungen aus rechtlicher Sicht erkennen lassen, ihnen vorgebeugt werden kann oder sie zumindest effektiv abgewehrt werden können. Schwieriger ist es hingegen, Rechtsverstößen technisch auf die Spur zu kommen. Dies ist nur möglich, wenn das Dokument ein digitales Wasserzeichen, eine Dokumenten-ID oder Dokumenten-Rights hat.

Gänzlich offen bleibt, inwieweit vielfach die Monopolisierung von Leistungen noch ihrem ursprünglichen politischen Anliegen entsprechend als Anreiz zur Schaffung von neuen Produkten dient oder vielmehr eher die menschliche und gesellschaftliche Weiterentwicklung ungerechtfertigterweise behindert. Der Erfolg des Entwicklungs- und Vermarktungskonzeptes „Open Source“ (im Bereich der Server- und Internetkerntechnologien, z. B. LINUX oder APACHE) zeigt zumindest, dass Fortschritt auch ohne proprietäre Systeme möglich ist.

Produkt- und Konzeptpiraterie:

Erkennen?	Im Internet gilt das Recht der „körperlichen Welt“.
Vorbeugen?	Copyright-Vermerke erhöhen die Abschreckung.
Abwehren?	Eine technische Verfolgung von Piraten ist möglich, aber schwierig.
Dulden?	Nutzung der Inhalte unter Angabe der Quelle (gemäß Urheberrecht).
Nutzen?	

Teil III: IP-Schutztechniken

Anforderungen an die Produktdokumentation und Schutz vor Missbrauch

Volkmar Helbig

1. Einleitung

Als Angriffspunkt für Produktpiraterie erscheint die technische Produktdokumentation besonders interessant: Zum Beispiel verringert der Zugriff auf Zeichnungen und Stücklisten den Aufwand für das Nachahmen erheblich und leistet zugleich einen ungewollten Beitrag für die „Authentizität“ des gefälschten Produktes. Wenn man bedenkt, dass Dokumentationen ein Produkt „von der Wiege bis zur Bahre“ begleiten, wird die Notwendigkeit wirksamer Schutzmaßnahmen deutlich.

Angesichts des anhaltenden Trends zu Outsourcing wächst die Gefahr des Kontrollverlustes über sensible Informationen. Die Globalisierung dieses Prozesses setzt zudem auf elektronische Informationswege, die ein spezifisches Risikopotenzial darstellen.

Im Zuge der Harmonisierung der Vorschriften für das Inverkehrbringen sicherer Produkte im europäischen Wirtschaftsraum sind dem Hersteller Pflichten für Instruktionen an Nutzer und Betreiber auferlegt. Einschlägige EU-Richtlinien fordern explizit eine interne Dokumentation, die häufig schutzwürdige Inhalte umfasst.

Die produktbegleitende Dokumentation ist wie das Produkt selbst der Gefahr der Nachahmung ausgesetzt. Soll ein gefälschtes Produkt „glaubhaft“ sein, muss die gesetzlich vorgeschriebene produktbegleitende Dokumentation ebenso den Eindruck des Originals erwecken. Aus Sicht des Autors wird im praktischen Umgang wie auch in der einschlägigen Literatur diesem Aspekt recht wenig Beachtung geschenkt. Im Fokus der Bemühungen der Produkthersteller stehen vielmehr:

- Erfüllung der gesetzlichen Anforderungen
- Marketing- und wirtschaftliche Aspekte der Produktdokumentation
- Qualität und Nutzerfreundlichkeit
  Gerade Letztere gewinnen zunehmend an öffentlichem Interesse. Downloadangebote auf Websites der Produkthersteller gehören mittlerweile zum verbreiteten Standard und treffen die Kundenerwartungen.

Der Beitrag verfolgt das Ziel, die Anforderungen an technische Produktdokumentationen zu beleuchten, Führungspersonal wie Ausführende für dieses Thema zu sensibilisieren und beispielhaft praktikable Lösungswege zu zeigen, die zudem das berechtigte Interesse an Informationen seitens der Kunden und Geschäftspartner angemessen berücksichtigen.

2. Systematik der technischen Produktdokumentation

Zur Illustration des Betrachtungsgegenstandes dient die folgende Übersicht. Als Ausgangspunkt für ein strukturiertes Vorgehen zum Schutz technischer Produktdokumentation empfiehlt sich eine systematische Erfassung der relevanten Dokumente in allen Bereichen.

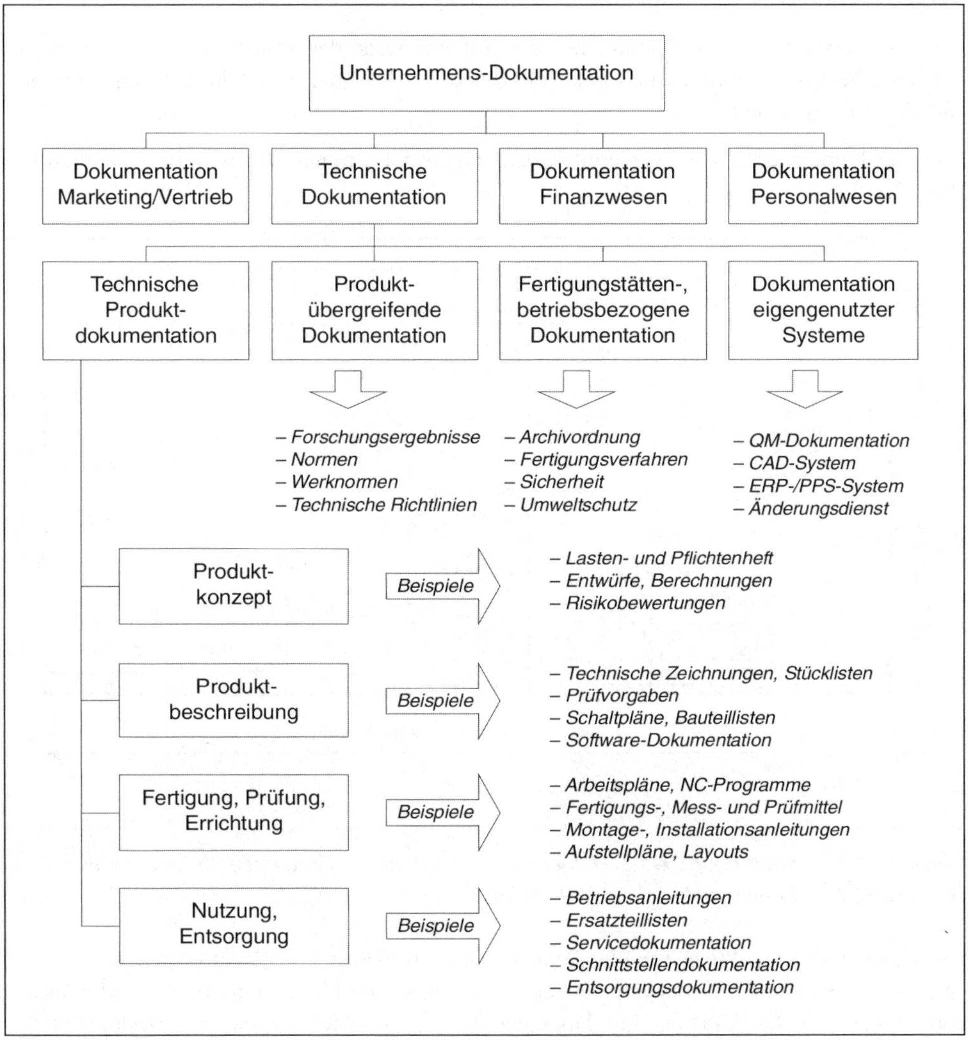

Quelle: In Anlehnung an DIN 6789-4

Abbildung 1: *Produktdokumentation als Teil der Unternehmens-Dokumentation*

Produkt- und Dokumentlebenszyklus

Entlang des gesamten Produktlebenszyklus werden Dokumente erzeugt oder spielen als Eingangsinformation eine entscheidende Rolle: von der Produktidee *(Lastenheft und Pflichtenheft),* über die Konstruktionsphase *(Zeichnungen, Stücklisten, Pläne),* den Herstellungsprozess *(Arbeits- und Prüfpläne),* die Montage und Inbetriebnahme *(Installationsanleitung),* die Nutzungsphase *(Bedienungshandbuch)* bis zur Entsorgung des Produktes *(Demontageanleitung).*

Gängige Praxis ist es, den Dokumenten der frühen Phasen der Produktentstehung einen besonderen Schutz zuzuordnen und den Personenkreis, der Zugriff auf diese Dokumente hat, möglichst klein zu halten.

Jedes Dokument unterliegt wiederum einem eigenen Dokumentlebenszyklus, siehe Abbildung 2.

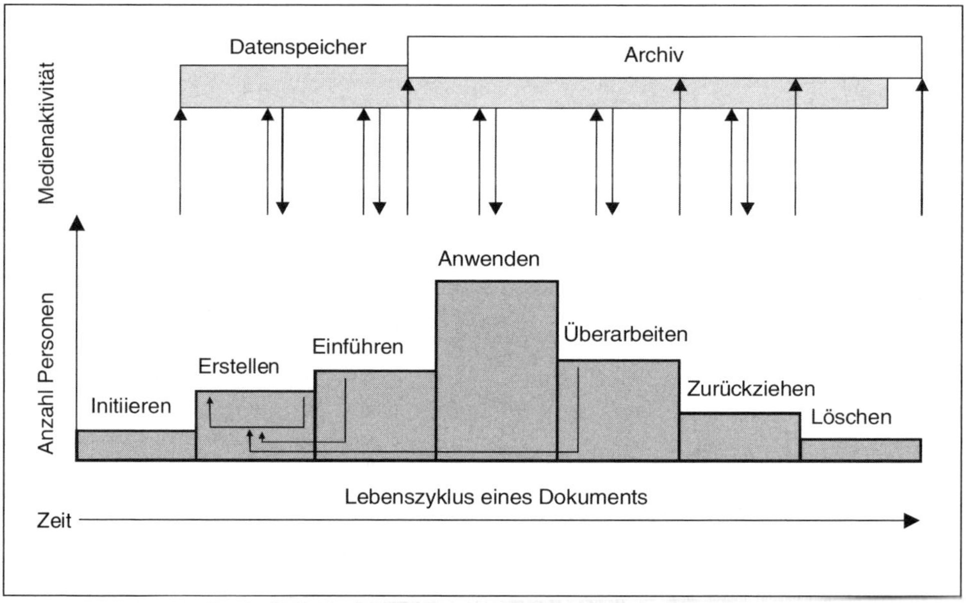

Quelle: *nach EN 82045-1 Dokumentenmanagement; Prinzipien und Methoden*
Abbildung 2: *Lebenszyklus eines Dokuments*

Zwischen dem Produktlebenszyklus und dem Lebenszyklus von Dokumenten zeigen sich interessante Parallelen: Ein angemessener Schutz muss *alle* Phasen einschließen. Mindestanforderungen für den Umgang mit Dokumenten und Aufzeichnungen sind Bestandteil des Qualitätsmanagements[1].

1 Siehe 3.2.

3. Gesetzliche und normative Anforderungen

Im Zusammenhang mit dem freien Warenverkehr im EWR hat der Europäische Rat Richtlinien der „Neuen Konzeption" erlassen. Diese legen Mindestanforderungen an die technische und instruktive Sicherheit von Produkten, die im EWR in Verkehr gebracht werden, fest.

3.1 Anforderungen aus dem EU-Recht und dessen Umsetzung in nationales Recht

Eine Reihe von EU-Richtlinien wird durch das GPSG (Geräte- und Produktsicherheitsgesetz[2]) in deutsches Recht umgesetzt. Der Anwendungsbereich des GPSG umfasst ein sehr breites Spektrum an Produkten: Maschinen als Investitionsgüter, alle Formen von Haushaltsgeräten und Werkzeugen, persönliche Schutzausrüstungen, Sportgeräte, Spielzeug, um nur einige zu nennen.[3] Das GPSG enthält explizite Forderungen an die interne und an die produktbegleitende Dokumentation.[4]

Aus den Anforderungen der Maschinenrichtlinie 98/37/EG an die vorzulegende Dokumentation für eine Baumusterprüfung

> Die technische Dokumentation muss eine Bewertung der Konformität des Produkts mit den grundlegenden Anforderungen gemäß Maschinenrichtlinie ermöglichen:
> Beschreibung der Konzeption sowie der Fertigungs- und Funktionsweise des Produkts.
> Allgemeine Beschreibung des Baumusters.
> Konstruktions- und Fertigungszeichnungen, Listen von Bauteilen.
> Liste der beachteten Normen nach dem entsprechenden Artikel der Maschinenrichtlinie.
> Testergebnisse und Testberichte.
> Vorschläge für Benutzerinformation oder das Handbuch.[5]

Bereits diese kurz gefasste Liste der Dokumentationsanforderungen macht deutlich, dass hier Maßnahmen gegen Produkt- und Konzeptpiraterie getroffen werden müssen.

---

2 Gesetz über technische Arbeitsmittel und Verbraucherprodukte (Geräte- und Produktsicherheitsgesetz – GPSG), Bundesgesetzblatt Jahrgang 2004 Teil I Nr. 1, 9.1.2004.

3 Weitere Informationen: Klindt/von Locquenghien/Ostermann: *Geräte- und Produktsichertheitsgesetz – Erläuternde Darstellung, Gesetzestexte, Begründung.* Köln, Limburg: 2004.

4 Ibid., § 10.

5 Richtlinie 98/37/EG des Europäischen Parlaments und des Rates v. 22. Juni 1998: „Maschinenrichtlinie".

Aus den Anforderungen an die Benutzerinformation gemäß Maschinenrichtlinie 98/37/EG

> Die Betriebsanleitung …
>
> ist Bestandteil des Produkts.
> ist in der Sprache des Benutzers zu liefern.
> muss die Instruktionspflichten erfüllen (bestimmungsgemäßer Gebrauch, Sicherheit).
> muss bestimmte vorgeschriebene technische Informationen enthalten.
> muss alle Phasen des Produktlebenszyklus einschließen.[6]

Die produktbegleitende Dokumentation, hier im Speziellen die Betriebsanleitung, enthält in der Regel öffentlich zugängliche Informationen. Sie repräsentiert jedoch eine geistige Leistung im Sinne des Urheberrechts.[7]

3.2 Anforderungen aus dem Qualitätsmanagement

Die Norm DIN ISO 9001 und, beispielsweise in der Automobilbranche, die darauf basierende Technische Spezifikation ISO/TS 16949, stellen Anforderungen, die unmittelbar im Zusammenhang mit technischen Produktdokumentationen stehen. Sie verlangen einerseits die Offenlegung von Informationen und erhöhen dadurch das Risikopotenzial für das Abwandern von Know-how und wirtschaftlich relevanten Daten. Andererseits können sich die Firmen auf ein umfangreiches Instrumentarium an Mitteln und Methoden stützen, um die Informations- und Dokumentationsprozesse zu beherrschen. Verwiesen sei auf die Grundwerkzeuge der Qualitätssicherung, auf FMEA[8] als Methode für die Risikoanalyse und -bewertung und schließlich auf Audits als umfassendes systematisches Werkzeug zur Analyse von Prozessen und Überwachung der Wirksamkeit von Maßnahmen.

Beispiel: Aus den Anforderungen der ISO/TS 16949 (Automotive)

> „7.1.3 Vertraulichkeit
>
> Die Organisation muss die Vertraulichkeit bei Entwicklung von Produkten und Projekten im Kundenauftrag sowie den zugehörigen Produktinformationen sicherstellen.“ [9]

---

6 Richtlinie 98/37/EG des Europäischen Parlaments und des Rates v. 22. Juni 1998: „Maschinenrichtlinie“.

7 Lesen Sie dazu auch den Beitrag von Bert Eichhorn in diesem Buch.

8 Siehe Anhang A.

9 ISO/TS 16949 Qualitätsmanagementsysteme; besondere Anforderungen bei Anwendung ISO 9001 für die Serien- und Ersatzteilproduktion in der Automobilindustrie.

Beispiel: Aus den Anforderungen an Kenntnisse und Fähigkeiten von Auditoren nach DIN EN ISO 19011

> Für Auditoren von Qualitätsmanagementsystemen werden Kenntnisse und Fähigkeiten über „Informationssysteme und Informationstechnologie für die Genehmigung, die Sicherheit, die Verteilung und die Überwachung von Dokumenten, Daten und Aufzeichnungen" gefordert. [10]

Weiter reichende Anforderungen an interne und produktbegleitende Dokumentationen und Aufzeichnungen sind in den Branchen Medizinprodukte und pharmazeutische Produkte wie auch Luft- und Raumfahrt (ISO 9100) zu erfüllen. Dabei spielt die Vertraulichkeit dieser Informationen im Vergleich zu anderen Branchen oft eine noch größere Rolle.

3.3 Normen für das Dokumentationswesen

Das Regelwerk für das Dokumentationswesen ist sehr umfangreich. Augenscheinlich ist dabei auch die historische Entwicklung vom Papierdokument hin zu elektronischen Formen mit einer sich verändernden Begriffswelt. Eine Auswahl relevanter nationaler und internationaler Normen und anderer technischer Regeln mit Bezug zu Inhalt, Aufbau und Gestaltung technischer Produktdokumentationen ist als Anhang B zusammengestellt.

Die Anwendung von Normen ist in Deutschland freiwillig. Normen repräsentieren den „Stand der Technik" und haben empfehlenden Charakter. Die Norm DIN EN ISO 12100 steht als Beispiel für ein Harmonisierungsdokument, das über diese Empfehlung hinausgehend die Konformitätsvermutung des Betrachtungsgegenstandes mit einer EU-Richtlinie begründet, hier mit der EU-Maschinenrichtlinie.

---

[10] DIN EN ISO 19011:2002-12 Leitfaden für Audits von Qualitätsmanagement- und/oder Umweltmanagementsystemen.

4. Schutzmöglichkeiten für die Produktdokumentation

Einen Überblick über technische, organisatorische und juristische Schutzmöglichkeiten für die Produktdokumentation zeigt Abbildung 3.

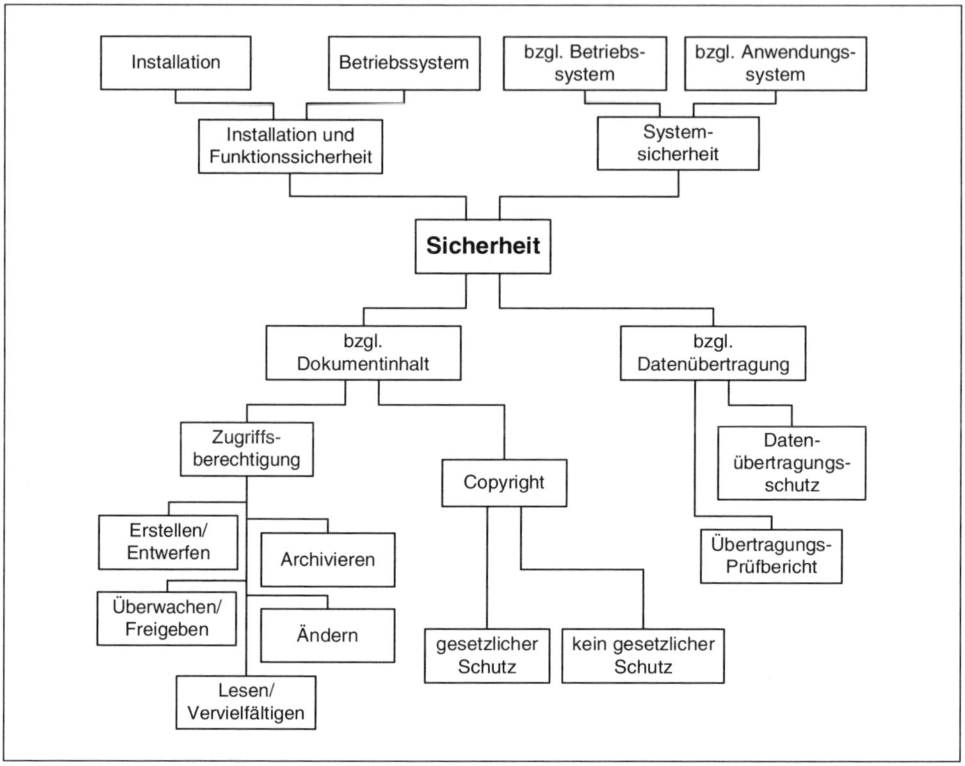

Quelle: nach DIN ISO 11442 Teil 1
Abbildung 3: *Sicherheitsstruktur für Dokumente*

4.1 Urheberrecht und Schutzvermerk auf Dokumenten

Zusätzlich zu dem Schutz, der durch die nationalen Bestimmungen des gewerblichen Rechtsschutzes und Urheberrechts gegeben ist, haben sich Schutzvermerke auf Dokumenten eingebürgert: „Schutzvermerke haben eine warnende sowie klarstellende Funktion und dienen der

Nachweiserleichterung sowie zusätzlichen Sicherung der Rechte des Urhebers ...“[11] An gleicher Stelle wird einschränkend festgestellt, dass eine volle Schutzwirkung nur durch vertragliche Vereinbarung aller Beteiligten erreicht werden kann.[12]

„Die Kennzeichnung des Urheberrechtsschutzes bezieht sich auf das Verbot der physikalischen Vervielfältigung. Die Mitteilung von Information über die Dokumente oder Produkte wird durch einen Schutzvermerk nicht berührt.“ Für Patente, Gebrauchsmuster und Geschmacksmuster beschreibt die Norm DIN ISO 16016 vergleichbare Schutzvermerke, jeweils mit entsprechenden Verboten.[13]

Schutzvermerke Urheberrecht DIN ISO 16016[14]

Die Kennzeichnung des bestehenden Urheberrechts erfolgt entweder mit dem Buchstaben C in einem Kreis © oder mit der Form „Copyright reserved“.
Die Norm empfiehlt, auf Dokumenten folgenden ausführlichen Schutzvermerk anzubringen: „Weitergabe sowie Vervielfältigung dieses Dokuments, Verwertung und Mitteilung seines Inhalts sind verboten, soweit nicht ausdrücklich gestattet. Zuwiderhandlungen verpflichten zu Schadensersatz. Alle Rechte für den Fall der Patent-, Gebrauchsmuster- oder Geschmacksmustereintragung vorbehalten.“

4.2 Schutz im Internet publizierter Dokumentationen

Für Dokumentationen, die als Download im Internet zur Verfügung gestellt werden sollen, bieten sich verschiedene Schutzmöglichkeiten an. Angeraten ist in jedem Falle, Nutzungsbedingungen für die Website auszuarbeiten und zu publizieren, um den Rahmen abzustecken. Diese sollten darauf hinweisen, dass alle Informationen dem Urheberrecht unterliegen. Spezielle Nutzungsbedingungen sollten auf den Markenschutz, das Verbot, Schutzvermerke zu entfernen, und auf Beschränkungen in der Nutzung der Dokumente selbst eingehen, z. B. das Verbot des Weiterverkaufs.[15]

Das Dilemma des quasi unkontrollierten Zugriffs im Internet auf die Informationen der Website kann vermieden werden, indem für ausgewählte Bereiche oder Dokumente eine Authentifizierung abgefragt wird. Auf die Möglichkeiten eines dokumentbezogenen Schutzes geht das folgende Kapitel ein.

---

11 DIN ISO 16016 Technische Produktdokumentation; Schutzvermerke zur Beschränkung der Nutzung von Dokumenten und Produkten.

12 Ibid.

13 Ibid.

14 Ibid. Die genannte Norm enthält außerdem Übersetzungen des Schutzvermerks in häufige Sprachen.

15 Lesen Sie dazu auch den Beitrag von Bert Eichhorn in diesem Buch.

4.3 Softwareschutz für Dokumente

Vielfach stellt bereits die vorhandene Standardsoftware Schutzmöglichkeiten zur Verfügung, die einen angemessenen Schutz auf Dokumentebene quasi „zum Nulltarif" bieten. In Verbindung mit geeigneten organisatorischen Regelungen empfehlen sich zur Anwendung:

- Passwortschutz für Dokumente, z. B. Microsoft Office
- Differenzierte Vergabe von Rechten für Dokumente , z. B. Adobe® Acrobat®:

  Drucken – Dokument ändern – Dokumentzusammenstellung – Kopieren bzw. Entnehmen von Inhalt – Inhalt für Zugriff entnehmen – Kommentieren – Formularfelder ausfüllen – Unterschreiben – Vorlagenseiten erstellen[16]

- Sicherung von elektronischen Dokumenten gegen Fälschung (Wasserzeichen, Zertifikate)
- Weitergabe konstruktiver Daten möglichst nicht als vollständige 3D-Modelle, sondern
  - als 3D-Viewer-Files mit reduziertem Funktionsinhalt, Zugriffsrechte differenziert oder
  - als 2D-Zeichnungen im PDF-Format mit dem oben beschriebenen Schutz.

Für höhere Ansprüche und/oder komplexe Aufgabenstellungen sind für alle DV-Plattformen und plattformübergreifend Applikationen verfügbar, die sich generell kryptographischer Algorithmen und Methoden bedienen, um den Schutz der Daten bei der Datenübertragung und Speicherung lückenlos aufrechtzuerhalten.

- Merkmale solcher Lösungen sind:

  Ver-/Entschlüsseln – Komprimieren – Rückverfolgbarkeit von Übertragungsvorgängen – Eingangsbestätigung.

Für weitere Informationen sei auf das IT-Grundschutzhandbuch des BSI[17], auf einschlägige Spezialliteratur und auf spezielle Softwarelösungen verwiesen.

4.4 Zweckmäßiges Design der Dokumentation und Differenzierung nach Zielgruppen

Mit einem zweckmäßigen Design der Dokumentation lassen sich günstige Voraussetzungen für die zielgruppengerechte Verteilung von Informationen schaffen. Für die Segmentierung von Informationen ist eine Klassifizierung hilfreich, wie sie zum Beispiel in der Norm

---

16 Adobe® Acrobat® Version 7, Adobe Systems Incorporated.

17 IT-Grundschutzhandbuch, Bundesamt für Sicherheit in der Informationstechnik, 2004.

DIN EN 61355 beschrieben ist.[18] Für die praktische Umsetzung des Austauschs von Dokumenten wird eine Matrix vorgestellt, welche zum jeweiligen Dokumentartenklassen-Schlüssel (DCC) den Ersteller sowie die Darstellungsform nennt und eine Beziehung zur Struktur der Nutzergruppen herstellt. Ein System von Freigaben ordnet sich in den Dokumentlebenszyklus ein. Freigaben können in Anlehnung an die Norm DIN 6789-5 [19] oder an branchenübliche Modelle konzipiert werden, wie sie z. B. im Automotive-Bereich eingeführt sind. Die EDV-Infrastruktur setzt auf diese Struktur auf, verbindet sie mit den Freigabemodellen und definiert die individuellen Zugriffsrechten der Nutzer bzw. Nutzergruppen. Eine solche detaillierte Vorarbeit ist unabdingbar für die Errichtung eines Workflow-Managementsystems, das den kompletten Dokumentfluss steuert.

Beispiel: Technische Produktdokumentation

Das folgende Bild zeigt ausgewählte Bestandteile der technischen Produktdokumentation für eine Frankiermaschine. Ausgeprägt ist die Ausrichtung der Dokumente nach Zielgruppen.

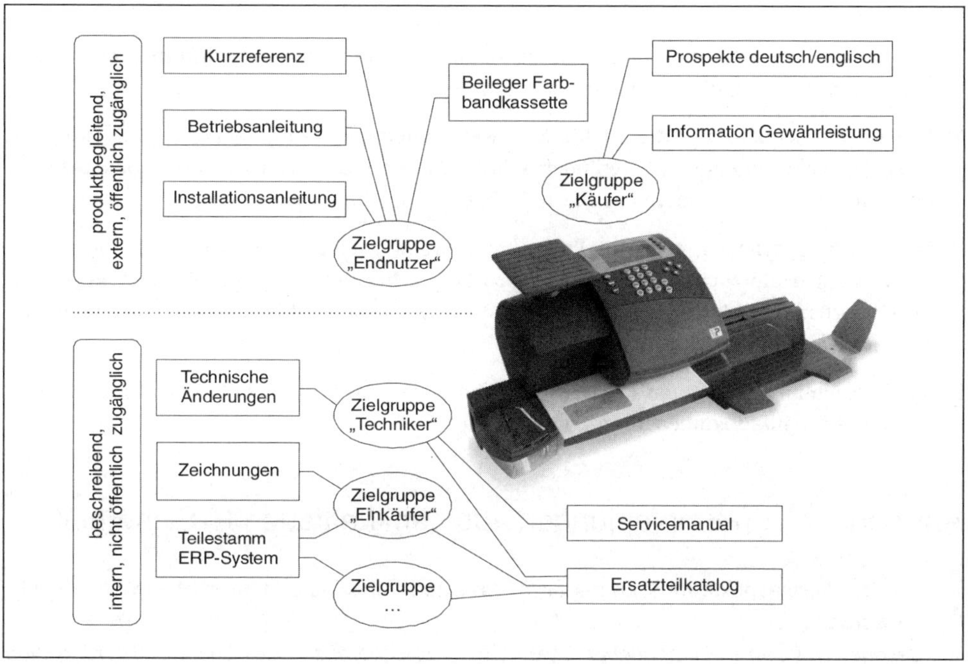

Abbildung 4: *Technische Produktdokumentation für eine Frankiermaschine (Auswahl) Mit freundlicher Genehmigung der Francotyp-Postalia GmbH, Birkenwerder*

[18] DIN EN 61355 Klassifikation und Kennzeichnung von Dokumenten für Anlagen, Systeme und Einrichtungen.

[19] DIN 6789-5 Dokumentationssystematik, Teil 5: Freigabe in der Technischen Produktdokumentation.

5. IT-Sicherheitskonzept

Zwischen dem Schutz der Produktdokumentation und der IT-Sicherheit besteht ein unmittelbarer Zusammenhang, ist doch die Erzeugung der meisten Dokumente ohne Unterstützung von Computern mittlerweile undenkbar.

Grundwerte der IT-Sicherheit

Fragestellungen und Risikobetrachtungen der IT-Sicherheit orientieren sich an den drei Grundwerten Vertraulichkeit, Integrität und Verfügbarkeit.[20] Diese sind auf den Gegenstand Technische Produktdokumentation übertragbar.

Der Leitfaden IT-Sicherheit empfiehlt, regelmäßig den Stand anhand folgender Fragen zu überwachen:

- Welche Formen von Missbrauch wären möglich, wenn vertrauliche Informationen Ihres Unternehmens … in die Hände Dritter gelangten?
- Welche Konsequenzen hätte es für Sie, wenn wichtige Informationen – z. B. während einer Datenübertragung … – verändert würden? Als Ursache kann nicht nur böse Absicht unbekannter Dritter, sondern auch technisches Versagen in Frage kommen.
- Was würde geschehen, wenn in Ihrer Organisation wichtige Computer oder andere IT-Komponenten plötzlich ausfielen und einen längeren Zeitraum (Tage, Wochen etc.) nicht mehr nutzbar wären? Könnte die Arbeit fortgesetzt werden? Wie hoch wäre der mögliche Schaden?[21]

Einige Empfehlungen aus dem Leitfaden IT-Sicherheit sind im Folgenden mit Blick auf den Umgang mit Produktdokumentation kommentiert.

Anwendung von Empfehlungen aus dem Leitfaden IT-Sicherheit

> „IT-Sicherheitsaspekte müssen bei allen Projekten frühzeitig und ausreichend berücksichtigt werden.“[22]
> *Bezogen auf den Dokumentlebenszyklus, setzt dies bereits in der Phase „Initiierung“ von Dokumenten ein.*

[20] Leitfaden IT-Sicherheit, Bundesamt für Sicherheit in der Informationstechnik, 2004.

[21] Ibid.

[22] Ibid.

„Die IT-Sicherheitsziele müssen festgelegt werden, damit angemessene Maßnahmen definiert werden können."[23]
Eine Bestandsaufnahme bezieht sich auf die Rahmenbedingungen (Gesetze, Verträge, Kundenanforderungen) und die Grundwerte der IT-Sicherheit. Die unmittelbare Übertragbarkeit auf den Gegenstand Produktdokumentation ist gegeben.

„Datenzugriffsmöglichkeiten sollten auf das erforderliche Mindestmaß beschränkt werden. Allen Systembenutzern sollten Rollen und Profile zugeordnet werden."[24]
Diese beiden Ziele können mit zweckmäßig strukturierter Dokumentation und eindeutiger Zuordnung von Zielgruppen zu Dokumentartenklassen festgelegt und technisch in der IT-Umgebung umgesetzt werden.

Eine Schlüsselrolle kommt dabei dem Faktor Mensch zu: Ohne Kenntnis und Beachtung von Sicherheitserfordernissen können auch technisch-organisatorisch bestens ausgestattete Sicherheitssysteme keinen zuverlässigen Schutz bieten. Das beginnt mit elementaren Verhaltensweisen, wie Ordnung am Arbeitsplatz. Allein durch Achtlosigkeit können sensible Informationen frei zugänglich sein. Passwörter müssen gut gewählt, d. h. sicher, sein und in regelmäßigen Zeitabständen geändert werden.[25]

Als Basis für ein professionelles IT-Sicherheitskonzept empfiehlt sich das IT-Grundschutzhandbuch des BSI.[26] Es beschreibt detailliert Standard-Sicherheitsmaßnahmen, die praktisch für jedes IT-System zu beachten sind:

- Standardsicherheitsmaßnahmen für typische IT-Systeme mit „normalem" Schutzbedarf
- Eine Darstellung der pauschal angenommenen Gefährdungslage
- Ausführliche Maßnahmenbeschreibungen als Umsetzungshilfe
- Eine Beschreibung des Prozesses zum Erreichen und Aufrechterhalten eines angemessenen IT-Sicherheitsniveaus
- Eine einfache Verfahrensweise zur Ermittlung des erreichten IT-Sicherheitsniveaus in Form eines Soll-Ist-Vergleichs

23 Ibid.

24 Ibid.

25 Nach: Leitfaden IT-Sicherheit, Bundesamt für Sicherheit in der Informationstechnik, 2004.

26 IT-Grundschutzhandbuch, Bundesamt für Sicherheit in der Informationstechnik, 2004.

Beispiel: Sicherer E-Mail-Verkehr?

Im Vergleich zu den Empfehlungen des Leitfadens IT-Sicherheit mutet die folgende E-Mail-Signatur kurios an.

> „Hinweis für den sicheren E-Mail-Verkehr!!! Diese E-Mail kann Betriebs- und Geschäftsgeheimnisse oder sonstige vertrauliche Informationen enthalten. Sollten Sie diese E-Mail irrtümlich erhalten haben, ist Ihnen eine Kenntnisnahme des Inhalts, eine Vervielfältigung oder Weitergabe der E-Mail ausdrücklich untersagt. Bitte benachrichtigen Sie uns unverzüglich und löschen Sie diese E-Mail. Vielen Dank für Ihre Mitwirkung."[27]

6. Informationsschutz in Kooperationsketten

Informationsschutz in Kooperationsketten wird hier anhand der Zusammenarbeit mit externen Übersetzern beleuchtet. Eine solche Zusammenarbeit kann faktisch in allen Phasen des Produktlebenszyklus stattfinden und betrifft dabei insbesondere die Phasen „Erstellen" und „Überarbeiten" des Dokumentlebenszyklus.

Empfehlungen für die Vergabe von Übersetzungsleistungen an externe Stellen finden sich in DIN 2345 „Übersetzungsaufträge"[28], in der seit April 1998 unveränderten Ausgabe. Allerdings handelt diese das Thema aus „rein fachlicher Sicht" ab. Unter „Dokumentationsverfahren" erscheint innerhalb einer Aufzählung lapidar eine Geheimhaltungserklärung. Der Abschnitt „Weitergabe und Aufteilung" von Übersetzungsaufträgen geht nicht auf den Umgang mit schutzwürdigen Informationen ein.

Das Loseblattwerk „Normen für Übersetzer und technische Autoren", zuletzt erschienen 1999, umfasst 23 zum Teil internationale Normen.[29] Das sind nach Aussage des Verlages die „einschlägigen Normen über terminologische Grundsätze, technische Grundlagen (Einheiten, Formeln etc.), formale Textgestaltung sowie über Schreibweisen und Codes. Darüber hinaus wird ein Überblick über die aktuellen Normen zum Qualitätsmanagement und über Transliterationsnormen gegeben."[30] Auch hier findet sich keine Norm, die sich speziell dem Thema „Informationsschutz" widmet.

---

27 Aus einer E-Mail-Signatur. Auf die explizite Angabe der Quellen wird absichtlich verzichtet.

28 DIN 2345 „Übersetzungsaufträge".

29 Baxmann-Krafft/Herzog: *Normen für Übersetzer und technische Autoren*. Berlin, Wien, Zürich: 1999.

30 Ibid.

Nach Ansicht des Autors ist damit der „Stand der Technik“ bei Übersetzungen hinsichtlich des Informationsschutzes unzureichend als Norm repräsentiert. Die Lücke kann der Anwender jedoch relativ leicht durch Übertragung von üblichen Gepflogenheiten aus Kunden-Lieferantenbeziehungen der Fertigungsindustrie schließen.

Betrachten wir beispielhaft, wie sich Anbieter von Übersetzungsleistungen im Internet zum Thema Informationsschutz platzieren. Folgende oder ähnliche Formulierungen sind repräsentativ für AGB von Übersetzungsagenturen und erfüllen ihren Zweck:

Aus den AGB einer Übersetzungsagentur

> „Alle Texte und Daten werden vertraulich behandelt und nicht an Dritte weitergegeben. *(Die Agentur)* verpflichtet sich, Stillschweigen über alle Tatsachen zu bewahren, die ihr im Zusammenhang mit ihrer Tätigkeit für den Auftraggeber bekannt werden.
>
> Die Zusammenarbeit mit ebenfalls der Geheimhaltungspflicht unterliegenden Mitarbeitern und Erfüllungsgehilfen stellt keine Verletzung dieser Pflicht dar.“[31]

Von unterschiedlichen Agenturen stammen die folgenden Beispiele, die in einer Ad-Hoc-Recherche im Internet gewonnen wurden[32]. D. h., sie sind beispielhaft, eher „zufällig“ denn als systematisch zu betrachten. Bereits diese wenigen Beispiele lassen jedoch Risiken deutlich werden. Es scheint dringend angeraten, durch klare (projektbezogene) Verträge oder Rahmenvereinbarungen Defizite im Umgang mit schutzwürdigen Informationen zu vermeiden: Verwiesen sei auf das BGB, das individuellen Vereinbarungen, die im Widerspruch zu einer Klausel der AGB stehen, Vorrang vor den AGB gibt.[33]

Aus den AGB von Übersetzungsagenturen

> „Angesichts der elektronischen Übermittlung von Texten und Daten sowie etwaiger anderer Kommunikation in elektronischer Form zwischen *(der Agentur)* und möglichen Erfüllungsgehilfen kann *(die Agentur)* einen absoluten Schutz von Betriebs- und Informationsgeheimnissen und sonstigen vertraulichen Daten und Informationen nicht gewährleisten, da es nicht auszuschließen ist, dass unbefugte Dritte auf elektronischem Wege auf die übermittelten Texte und Daten Zugriff nehmen.

31 Anonymisierte Auszüge aus den AGB verschiedener Übersetzungsagenturen. Auf die explizite Angabe der Quellen wird absichtlich verzichtet. Recherchiert im Internet, 02/2006.

32 Anonym. Siehe oben.

33 § 305b BGB Vorrang der Individualabrede; Bürgerliches Gesetzbuch, zuletzt geändert durch Gesetz vom 21.04.05, (Art. 1, BGBl. I 2005 S. 1073).

> Auf keinen Fall ist *(die Agentur)* für die Verletzung der Geheimhaltungspflicht von *(ihren)* freien Mitarbeitern verantwortlich, falls *(die Agentur)* glaubhaft machen kann, dass diese Verletzung nicht hätte verhindert werden können.
>
> Die Zustellung einer Datei per E-Mail kann nicht mehr als ‚vertraulich' eingestuft werden. Fordert der Auftraggeber die Zustellung eines anderweitig als ‚vertraulich' eingestuften Textes per E-Mail, so erfolgt diese auf dessen volles und alleiniges Risiko. Der Übersetzer kann weder für den Bruch einer Verpflichtung zur Geheimhaltung noch für andere Folgen und Kosten haftbar gemacht werden, wenn eine von ihm per E-Mail zugestellte Datei auf dem Versandweg irgendeinen Schaden nimmt, kopiert oder fehlgeleitet wird."

Bei sensiblen Informationen muss auf ungeschützten E-Mail-Verkehr verzichtet werden – es sind alternative technische Lösungen anzuwenden und/oder die Daten zu verschlüsseln.

7. Ganzheitliches Risikomanagement

„Die Erfahrung zeigt, dass Risiken oft Folge der Missachtung elementarer Regeln sind. Dazu sind aber die Menschen oft nicht in der Lage, die Komplexität von Organisationen und Systemen zu bewältigen."[34]

Aus einer Analyse zur Bedeutung des Risikomanagements für Projekte[35] stammen die folgenden Aussagen. Unternehmer wurden befragt und sahen die folgenden Projektsituationen als besonders risikobehaftet an (geordnet nach der Relevanz):

- Neuentwicklungen
- Konstruktionsänderungen während der Markteinführung
- Ressourcenzuteilungen
- Projekte mit Auslandseinsatz (wegen der Probleme im soziokulturellen Bereich)
- Projekte, an denen man mit weniger als 50 % beteiligt ist (wegen der geringen Einflussnahmemöglichkeit)
- Projekte, die weit in die Zukunft reichen
- Projekte, die allein aus strategischen Gesichtspunkten oder auf Anordnung der Geschäftsführung durchgeführt werden müssen

---

34 Bruno Brühwiler, Euro Risk Limited, Zürich: Der Vormarsch des Risikomanagements – unsere Wirtschaftswelt wird immer enger; Schweizerische Akkreditierungstage 2./3.12.2004.

35 Rudolf Fiedler: Die Bedeutung des Risikomanagements für Projekte, Wiesbaden.

- Kundenwünsche, auf die schnell reagiert werden muss. Dadurch bleibt oft zu wenig Zeit für eine sorgfältige Planung
- Umorganisationen im Projekt; vor allem wenn ein eingespieltes Team auseinander gerissen wird und in der Folge Aufgaben und Befugnisse nicht klar verteilt sind
- Umfangreiche Zusammenarbeit mit anderen organisatorischen Einheiten

Dieses Spektrum zeigt, dass mit punktuellen Maßnahmen das Problem nicht lösbar scheint. Als Lösungsansatz bietet sich ein ganzheitliches Risikomanagementsystem an, wie es durch die Reihe ON 49000 vorgeschlagen wird. Dieses System knüpft an Grundgedanken der Normenreihe ISO 9000 ff. an („Qualitätsarchitektur"). Damit ist konzeptionell ein hohes Maß an Kompatibilität zu eingeführten Qualitätsmanagementsystemen in Industrie- und Dienstleistungsunternehmen zu erwarten. Auf der Anwenderseite finden bekannte und erprobte Werkzeuge des Qualitätsmanagements Eingang: zum Beispiel FMEA und Fehlerbaumanalyse.

8. Zusammenfassung und Ausblick

Ziel ist, die berechtigten Forderungen nach Information und Dokumentation zu erfüllen, zugleich aber einen angemessenen Schutz vor dem Abwandern schutzwürdiger Informationen im Zusammenhang mit vergegenständlichten und (zunehmend) elektronischen Dokumenten aufrechtzuerhalten. Dieses Ziel ist allein durch technische Maßnahmen nicht zu erreichen. *Gefragt ist* eine zweckmäßige Strukturierung und Klassifikation der Dokumentation, um am Ausgangspunkt die Flut der in Umlauf gesetzten Informationen einzudämmen, Informationen zielgruppengerecht selektiv zu verteilen. *Gefragt ist* das Ensemble aus technischen Lösungen, einer Infrastruktur, die auf der Höhe der Zeit ist, sicheren Prozessen und transparenten Organisationslösungen, verlässlichen Geschäftspartnern bei Kunden wie Lieferanten und nicht zuletzt Sensibilisierung und Qualifikation des firmeneigenen Personals. *Gefragt ist* ein ganzheitliches Herangehen, wie es durch neuere Managementsystem-Ansätze[36] repräsentiert wird.

Angesichts des (vermuteten) Aufwandes für die Bewältigung einer solch komplexen Aufgabe ist es nicht verwunderlich, dass sich Aktivitäten der Firmen zunächst auf explizit von Gesetzgeber, Versicherungen u. a. geforderte einzelne Sicherheitslösungen beschränken.

Ausdrücklich will dieser Beitrag deshalb ermuntern, pragmatische Lösungsmöglichkeiten zu erkennen und umzusetzen. Er knüpft an den Kerngedanken des IT-Grundschutzes an: „Grundschutz heißt: Nicht in jedem Fall sind umfangreiche Analysen und aufwendige Risikoberechnungen nötig. Manchmal reicht es, einfach das Vernünftige zu tun …"[37] Das beginnt

36 Z. B. nach ONR 49000ff. Risikomanagement für Organisationen und Systeme.

37 <kes> Die Zeitschrift für Informations-Sicherheit, SecuMedia-Verlag.

„an der Quelle", also der Initiierung von Dokumenten, setzt sich mit der Integration des Sicherheitsgedankens in die jeweiligen Prozesse fort und schließt mit der Archivierung bzw. Vernichtung der Dokumente ab. All das verbindet sich in der Regel mit Tätigkeiten, die ohnehin getan werden müssen. Der programmatische Satz „Quality is free, but it is not a gift"[38] könnte als Leitgedanke ebenso gut über dem hier betrachteten Gegenstand stehen.

Produkt- und Konzeptpiraterie

Erkennen?	Durch Kopieren bzw. Scannen hergestellte Raubkopien sind im direkten Vergleich relativ leicht vom Original zu unterscheiden. Ist das Original nicht bekannt, ist die Unterscheidung schwieriger, da gleiche Produktionsverfahren auch von Herstellern selbst angewandt werden. Bei elektronischen Dokumenten können Metataden (z. B. Dateiinformationen) Aufschluss über die tatsächliche Herkunft geben.
Vorbeugen?	Auswahl bestgeeigneter Datenformate für die Weitergabe von Dokumenten (z. B. Viewerdaten statt 3D-Modelle) und Anwendung eines sinnvollen Schutzes für elektronisch verbreitete Dokumente (Zugriffsrechte). Verschlüsselter Datentransfer. Markierung von Grafikdateien mit Wasserzeichen. Langfristige und vertrauensvolle Zusammenarbeit mit Kooperationspartnern für Übersetzung/Druck und Finish; angemessene Vertragsgestaltung für das Outsourcing von Prozessen. Beachtung der Schutzaspekte entlang des gesamten Produkt- und Dokumentlebenszyklus. Integration in ein angemessenes Risikomanagement.
Abwehren?	Zweckmäßige Strukturierung und nach Zielgruppen differenzierter Zugriff auf Dokumente nach den Prinzipien des DV-Grundschutzes.
Dulden?	Durch den *public domain*-Charakter von bestimmten Elementen der Dokumentationen (z. B. die Verwendung standardisierter Symbole, Formatvorlagen) ist ein gewisser Grad der Duldung unvermeidlich. Das Rauben von internen Dokumentationen (Zeichnungen, Herstelldokumentationen) und deren weitere Verwertung ist ein Fall für die Justiz.
Nutzen?	Die Übernahme von Ideen und Gestaltungselementen aus anderen Anleitungen kann im Sinne von „*best practice*" durchaus zur Verbesserung eigener Dokumentationen beitragen. Der Grenzbereich wird nach Meinung des Autors dann in Richtung Produktpiraterie verlassen, wenn komplexe Gestaltungen nachempfunden werden, Grafiken ohne eigene kreative Arbeit übernommen werden.

38 Quality Is Free, Philip B. Crosby, New York, McGraw-Hill Trade, 1979.

9. Anhang

Anhang A: Terminologie

Begriff	Erklärung
AGB	Allgemeine Geschäftsbedingungen. Siehe BGB § 305 „Einbeziehung Allgemeiner Geschäftsbedingungen in den Vertrag".
DCC	(*Document kind classification code*) Dokumentartenklassen-Schlüssel.[39]
Dokument	Jedes Medium mit in oder auf ihm aufgezeichneten Informationen. ... umfasst Unterlagen, Dateien, Programme, Bilder, Videos und gespeicherte Töne.[40]
Dokumentation	Eine Sammlung von für einen bestimmten Zweck zusammengestellten Dokumenten.[41]
Dokument-lebenszyklus	Periode von der konzeptionellen Idee bis zur logischen und physischen Löschung eines Dokuments.[42]
Risiko	Risiko ist die Kombination von Wahrscheinlichkeit und Auswirkung eines Ereignisses.[43] Risiko beinhaltet Chance und Schadenpotenzial. Es schätzt das Szenario nach Wahrscheinlichkeit und Auswirkung ein. Das Risiko umfasst plötzlich eintretende Schadenereignisse und auch unerwartete, sich schleichend einstellende Fehlentwicklungen.[44]
Technische Produktdokumentation	ist die Gesamtheit der während der Lebenszyklus eines Produktes (d. h. von der konzeptionellen Idee bis zur endgültigen Entsorgung des Produktes) erstellten technischen Dokumente.[45]

39 DIN EN 61335 Klassifikation und Kennzeichnung von Dokumenten für Anlagen, Systeme und Einrichtungen.

40 DIN ISO 16016 Technische Produktdokumentation; Schutzvermerke zur Beschränkung der Nutzung von Dokumenten und Produkten.

41 DIN ISO 15226 Lebenszyklusmodell und Zuordnung von Dokumenten.

42 EN 82045-1 Dokumentenmanagement, Teil 1: Prinzipien und Methoden.

43 ISO Guide 73:2002.

44 ONR 49000:2004 Risikomanagement für Organisationen und Systeme.

45 Nach: DIN 6789 Teil 1 Dokumentationssystematik; Aufbau Technischer Produktdokumentationen und EN 82045-1 Dokumentenmanagement, Teil 1: Prinzipien und Methoden.

Anhang B: Relevante Normen/technische Regeln (Auswahl)

IEEE 1063	Software User Documentation
DIN 2345	Übersetzungsaufträge
VDI 2890	Planmäßige Instandhaltung; Anleitung zur Erstellung von Wartungs- und Instandhaltungsplänen
VDI 4500	Technische Dokumentation, Benutzerinformation
DIN 66230	Informationsverarbeitung, Programmdokumentation
DIN 6789-1 bis DIN 6789-6 (enthalten in: DIN-Taschenbuch 351 „Dokumentationswesen") DIN 6789-7	Dokumentationssystematik Teil 1: Aufbau Technischer Produktdokumentationen Teil 2: Dokumentensätze Technischer Produktdokumentationen Teil 3: Änderung von Dokumenten und Gegenständen; Allgemeine Anforderungen Teil 4: Inhaltliche Gliederung Technischer Produktdokumentationen Teil 5: Freigabe in der Technischen Produktdokumentation Teil 6: Verfälschungssicherheit digitaler technischer Dokumentation Teil 7: Qualitätskriterien für Freigabeprozesse digitaler Produktdaten
DIN 11042	Instandhaltungshandbücher
DIN ISO 11442 Teil 1	Technische Produktdokumentation; Rechnerunterstützte Handhabung von technischen Daten; Teil 1: Sicherheitsanforderungen
DIN EN ISO 12100	Sicherheit von Maschinen: Grundbegriffe, allgemeine Gestaltungsleitsätze
DIN 24420	Ersatzteillisten, Aufbau und Form
DIN 31051	Instandhaltung; Begriffe und Maßnahmen
DIN 31052	Instandhaltung; Inhalt und Aufbau von Instandhaltungsanleitungen
DIN 32541	Betreiben von Maschinen und vergleichbaren technischen Arbeitsmitteln
DIN EN 61355	Klassifikation und Kennzeichnung von Dokumenten für Anlagen, Systeme und Einrichtungen
DIN EN 62079 (IEC 62079)	Erstellen von Anleitungen; Gliederung, Inhalt und Darstellung
DIN EN 82045-1 (IEC 82045-1)	Dokumentenmanagement, Teil 1 Prinzipien und Methoden
DIN-Fachbericht 146	Technische Produktdokumentation – Betriebsanleitungen für Anlagen – Leitlinie für die Zusammenfassung von Informationen aus Betriebsanleitungen von Komponenten
ONR 49000	Technische Regel: Risikomanagement für Organisationen und Systeme – Begriffe und Grundlagen

Produktschutz – Basistechnologien, Entwicklungen und Möglichkeiten

Klaus Krämer

1. Vorbemerkung

In Zeiten der weiteren Diversifizierung, des Outsourcings von Leistungen und der Folgerung der Konzentration des Standortes Deutschland auf die Hochtechnologie spielt der Schutz der Entwicklung und der damit verbundenen Produkte eine wesentliche Rolle. Gerade wenn Vorprodukte im Ausland gefertigt werden und in Deutschland oder Europa nur noch das „Assembling“ stattfindet, ist die Qualität der Vorprodukte und die Zuverlässigkeit der Zulieferer der Entscheidungsfaktor für den Namen „Made in Germany“. Kann man sich darauf nicht mehr verlassen, sind höhere Preise oder der bevorzugte Kauf deutscher Waren aufgrund der höheren Werthaltigkeit und damit der gesamte Markt in Frage gestellt.

Angesichts dessen und angesichts des vermehrten Eindringens von Nachahmungen, Fälschungen und Rückführungen minderwertiger Produkte in den Markt ist heute jede Firma von Plagiaten betroffen. Dieses Problem kann kurzzeitig ignoriert werden, man sollte sich aber langfristig auf steigende Probleme vorbereiten. Denn, ob Massenproduktion oder Einzelfertigung, ob Konsumprodukte oder Maschinenbau, jedes Produkt ist von Plagiaten betroffen, und wenn es nur bestimmte Ersatzteile sind, die über das Internet vermeintlich als Original anderswo preisgünstiger erstanden werden können und zu Folgeschäden führen.

Eingedenk dieser Ausführungen und unter Berücksichtigung des im Jahre 2005 überarbeiteten Produkthaftungsgesetzes ist sicher, dass sich Produktion und Handel mit den Themen Gewährleistung, Rückverfolgung und Produkthaftung auseinandersetzen müssen. Warum sollte die Rückverfolgbarkeit nicht im Einklang mit der Produktsicherung betrachtet werden, ist die Frage. Die in diesem Beitrag dargestellten Technologien der Produktsicherung bieten verschiedene Ansätze, die, in Modulen organisiert, praktikable Lösungen offerieren.

2. Technologien

Themen wie E-Commerce, E-Business, E-Logistics, ECR usw. vermitteln vermeintliche Sicherheit, da alles via Internet bestellt werden kann, was man zuvor nebenan direkt kaufen musste. An das Internet als Hilfsmittel der Logistik hat man sich gewöhnt. Und dies nicht nur im Handel, sondern auch in der Industrie allgemein. Doch kann trotz Bestellung per Mausklick und schnellster Datenübertragung mittels Internet auf den rein physikalischen Transport nicht verzichtet werden. Das Dokumentenhandling wird uns noch lange begleiten, denke man an Zertifikate im Bereich der Revisionsverfolgung von Flugzeugteilen, Reparaturen, Pharmaprodukte usw., auf die man auch in Zukunft nicht verzichten mag.

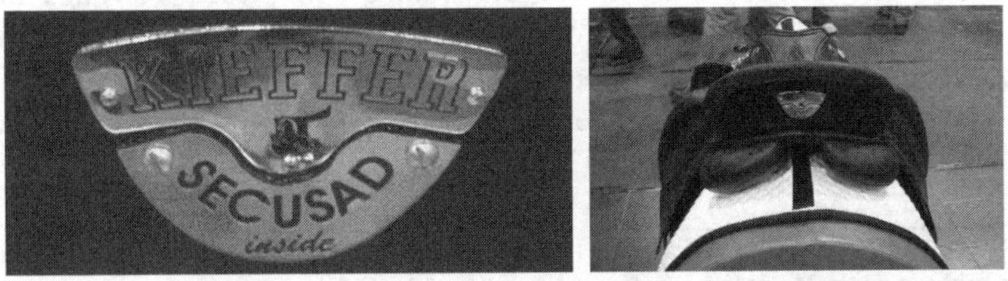

Abbildung 1: Der Satteltransponder als Kennzeichen eines wertvollen Sattels

Was hat das mit Produktschutz bzw. Originalitätsschutz zu tun? Nach dem Slogan „What you see is what you get" erwartet der Kunde zu erhalten, was er bestellt hat. Doch ist das in Zeiten des Internets immer so? Leider ist die Ware nicht mehr wie bisher im Geschäft direkt zu sehen, wenn man per Internet bestellt. Erst bei der Lieferung ist feststellbar, ob es das ist, was man glaubt, bestellt zu haben. Wohin das führen kann, stellen uns die in der Presse diskutierten Fälle dar: das Ersatzteil im Flugzeug, das den Spezifikationen nicht genügt, Kleidung mit Zusatzstoffen etc. – von der reinen Piraterie ist erst gar nicht die Rede.

Abbildung 2: System Transponderpass – Präventiver Schutz gegen Diebstahl

2.1 Die Nummerierung

Die E-Zeiten und Produktschutz haben heute viel miteinander zu tun. Die mit der E-Logistik verbundene durchgängige Kennzeichnung der Waren mittels EAN-Barcode in Kombination mit EDI gewährleistet eine eindeutige Erkennung der Warengruppe in Produktion und Handel. Dies aber nur, wenn sie richtig gehandhabt wird. Aber, einen konventionellen Barcode drucken kann jeder Drucker, die Software ist als Shareware erhältlich und die Dateninhalte sind standardisiert. Die Rückverfolgbarkeit ist zudem nicht gesichert, da der normale EAN-

Barcode keine Chargeninformation enthält. Die Charge wird wieder in Klarschrift auf das Gut aufgebracht und muss manuell kontrolliert werden. Doch der Warentransport durch viele Hände, gerade im Materialfluss nötig, bedeutet Schnittstellen und Fehler. Quoten fehlender Etiketten in Höhe von 16 % und mehr bei gut organisierten Firmen im Wareneingang setzen ein deutliches Zeichen.

Konventionelle Kennzeichnungen von Gütern:

Klarschrift, Barcode

- Produktidentifikation am POS
- Bestandsminimierung

2-D Code, Transponder

- Auftragsverfolgung, Produktionssteuerung
- Qualitätssicherung, Chargenverfolgung
- Erhöhte Produktionsflexibilität

Um den Transport von einer Firma mittels Spediteur zu anderen Firmen nachverfolgbar zu machen, wurde die Nummer der Versandeinheit (NVE) als Schnittstellenüberwachung für temporäre Transporte in Form von Barcodes an Paletten eingeführt. Sie ermöglicht eine lückenlose Verfolgung zwischen Destinationen. Zudem ist die Dokumentation von Qualität, Hersteller etc. über den EAN 128 gelöst und übergreifend verständlich, ohne lange durch diversen Datenbanken zu surfen. Der EAN-Ansatz ist im Handel verbreitet, in anderen Bereichen werden andere Ansätze verfolgt. Transport und Menschen bedingen aber Fehler. Warum werden bei Transportdienstleistern Paletten gesucht, Gepäckstücke falsch zugestellt, sind Kartons verschwunden, führen falsche Bauteile zu Problemen?

Dies nutzt derjenige, der seine günstigst produzierten Waren teuer unter fremder Flagge verkaufen möchte. Das Thema der Produktpiraterie ist ein deutlich zu berücksichtigender Punkt der Fehleranalyse, denn die Produktpiraterie nimmt pro Jahr schätzungsweise um 10–20 % zu, bei einem Aufkommen von über 250 Mrd. Euro weltweit (OECD-Studie). Hier handelt es sich nicht um Zufallsdelikte, sondern um wohl organisierte Strukturen, und das teils weltweit.

2.2 Basistechnologien Produktschutz

Eine maschinenlesbare Nummerierung ist der organisatorische Grundansatz der Rückverfolgbarkeit und des Produktschutzes. Im Namen des Produktschutzes muss dieser logistischen Lösung eine Sicherheitskennung zugefügt werden, die nicht einfach zu kopieren ist. Unter Produktschutz ist nicht der Schutz gegen Manipulation von Waren, der rechtliche Schutz oder der Schutz gegen Ausgasung etc. zu sehen, sondern der Schutz gegen die Einschleusung von Fälschungen im Sinne von Replikationen, Reproduktionen oder Imitationen von Waren in den normalen Warenfluss zwischen Gewerken oder zum Kunden.

Farben und Formen als Originalitätsschutz – reicht das?

– Abgrenzung vom Wettbewerb
– Marketingvorteile, Markenpositionierung
– Gewährleistungsschutz, Haftungsausschluss
– Markenschutz, Reputations-, Imageerhalt

2.3 Das 3-Stufen-Konzept

Um eine Übersicht über die verschiedenen technologischen Ansätze zum Produktschutz zu erhalten, ist eine Kategorisierung sinnvoll. Die Grundkategorisierung bildet das folgende 3-Stufen-Konzept der Kennzeichnungstiefe bestehend aus Offener Kennung, Sicherheitskennung und Spezieller Kennung zum Produktschutz.

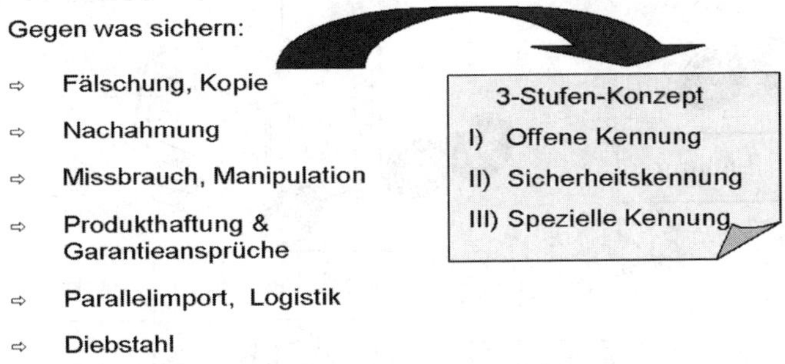

Quelle: C4 Marketing Service Bundesdruckerei GmbH
Abbildung 3: *3-Stufen-Konzept der Kennzeichnungstiefe*

2.3.1 Die Offene Kennung

Basis einer jeglichen Kennzeichnungsstrategie ist die sichtbare und für jeden nutzbare Kennzeichnung der Ware zu logistischen Zwecken. Dies hat direkt nichts mit Produktschutz zu tun, da die Kennzeichnung offen sein muss, damit sie überall im Warenfluss auch bei schnellen Änderungen des Flusses selbst (Lieferantenwechsel ...) gelesen werden kann. Hier sind die Ansätze des EAN-Codes im Handel, der NVE im Transport und z. B. des Code 39 in der Automobilindustrie akzeptiert. Aber in Barcodes kann man mehr Informationen einbringen, als für die Logistik benötigt. Hier bieten die zweidimensionalen Barcodes einen Ansatz (PDF-417, Datamatrix etc.), Waren auch eindeutig zurückzuverfolgen oder Gruppenzuordnungen zu treffen, um z. B. Plagiatbereiche bei Handelsvertretern zu erfassen.

Zusätzlich zum Barcode sollte auf jeden Fall das markengeschützte Logo des Produzenten auf der Ware angebracht werden. Im Falle eines Plagiates kann nur dann der Plagiateur markenrechtlich belangt werden. Ohne diese Kennung ist eine gerichtliche Verfolgung nur auf Basis einer allgemein nutzbaren Nummer kaum möglich.

Die Kennzeichnung betrifft nicht nur das Produkt, sondern auch die zugehörige Umverpackung, die Transportverpackung bis zur Palette und zum Container. Speziell die umfassende Sicht von Produkt, Verpackung und Transporthilfsmitteln ermöglicht den systematischen Einsatz von Kennzeichnungs- und Sicherheitsmerkmalen mit der zugehörigen unabdingbaren Kennzeichnungslogistik.

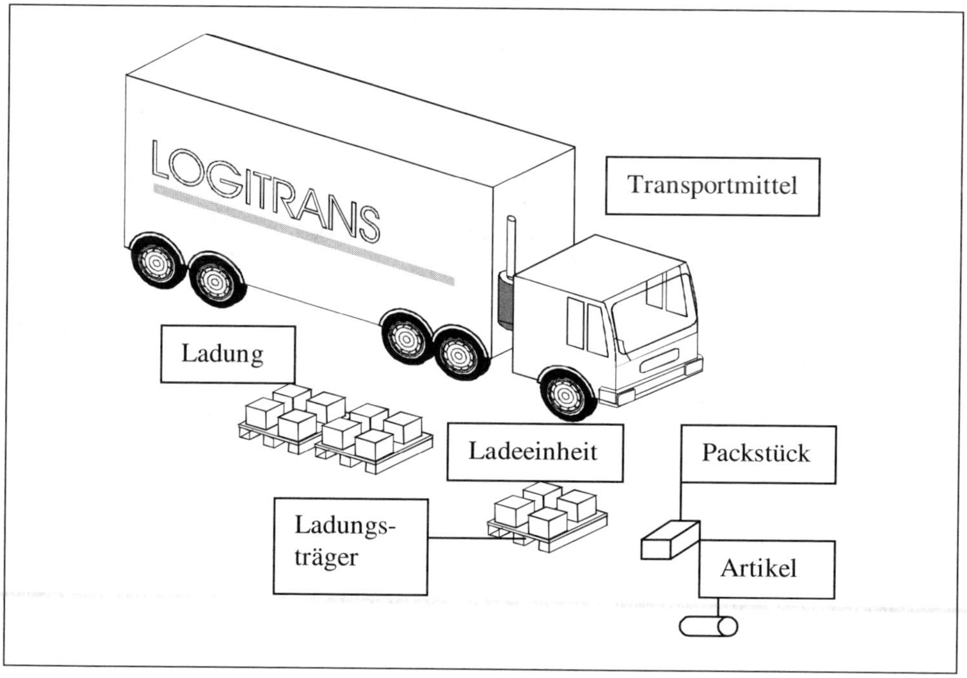

Abbildung 4: *Zu kennzeichnende und zu sichernde Hilfsmittel rund um das Produkt*

Bei zeitlich enger Verfolgung an diversen Lesestellen im Materialfluss kann auf Basis dieser Grundkennung bereits ein erster praktischer Schutz der Waren vor Plagiaten erreicht werden, indem man eine sehr enge Verzahnung der Transporte (Einführung präziser zeitlicher Anlieferslots) realisiert, so dass ein Einschleusen fremder Waren erschwert wird.

2.3.2 Die Sicherheitskennung

Sind das Kennzeichnungssystem und die Verfolgung mittels diverser Lesestellen nicht geschlossen oder die EDV-Anbindung nur bedingt realisiert und man möchte gegen Plagiate vorgehen, müssen weitere Maßnahmen ergriffen werden. Dabei sind nicht nur die Lieferanten zu berücksichtigen, sondern auch die Vorlieferanten und der Transporteur oder ganz trivial die eigene Niederlassung im In- und Ausland.

Hier hilft es nur, neben der logistischen Kennung eine zusätzliche Sicherung im Sinne einer Kennung einzuführen, die mit einfachen Mitteln, z. B. einem Farbkopierer, nicht kopiert werden kann. Beispielhaft sind spezielle feine Strukturen in der Kennzeichnung zu nennen, die bei Kopie direkt sichtbar zu erkennen sind, Hologramme, Prägungen etc.

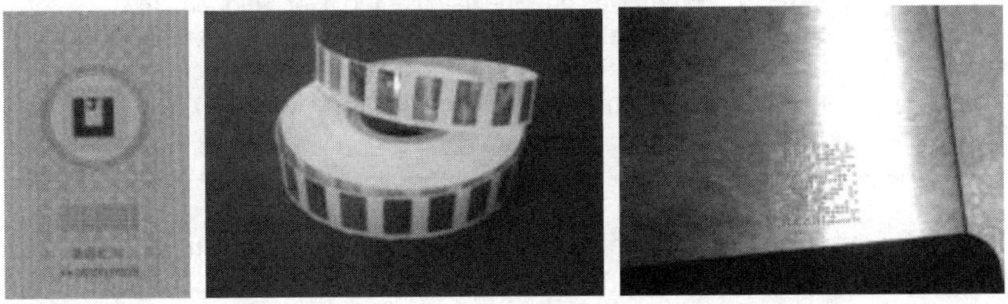

Abbildung 5: *Beispiele von Sicherheitskennzeichnungen zum Ursprungs-, Wert- und Produktschutz*

Entscheidend bei der Definition der Sicherheitskennung ist, inwiefern diese Kennung schnell detektierbar sein soll. So ist eine Kennung, die ein Kunde im Handel selbst prüfen können sollte (visuell oder haptisch) anders aufzusetzen als eine Kennung einer Ware in der Supply Chain, in der spezielle Geräte vorgehalten werden können, oder einer Ware, die von Spezialisten des Zolls erkannt werden soll, die aber keine große Mengen von verschiedenen Detektionsgeräten „am Gürtel" mit sich tragen können. Folgendes Bild zeigt eine Übersicht über die verschiedenen Kategorien der Erkennung/Detektion von Sicherheitsmerkmalen.

Kategorisierung der Kontrollmöglichkeiten

Ebene 4	Forensische Kontrolle im Labor
Ebene 3	Halbautomatische/Automatische Kontrolle mit komplexer Technik incl. Sicherheitsmerkmal
Ebene 2	Kontrolle mit einfachen Hilfsmitteln
Ebene 1	Kontrolle ohne Hilfsmittel
Ebene 0	Erst-/Grobkontrolle – unbewusste Kontrolle (Form, Farbe, Logos etc.)

Ein Sicherheitslabel ähnlich z. B. der Steuerzeichen für Zigaretten bewirkt einiges. Ein solches Label kann psychologisch im Sinne eines Qualitätsmerkmales ausgelegt sein und Eigenschaften enthalten, die sich einer einfachen Kopie nicht eröffnen. Zu nennen bei den Technologien sind Hologramme, Hologrammfolien, Kippfarben (Farben, die bei verschiedenen Winkeln anders leuchten), Guillochen (Linienstrukturen, die bei Kopie Verzerrungen erzeugen), spezielle Drucke oder Prägungen, die zu fühlbaren Erhebungen führen (Haptische Erkennung) usw. Diese Kennungen führen zu einer schnellen unbewussten Erkennung oder zu einer Erkennung ohne Hilfsmittel, siehe auch „Kategorisierung der Kontrollmöglichkeiten".

Identifikationsebenen

	Identifikation	
Ebene 4	> 10 sec.	Zusammensetzung, Zusatzstoffe, eindeutige Bestandteile
Ebene 3	1 sec.	Form, Design, Spezialetiketten, Reflektionen etc.
Ebene 2	100 msec.	Einfache Kennungen, spezielle Barcodes, UV-Kennung etc.
Ebene 1	10 msec.	Haptik, Sichtmarken, Geräusche und Geruch
Ebene 0	1 msec.	Form und Design (Greif- und Blickkontrolle)

In Abbildung 6 sind Technologien angegeben, die sich wesentlich mit der Kennzeichnung von Papier beschäftigen. Da der Preis der Sicherheitskennung in der Entscheidung wesentlich ist, ist die Kennzeichnung mit Papieretiketten oft die Wahl, die nach Abwägung aller Kriterien getroffen wird. Das so gekennzeichnete Etikett wird am Gut angebracht und kennzeichnet die Umverpackung bis hin zum Transportetikett und zum Dokument.

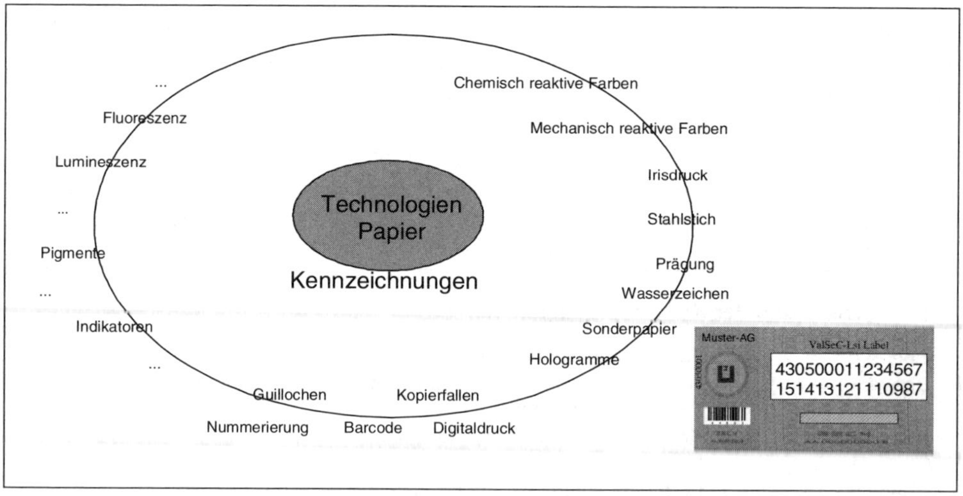

Abbildung 6: Technologien im Bereich Papier/Druck zur Ursprungs- und Wertsicherung

2.3.3 Die Spezielle Kennung

Hat man bei Farbkombinationen, die ein Farbkopierer nur schlecht und damit erkennbar nachahmen kann, noch Chancen, gegen den „Heimfälscher" vorzugehen, ist die obige Art der Sicherheitskennung bei Firmen, die bewusst Plagiate in den Markt bringen, nutzlos. Um mit dieser Tatsache umgehen zu können, muss eine „Spezielle Kennung" eingeführt werden, die nur den Beteiligten bekannt ist und von eingewiesenem Personal überprüft wird.

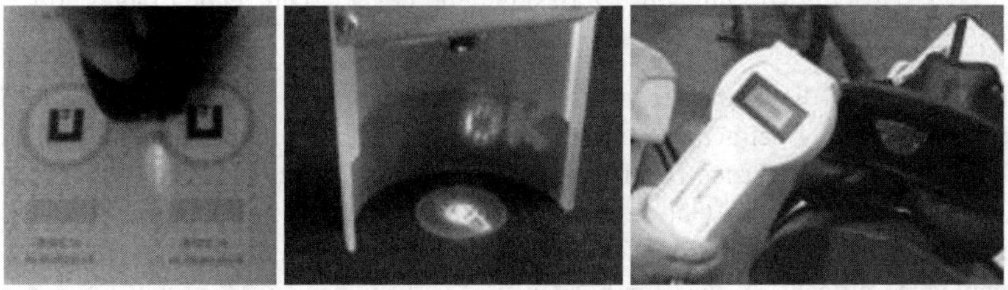

Abbildung 7: *Beispiele von Prüfgeräten im Bereich Ursprung- Wert- und Produktschutz*

Wenn ein Unternehmen schon in Produktionsverfahren für Plagiate investiert, wird sie Investitionen in Geräte, die Kennzeichnungen nachahmen, nicht scheuen. Hier ist im Bereich des Maschinenbaus o. Ä. von einer hohen Betrugsbereitschaft auszugehen. Gerade z. B. der Ersatzteilhandel ist von Plagiaten betroffen. Das Ersatzteil wird billigst produziert, die Verpackung nachgeahmt und das Produkt über die normalen Vertriebsschienen eingeschleust.

Damit sind Kennzeichnungsverfahren gefragt, die nicht so breit am Markt erhältlich sind, teuer nachzuahmen sind, so dass man einfacher auf das Produkt der Mitwettbewerber ausweichen kann, oder die sich schnell ändern, so dass eine Umstellung immer zu spät käme. Gerade der letzte Ansatz ist der Ansatz der Zukunft, da zunehmend alle Technologien von jedem im freien Markt erhältlich sind.

Folgende kurze Auflistung zeigt, mit welcher Art von Gegenspielern man es zu tun hat:

IV) **Professioneller Fälscher:** Zugriff zu speziellen Produktionsstätten etc.

III) **Fälscher unter Nutzung spezieller Kenntnisse:** Vertrauliche Farbmischungen, ...

II) **Fälscher unter Nutzung aufwendiger Hilfsmittel:** Spezielle Druck- und Prägetechnologien, ...

I) **Fälscher unter Nutzung einfachster Hilfsmittel:** Farbkopierer, ...

Um eine praktikable Lösung dieser Problematik zu finden, ist folglich vor Festlegung der Kennzeichnungstechnik zu eruieren, um welche Art von Eingriffen es sich handelt, gegen die vorzugehen ist. Bei der Technologiewahl ist dann ein Kompromiss zu treffen zwischen einer speziellen Technologie, die von Experten in Laboren zu erkennen ist (Gerichtsfeste Kennung), oder Kennzeichnungen, die vom Personal mittels einfacher Detektoren erkannt werden können (UV-, IR-Checker, RFID-Lesegeräte etc.).

Als Beispiel werden spezielle Merkmalsstoffe dem Produkt oder dessen Oberfläche direkt oder indirekt zugesetzt, die mit Hilfe spezieller Technologien eindeutig detektiert werden können. Zu berücksichtigen ist, dass diese Materialien nicht am freien Markt erhältlich sein dürfen (s. o.) und für den Kunden speziell zusammengestellt sein sollten. Zu nennen sind IR-Farbkombinationen, Halogene, Luminophore, chemische „Zwillinge“, Magnetpartikel, Nanopartikel oder spezielle Mischungen der Bestandteile des zu schützenden Gutes. Im Bereich der optischen Sicherung ist insbesondere auf die digitalen Wasserzeichen hinzuweisen.

Allgemein muss für die Wahl der richtigen Kennzeichnung des Gutes gerade am Gut die Physik der Anbringung betrachtet werden. Die meisten Kennzeichnungsalternativen (mechanisch, magnetisch etc.) werden bereits in der normalen Produktionslogistik zur Produktverfolgung eingesetzt, wenn das Gut die Rahmenbedingungen vorgibt (Temperatur, Oberfläche, Fette und Öle etc.). Nach der Produktion werden die Kennungen aber oft entfernt oder durch Versiegelungen verdeckt, so dass sie nicht weiter verwendbar sind. Speziell im Bereich des Produktschutzes kommen aus diesem Grunde meistens chemische und elektronische Kennungen zur Anwendung oder es werden wieder Etiketten als indirekte Kennungen angebracht, deren Inhalte oben skizziert wurden.

Abbildung 8 zeigt zusammenfassend die Möglichkeiten der Objektkennung:

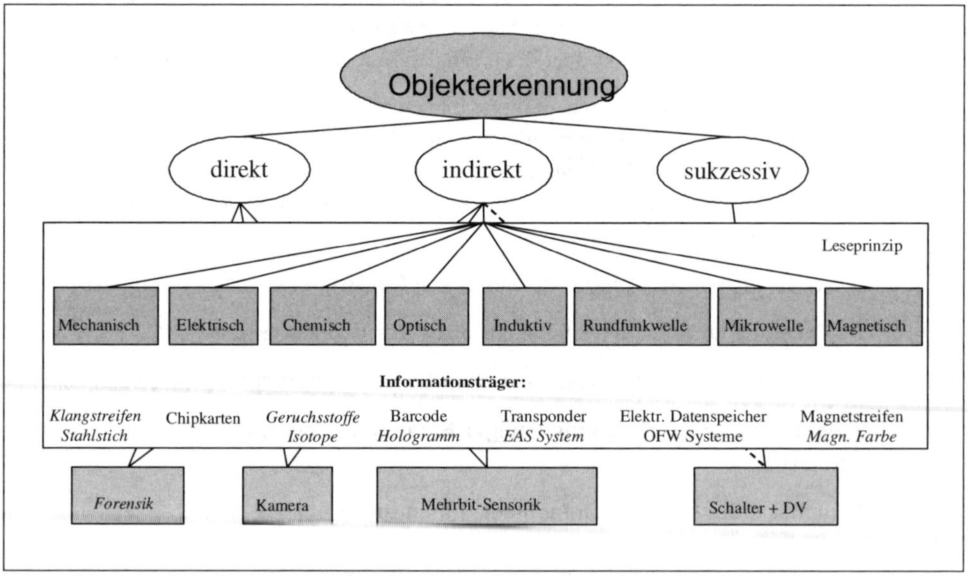

Abbildung 8: *Physikalische und logistische Grundlagen der Objekterkennung*

Heute werden alternativ zur chemischen und optischen Kennzeichnung mehr und mehr RFID-Systeme (Radio-Frequency Identification) diskutiert, die originär mit als erste Technologien in der internen Materialverfolgung der Skids in der Automobilindustrie eingesetzt wurden. Diese „Transponder" genannten elektronischen Datenträger arbeiten ohne direkten Kontakt zum Lesegerät und übertragen ihre Daten mittels Funk auf festgelegten Bändern. Durch den Einsatz ohne Batterie sind die Standzeiten unproblematisch, aber die Leseentfernungen begrenzt.

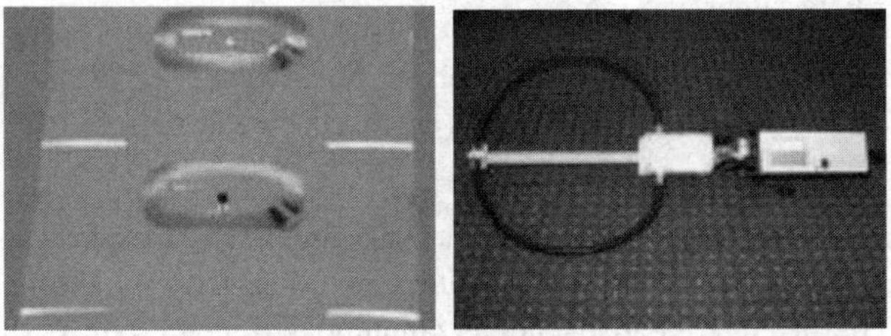

Abbildung 9: *Transponder und Lesegerät in der Sicherheitskennzeichnung*

Vorteil der Transponder ist die Lesbarkeit durch Materialien hindurch (keine Metalle). Nachteile der Transponder sind der höhere Preis im Vergleich zu Sicherheitsetiketten und die notwendige Verschlüsselung der Dateninhalte, falls auf konventionell am Markt verfügbare Transponder zugegriffen wird, die auch der Plagiateur erstehen kann. Bei einer Zerstörung kann der Transponder nicht verifiziert werden, so dass eine zusätzliche flächige Kennung hinzuzufügen ist, um eine Fall-Back-Strategie zu realisieren.

2.4 Das Sicherheitssystem

Gegen professionelle Plagiate ist das 3-Stufen-Konzept über alle Stufen parallel anzuwenden, da durch die Kennzeichnung a) die Logistik nicht gestört werden darf, b) das Gut möglichst nicht zu ändern ist und c) der Kunde das Gut einfach prüfen können sowie d) Detektive das Gut näher prüfen können sollen, ohne ein Labor anrufen zu müssen.

Da die Kosten bei der Lösungswahl eine Rolle spielen, wird im einfachsten Fall versucht, das Logistiklabel mit speziellen Kennzeichnungselementen zum Sicherheitslabel zu erweitern und die Logistikkette mittels Erfassungsgeräten zu überwachen. Hier ist die Einführung des Sicherheitslabels nicht der Kostenpunkt und auch nicht die Einführung der Erfassungsgeräte, sondern die Ergänzung der EDV, um eine durchgängige Materialverfolgung zu gewährleisten.

Nimmt man das Thema Produktschutz im Sinne eines Schutzes gegen Plagiate ernst, reicht eine Kennung am Gut und an der Verpackung nicht aus, professionelle Plagiateure zu stören.

Hier muss die Logistik angepasst werden, und das Denken zum Outsourcing und zum stetigen Wechsel der Lieferanten um des Profits willen muss überprüft werden hinsichtlich:

- Beschränkung der Zahl akzeptierter Zulieferer
- Einführung einer eindeutigen geschützten Kennzeichnung
- Definieren eindeutiger Produktions- und Distributionswege
- Realisierung einer eindeutigen Artikel- und Verpackungsverfolgung
- Redundanz der Erfassungssysteme

Werden bei der Überprüfung der Kennzeichnungen noch technische Hilfsmittel wie einfache Detektoren oder auch automatisierte Systeme eingesetzt, kann dem schnellen Durchsatz im Handel entsprochen werden.

Vorteilhaft hat sich in der praktischen Realisierung ein sukzessives Vorgehen erwiesen. So werden Stufen definiert, mit denen das Gesamtsystem abhängig vom Erfolg der Stufen realisiert wird. Oft reicht die engere logistische Verzahnung zwischen Produzent, Spediteur, Lieferant und Kunde in Verbindung zu einer Erklärung zum Produktschutz, die Plagiateure zu verunsichern und auf Mitwettbewerber ausweichen zu lassen. Wird ein Wiederaufflammen der Plagiate festgestellt, wird die nächste Stufe realisiert. Das bedeutet natürlich, dass man sich einmal zentral mit dem Thema über die gesamte Logistikkette beschäftigen sollte. Hier hilft eine Modellierung der folgenden Art:

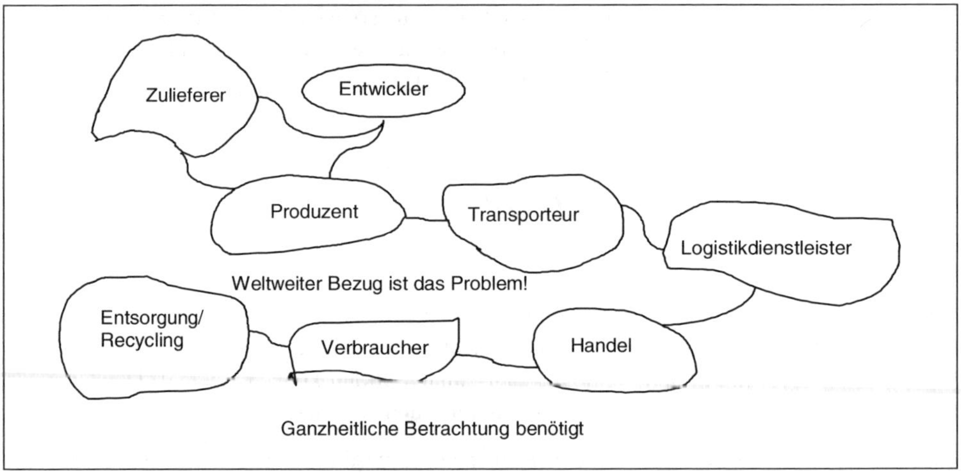

Abbildung 10: *Modellierung der Logistikkette einschließlich Entwurf*

3. Entwicklung und Möglichkeiten

Derzeit sind die am Markt verfügbaren Sicherungsmittel sehr heterogen. Aber das war vor Jahren im Auto-ID-Bereich nicht anders. Der Unterschied zwischen Produktschutz und Auto-ID besteht gerade darin, dass im Sicherheitsbereich bewusst proprietäre Lösungen verlangt werden. Sollte man nicht von alten Hüten abrücken und einmal anders denken? Gerade die Lesegeräte Vor-Ort, der Scanner an der Kasse und der Handleser bei der Inventur können um Features des Produktschutzes erweitert werden.

Betrachtet man die Globalisierung der Beschaffung, kann ein Plagiateur heute an alle Medien gelangen, die er benötigt. Dagegen vorzugehen heißt, ihm zeitlich voraus zu sein, so dass er der geänderten Kennzeichnung nicht schnell genug entsprechen kann. Hier gibt es Ansätze, das Internet zum Austausch der Originalitätserkennung einzusetzen. Mit dem Generationenwandel wird dieser Ansatz Zukunft haben. Derzeit ist ein stetiger Austausch der Kennungen zu aufwendig. Speziell der Kunde im Handel wird nach zwei bis drei Wechseln nicht mehr reagieren. Demgegenüber ist der Internet-Ansatz im Bereich der Supply Chain prinzipiell kein Problem, da die Firmen heute ihr Procurement bis hin zu Auktionen über das Internet abwickeln.

„Die Marke wird das Thema“ (und damit auch die Verpackung) – „Die Marke als Signet der Wiedererkennung und des Vertrauens“ – „Produktschutz und Originalität“ sind die Schlagworte. Die totale Kauferfahrung, verbunden mit einer starken Marke sind die Erfolgskriterien für Online-Shopbetreiber. Zum Commerce gehören neben der Darstellung und Kommunikation sowie dem End-to-End Service aber auch der Retourenservice sowie der After-Sales-Service. Der Hersteller wird also zwangsläufig Händler und hat die gesamte Logistikschiene zu bewältigen. Folglich muss sich der Handel früher oder später mit der Lösung der Produktschutzproblematik im Sinne der Wert- und Ursprungssicherung am Produkt, an der Umverpackung und an der Versandverpackung beschäftigen.

Standardisierung

Ein Ansatz ist im Handel die Definition eines übergreifenden Sicherheitslabels oder einer Sicherheitsklasse, die sich nicht auf den Diebstahlschutz beschränkt, sondern das Produkt und die Verpackung über den gesamten Lebenslauf verfolgt. Hier muss der Rationalisierungsgedanke greifen. Es ist nicht sinnvoll, für jede Sicherheitskennung eine spezielle Systematik zu definieren und die verschiedensten Geräte zur Kontrolle vorzuhalten. Andererseits dürfen die eingesetzten Medien nur bedingt veröffentlicht werden, um den Produktschutz zu gewährleisten. Zudem ist ein Änderungsmanagement zu definieren, das es im Anpassungsprozess ermöglicht, durch stetige Änderung eine Fälschungsabsicht ad absurdum zu führen. Als dritte Aufgabe wären ähnliche Tätigkeiten im Rahmen der Definition und Pflege, eventuell sogar der Ausgabe von speziellen Sicherheitsmerkmalen durch ein Zentralinstrument sinnvoll.

Quelle: Telxon (links)
Abbildung 11: *Systeme: Scanner mit UV-Checker oder Boote und Transpondersicherung*

Standardisierungsansatz im Produktschutz:

- ⇨ Übergreifend wirksame Sicherheitskennung – standardisiert und vertraulich (semi-geschlossenes System)
- ⇨ Änderungsmanagement – systematisch, aber geheim
- ⇨ Spezielles forensisches Merkmal – Geschlossenes System

Die Aufgaben der Koordination einer einheitlichen Sicherheitskennung sowie eines einheitlichen Sicherheitsmanagements können im Handel nur von einer Institution außerhalb der Konkurrenz gewährleistet werden. Damit ist eine übergreifende Institution in Verbindung zu einem Überwachungsgremium aufgerufen, einzugreifen und über Normungsarbeit in Verbindung mit Geheimhaltungsvereinbarungen Ordnung zu schaffen. Offenheit versus Geschlossenheit der Systeme ist Problem und Ansatz. Ansonsten werden die verschiedensten Sicherheitssysteme installiert, der Handel aber als Sicherheitsrisiko im Bereich der Warenverfolgung unwägbar sein. Daraus könnte als Szenario folgen, den Handel zu überspringen und direkt dem Internet das Zepter in die Hand zu geben.

4. Zusammenfassung

Es wird noch unabsehbare Bewegungen in Richtung Produktschutz und Warenverfolgung geben, gerade unter der Prämisse der Qualitäts- und Convenience-Ansprüche. Wie wird die Logistikkette beeinflusst? Themen sind die Atomisierung der Sendungen und der resultierende Bedarf der Umstrukturierung der Logistikkette – die Lebensmittel per Internet? Die Wertschöpfung wird durch E-Commerce geändert, schon bei der Entwicklung beginnend. Nicht das stationäre Handeln wird bestimmen, sondern das dem Kunden angepasste dynamische Handeln. Hier spielen nicht nur der Marktname, sondern auch Gewährleistung und Haftung eine Rolle. Jetzt ist es an der Zeit, die Weichen zu stellen. Zu hoffen ist, dass im Sinne des „Made in Europe" erkannt wird, welche Gefahren auf uns zukommen und wie man ihnen begegnen kann. Sicher ist, das Internet bedingt den Zwang zum Markenschutz – Markenschutz nicht nur im Sinne eines Gebrauchsmusterschutzes, sondern im Sinne der Logistik rund um die Kennzeichnung und damit rund um die Marke – die Marke als Vertrauensschutz.

Ist es nicht gerade jetzt, da der E-Bereich anfängt, Früchte zu tragen und den Handel zu beeinflussen, an der Zeit, über Qualität und den Weg, wie man sie dem Kunden nahe bringt, nachzudenken? Kennzeichnung, Dateninhalte, Lesetechnik und Internet – genug, um im Bereich einer „Standardisierung" im Produktschutz einzugreifen. Dies muss die Reaktion sein, hat man die Chancen und Gefahren erkannt.

Produkt- und Konzeptpiraterie:

Erkennen?	Im Rahmen der Warenverfolgung sind in den letzten Jahren technische Quantensprünge zu verzeichnen.
Vorbeugen?	Durch Technik kann wirksam vorgebeugt werden.
Abwehren?	Technik bietet Kopier-Hürden.
Dulden?	Wenn trotz der technischen Möglichkeiten auf Grund von regionalen, ökonomischen oder anderen Restriktionen keine Durchsetzung der eigenen Rechte sinnvoll erscheint.
Nutzen?	Piraten orten, verfolgen, verhaften und bestrafen: Die Technik macht es möglich.

Raubkopien – Geißel oder Chance der Softwareindustrie?

Olaf Kehrer

1. Einleitung

Software hat in den vergangenen Jahren dramatisch an Bedeutung in unserem täglichen Leben gewonnen. In nahezu jedem technischen Gerät wird ein Softwareprogramm für dessen Steuerung und Interaktion mit dem Anwender eingesetzt. Vielen Anwendern ist dies gar nicht mehr bewusst, denn für sie ist das Programm selbst nicht sichtbar, sondern nur dessen Benutzungsoberfläche.

Bei Software handelt es sich um ein immaterielles Gut, das lediglich in Speicherbausteinen und auf Speichermedien wie CD-ROM oder Festplatte existiert. Und genau darin liegt auch das größte Problem der Softwareindustrie: Programme können beliebig und ohne großen Kostenaufwand vervielfältigt werden. Mit der zunehmenden Verbreitung von Hochgeschwindigkeitszugängen zum Internet und auch in privat genutzten PCs integrierten CD-Brennern kann Software nahezu unbegrenzt weitergegeben werden. Gegen diesen Missbrauch versucht die Softwareindustrie mit immer besseren Methoden und Schutzverfahren vorzugehen, doch häufig werden diese bereits nach kurzer Zeit außer Kraft gesetzt oder umgangen.

Die Produktpiraterie der Softwareindustrie untergliedert sich in zwei große Bereiche: Dies ist zum einen das Nachprogrammieren von Softwareprodukten, um mit bereits etablierten Benutzungsoberflächen möglichst viele Benutzer vom Originalprodukt abzuwerben. Zum anderen gehört dazu das Erstellen, Verbreiten und Benutzen von Raubkopien. Dieser Bereich ist für den weitaus größten Schaden verantwortlich, weshalb die Hersteller dagegen auch massiv und mit großem finanziellen Aufwand vorgehen.

Der vorliegende Beitrag soll beide Bereiche beleuchten, insbesondere ihre Entstehung, ihre Existenz und ihre Gefahren für Softwareunternehmen. Raubkopien und deren Verbreitung kann man als die „Geißel" der Softwareindustrie bezeichnen, denn sie bedeuten einen jährlichen Milliardenverlust für die Hersteller. Ausgehend vom heutigen Stand der Technik und den Möglichkeiten, sich als Softwarehersteller dagegen zu schützen, sollen aber auch Aspekte aufgezeigt werden, wie man aus diesem Problem einen Wettbewerbsvorteil generieren kann.

2. Unterscheidung zwischen Plagiaten und Raubkopien

Unter dem Begriff „Software" versteht man vor allem Computerprogramme, die man zur Funktion eines Computers benötigt. Häufig zählt man auch noch die Daten, die man zur Ausführung eines Programms benötigt, zur Software hinzu. Im Folgenden soll der Begriff

„Software“ synonym mit Softwareprogrammen und -produkten verwendet werden. Man unterscheidet hierbei wiederum zwischen Standard- und Individualsoftware, wobei eine Standardsoftware einmal entwickelt wird und dann mit geringem Kostenaufwand beliebig oft vervielfältigt werden kann. Eine Individualsoftware wird im Rahmen eines Werkvertrages im Kundenauftrag entwickelt und nur für diesen hergestellt.

Das **Plagiat** stellt eine inhaltliche Kopie eines Softwareproduktes dar. Der Hersteller eines solchen Plagiats versucht durch das Imitieren von bestimmten Funktionalitäten oder der Benutzungsoberfläche eines Produktes eines Mitbewerbers, dessen Kunden zum Umstieg auf sein Produkt zu bewegen. Dies kann bewusst oder auch unbewusst verursacht werden. Das bewusste Kopieren lässt sich vor allem dann beobachten, wenn der Hersteller des Plagiats vom Erfolg des Mitbewerbers profitieren möchte, ohne große Investitionen tätigen zu müssen. Er verwendet ein von den Kunden akzeptiertes Produktschema, macht es sich zu Eigen und kann es zu einem günstigeren Preis anbieten, da der Entwicklungsaufwand und die Etablierung des Produktes am Markt entfallen. Gegen solche Vorgehensweise kann sich der Hersteller des Originals nur durch geeignete Rechtsmittel und Schutzmaßnahmen schützen.

Während das Urheberrecht schon durch die Schöpfung des Werkes entsteht und ohne besondere Anmeldung erworben wird, sind Schutzrechte wie Gebrauchsmuster oder Patente nur nach vorheriger Anmeldung und Genehmigung durch das zuständige Patentamt wirksam. Letztere sind jedoch für Softwareprodukte nur schwer zu erhalten und stellen zusätzlich einen erheblichen Kostenfaktor insbesondere für kleine und mittelständische Softwarehersteller dar.

Das Urheberrecht deckt in Deutschland zwar einen Großteil bereits zu Gunsten des Entwicklers ab, aber dieses Gesetz hat auch entsprechende Grenzen. Und zwar genau dann, wenn bestimmte Vorgehensweisen im Programmablauf nicht sinnvoll anders realisierbar sind. Dies hat häufig die erwähnte unbewusste Übernahme bestimmter Programmabläufe oder -logiken zur Folge. Hier ist der Hersteller eines solchen „Plagiats“ jedoch in der Nachweispflicht, dass es sich hierbei um allgemein bekannte Verfahren gehandelt hat oder er zufällig auch auf dieses Verfahren im Verlauf seiner Arbeit gestoßen ist. Im Streitfall sind solche Fragen nur gerichtlich zu klären, was wiederum erheblichen Kosten- und Zeitaufwand darstellt. Beides können sich daher nur Beteiligte leisten, die über die entsprechenden Ressourcen verfügen.

Aus heutiger Sicht stellt der Verlust aus Plagiaten nur einen geringfügigen Schaden für die Softwareindustrie verglichen mit den so genannten „Raubkopien“ dar. In den nachfolgenden Abschnitten wird daher der Schwerpunkt auf die Themen der illegalen Vervielfältigungen von urheberechtlich geschützten Softwarewerken und möglicher Schutzmaßnahmen für Softwarehersteller gelegt.

Laut einer Studie der Business Software Alliance (BSA) sind allein in Deutschland im Jahre 2004 annähernd 2 Mrd. Euro durch Raubkopien verloren gegangen, weltweit waren es sogar knapp 27 Mrd. Euro.[1] Damit stellen diese illegalen Kopien den weitaus größten Anteil des Schadens für die Softwareindustrie dar.

---

1 Business Software Alliance, *Second Annual BSA and IDC Global Software Piracy Study*, Mai 2005; www.bsa.org/germany/piraterie/upload/IDC-Pirateriestudie-2004.pdf.

3. Gefahren für Softwarehersteller durch Raubkopien

Raubkopien sind die illegale Nutzung von immateriellen Gütern wie Software. Darüber hinaus gibt es noch in anderen Bereichen wie der Musik- oder Filmindustrie eine regelrechte Industrie, solche Fälschungen auf den Markt zu bringen und damit Geld zu verdienen. Die nachfolgenden Abschnitte konzentrieren sich ausschließlich auf die Softwareindustrie, um den Rahmen des Beitrags nicht zu sprengen.

In allen Fällen wird der Hersteller eines intellektuellen Gutes um seine Entlohnung betrogen. All diesen Produkten ist auch gemein, dass sie zum größten Teil vorfinanziert werden, d.h., insbesondere bei der Entwicklung von Software müssen die Kosten vom Hersteller übernommen werden, bevor er den ersten Umsatz machen kann. Die Kosten für die Herstellung und Verbreitung von Software sind demgegenüber eher gering, was sich die Hersteller von illegalen Kopien zu Nutze machen, denn sie tragen keine Entwicklungskosten, sondern nur die reinen Reproduktionskosten. Sie können also sehr leicht ihren Ertrag maximieren, während der Schöpfer des Werkes leer ausgeht. Der Hersteller muss also einen Preis kalkulieren, mit dem er seine Kosten decken kann, einen Ertrag erwirtschaft, aber auch entgangene Gewinne durch illegale Kopien ausgleicht. Daraus lässt sich verkürzt ableiten, dass ein großer Anteil von Raubkopien den Preis erhöht, denn der Gesamtertrag muss aus weniger verkauften Einheiten erlöst werden. Insofern tragen Raubkopien direkt dazu bei, dass in den Preisen für Software auch die Raubkopien antizipiert werden. Das Problem hierbei ist jedoch, dass ein hoher Preis wiederum die Attraktivität für Raubkopien erhöht, während ein niedriger Preis die Attraktivität für den legalen Erwerb fördern würde; ein Dilemma, in dem sich jeder Softwarehersteller befindet und für das es leider keine Patentlösung gibt. Letztlich orientieren sich die meisten Hersteller am Preisniveau des Marktes und versuchen auf die eine oder andere Art und Weise, entweder Raubkopierer durch Strafmaßnahmen abzuschrecken oder sie durch Niedrigpreise auf die legale Seite zu ziehen. Letzteres funktioniert jedoch nur, wenn das Produkt auch ein großes Publikum adressiert, so dass auch entsprechende Stückzahlen abgesetzt werden können. Und selbst das ist keine Garantie für einen hohen Deckungsbeitrag, denn selbst sehr preiswerte Produkte werden zum Teil massiv kopiert und nicht lizenziert.

3.1 Fehlendes Unrechtsbewusstsein bei Raubkopierern

Die meisten „Raubkopierer“ fühlen sich nicht als Straftäter, obwohl dies aus rechtlicher Sicht zweifelsfrei der Fall ist. Viele Heimanwender kopieren sich einfach eine Software von Freunden und Bekannten. Teilweise sind sie sich gar nicht bewusst, dass es sich hierbei um eine illegale Kopie handelt, oder sie verdrängen es erfolgreich. Paradox hieran ist der Umstand, dass die große Mehrzahl der „Raubkopierer“ nicht im Traum daran denken würde, ein Softwarepaket im Kaufhaus zu stehlen, weil dies ja Ladendiebstahl und damit Unrecht wäre. Aber ohne auch nur einen Gedanken an die möglichen Konsequenzen zu verschwenden, kopieren sie genau diese Softwareprodukte im Wert mehrerer Hundert oder gar Tausend Euro, was eine noch schwerere Straftat sowohl von den finanziellen, als auch strafrechtlichen Folgen darstellt.

Dieses Phänomen hat seinen Ursprung im Wesen und der Anonymität der heutigen Informationswelt. Während der Ladendiebstahl ein Vorgang ist, der außerhalb der eigenen Wohnung stattfindet, und man die konkrete Gefahr der Festnahme durch einen Kaufhausdetektiv und die Polizei fürchtet, ist das Kopieren von Software anonym und ohne großen Aufwand auf dem heimischen PC durchführbar. Der Grund hierfür ist der bereits erwähnte Umstand, dass Software ein immaterielles Produkt und damit beliebig vervielfältigbar bei nur geringen Kosten ist. Für den Heimanwender sind dies heutzutage nur die Kosten für das Herunterladen der Software von einem Internet-Server oder für das Kopieren einer CD-ROM oder DVD.

Ein weiterer Aspekt, der gerade in letzter Zeit an Bedeutung zugenommen hat, ist die Verbreitung von kostenlosen Vollversionen in PC-Magazinen. Auf den mitgelieferten CD-ROMs oder sogar DVDs befinden sich Vorgängerversionen von Softwareprodukten, die der Hersteller den Lesern kostenlos zur Verfügung stellt. Da die Magazine meist sehr auffällig damit werben, suggeriert dies dem Leser, dass diese Software nur wenig oder gar nichts wert wäre, und damit kostenfrei kopiert werden kann. Aber selbst diese kostenlosen Vollversionen haben in der Regel sehr konkrete Einschränkungen für ihren Einsatz. So darf meist nur eine Kopie der Software pro Heft eingesetzt werden oder sie darf ausschließlich im privaten Umfeld und nicht geschäftlich genutzt werden. Verschärfend kommt dann noch hinzu, dass auch das angeblich legale Kopieren und Aufbrechen von Kopierschutzmechanismen immer häufiger Titelthema von Computermagazinen ist, in denen auch noch mit Kommentaren von Juristen suggeriert wird, dass man Kopien anfertigen darf. Leider wird dabei häufig die Grenze zwischen erlaubter Sicherungskopie und illegaler Raubkopie nicht scharf genug gezogen, so dass private Anwender auf den Gedanken kommen können, das Kopieren von Software, die sie von Freunden und Bekannten erhalten, sei legal.

3.2 Illegale Softwarenutzung in Unternehmen

Leider gibt es aber nicht nur „Raubkopierer“ im privaten Bereich, sondern auch in Unternehmen. Hier sind sie häufig in kleinen und mittelständischen Betrieben zu finden, in denen die Administration der EDV teilweise „nebenbei“ erledigt wird. Die Geschäftsleitung ist in der Regel gar nicht oder nur unzureichend über diese Vorgänge informiert, weil sie sich auf ihr Kerngeschäft konzentrieren möchte. Die Informationstechnik ist nur Mittel zum Zweck und muss einfach funktionieren. Im Grunde genommen ist dies so auch richtig, denn die IT sollte nicht einen Selbstzweck erfüllen, sondern betriebliche Abläufe unterstützen. Viele

Geschäftsleitungen sehen daher auch nicht den Gegenwert von Software im Verhältnis zu deren Kosten. Während ein durchschnittlicher PC mit Monitor momentan für weniger als 1.000 Euro erhältlich ist, so sind die Kosten für Betriebssystem, Büroapplikationen und weitere Anwendungen meist weitaus höher als die Hardwareinvestition. Und wieder lässt sich für den Anwender der Wert solcher Produkte nicht „fühlen“, denn sie befinden sich auf Datenträgern, die heutzutage für ein paar Cent duplizierbar sind. Kommen dann noch wirtschaftliche Schwierigkeiten oder falsch verstandenes Sparen zusammen, dann ist dem illegalen Einsatz von Software Tür und Tor geöffnet. Häufig wird dann dem Administrator gesagt, er solle sich um die Beschaffung „kümmern“, was nichts anderes als die verschleierte Aufforderung zum Einsatz von illegalen Softwarekopien ist.

Die Softwareindustrie und deren Verbände versuchen durch Aufklärungskampagnen, verstärkt Unternehmen für diese Thematik zu sensibilisieren. Deshalb muss jeder Geschäftsführer und jedes Vorstandsmitglied mittlerweile wissen, dass sie letztendlich im Falle einer Entdeckung für die Raubkopien verantwortlich und haftbar sind. Ausreden, dass man es nicht gewusst hätte, gelten vor Gericht nicht. Gerade beim Einsatz von illegalen Softwarelizenzen im gewerblichen Bereich werden empfindliche Strafen ausgesprochen, was auch zum wirtschaftlichen Ruin des Unternehmens führen kann.

Deshalb muss die Geschäftsleitung insbesondere in kleinen und mittleren Unternehmen dafür sorgen, dass weder fahrlässig noch vorsätzlich illegale Softwarelizenzen zum Einsatz kommen. Hier kann die Softwareindustrie durch diverse Maßnahmen hilfreich zur Seite stehen. Viele kleine und mittlere Softwareunternehmen machen sich zu wenig Gedanken über ein geeignetes Lizenzprogramm, das klar verständlich für den Kunden ist. Denn häufig resultieren so genannte Unterlizenzierungen[2] auch aus komplizierten und schwer verständlichen Lizenzverträgen, die den Kunden verwirren. Hinzu kommt, dass jedes Unternehmen ein eigenes Lizenzprogramm verwendet, so dass der Kunde für jedes eingesetzte Produkt die Anzahl der zu nutzenden Lizenzen anders zählen muss. Als Beispiel seien „Lizenzierung pro Rechner“ und „pro Benutzer“ genannt. Während die erste Lizenz für alle Benutzer eines Rechners gilt, gilt die zweite nur für einen konkreten Benutzer, dafür aber auf jedem Rechner. Und selbst dies kann noch von Hersteller zu Hersteller variiert werden, was teilweise in Absurditäten wie der Lizenzierung pro Prozessor, Festplattenkapazität oder anderen Parametern mündet, die den Lizenzierungsaufwand gerade für kleine Unternehmen nahezu unerträglich macht. Hier ist die Softwareindustrie gefordert, entweder leichter verständliche Lizenzmodelle zu entwickeln oder dem Anwender mit geeigneten Werkzeugen Mittel zur Verfügung zu stellen, die eine Unterlizenzierung vermeiden helfen. Denn viele Unternehmen merken gar nicht, dass sie im Einsatz bestimmter Softwareprodukte trotz deren Erwerb gegen die Lizenzbestimmungen verstoßen.

2 Eine zu geringe Lizenzanzahl im Verhältnis zur Nutzungsanzahl.

3.3 Schaden durch professionelle Raubkopierer

Durch die geringen Kosten bei der illegalen Vervielfältigung von Software hat sich im Laufe der vergangenen Jahre eine regelrechte Schattenindustrie der professionellen Raubkopierer entwickelt. Die Spannbreite reicht vom PC-Besitzer, der sich von zu Hause durch den Verkauf von Raubkopien über das Internet das schnelle Geld verspricht, bis hin zu Fabriken, in denen komplette Softwarepakete professionell produziert und über Zwischenhändler verkauft werden. Häufig können weder die unbeteiligten Händler noch die Endkunden erkennen, dass es sich um eine illegale Kopie handelt.

Der Schaden durch diese Kopien trifft gleich mehrere Seiten: zum einen den Hersteller, der keine Lizenzeinahmen erzielt. Und zum anderen den Kunden, der für eine illegale Kopie Geld ausgegeben hat, aber trotzdem keine legale Lizenz erworben hat. Der Fokus dieser professionellen Raubkopierer liegt jedoch auf Standardsoftware von großen Herstellern, so dass dieses Thema hier nicht weiter erörtert werden soll.

4. Der ewige Wettlauf zwischen Herstellern und Raubkopierern

Normalerweise kann eine illegale Kopie eines Softwareproduktes nur eingesetzt werden, wenn es für sie eine illegale Freischaltungsmethode in Form von gefälschten Seriennummern oder abgewandelten Originalversionen gibt, die keine Freischaltung mehr erfordern (so genannte „Cracks"). Dazu muss also mindestens eine Person den Schutzmechanismus überwinden und diese Möglichkeit dann anderen zur Verfügung stellen. Diese so genannten „Cracker" sind weltweit gut organisiert und nur schwer zu lokalisieren und zu fassen. Meist stellen sie Ihre Crack-Programme und Schlüsselgeneratoren[3] auf Internet-Seiten (häufig als „Warez-Sites" bezeichnet) zur Verfügung. Von dort können sie von jedem beliebigen Internet-Nutzer ohne großen Aufwand heruntergeladen und verwendet werden.

Dem Softwarehersteller entgeht somit seine Lizenzgebühr und damit die Bezahlung seiner Leistung. Deshalb versuchen die meisten Hersteller, geeignete Schutzverfahren in ihre Softwareprogramme zu implementieren, um solche illegale Nutzung zu vermeiden. Leider hat

3 Schlüsselgeneratoren werden auch „KeyGens" genannt und erzeugen eine falsche Seriennummer, die die Freischaltung einer geschützten Applikation ermöglicht, ohne dafür Entgelt entrichten zu müssen. Man unterscheidet hiervon „Cracks", die den Originalprogrammcode dahingehend ändern, dass keine Überprüfung einer vorliegenden Lizenz mehr erfolgt. Es wird also existierender Programmcode manipuliert, um dessen Lauffähigkeit zu ermöglichen.

sich in der Vergangenheit gezeigt, dass es kein sicheres Schutzverfahren gibt. Denn bisher konnte jedes Verfahren auf die eine oder andere Art und Weise umgangen werden. Es stellt sich somit die Frage, ob solche Verfahren überhaupt noch Sinn machen. Denn die Entwicklung und Implementierung dieser Algorithmen erfordern einen hohen Zeit- und Geldaufwand, der das Produkt letztendlich verteuert und gerade für kleine und mittlere Softwareunternehmen einen erheblichen Kostenfaktor darstellt. Große Softwareunternehmen können sehr gute und auch sehr wirksame Schutzverfahren entwickeln und realisieren, da sie über die entsprechenden Ressourcen verfügen. Gerade die Produktaktivierung hat in den vergangenen Jahren deutlich an Stellenwert gewonnen und wird momentan von vielen großen Softwareherstellern angewendet. Ihr Verfahren und Nutzen werden im folgenden Abschnitt ausführlicher erläutert. Kleine und mittlere Unternehmen beschränken sich noch eher auf einfache und damit leichter zu umgehende Verfahren, die ebenfalls nachfolgend dargestellt werden. Einige Unternehmen verzichten ganz auf einen Schutz und erlauben das beliebige Kopieren und Nutzen ihrer Software, wobei sie auf die Ehrlichkeit der Benutzer hoffen. Teilweise werden Erinnerungen eingeblendet, dass man das Produkt doch nun schon einen langen Zeitraum oder sehr häufig nutze, so dass man es bitte lizenzieren möge.

Dieser Ansatz ist sehr problematisch, denn rechtlich gesehen kann man hier eine illegale Nutzung eigentlich nicht nachweisen, denn wo hört die „Testphase" auf und wo beginnt die regelmäßige und damit illegale Nutzung? Das ist nicht nur für ein Gericht schwer nachvollziehbar, sondern auch für den normalen Anwender. Nutze ich das Programm nun wirklich permanent und lohnt sich deshalb eine Lizenzierung oder brauche ich es vielleicht im nächsten Monat gar nicht mehr? Ein Softwarehersteller sollte eine klare Grenze ziehen und einen Testzeitraum definieren, nach dessen Ablauf der Anwender entweder die Software zur weiteren Nutzung lizenzieren muss, oder er deinstalliert sie, wenn er keinen Bedarf mehr hat.

Eine eindeutige Aussage ist wesentlich besser und auch fairer, als eine schwammige Formulierung in der Hoffnung, der Anwender hätte ein Einsehen und zahlt. Sicher wird dieses System auch funktionieren und hat damit auch seine Daseinsberechtigung. Aber sie erleichtert es dem Hersteller nicht, eine illegale Nutzung zu vermeiden. Faktisch existiert sie ja gar nicht, denn ein Ablauf der „Testphase" wurde nicht definiert. Das kann zwar die Installationsbasis erhöhen, aber sie muss nicht gleichzeitig den Ertrag des Produktes erhöhen, wenn der Anwender für die Problematik nicht ausreichend sensibilisiert ist.

Ein Schutzmechanismus ist also sinnvoll, vergleichbar mit einem Türschloss, auch wenn sich dieses aufbrechen lässt. Denn dieses „Aufbrechen" ist genau wie in der realen Welt eine Hemmschwelle, die viele Anwender nicht oder nur mit Schwierigkeit überschreiten. Sie wissen meist intuitiv, dass sie etwas Illegales tun, und schrecken deshalb davor zurück. Insofern ist es auch unerheblich, ob bereits am selben Tag des Erscheinens von Produkten bereits illegale Versionen im Umlauf sind, denn diese werden nur von einer bestimmten Zielgruppe gesucht und eingesetzt. Und diese Zielgruppe würde vermutlich sowieso kein Geld für dieses Produkt ausgeben, auch wenn es einen perfekten Schutz enthielte.

Daraus wiederum kann man aus Herstellersicht die Erkenntnis ableiten, wie beliebt oder wichtig das eigene Produkt für den Markt ist. Denn nur für gute und sinnvolle Software finden sich Cracker, die ihre Zeit in das Aufbrechen der Software investieren, weil sie gerade davon ausgehen, dass für ihren Crack ein Markt existiert. Auch wenn dies nur ein schwacher Trost für entgangene Einnahmen ist, so ist dies doch gerade für kleinere Unternehmen ein interessantes Feedback des Marktes.

4.1 Technische Schutzmöglichkeiten gegen Plagiate und Raubkopien

Softwarehersteller sind auf einer ständigen Suche nach besseren Möglichkeiten, ihre Software gegen die illegale Nutzung oder gar das Kopieren von Ideen und Benutzungsoberflächen, den Plagiaten, zu schützen. Während der Schutz gegen den Diebstahl von Ideen durch rechtliche Möglichkeiten wie Patente oder Gebrauchsmuster in der Regel nur schwer erreichbar und durchsetzbar ist, existieren für den Schutz gegen Raubkopien diverse Verfahren auf Hard- und Softwarebasis. In den nachfolgenden Abschnitten sollen die bekanntesten und gebräuchlichsten kurz mit ihren Vor- und Nachteilen erläutert werden.

4.1.1 Hardware-Dongles

Bereits im Jahre 1980 wurden die so genannten „Dongles“ als Schutz gegen illegale Nutzung von Software eingeführt.[4] Dabei muss der Anwender eine spezielle Zusatzhardware, das Dongle, an eine Schnittstelle des Rechners anschließen, auf dem die Software laufen soll. Früher war dies meist die parallele Druckerschnittstelle, heutzutage werden fast ausschließlich nur noch USB-Dongles verwendet. Sie ähneln stark einem normalen USB-Stick und haben teilweise sogar deren Möglichkeit zur Speicherung zusätzlicher Daten. Die geschützte Software tauscht beim Starten dann Daten verschlüsselt mit diesem Dongle aus und kann somit feststellen, ob eine entsprechende Lizenz für die Nutzung vorliegt.

Der Vorteil einer solchen Lösung war lange Zeit ein nahezu perfekter Schutz, da das Kopieren oder Fälschen eines Dongles nahezu unmöglich war. Auch das Manipulieren der Dongle-Abfrage in der Software konnte nur mittels spezieller „Patches“[5] durchgeführt werden, deren Verbreitung erst durch die Popularität des Internets zugenommen hat.

---

4 Das erste Programm mit einem Dongle als Kopierschutz war *Wordcraft*, das im Jahre 1980 von der Firma Dataview Ltd. veröffentlicht wurde. Siehe en.wikipedia.org/wiki/Dongle.

5 Ein Patch (von englisch „Flicken“) ist eine Korrektur für Software oder Daten. Ein Patch für ein Binärprogramm (d. h. für „Executables“, also für ausführbaren Maschinencode) ersetzt in der Regel eine oder mehrere Dateien mit einer neuen Version. Patches für Binärprogramme werden meist von Herstellern propietärer Software für ihre eigenen Programme veröffentlicht. Verbreitet sind Patches für Binärprogramme auch unter Softwarepiraten. Hier dient der Patch meist dazu, einen Kopierschutz zu umgehen. Siehe hierzu auch de.wikipedia.org/wiki/Patch_(Software).

Dongles haben aber leider auch eine Reihe von Nachteilen. So kam es früher häufig zu Problemen mit deren Kompatibilität und anderer Hardware, beispielsweise Druckern. Ein weiterer Nachteil sind außerdem die hohen Kosten sowohl im Einkauf der Dongles als auch in deren Programmierung, denn jedes Dongle wird individuell beschrieben und damit für einen bestimmten Anwender freigeschaltet. Die zunehmende Verbreitung von Software über das Internet macht einen Einsatz von Dongles sehr schwierig und aufwendig, denn immer mehr Nutzer wollen das Produkt sofort herunterladen, installieren und nutzen. Eine Versendung des Dongles auf dem Postweg steht dem entgegen. Deshalb wird dieses Verfahren ausschließlich für hochpreisige Produkte eingesetzt, die eine genau definierte Zielgruppe ansprechen. Für Massenprodukte machen Dongles aus Kostengründen keinen Sinn.

4.1.2 Lizenzinformationen mit Seriennummern

Der Schutz von Software durch Seriennummern oder auch Lizenzschlüsseln – im Folgenden Lizenzinformationen genannt – ist die mit Abstand am weitesten verbreitete Methode, die illegale Nutzung zu unterbinden. Hierbei muss der Anwender eine bestimmte Zeichenfolge bei der Installation der Applikation eingeben, um diese für die Benutzung freizuschalten. Häufig wird dies mit einer zeitlich oder funktionell begrenzten Testversion kombiniert, so dass der Anwender das Produkt vor dem Kauf unverbindlich testen kann. Anschließend kann er durch den Erwerb einer Lizenz das Produkt weiter nutzen oder es wieder deinstallieren und damit die Nutzung beenden.

Der große Vorteil dieser Methode ist der relativ geringe Aufwand, da der Schutzmechanismus vollkommen softwarebasiert ist und verhältnismäßig leicht in die zu schützende Applikation integriert werden kann. Dadurch ist auch der Vertrieb über das Internet möglich, da der Anwender sich Test- oder Vollversion herunterladen und installieren kann. Die Lizenzinformationen können dann per E-Mail, via Webseite, per Fax oder per Post zugestellt werden, so dass auch dabei der Aufwand nur gering ist. Heutzutage wird das Versenden per E-Mail bevorzugt, da es zum einen die geringsten Kosten verursacht und zum anderen der schnellste Transportweg ist.

Da es sich bei den Lizenzinformationen lediglich um eine Zeichenfolge handelt, die in das Programm eingegeben werden muss, sind diese auch leicht zu fälschen. Dabei werden durch so genannte „Hacker“ und „Cracker“[6] kleine Programme erstellt („Key Generatoren“), die in der Lage sind, gültige Lizenzinformationen bei Bedarf zu erzeugen, die das geschützte Programm täuschen und es zur Benutzung freischalten. Weitere Möglichkeiten der Umgehung des Schutzes sind Kopien von originalen Lizenzinformationen, die in Internet-Foren ausgetauscht werden. Diese wurden meist mit gefälschten Personendaten erworben, so dass eine Rückverfolgung nur sehr schwer möglich ist. Genau wie bei den Hardware Dongles können

6 Nach allgemeinem Verständnis ist ein „Hacker“ ein überaus talentierter Computerspezialist, der Sicherheitsbarrieren überwinden und in fremde Systeme eindringen kann. Destruktive Hacker werden abwertend als „Crasher“ oder „Cracker“ bezeichnet. Siehe de.wikipedia.org/wiki/Hacker.

auch mittels kleiner „Patch"-Programme die Abfrage der Lizenzinformationen im Programm ausgehebelt und es damit ohne Einschränkungen nutzbar gemacht werden.

Gegen alle diese Betrugsmethoden kann man als Softwarehersteller nur bedingt vorgehen. Das Fälschen von echten Lizenzinformationen lässt sich nur mit hohem technischen Aufwand unterbinden, worauf im folgenden Abschnitt näher eingegangen werden wird. Eine Maßnahme ist der unbedingte Abgleich von Lizenzinformationen bei Kundenanfragen gegen die Datenbank des Herstellers. Dadurch lassen sich bereits zahlreiche „Kunden" entdecken, die mit gefälschten oder weitergegebenen Lizenzen versuchen, das Programm zu aktivieren.

Der Schutz gegen das Verändern von Programmcode ist mit einigem programmiertechnischen Aufwand möglich, so dass die Applikation bei einer Veränderung dies selbst erkennt und entsprechend reagieren kann, beispielsweise die Arbeit verweigert.

Auch gegen den Diebstahl von Lizenzinformationen durch gefälschte Bestellungen gibt es eine Vielzahl von Schutzmöglichkeiten. So kann man beispielsweise bei der Zustellung per E-Mail die Angabe von kostenlosen Mail-Accounts verbieten, so dass der potenzielle Dieb ein größeres Risiko einer Entdeckung eingeht. Zusätzlich stellen Anbieter von Verkaufsportalen für Software zahlreiche Überprüfungsmöglichkeiten zur Verfügung, die einen Betrug, insbesondere mit Kreditkarten, bereits im Vorfeld erkennen und die Bestellung herausfiltern.

Die Verwendung von Lizenzinformationen stellt gerade für kleine und mittlere Softwareunternehmen eine sehr gut geeignete Methode für den Schutz der eigenen Software gegen Missbrauch dar, da sie sowohl von der logistischen als auch technischen Seite bei nur verhältnismäßig geringen Kosten leicht und schnell realisierbar ist. Man darf aber auch nicht vergessen zu erwähnen, dass durch die zunehmende Verbreitung des Internets Betrüger und Fälscher ein sehr viel leichteres Spiel haben, auch diese Mechanismen zu umgehen.

4.1.3 Produktaktivierung

Bei der Produktaktivierung handelt es sich um eine Weiterentwicklung des zuvor beschriebenen Schutzes durch individuelle Lizenzinformationen. Dabei werden dem Anwender ebenfalls Lizenzinformationen zur Verfügung gestellt, die er durch den Hersteller verifizieren lassen muss, bevor eine Nutzung der Softwareapplikation möglich ist. Meist geschieht dies über eine Internetverbindung, in deren Verlauf die Lizenzinformationen vom Rechner des Anwenders auf den Hersteller-Server übertragen und überprüft werden. Der Server sendet dann den endgültigen Freischaltungscode an den anfragenden Rechner und gibt damit die Lizenz frei.

Dieses Verfahren ermöglicht dem Hersteller, dem Anwender eine Lizenz nur in der tatsächlich erlaubten Anzahl freizugeben und damit die Nutzung sehr restriktiv einzuschränken. Darüber hinaus kann er die Lizenzinformationen an die Hardware des Rechners binden, so dass auch ein Kopieren der zurückübermittelten Informationen auf andere Rechner nicht mehr funktioniert.

Das erste Produkt für den Massenmarkt, das mit einem solchen Verfahren ausgestattet wurde, war das Betriebssystem Windows XP der Firma Microsoft, das im Jahre 2001 veröffentlicht wurde. Damals liefen Anwender und Fachpresse Sturm gegen dieses Verfahren, da man vermutete, dass neben den Lizenzinformationen auch persönliche Daten des Anwenders übermittelt würden. Microsoft konnte nur mit großem Aufwand diese Argumente entkräften und musste teilweise harsche Kritik einstecken. Das Verfahren der Produktaktivierung ist mittlerweile etabliert und wird auch von anderen großen Softwareunternehmen eingesetzt. Die Kritik ist fast vollkommen aus der öffentlichen Diskussion verschwunden, da die Ängste der Anwender vor einer Ausspionierung ihrer persönlichen Daten als unbegründet beseitigt werden konnten.

Dadurch ist die Produktaktivierung mittelfristig auch für kleine und mittlere Softwareunternehmen eine durchaus überlegenswerte Möglichkeit zum Schutz ihrer Produkte. Hierbei sollte aber nicht außer Acht gelassen werden, dass der logistische Aufwand für ein solches Verfahren sehr hoch ist. So müssen nicht nur entsprechende Server ständig verfügbar sein, um Anwendern die Aktivierung zu jeder Zeit zu ermöglichen. Es muss auch die Möglichkeit einer persönlichen Unterstützung von Anwendern per Telefon oder E-Mail eingerichtet werden. Anderenfalls kann es sehr schnell bei Problemen mit der Aktivierung zur Verärgerung der Kunden kommen und damit zu Umsatzeinbußen. Und damit würde man genau das Gegenteil des eigentlichen Sinns des Verfahrens erreichen.

4.2 Rechtliche Schutzmöglichkeiten

Softwareprodukte unterliegen dem Urheberrecht. Dieses ist in Deutschland sehr restriktiv und bietet eine sehr gute Basis, um gegen Verstöße vorzugehen. Man muss hierzu nichts beantragen oder eintragen lassen, das bloße Schaffen eines Computerprogramms reicht bereits aus.[7] Die Schutzdauer von 70 Jahren nach dem Tod des Urhebers ist insbesondere für Softwareprodukte mehr als reichlich bemessen.[8] Das Urheberrecht ist heutzutage die übliche Basis, um gegen die illegale Verbreitung von Software vorzugehen. Bei Plagiaten ergibt sich jedoch die Problematik, dass das Schützen mittels Urheberrecht von Benutzungsoberflächen recht schwierig sein kann. Denn es gibt für eine nach außen identisch wirkende Lösung sehr viele Möglichkeiten der Realisierung, so dass identische Funktionalität nicht identischen Programmcode voraussetzt. Dies kann bei Gerichtsprozessen häufig zu langwierigen und teuren Verfahren führen, in denen meist zahlreiche EDV-Gutachter bemüht werden müssen.

Neben den technischen Schutzmöglichkeiten gibt es auch die Möglichkeit, Software durch Anmeldung von Patenten und Gebrauchsmustern zu schützen. Insbesondere bei Patenten hat

7 § 69a UrhG (2. Gesetz über Urheberrecht und verwandte Schutzrechte vom 9. September 1965, zuletzt geändert 10. September 2003).

8 § 64 UrhG.

der Gesetzgeber aber sehr hohe Hürden aufgestellt, um die Anmeldung von Trivialpatenten im Bereich Software zu vermeiden.[9] Zusammengefasst muss bei einem „Softwarepatent“ immer auch eine spezielle Verbindung zu einer Maschine (so genannter „apparatus“) hergestellt werden. Ein Algorithmus oder eine Funktionalität an sich kann nicht patentiert werden.

Patente sind sehr teuer. Nicht die Kosten für die Anmeldung eines Patentes sind meist das Problem, sondern dessen Verteidigung. Wird ein Patent verletzt, dann muss man die verletzende Partei verklagen, was abhängig vom Unternehmenssitz extrem zeit- und kostenaufwändig sein kann. Insbesondere kleine und mittelständische Unternehmen haben hier in einem Rechtsstreit oft das Nachsehen gegenüber größeren Unternehmen, denn diese können die anfallenden Kosten viel leichter bewältigen und haben zudem mehr Personal, um das Gerichtsverfahren zu begleiten. Deshalb macht ein Patent primär dann Sinn, wenn man einzigartige und „geniale“ Ideen schützen möchte. Meist werden diese Patente auch defensiv eingesetzt, um sie für den Fall aufzuheben, dass man selbst ein anderes Patent benötigt und dann entsprechend gegenseitig „tauschen“ kann.

Die Diskussion um Softwarepatente ist gerade in der letzten Zeit heftig um einen Gesetzesentwurf in der Europäischen Union entbrannt. Die Gegner des Entwurfes befürchten, dass ein Gesetz für Softwarepatente nur großen Unternehmen nützen würde und in Europa amerikanische Verhältnisse Einzug halten würden. In den USA können bereits seit geraumer Zeit Patente auf Software und Algorithmen angemeldet werden, was zunehmend zu Schadenersatzklagen mit teilweise astronomischen Forderungen geführt hat.[10]

4.3 Ausblick auf zukünftige Schutzverfahren

Zukünftige Schutzverfahren werden immer stärker auf webbasierten Anwendungen beruhen, wie dies bereits bei der Produktaktivierung der Fall ist. Die Kopiermethoden der Raubkopierer werden technisch immer besser, so dass die Softwareindustrie immer stärker eine automatische Kontrolle über den vertragsgemäßen Einsatz ihrer Produkte erreichen muss. Der anonyme Tausch von Lizenzinformationen in Foren, die mittels falscher Daten erschlichen wurden, oder auch der Download von ganzen Programmpaketen mit großen Datenmengen ist bei der zunehmenden Verbreitung von Hochgeschwindigkeitszugängen zum Internet längst kein Problem mehr. Musste man früher Disketten mühselig kopieren, so werden heute mittels USB-Stick oder gar Handy enorme Datenmengen in wenigen Sekunden dupliziert und weitergegeben. Dieses Problem betrifft nicht nur die Softwarehersteller, sondern im verstärkten Maße auch die Musik- und Filmindustrie. Und sie wird es voraussichtlich auch sein, die den Einsatz neuer Methoden forcieren wird. In diesem Zusammenhang fällt oft der Begriff „Digi-

---

9 Europäisches Patentübereinkommen (EPÜ) Artikel 52: „Patentfähige Erfindungen“ sind u. a. *nicht* Programme für Datenverarbeitungsanlagen.

10 Unter de.wikipedia.org/wiki/Softwarepatent sind weiterführende Informationen zu finden.

tal Rights Management" (DRM). Mit speziellen Codierungsverfahren soll es möglich sein, bestimmte digitale Inhalte wie Musik, Filme oder Software nur für bestimmte Benutzer oder Rechner zugänglich zu machen. Es ist wie eine Art Schloss, dessen Schlüssel an einen Benutzer oder Rechner gebunden ist, so dass die Weitergabe der Daten zwar möglich ist, sie aber auf anderen Rechnern oder von anderen Benutzern nicht verwendet werden können.

Dieses DRM-Verfahren wird bereits beim Download von Musiktiteln sehr erfolgreich eingesetzt, so dass es eine Frage der Zeit ist, wann solche Verfahren auch für die Softwareindustrie umgesetzt werden. Bisher scheitert dies an der Komplexität der Software und dem hohen Aufwand, ein solches Authentifizierungsverfahren zu integrieren. Denn ein entsprechender Schutzmechanismus muss im Betriebssystem verankert werden, anderenfalls wäre es sehr leicht, solch ein Verfahren zu umgehen. Microsoft sowie weitere Hard- und Softwarehersteller haben hierzu bereits Initiativen gestartet, die den Einsatz spezieller Hardware erfordern.[11] Diese ermöglichen eine Bindung von Software und zugehörigen Lizenzen an einen bestimmten Rechner, so dass ein unerlaubtes Vervielfältigen unmöglich gemacht werden soll. Doch bevor dieses Verfahren für die breite Masse eingesetzt werden kann, muss erst die entsprechende Hardware vorhanden sein. Dies ist in heutigen PC-Systemen jedoch nur teilweise der Fall, so dass es noch eine geraume Zeit dauern dürfte, bis sowohl die Hard- als auch die Softwarevoraussetzungen für das Verfahren geschaffen sind. Bis dahin wird die Produktaktivierung in der heutigen oder einer fortentwickelten Form mit hoher Wahrscheinlichkeit die bevorzugte Methode sowohl für große als auch für kleine und mittlere Softwareunternehmen bleiben.

5. Empfehlungen für kleine und mittlere Softwareunternehmen

Es gibt keine Patentlösung für den zuverlässigen Schutz von Software gegen Diebstahl und Missbrauch. Dies betrifft alle Hersteller von Software, unabhängig von deren Größe, Produkten und Zielmärkten. Große Softwareunternehmen können jedoch über entsprechende Mittel zum Schutz gegen Raubkopien und Plagiate verfügen und haben eigene Abteilungen, die sich ausschließlich mit dem Schutz ihrer Produkte beschäftigen. Schutzverfahren, Patente, Schutzmarken und Gebrauchsmuster erzeugen nicht nur bei der Entwicklung bzw. Anmeldung Kos-

---

11 Beim „Trusted Platform Module" (TPM, siehe auch de.wikipedia.org/wiki/Trusted_Platform_Module zur Funktionsweise) handelt es sich um einen speziellen Chip, der eindeutig einem bestimmten Rechner zugeordnet wird. Software, welche diesen TPM-Chip unterstützt, kann diesen verwenden, um eine illegale oder manipulierte Ausführung des Programmcodes zu verhindern und damit auch gleichzeitig den Angriff durch Trojaner oder Viren abwehren.

ten, sondern sie können bei deren Durchsetzung und Verteidigung schnell in Höhen ansteigen, die kleinere Unternehmen vor bedeutende finanzielle Probleme stellen.

Deshalb müssen insbesondere diese Hersteller mit anderen Methoden operieren, um den Verlust durch illegale Nutzung in Grenzen zu halten. Nachfolgend sollen einige Hinweise gegeben werden, was hierbei zu beachten ist. Diese Hinweise sind keinesfalls als erschöpfende Abhandlung dieser Thematik zu betrachten, sondern stellen subjektive Erfahrungswerte des Autors dar. Sie sollen als Anregung und Basis für eigene Überlegungen dienen, denn die Aspekte des Softwareschutzes sind so vielfältig wie die Möglichkeiten zur Softwareentwicklung selbst.

5.1 Aufwand für Schutzmaßnahmen minimieren

Die Entwicklung eines geeigneten Schutzverfahrens, sei es mit Seriennummern Produkte freischalten oder via Internet aktivieren, erfordert immer einen Entwicklungsaufwand für den Hersteller. Hierfür gibt es bereits vorgefertigte Softwaremodule, die man gegen Gebühren erwerben und in die eigenen Produkte integrieren kann. Man kann aber auch eigene Schutzverfahren entwickeln, was entsprechendes Wissen und verfügbare Ressourcen voraussetzt. Letzteres kann sehr kostenaufwändig werden, wenn man komplexe Verfahren verwendet. Insbesondere die Produktaktivierung erfordert zusätzliche Infrastruktur in Form von Servern, die im Internet verfügbar sein müssen, und telefonischen Support, wenn die Aktivierung trotz gültiger Lizenz fehlschlagen sollte.

Beide Möglichkeiten haben ihre Vor- und Nachteile. Während man bei dem zugekauften Modul kein Wissen über Verschlüsselungsverfahren benötigt und lediglich eine definierte Schnittstelle kennen muss, ist man von einem anderen Hersteller abhängig. Dies bedeutet, dass man ohne dessen Modul die Software zukünftig nicht mehr schützen kann. Deshalb sollte hierbei genau darauf geachtet werden, dass man es mit einem etablierten und renommierten Unternehmen zu tun hat. Anderenfalls kann ein Wegfall dieses Moduls die eigene Produktentwicklung empfindlich treffen und verzögern, im schlimmsten Fall sogar zum Scheitern bringen, wenn kein geeigneter Ersatz gefunden werden kann.

Zusätzlich muss man darauf achten, dass dieses Modul so flexibel ist, dass es zum einen auch in späteren Folgeversionen des Produktes eingesetzt werden kann und zum anderen auch für andere Produkte verwendbar ist, sofern man weitere Produkte plant. Es ist sicherlich nicht sinnvoll, für jedes Produkt ein anderes Schutzverfahren zu implementieren, da dies zum einen den Aufwand bei der Entwicklung erheblich erhöht, zum anderen aber auch das Lizenzierungssystem für den Kunden nicht einheitlich erscheint.

Mit einer Eigenentwicklung kann man diesen Problemen begegnen, indem man vor dem Hintergrund des eigenen Produktportfolios ein entsprechend standardisiertes Verfahren entwickelt. Hier liegen alle Möglichkeiten zur Einflussnahme beim Hersteller, so dass dieses

Verfahren in der Regel auch sowohl von kleineren als auch größeren Herstellern praktiziert wird. Um aber ein solches Verfahren selbst zu entwickeln, benötigt man entsprechende Kenntnisse in der Verschlüsselung und Implementierung eines solchen Systems. Außerdem können die Kosten für eine solche Entwicklung sehr hoch sein, so dass man vorher sehr genau planen und überlegen sollte, welche Anforderungen man momentan hat und in der Zukunft haben wird. Letzteres ist entscheidend für eine schnelle Entwicklung weiterer Produkte unter Verwendung des eigenen Verfahrens mit minimalem Zusatzaufwand.

5.2 Niemals den ehrlichen Anwender bestrafen

Ein Aspekt, der sehr häufig vernachlässigt wird, ist der Aufwand eines Schutzverfahrens für den späteren Anwender. Es gibt eine Vielzahl von sehr komplizierten und schwierigen Verfahren, die teilweise die exakte Eingabe von Zeichenketten mit über 100 Zeichen erfordern. Oder man erschwert dem Anwender den Austausch von Hardware, indem das Softwareprodukt mit der neuen Peripherie die Zusammenarbeit verweigert, da sich der Maschinenschlüssel geändert hat. Dies sind Verfahren, bei denen der ehrliche Anwender der Dumme ist. Denn der unehrliche Anwender hat diese Probleme gar nicht, da er meist über eine ungeschützte Produktversion verfügt. Der Aufwand für den Schutz bleibt beim zahlenden Kunden hängen, der das sicher nicht schätzen wird. Deshalb ist es besonders wichtig, den Schutzmechanismus nicht derartig komplex zu gestalten, dass man ohne technische Fachkenntnisse das Produkt nicht mehr freischalten oder gar nutzen kann.

Mit solch einem Verfahren erzielt man genau das Gegenteil, denn der Anwender wird eventuell zukünftig entweder ein anderes Produkt erwerben, sofern dies möglich ist, oder aber ebenfalls eine illegale Kopie einsetzen. Deshalb ist es insbesondere für kleinere Hersteller wichtig, den Aufwand für den Anwender minimal zu gestalten. Denn je höher der Aufwand für die Freischaltung des Produktes, desto höher ist die Fehlerquote beim Anwender. Dies wiederum hat erhöhten Aufwand bei der Anwenderhilfe sowie mögliche Frustration des Kunden zur Folge, was wiederum zu geringeren Erträgen führt. Und genau dies möchte man ja eigentlich mit einem Schutzverfahren vermeiden.

5.3 Es gibt keinen perfekten Schutz

Es gibt keinen perfekten Schutz – damit muss man als Hersteller von Software genauso leben wie als Haus- oder Autobesitzer. Auch wenn die Verfahren in den vergangenen Jahren immer besser und sicherer geworden sind, so gibt es jedoch für jeden Schutz auch eine Gegenmaßnahme.

Machen denn Schutzverfahren dann überhaupt Sinn? Diese Frage muss mit einem ganz deutlichen „Ja“ beantwortet werden, denn diese Schutzverfahren dienen der Abwehr und Abschreckung von „Gelegenheitsdieben“, genau wie man ein Haus oder ein Auto auch abschließt und nicht offen lässt. „Profis“ können durch noch so komplexe und ausgetüftelte Verfahren zwar in der Regel auch nur für eine gewisse Zeit abgehalten werden, Software unerlaubt zu vervielfältigen. Aber sie stellen in der Regel nicht die Zielgruppe des Herstellers dar, denn man kann bezweifeln, ob sie jemals Geld für das Produkt ausgeben würden, ließe es sich nicht „kostenfrei“ kopieren.

Deshalb darf man vor diesem Hintergrund auch nicht den Schutz von vorneherein als unwirksam ansehen, sondern muss unter Berücksichtigung der zuvor betrachteten Aspekte ein geeignetes Verfahren auswählen und umsetzen, so dass der Verlust durch Raubkopien auf ein Minimum reduziert wird.

6. Zusammenfassung und Fazit

Als Softwarehersteller muss man sich dessen bewusst sein, dass es immer die Möglichkeit der illegalen Nutzung der eigenen Produkte geben wird. Es gibt keinen umfassenden und unüberwindbaren Schutz, sondern lediglich Maßnahmen, die den Missbrauch eindämmen können. Deshalb darf man das Problem der Raubkopien nicht zu stark in den Vordergrund seiner Produktentwicklung stellen, denn sonst vergeudet man wertvolle Zeit und Ressourcen auf Gegenmaßnahmen, die innerhalb weniger Tage, ja manchmal sogar Stunden ausgehebelt werden können.

Aber genauso wenig darf man dieses Problem ignorieren und damit möglicherweise empfindliche Ertragseinbußen erleiden. Man muss diesem Problem mit Augenmaß begegnen, und man darf vor allem nicht die ehrlichen Anwender mit übertriebenen Schutzmaßnahmen verärgern. Denn das kann dazu führen, dass man genau die Kunden verliert, die man eigentlich gewinnen möchte. Ein Schutz gegen Raubkopien sollte vor allem eine Barriere gegen das „versehentliche“ illegale Nutzen und als Hinweis für den ehrlichen Anwender dienen, dass er die Software noch nicht lizenziert hat, beispielsweise während einer kostenlosen Testphase.

Das Erzwingen zur Angabe von persönlichen Daten wie Name, Anschrift und E-Mail-Adresse sollte unterbleiben. Vielmehr sollte man Anwendern die Möglichkeit geben, sich freiwillig beim Hersteller zu registrieren und ihnen dafür gewisse Vorteile zu bieten, z. B. kostenlose Hilfe bei Problemen oder kostengünstigere Updates auf neue Produkte oder Versionen. Wenn man dem Anwender die Vorteile einer Registrierung und eines Schutzmechanismus verdeutlicht und ihn diese motiviert, dann wird er auch bereit sein, sie zu akzeptieren. Man muss als Hersteller auch das eigene Wettbewerbsumfeld betrachten und kann daraus ableiten, was für Möglichkeiten des Schutzes bestehen. Denn gerade bei sehr ähnlichen Produkten kann der Zwang des Anwenders dazu führen, dass er das Produkt nicht weiter empfehlen wird und im schlimmsten Fall ein Alternativprodukt erwirbt.

Gegen Raubkopierer kann und muss man vorgehen. Es handelt sich dabei nicht um ein Kavaliersdelikt, sondern um eine Straftat. Deshalb sollten auch kleine und mittelständische Softwareunternehmen bei Kenntnis eines Verstoßes entsprechende Maßnahmen ergreifen. Dies können die Anzeige bei der zuständigen Staatsanwaltschaft sowie die Durchsetzung zivilrechtlicher Ansprüche sein. Bei diesen Vorgängen ist es ratsam, sich im Vorfeld durch einen Rechtsanwalt oder die zuständigen Ermittlungsbehörden beraten zu lassen, um die Erfolgsaussichten und möglichen Kosten einschätzen zu können. Gerade bei kleinen Unternehmen ist das Personal meist nur begrenzt verfügbar, und der Aufwand für ein größeres Verfahren gegen Raubkopierer kann sehr viel Zeit in Anspruch nehmen.

Letztendlich sind alle technischen Schutzverfahren mit einem mehr oder weniger hohen Aufwand verbunden. Große Hersteller können diesen meist leichter finanzieren als kleinere Unternehmen. Aber das Beispiel Produktaktivierung im Falle Microsoft hat gezeigt, dass es nicht nur Probleme bei der Umsetzung, sondern auch bei der Kommunikation mit den Anwendern geben kann. Im schlimmsten Fall kann dies Rufschädigung und Abwanderung der Kunden zu anderen Anbietern nach sich ziehen, was insbesondere für kleinere Unternehmen eine erhebliche Geschäftsschädigung bedeuten kann. Deshalb sollten diese ganz genau prüfen, welches Verfahren sie auswählen, und eine detaillierte Analyse ihrer Kosten und des daraus resultierenden Nutzens in Form von höheren Produktumsätzen durchführen. Es gibt kein Patentrezept für alle Softwarehersteller, sondern jeder muss seine Produkte und seinen Zielmarkt genau betrachten und daraus das beste Verfahren ableiten – oder gar ein neues entwickeln.

Produkt- und Konzeptpiraterie:

Erkennen?	Softwarehersteller werden immer mit illegaler Nutzung ihrer Produkte zu kämpfen haben.
Vorbeugen?	Es gibt mehrere (System-)technische Möglichkeiten, sowohl soft- als auch hardwaregestützt.
Abwehren?	Mit Einschränkung möglich; Motivieren hilft (z. B. bei der Registrierung).
Dulden?	Um eine Verbreitung der Software zu erreichen.
Nutzen?	Bewusst durch das EU-Recht denkbar.[12]

12 Siehe hierzu den Beitrag von Nicolas Sokianos.

Teil IV: IP im Tagesgeschäft

Juristische Gesichtspunkte der Produkt- und Konzeptpiraterie

Olaf Gillert

1. Vorbemerkung

Der Begriff der „Produktpiraterie“ gehört aufgrund des massenhaften Auftretens dieses Phänomens mittlerweile zum alltäglichen Sprachgebrauch. Es dürfte daher überraschen, dass es sich bei diesem Begriff nicht um einen juristischen Fachbegriff im engeren Sinne handelt. Es gibt jedenfalls in Deutschland weder im Zivilrecht noch im Strafrecht einen gesetzlich normierten Tatbestand der Produktpiraterie. Zudem herrscht in der juristischen Fachwelt keine Einigkeit darüber, wie der Begriff der Produktpiraterie zu definieren ist. Zusammenfassend lässt sich jedoch sagen, dass unter dem Begriff der Produktpiraterie solche Verhaltensweisen fallen, die eine unzulässige, planmäßige und in einem erheblichen Umfang erfolgende Nachahmung einer fremden Leistung darstellen. Dabei ergibt sich aus dem Merkmal der Unzulässigkeit, dass die Nachahmung gegen ein gesetzliches Verbot verstoßen muss. Derartige Verbote ergeben sich aus den gewerblichen Schutzrechten, auf die noch näher einzugehen sein wird, und aus dem Urheberrecht. In seltenen Fällen kann sich ein Verbot der Nachahmung fremder Leistungen auch aus dem Wettbewerbsrecht ergeben.

Neben dem Begriff der Produktpiraterie wird häufig auch der Begriff der „Markenpiraterie“ verwendet. Die Markenpiraterie kann in gewisser Hinsicht als Unterfall oder Annex der Produktpiraterie angesehen werden. Während bei der Produktpiraterie rein begrifflich die Nachahmung des Produkts selbst im Vordergrund steht, steht bei der Markenpiraterie die rechtswidrige Verwendung von Produkt- oder Unternehmenskennzeichen im Vordergrund. In sehr vielen Fällen kommt es zu Überschneidungen, da sowohl das Produkt an sich gefälscht ist als auch mit einem fremden Unternehmens- oder Produktkennzeichen versehen ist.

Da Zielrichtung und Vorgehensweise sich bei der Produkt- und Markenpiraterie kaum unterscheiden lassen und diese Verhaltensformen zudem nicht klar gegeneinander abgegrenzt werden können, bezieht sich der vorliegende Beitrag auf beide Verhaltensweisen. Das heißt, soweit im Folgenden von Produktpiraterie die Rede ist, sind damit gleichermaßen Fälle der rechtswidrigen Verwendung von Marken und Unternehmenskennzeichen gemeint.

Der Begriff der „Konzeptpiraterie“ ist juristisch noch weniger definiert. Einigkeit dürfte darüber herrschen, dass man unter Konzepten Geschäftsmethoden oder bestimmte Formate, etwa im Bereich der Unterhaltungs- oder Nachrichtenmedien, versteht. Wie noch darzustellen sein wird, sind derartige Konzepte jedoch nach deutschem Recht im Grundsatz nicht geschützt.[1] Folglich kann von einem rein juristisch-formalen Standpunkt aus betrachtet kaum von Piraterie geredet werden, da eine Rechtsverletzung durch die Nachahmung eines fremden Konzepts in der Regel gar nicht stattfindet.

1 Bundesministerium der Finanzen – Zollverwaltung, Gewerblicher Rechtsschutz, Jahresbericht 2004, S. 33.

Ausmaße und Auswirkungen

Zu den Ausmaßen und den Auswirkungen der Konzeptpiraterie kann aufgrund der fehlenden Widerrechtlichkeit wenig gesagt werden. Da die Nachahmung fremder Konzepte im Grundsatz nicht gegen das Gesetz verstößt, gibt es zumindest im Bereich der juristischen Tatsachenforschung keine Erkenntnisse darüber, in welchem Maße derartige Nachahmungen auftreten und welche Auswirkungen sie haben.

Anders liegt es im Fall der Produktpiraterie. Da diese regelmäßig recht eindeutig gegen Gesetze verstößt und in formale Rechtspositionen der Betroffenen eingreift, gibt es nicht nur eine Reihe von Statistiken, die sich der Erfassung des Phänomens widmen, sondern ebenso zahlreiche offizielle und inoffizielle Schätzungen und Aussagen, die für sich in Anspruch nehmen, die wirtschaftlichen und sozialen Auswirkungen der Produktpiraterie zu erfassen.

Der weitaus größte Teil der Produktfälschungen wird nicht in Deutschland hergestellt, sondern insbesondere aus dem Fernen Osten, der Türkei und in geringerem Umfang aus Osteuropa eingeführt. Von dieser Erkenntnis ausgehend, erscheint es aufschlussreich, die Zunahme der Produktpiraterie anhand von Grenzbeschlagnahmefällen zu verdeutlichen. Die Zollverwaltung[2] koordiniert bundesweit die Beschlagnahme von Produktfälschungen an den Grenzen und im sonstigen Zugriffsbereich der Zollbehörden. Tabelle 1 veranschaulicht die Zunahme der Grenzbeschlagnahmefälle seit 1994:

Jahr	*1994*	*1995*	*1996*	*1997*	*1998*	*1999*	*2000*	*2001*	*2002*	*2003*	*2004*
Fälle	269	506	973	1.368	2.013	2.188	3.178	2.427	3.427	3.461	8.564

Tabelle 1: *Anzahl der Beschlagnahmefälle*[3]

Die aus Tabelle 1 ersichtliche drastische Zunahme der Beschlagnahmefälle ist ohne Zweifel auch darauf zurückzuführen, dass in dem erfassten Zeitraum auch die Anzahl der zur Durchführung des Beschlagnahmeverfahrens erforderlichen Anträge der Rechtsinhaber zugenommen hat. Dennoch lässt sich die ansteigende Tendenz nicht allein mit der Zunahme der Anträge begründen, sondern hat ihre Ursache mindestens ebenso in dem tatsächlichen Anstieg der Fälle von Produktpiraterie. Besonders betroffene Warengruppen sind Konsumgüter, Soft- und Hardware, Bild- und Sportartikel und Produkte der Automobilindustrie.[4] Der Aktionskreis Deutsche Wirtschaft gegen Marken- und Produktpiraterie (APM) schätzt, dass Produktfälschungen mittlerweile einen Anteil von rund 8 % am Welthandel haben. Der volkswirtschaftliche Schaden in Deutschland betrage jährlich 25 Mrd. .[5] Wenngleich sich derartige Schätzungen schwer belegen lassen, wird ihnen dennoch nicht jeglicher Aussagegehalt abzusprechen sein.

---

2 Genauer gesagt: die Zentralstelle Gewerblicher Rechtsschutz der Oberfinanzdirektion Nürnberg.

3 Bundesministerium der Finanzen – Zollverwaltung, Gewerblicher Rechtsschutz, Jahresbericht 2004, S. 31.

4 ibid.

5 *Die Welt*, 06. 01. 2006.

Alarmierend sind jedoch nicht nur die reinen Zahlen, sondern insbesondere auch die erheblichen Auswirkungen auf die Verbraucher, die Rechtsinhaber und die Allgemeinheit. Die Abnehmer gefälschter Ware werden in mehrfacher Hinsicht geschädigt. In den Fällen, in denen die von einem Verbraucher erworbene gefälschte Ware qualitativ hinter dem Original zurückbleibt, liegt zumindest dann ein Vermögensschaden vor, wenn der Verbraucher in Unkenntnis der Fälschung gehandelt hat und der gezahlte Preis dem des Originals entsprach. Weitaus dramatischer sind jedoch Fälle, in denen von der gefälschten Ware selbst Gefahren für die Gesundheit der Verbraucher ausgehen. Besonders nahe liegend ist dies etwa im Bereich gefälschter, häufig minderwertiger, Kraftfahrzeugersatzteile. Selbst im Bereich der Luftfahrtindustrie sollen bereits gefälschte Ersatzteile in den Handel gelangt sein. In besonderer Weise schädlich und verwerflich sind die Fälle gefälschter Arzneimittel, die wirkungslos sind oder gar aufgrund minderwertiger oder gänzlich falscher Inhaltsstoffe sogar lebensgefährlich sind. Nach einer Schätzung der Weltgesundheitsorganisation (WHO) waren im Jahre 2002 rund 7 % aller auf der Welt verkauften Arzneimittel Fälschungen.[6]

Für die betroffenen Rechtsinhaber bedeutet die Produktpiraterie zunächst häufig einen Absatzverlust. Dabei darf jedoch nicht der Umstand unterschlagen werden, dass in einer Reihe von Fällen, etwa im Bereich der Fälschungen von Ton-, Daten- und Bildträgern, nicht jede verkaufte Fälschung einem nicht verkauften Original gegenübersteht. Vielmehr werden derartige Piraterieprodukte häufig in Kenntnis der Fälschung für einen erheblich geringeren Preis erworben. Der Erwerber hätte ein entsprechendes Original zumeist nie gekauft.

Von diesen Fällen abgesehen, erleiden die Rechtsinhaber auch Schäden dadurch, dass ihnen negative Produkteigenschaften zugerechnet werden. In den Fällen, in denen der Erwerber glaubt, ein Originalprodukt erstanden zu haben, wird er eine eventuell schlechte Qualität dieses Produkt zumeist dem Originalhersteller zuschreiben, von dem das nachgeahmte Produkt in Wahrheit nicht stammt.

Ein weiterer Aspekt ist der Verlust von Ansehen und Exklusivität. Werden etwa Produkte der Textil- und Luxusgüterindustrie gefälscht und in großen Mengen auf den Markt gebracht, wenden sich die eigentlich angesprochenen Kunden teilweise von den betroffenen Marken ab, da den Waren keine besondere Exklusivität mehr zukommt. In gleicher Weise dürfte das Vorhandensein zahlreicher Fälschungen im Bereich technischer Erfindungen auch die erzielbare Höhe etwaiger Lizenzgebühren beeinträchtigen. Befinden sich bereits viele Fälschungen eines patentrechtlich geschützten Produkts auf dem Markt, vermittelt die Lizenz dem Lizenznehmer nicht mehr die gewünschte exklusive Marktstellung.

Das Zusammenwirken der dargestellten negativen Auswirkungen der Produktpiraterie berührt selbstverständlich auch die Interessen der Allgemeinheit. Zunächst ist davon auszugehen, dass die an Herstellung und Vertrieb von Piraterieprodukten beteiligten Personen und Unternehmen nicht in gleicher Weise wie der im Inland ansässige Originalhersteller Steuern abführen. Die Produktpiraterie führt ferner zu dem Verlust von Arbeitsplätzen. Bereits in einem

6 *Die Zeit*, 29. 08. 2002.

1998 vorgelegten Grünbuch der Europäischen Kommission wurde von einem Verlust von 100.000 Arbeitsplätzen jährlich in der Gemeinschaft ausgegangen.[7]

2. Schutz von Produkten und Konzepten

Während bei Produkten der Gegenstand des Schutzes genau festgelegt ist, besteht die Besonderheit eines Konzeptes gerade darin, dass es (noch) nicht verkörpert ist.

2.1 Produktschutz

Es existieren zahlreiche rechtliche Instrumentarien zum Schutz von Produkten. Die äußere Gestaltung eines Produkts kann als Geschmacksmuster oder aber auch als Marke geschützt sein. Die durch ein Produkt realisierte technische Idee kann Gegenstand eines Patentes oder Gebrauchsmusterrechts sein. Die in einem Produkt verkörperte schöpferische oder künstlerische Leistung kann durch das Urheberrecht geschützt sein. Schließlich kann nicht nur das Produkt selbst, sondern auch die Bezeichnung des Produkts als Marke geschützt sein. Die Unterschiede zwischen den einzelnen Schutzrechten und ihre Anwendbarkeit werden im Rahmen dieses Beitrags noch im Einzelnen erläutert. Jedenfalls zeigt aber schon diese überblickartige Aufzählung, dass zum Schutz von Produkten umfassende und ausdifferenzierte rechtliche Instrumentarien zur Verfügung stehen.

2.2 Konzeptschutz

Eine andere Situation ergibt sich mit Blick auf den Schutz von Konzepten. Der Schutz von Konzepten existiert im deutschen Recht allenfalls in Randbereichen. Ein allgemeines Verbot, die Geschäftsmethoden eines Wettbewerbers nicht nachzuahmen, gibt es nicht. Geschäftsideen und Formate können, anders als in den USA, wo Geschäftsideen („Business Methods") patentierbar sind, nicht Gegenstand von Schutzrechten sein. Gelegentliche Versuche, das

7 Europäische Kommission, Grünbuch zur Bekämpfung von Nachahmungen und Produkt- und Dienstleistungspiraterie im Binnenmarkt, KOM (98) 569, S. 2.

Kopieren einer Geschäftsidee oder des Formats einer TV-Unterhaltungssendung gerichtlich zu verfolgen, sind bislang überwiegend erfolglos geblieben. So hat etwa das Oberlandesgericht Schleswig Holstein anlässlich eines Streits über die TV-Sendung „Kinderquatsch mit Michael" mit Michael Schanze ausgeführt:

„Das Format für eine Fernseh-Showreihe ist grundsätzlich nicht urheberrechtlich schutzfähig. Die bloße Nachahmung eines nicht unter Sonderrechtsschutz stehenden Fernsehformats ist grundsätzlich auch nicht wettbewerbswidrig."[8]

Die Entscheidung wurde durch den BGH im Jahre 2003 mit folgendem Leitsatz bestätigt:

„Das Format für eine Fernseh-Showreihe, in dem die Konzeption für eine Unterhaltungssendung mit Studiopublikum ausgearbeitet ist (hier: Gesangsauftritte von kleinen Kindern und Gaststar), ist im Allgemeinen nicht urheberrechtlich schutzfähig."[9]

Konzepte und Formate können ausnahmsweise dann geschützt sein, wenn sie als vertrauliche Information oder Betriebsgeheimnisse einzustufen sind. In diesem Fall verstößt die unerlaubte Weitergabe solcher Informationen an Dritte, etwa durch Mitarbeiter, gegen das Wettbewerbsrecht und stellt sogar eine Straftat dar. Werden Geschäftsmethoden erdacht und schriftlich fixiert, können derartige Aufzeichnungen unter Umständen urheberrechtlich geschützt sein. Aufgrund des Urheberrechts kann jedoch allenfalls die unerlaubte Vervielfältigung einer solchen Niederschrift untersagt werden, nicht jedoch die Verwirklichung der darin verkörperten Idee einer Geschäftsmethode. Als Zwischenergebnis ist damit festzuhalten, dass ein Konzeptschutz im deutschen Recht derzeit nicht existiert.

3. Die gewerblichen Schutzrechte

Die „klassischen" gewerblichen Schutzrechte sind das Marken- und Geschmacksmusterrecht (nicht-technische Schutzrechte) sowie das Gebrauchsmuster- und Patentrecht (technische Schutzrechte). Im Rahmen der Produktpiraterie spielen jedoch auch oft das Wettbewerbsrecht und das Urheberrecht eine Rolle, so dass diese im Folgenden ebenfalls dargestellt werden.

8 OLG Schleswig, Urteil vom 15.5.2001 – AZ: 6 U 84/99.

9 BGH, Urteil vom 26.06.2003 – AZ: I ZR 176/01.

3.1 Markenrecht

Nach dem deutschen Markengesetz sind Marken, geschäftliche Bezeichnungen und geografische Herkunftsangaben schutzfähig (§ 1 MarkenG). Als Marke können alle Zeichen, und hier insbesondere Wörter einschließlich Personennamen, Abbildungen, Buchstaben, Zahlen, Hörzeichen, dreidimensionale Gestaltungen einschließlich der Form einer Ware oder ihrer Verpackung sowie sonstige Aufmachungen einschließlich Farben und Farbzusammenstellungen geschützt werden, die geeignet sind, Waren oder Dienstleistungen eines Unternehmens von denjenigen anderer Unternehmen zu unterscheiden (§ 3 Abs. 1 MarkenG). Aus dieser gesetzlichen Beschreibung ergibt sich, dass Marken in erster Linie Namen von Produkten (Waren oder Dienstleistungen) sind.

Von der Ausnahme nicht eingetragener Marken abgesehen, entsteht Markenschutz allein durch die Anmeldung und Eintragung einer Marke. Die deutschen Marken werden vom Deutschen Patent- und Markenamt (DPMA) mit Sitz in München eingetragen. Der Antrag auf Eintragung einer Marke beim DPMA muss neben der Wiedergabe der Marke ein so genanntes Waren- und Dienstleistungsverzeichnis enthalten. In diesem muss der Anmelder spezifizieren, für welche Waren und/oder Dienstleistungen die Marke geschützt sein soll. Das DPMA prüft nach Eingang des Antrags, ob der Eintragung der Marke bestimmte Schutzhindernisse entgegenstehen. Ein Schutzhindernis liegt beispielsweise vor, wenn eine Marke nur aus einem Begriff besteht, der die unter der Marke angebotenen Waren oder Dienstleistungen beschreibt. So wäre es beispielsweise nicht möglich, den Begriff „Autovermietung" als Marke für die Dienstleistung „Vermietung von Kraftfahrzeugen" eintragen und damit schützen zu lassen. Der Grund dafür ist schlicht darin zu sehen, dass es nicht einzelnen Unternehmen vorbehalten sein kann, Monopolrechte an Bezeichnungen zu begründen, die von der Allgemeinheit benötigt werden, um Waren oder Dienstleistungen zu beschreiben.

Geschäftliche Bezeichnungen im Sinne des Markengesetzes sind Unternehmenskennzeichen und Werktitel. Unternehmenskennzeichen sind Zeichen, die im geschäftlichen Verkehr als Name, als Firma oder als besondere Bezeichnung eines Geschäftsbetriebs oder eines Unternehmens benutzt werden (§ 5 Abs. 2 MarkenG). Im Unterschied zu den Marken sind also die geschäftlichen Bezeichnungen nicht die Namen der Produkte oder Dienstleistungen, sondern die Namen eines Unternehmens. Anders als Marken werden geschäftliche Bezeichnungen als solche nicht in das Markenregister eingetragen. Der Schutz einer geschäftlichen Bezeichnung beginnt vielmehr bereits mit der tatsächlichen Nutzung des Zeichens im Verkehr. Voraussetzung des Schutzes ist ferner, dass das benutzte Zeichen innerhalb der beteiligten Verkehrskreise als Kennzeichen des betroffenen Unternehmens erkannt wird. Da diese Voraussetzung schwer einzuschätzen und nur aufwendig zu beweisen ist, werden in der Praxis häufig geschäftliche Bezeichnungen auch als Marken für die Produkte oder Dienstleistungen, die von einem Unternehmen angeboten werden, angemeldet und eingetragen. Die eingetragene Marke als Registerrecht vermittelt insofern eine sicherere Rechtsposition.

Werktitel im Sinne des Markengesetzes sind Namen oder besondere Bezeichnungen von Druckschriften, Filmwerken, Tonwerken, Bühnenwerken oder sonstigen vergleichbaren Werken (§ 5 Abs. 3 MarkenG). Auch Werktitel werden als solche nicht in das Markenregister eingetragen. Der Schutz entsteht, wie bei den geschäftlichen Bezeichnungen, durch die Aufnahme der Benutzung. Die Schutzdauer für eine eingetragene Marke beträgt zehn Jahre. Sie kann beliebig oft verlängert werden.

3.2 Geschmacksmuster

Ein Muster im Sinne des GeschmG ist die zweidimensionale oder dreidimensionale Erscheinungsform eines ganzen Erzeugnisses oder eines Teils davon, die sich insbesondere aus den Merkmal der Linien, Konturen, Farben, der Gestalt, Oberflächenstruktur oder der Werkstoffe des Erzeugnisses selbst oder seiner Verzierung ergibt (§ 1 Nr. 1 GeschmG). Die gesetzliche Definition verdeutlicht, dass bei einem Geschmacksmuster die Gestaltung der Ware Gegenstand des Schutzes ist. Da die äußere Gestaltung der Ware geschützt wird, wird der Geschmacksmusterschutz auch oft als „Designschutz" bezeichnet.

Wie bei den Marken entsteht der Schutz eines Geschmacksmusters mit der Eintragung durch das DPMA. Der Schutz setzt jedoch auch voraus, dass das Muster neu ist und Eigenart besitzt. Diese Voraussetzungen werden vom DPMA vor der Eintragung nicht geprüft. Das bedeutet, dass die Wirksamkeit des Geschmacksmusterrechts erst im Streitfall vor einem ordentlichen Gericht festgestellt werden kann. Das Geschmacksmusterrecht vermittelt damit unter Umständen keine besonders starke und sichere Rechtsposition, ist jedoch aufgrund des Eintragungsverfahrens, bei dem das DPMA nur das Vorliegen der formellen Voraussetzung prüft, verhältnismäßig schnell zu erlangen.

Die Möglichkeit, schnell ein Schutzrecht zu erlangen, ist für viele Branchen besonders wichtig. Zahlreiche Geschmacksmusteranmeldungen stammen aus der Modebranche, da neue Gestaltungen und Designs in der Regel nur eine modische Lebensdauer von einer Saison haben. Ein kompliziertes, lang andauerndes Eintragungsverfahren wäre für diese Branche vollkommen ungeeignet. An der Neuheit fehlt es bereits dann, wenn das Muster vorher schon einmal offenbart worden ist, d. h. im Verkehr verwendet oder auf sonstige Weise der Öffentlichkeit zugänglich gemacht worden ist. Der Geschmacksmusterschutz beträgt fünf Jahre und kann insgesamt viermal auf bis zu 25 Jahre verlängert werden.

3.3 Patente

Patente werden für Erfindungen erteilt, die neu sind, auf einer erfinderischen Tätigkeit beruhen und gewerblich anwendbar sind (§ 1 Abs. 1 PatG). Patente gehören im Gegensatz zu den Marken und Geschmacksmustern zu den so genannten „technischen Schutzrechten“. Die Erteilung eines Patents setzt voraus, dass die Erfindung ein technisches Problem löst, das nach dem Stand der Technik am Anmeldetag ungelöst war. Dabei ergibt sich aus der gesetzlichen Voraussetzung der erfinderischen Tätigkeit, dass die aufgefundene Problemlösung auch für einen Fachmann nicht nahe liegend sein darf. Diese Voraussetzung verdeutlicht, dass die Hürde zur Erlangung eines Patents verhältnismäßig hoch liegt. Eine patentfähige Erfindung ist meist das Ergebnis gezielter wissenschaftlicher Forschungs- und Entwicklungstätigkeit. Anträge auf Erteilung eines Patents werden beim DPMA eingehend von naturwissenschaftlich ausgebildeten Prüfern bearbeitet. In der Regel vergehen zwischen Antragstellung und Erteilung eines Patents zwei Jahre, in komplizierten Ausnahmefällen sogar fünf Jahre und mehr.

Für die Erlangung von Patentschutz ist eine ausreichende Geheimhaltung der Forschungs- und Entwicklungsarbeit besonders wichtig. Informationen über die zu patentierende Erfindung, die bereits vor der Anmeldung bekannt werden, zählen zum Stand der Technik. Alle Informationen, die zum Stand der Technik zählen, stehen jedoch der Neuheit einer Erfindung entgegen. Insofern kann ein unvorsichtiger Umgang mit Informationen über Forschungs- und Entwicklungstätigkeit die Möglichkeit einer späteren Patentierung einer Erfindung unheilbar vereiteln. Ein Patent besitzt eine maximale Schutzdauer von 20 Jahren. Zur Aufrechterhaltung des Patentes sind jährlich Aufrechterhaltungsgebühren zu bezahlen.

3.4 Gebrauchsmusterrecht

Als Gebrauchsmuster werden Erfindungen geschützt, die neu sind, auf einem erfinderischen Schritt beruhen und gewerblich anwendbar sind (§ 1 Abs. 1 GebrmG). Anders als bei einem Patent ist keine erfinderische Tätigkeit, sondern nur ein erfinderischer Schritt erforderlich. Hinter diesem kleinen begrifflichen Unterschied verbirgt sich, dass für ein Gebrauchsmuster eine geringere Erfindungshöhe als für ein Patent erforderlich ist. Mit anderen Worten: Es ist ein geringerer Abstand zum Stand der Technik erforderlich. Das Gebrauchsmuster wird daher auch teilweise als „kleines Patent“ bezeichnet.

Ein weiterer Unterschied besteht darin, dass das Gebrauchsmuster, wie das Geschmacksmuster, ein ungeprüftes Schutzrecht ist. Das DPMA prüft im Eintragungsverfahren nur das Vorliegen der formellen Eintragungsvoraussetzungen, während das Vorliegen der materiellen Voraussetzungen für die Gebrauchsmusterfähigkeit erst im Rahmen einer eventuellen Löschungs- oder Verletzungsklage durch ein Gericht geprüft wird. Auch hier führt die fehlende

Prüfung der materiellen Schutzvoraussetzungen zu einer gegenüber dem Patent geringeren Rechtssicherheit. Das Gebrauchsmuster hat jedoch den Vorteil eines kürzeren Eintragungsverfahrens von nur ca. drei bis vier Monaten. Ein Gebrauchsmuster hat eine maximale Schutzdauer von zehn Jahren, ab dem Zeitpunkt der Antragstellung. Auch für die Aufrechterhaltung des Gebrauchsmusterschutzes sind regelmäßig Gebühren zu zahlen.

3.5 Wettbewerbsrecht

Beim Auftreten von Nachahmungsfällen spielt regelmäßig auch das Wettbewerbsrecht, geregelt im Gesetz gegen den unlauteren Wettbewerb (UWG), eine Rolle. Aufgabe des Wettbewerbsrechts ist die Verhinderung unlauteren Wettbewerbsverhaltens, sowohl gegenüber Mitbewerbern als auch gegenüber dem Verbraucher. Im Grundsatz gilt, dass Nachahmungen erlaubt sind, wenn sie nicht gegen die zuvor dargestellten Sonderschutzrechte verstoßen. Das Wettbewerbsrecht gewährt insofern einen Sonderschutz, wenn weder das Produkt selbst noch seine Bezeichnung durch eines der Sonderschutzrechte geschützt sind. Die Nachahmung ist wettbewerbsrechtlich zu beanstanden, wenn sie zu einer vermeidbaren Täuschung der Abnehmer über die betriebliche Herkunft der Ware führt oder die Wertschätzung der nachgeahmten Waren unangemessen ausgenutzt oder beeinträchtigt wird oder die für die Nachahmung erforderlichen Kenntnisse oder Unterlagen unredlich erlangt worden sind (§ 4 Nr. 9 UWG).

3.6 Urheberrecht

Bei dem Urheberrecht handelt es sich nicht um ein gewerbliches Schutzrecht. Urheberrechte erfordern weder das Vorliegen einer gewerblichen Leistung noch die gewerbliche Anwendbarkeit der Leistung. Urheberrechtlicher Schutz kann an Werken der Literatur, der Wissenschaft und der Kunst entstehen. Das Urheberrecht steht stets einer natürlichen Person, dem Urheber, zu. Zwar kann einem Unternehmen an einem Urheberrecht ein Nutzungsrecht eingeräumt werden, jedoch kann ein Unternehmen nach deutschem Recht nie selbst Urheber sein.

Urheberrechte an Werken entstehen kraft Gesetzes. Eine Registrierung, wie im Fall der zuvor dargestellten gewerblichen Schutzrechte, ist nicht erforderlich. Voraussetzung für das Entstehen dieses Schutzes ist das Vorliegen einer gewissen schöpferischen Höhe. Wenn es sich auch nicht um ein gewerbliches Schutzrecht handelt, verdient es das Urheberrecht dennoch, im Zusammenhang mit dem Piraterieunwesen erwähnt zu werden. Das Urheberrecht ist nämlich in gleicher Weise wie die gewerblichen Schutzrechte Angriffen ausgesetzt. Hier seien nur das Massenphänomen der Tonträgerpiraterie, aber auch die millionenfachen privaten Raubkopien von Musikwerken genannt.

4. Durchsetzung von gewerblichen Schutzrechten

Aus der Anerkennung von Schutzrechten folgt, dass der Inhaber eines Schutzrechtes auch gegen Nachahmungen vorgehen können muss. Dazu räumt ihm die Rechtsordnung Ansprüche auf Unterlassung, auf Auskunft, auf Schadensersatz und Beseitigung ein. Für die Durchsetzung der Ansprüche haben sich verschiedene Instrumentarien entwickelt. Ein Sonderfall zur Sicherung der Rechte eines Schutzrechtsinhabers stellt die Grenzbeschlagnahme dar, mit der Pirateriewaren bereits zu einem frühen Zeitpunkt sichergestellt werden können.

4.1 Ansprüche

4.1.1 Unterlassung

Der Inhaber eines gewerblichen Schutzrechts kann von jedermann verlangen, Handlungen zu unterlassen, die dieses Schutzrecht verletzen. Die Verletzungstatbestände der einzelnen Schutzgesetze sind unterschiedlich ausgestaltet. So kann etwa das Recht an einer Marke nicht nur durch die Verwendung einer identischen Marke für identische Waren, sondern auch durch die Verwendung einer nur ähnlichen Marke für ähnliche Waren verletzt werden. Das Recht an einem Patent wird nicht nur dann verletzt, wenn die geschützte Erfindung im Sinne des Wortlauts der Patentschrift durch einen Dritten verwirklicht wird, sondern ebenso, wenn die geschützte technische Lehre mit gleichwirkenden Mitteln verwirklicht wird (so genannte Äquivalenz). Zudem hat auch nicht jedes Schutzrecht den gleichen Schutzumfang. Der Schutzumfang einer Marke hängt beispielsweise von der Kennzeichnungskraft und Bekanntheit der Marke ab.

Der Anspruch auf Unterlassung einer Rechtsverletzung entsteht bereits, wenn nur die begründete Gefahr besteht, dass ein Dritter das Schutzrecht verletzt (Erstbegehungsgefahr). So begründet schon die Anmeldung einer Marke die Gefahr, dass der Anmelder die Marke künftig für die eingetragenen Waren und Dienstleistungen benutzen wird. Der Inhaber einer älteren identischen oder ähnlichen Marke, die für identische oder ähnliche Waren und Dienstleistungen eingetragen ist, kann daher bereits aufgrund der Markenanmeldung gegen den Anmelder einen Unterlassungsanspruch geltend machen.

Ist bereits eine Rechtsverletzung erfolgt, besteht ebenfalls ein in die Zukunft gerichteter Unterlassungsanspruch. Die einmalige Rechtsverletzung, also beispielsweise die Einfuhr eines patentverletzenden Produkts, begründet die Gefahr, dass sich derartige Rechtsverletzungen künftig wiederholen werden (Wiederholungsgefahr).

Das Unterlassungsgebot wird von den Gerichten in der Regel mit der Androhung von Ordnungsmitteln verbunden. Dem Verletzer wird für jeden Fall der Zuwiderhandlung gegen das gerichtliche Unterlassungsgebot ein Ordnungsgeld von bis zu 250.000 , ersatzweise Ordnungshaft, angedroht.

4.1.2 Auskunft

Neben dem Anspruch auf Unterlassung steht dem Inhaber eines verletzten Schutzrechts gegen den Verletzer ein Anspruch auf Auskunft zu. Nur durch eine umfangreiche Auskunftserteilung wird der Inhaber eines verletzten Rechts in die Lage versetzt, einen Anspruch auf Schadensersatz zu beziffern. Wenn die Rechtsverletzung durch den Weiterverkauf einer Ware erfolgt, hat der Rechtsinhaber regelmäßig ein Interesse daran zu erfahren, wer die Zulieferer bzw. der Hersteller und wer die Abnehmer der Waren sind. Der Inhaber benötigt diese Informationen, um auch gegen die anderen Verletzer wirkungsvoll vorgehen zu können und damit die Beeinträchtigung durch die Piraterieprodukte nachhaltig unterbinden zu können.

4.1.3 Schadensersatz

Der Inhaber des verletzten Schutzrechts kann vom Verletzer schließlich Ersatz des ihm entstandenen Schadens verlangen. Grundsätzlich muss nach allgemeinen schadensrechtlichen Grundsätzen derjenige, der einen Schadensersatzanspruch geltend macht, nachweisen, dass ihm ein Schaden in der geltend gemachten Höhe tatsächlich entstanden ist. In den Fällen der Verletzung gewerblicher Schutzrechte ist dies in der Regel jedoch nur sehr schwer möglich. Allein der Nachweis, dass der Erwerber eines Plagiats ein Originalprodukt des Rechtsinhabers erworben hätte, wenn das Plagiat nicht verfügbar gewesen wäre, wird in zahlreichen Fällen nicht möglich sein. Gerade in den Fällen, in denen eine Produktfälschung in Kenntnis der Fälschung für einen wesentlich geringeren Preis als den des Originals erworben wurde, darf das Gegenteil unterstellt werden. Aufgrund dieser Unwägbarkeiten und Beweisschwierigkeiten haben sich in der gerichtlichen Praxis des gewerblichen Rechtsschutzes standardisierte Berechnungsmethoden zur Ermittlung der Schadensersatzhöhe herausgebildet.

Die erste Methode ist die Berechnung des Schadensersatzes im Wege der Lizenzanalogie. Die Höhe des Schadensersatzanspruchs richtet sich bei dieser Methode nach der Höhe einer fiktiven Lizenzgebühr. Es wird also gefragt, was der Verletzer an den Rechtsinhaber hätte zahlen müssen, wenn ihm der Rechtsinhaber für die Benutzung des betroffenen Schutzrechts eine Lizenz eingeräumt hätte. Für die Bestimmung der Höhe einer solchen Lizenzgebühr wird in der Regel auf Marktdaten und Erfahrungssätze zurückgegriffen.

Eine weitere Methode ist die Herausgabe des Verletzergewinns. Im Rahmen des Auskunftsanspruchs (s. o.) hat der Verletzer diejenigen Auskünfte zu erteilen, die es erlauben, nach betriebswirtschaftlichen Grundsätzen zu errechnen, welchen Gewinn er durch die rechtsverletzenden Handlungen erzielt hat. Der Gewinn kann vom Rechtsinhaber in vollem Umfang abgeschöpft werden. Diese Berechnungsmethode erfreut sich seit einiger Zeit einer zunehmenden Beliebtheit. In früheren Zeiten neigten die Verletzer dazu, ihren Gewinn „klein zu rechnen". Dies erfolgte durch einen sehr weitgehenden Ansatz von Kosten, die bei der Gewinnermittlung von den Umsätzen mit den Verletzungsprodukten abgezogen wurden. Durch eine Grundsatzentscheidung aus dem Jahre 2000 hat der Bundesgerichtshof die Möglichkeit eines umfangreichen Kostenansatzes erheblich eingeschränkt.[10] Die Änderung der Rechtsprechung führt dazu, dass die nach der Methode des Verletzergewinns errechneten Schadensersatzbeträge nunmehr höher ausfallen.

Die letzte Berechnungsmethode ist schließlich die konkrete Schadensberechnung. Im Rahmen dieser Berechnungsmethode, die im Prinzip den eingangs geschilderten juristischen Normalfall der Schadensberechnung darstellt, kann der Inhaber den Schaden geltend machen, der ihm konkret entstanden ist. Naturgemäß erfordert die konkrete Schadensberechnung den höchsten Argumentationsaufwand und ist mit den bereits erwähnten Schwierigkeiten verbunden. Aus diesem Grunde wird die konkrete Schadensberechnung nur in wenigen Ausnahmefällen von dem verletzten Rechtsinhaber gewählt.

Der Rechtsinhaber hat zwischen den drei dargestellten Berechnungsarten die Wahl. Da er jedoch vor der Erfüllung der Auskunftsansprüche nicht einschätzen kann, welche Berechnungsart für ihn die günstigste ist, also zum höchsten Schadensersatz führt, ist in der Praxis ein zweistufiges Vorgehen üblich. Im so genannten Grundverfahren wird festgestellt, dass der Verletzer dem Grunde nach zum Schadensersatz verpflichtet ist, ohne dass bereits eine Höhe des Anspruchs angegeben wird. Er wird ferner verurteilt, dem Rechtsinhaber über Art und Umfang der Verletzungshandlung, Betriebswege, Kosten und Gewinne Auskunft zu erteilen. Auf der Grundlage der im Rahmen der Auskunftserteilung gewonnenen Kenntnisse kann der Rechtsinhaber dann entscheiden, welche Berechnungsmethode für ihn am vorteilhaftesten ist. Er kann dann im zweiten Verfahren, im so genannten Höheverfahren, einen konkreten Schadensersatzbetrag einklagen.

4.1.4 Beseitigung

Der Beseitigungsanspruch des Rechtsinhabers ist auf die Beseitigung des durch die Verletzungshandlung geschaffenen rechtswidrigen Zustandes gerichtet. Sein genauer Inhalt hängt damit maßgeblich von der Art und Weise der Rechtsverletzung ab. Ein möglicher Inhalt des Beseitigungsanspruchs ist zunächst die Vernichtung der widerrechtlich hergestellten, gekennzeichneten, vervielfältigten (etc.) Gegenstände (vgl. etwa § 18 MarkenG). Zweck dieser Regelung ist die im Interesse einer effektiven Rechtsdurchsetzung liegende nachhaltige Beseitigung der schutzrechtsverletzenden Ware vom Markt. Ist die Rechtsverletzung durch die Anmeldung eines Schutzrechts erfolgt, etwa durch Anmeldung einer Marke, die die ältere Marke des Rechtsinhabers verletzt, ist der Beseitigungsanspruch auf die Löschung der angemeldeten Marke gerichtet. Hat eine Rechtsverletzung zu einem fortdauernden Störungszu-

---

10 BGH, Urteil v. 02.11.2000 – I ZR 246/98 (Gemeinkostenanteil).

stand geführt, der allein durch den in die Zukunft gerichteten Unterlassungsanspruch nicht beseitigt würde, kann auch die Beseitigung eines solchen Zustandes verlangt werden. Hat der Verletzer beispielsweise Waren von besonders schlechter Qualität widerrechtlich mit den Marken oder geschäftlichen Bezeichnungen des Inhabers versehen, kann dieser gegebenenfalls verlangen, dass der Verletzer die Waren zurückruft. Nur auf diese Weise kann vermieden werden, dass die Erwerber der betroffenen Waren ihre negativen Produkterfahrungen dem Rechtsinhaber zurechnen.

4.2 Anspruchsdurchsetzung

4.2.1 Sachverhaltsaufklärung

Für die Durchsetzung von Ansprüchen aufgrund einer Schutzrechtsverletzung ist eine sorgfältige Sachverhaltsaufklärung erforderlich. Bei Fällen der Produktpiraterie erhält der Schutzrechtsinhaber in der Regel Kenntnis über den zukünftigen oder aktuellen Verkauf von geschützten Produkten. Anders kann es sich im Fall von Schutzrechtsanmeldungen verhalten. Die Schutzrechtsinhaber werden nicht von der Anmeldung von verletzenden Schutzrechten unterrichtet. Lediglich bei Patentanmeldungen prüft das DPMA, ob neuheitsschädliche ältere Rechte existieren.

Vor diesem Hintergrund ist es sinnvoll und empfehlenswert, die einschlägigen Schutzrechtsregister im Rahmen einer so genannten „Kollisionsüberwachung“ beobachten zu lassen. Wird im Rahmen der Kollisionsüberwachung festgestellt, dass eine Neuanmeldung eines Schutzrechtes ein anderes Schutzrecht verletzen kann, so wird dies dem Inhaber des älteren Schutzrechtes mitgeteilt. Dieser kann daraufhin die verschiedenen Instrumentarien zur Durchsetzung seiner Ansprüche geltend machen.

4.2.2 Berechtigungsanfrage

Bei der Berechtigungsanfrage handelt es sich um ein – zumeist anwaltliches – Schreiben, mit dem der Inhaber eines Schutzrechts auf das Bestehen seines Schutzrechtes hinweist. Durch die Berechtigungsanfrage wird auf die Existenz eines eventuell kollidierenden älteren Schutzrechtes hingewiesen. In der Berechtigungsanfrage selbst werden noch keine Ansprüche geltend gemacht. Demzufolge entfaltet die Berechtigungsanfrage auch noch keine Rechtswirkungen. Sie ist von vornherein wenig Erfolg versprechend, wenn anzunehmen ist, dass der Anmelder eines Schutzrechtes ohnehin in unlauterer Absicht handelt. In der Regel bedient man sich einer Berechtigungsanfrage, wenn es weiterer Sachverhaltsaufklärung bedarf oder wenn man seiner rechtlichen Position nicht ganz sicher ist.

4.2.3 Abmahnung

Die Abmahnung ist ein typisches außergerichtliches Instrument des gewerblichen Rechtsschutzes. Auch die Abmahnung ist ein anwaltliches Schreiben an den Rechtsverletzer, indem er darauf hingewiesen wird, dass sein Handeln gewerbliche Schutzrechte verletzt. Neben diesem Hinweis enthält die Abmahnung gleichzeitig die Aufforderung an den Verletzer, eine strafbewehrte Unterlassungs- und Verpflichtungserklärung abzugeben. Inhalt dieser Erklärung ist die Verpflichtung, das beanstandete rechtsverletzende Verhalten zukünftig zu unterlassen und für den Fall der Zuwiderhandlung eine Vertragsstrafe zu zahlen. In der Praxis wird dabei üblicherweise für jeden Fall der Zuwiderhandlung eine Vertragsstrafe von mindestens 5.000 vereinbart. Zur Abgabe dieser Erklärung wird dem Verletzer eine kurze Frist gesetzt und für den Fall des fruchtlosen Ablaufs der Frist die gerichtliche Geltendmachung von Ansprüchen angekündigt.

Soweit Hinweise darauf vorliegen, dass es sich um einen Fall der Produktpiraterie, also um eine planmäßige und massenhafte Verletzung gewerblicher Schutzrechte, handelt, ist die Zweckmäßigkeit einer Abmahnung jedoch zweifelhaft. Die der Produktpiraterie zuzuordnenden Unternehmen und Personenkreise neigen häufig nicht dazu, auf eine Abmahnung zu reagieren, geschweige denn eine Unterlassungserklärung abzugeben. Vielmehr werden sie durch eine Abmahnung erst gewarnt. Da sie nunmehr damit rechnen müssen, dass der Rechtsinhaber seine Ansprüche gerichtlich geltend macht, können sie Vereitelungs- und Verschleierungsmaßnahmen einleiten, die dem Rechtsinhaber das spätere gerichtliche Vorgehen erschweren. Diese können insbesondere in dem Verbergen rechtsverletzender Waren oder sonstiger Beweismittel bestehen.

Ein Vorgehen im Wege einer Abmahnung kann jedoch gegen solche Rechtsverletzer sinnvoll sein, die sich der Rechtsverletzung nicht bewusst sind. Dies können zum Beispiel Wiederverkäufer auf der letzten Absatzstufe sein, die die nachgeahmte Ware in Unkenntnis der Fälschung erworben haben. Diese sind selbst Opfer der Produktpiraten geworden und an einer gerichtlichen Auseinandersetzung mit dem Rechtsinhaber in aller Regel nicht interessiert.

4.2.4 Einstweilige Verfügung

Die einstweilige Verfügung ergeht durch eine gerichtliche Entscheidung im Rahmen eines sehr stark abgekürzten Verfahrens. Die einstweilige Verfügung wird in der Praxis vom Rechtsinhaber beantragt, wenn aus den dargestellten Gründen eine Abmahnung nicht Erfolg versprechend erscheint oder der Abgemahnte die Abgabe einer Unterlassungserklärung verweigert. Der Antrag auf Erlass einer einstweiligen Verfügung muss die Umstände enthalten, aus denen sich die Rechtsverletzung ergibt. Da es sich um ein vorläufiges, summarisches Verfahren handelt, muss der Antragsteller für die entsprechenden Behauptungen nicht in vollem Umfang Beweise erbringen. Ausreichend ist vielmehr, dass die Rechtsverletzung glaubhaft gemacht wird. Dies geschieht in der Praxis zumeist durch die Abgabe eidesstattlicher Versicherungen durch Personen, die die Rechtsverletzung wahrgenommen haben sowie durch Vorlage von Dokumenten (z. B. Markenurkunde) bzw. der rechtsverletzenden Produkte selbst. Neben der Glaubhaftmachung der Verletzung muss noch die Voraussetzung der „Dringlichkeit“ erfüllt sein. Der Inhaber des verletzten Schutzrechtes darf in der Regel nicht länger als einen Monat nach Kenntniserlangung von der Rechtsverletzung einen Antrag auf Erlass einer einstweiligen Verfügung stellen. Durch ein längeres Zuwarten zeigt der Verletzte, dass er kein Interesse an einer schnellen Regelung besitzt. Ihm bleibt dann immer noch das normale Klageverfahren. Wenn dem Gericht die Verletzung und die Dringlichkeit glaubhaft gemacht werden, so wird das Gericht die gewünschte Verfügung in der Regel innerhalb weniger Tage ohne vorherige mündliche Verhandlung bzw. Anhörung des Rechtsverletzers erlassen.

Inhalt der einstweiligen Verfügung ist zunächst nur das gerichtliche Gebot, die beanstandete Rechtsverletzung zu unterlassen. Daneben kann auch die Sequestration, also die Verwahrung der Waren durch den Gerichtsvollzieher, angeordnet werden. Damit geht für den Verletzer die Verpflichtung einher, die rechtsverletzenden Waren an den Gerichtsvollzieher herauszugeben. Die Ansprüche auf Auskunftserteilung oder Schadensersatz können nicht Inhalt der einstweiligen Verfügung sein. Ist die einstweilige Verfügung durch das Gericht erlassen, ist es Sache des Antragstellers, den Gerichtsvollzieher mit der Zustellung der einstweiligen Verfügung und gegebenenfalls der Sicherstellung der rechtsverletzenden Waren zu beauftragen.

4.2.5 Klageverfahren

Da die einstweilige Verfügung nur ein vorläufiges Instrument zur möglichst schnellen Sicherung einer Rechtsposition darstellt und zudem ungeeignet zur Durchsetzung von Schadensersatz- oder Auskunftsansprüchen ist, kann sie eine normale Klage häufig nicht ersetzen. Im Rahmen eines ordentlichen Klageverfahrens kann der Inhaber eines verletzten Schutzrechtes sämtliche der zuvor näher dargestellten Ansprüche geltend machen.

Das Klageverfahren hat den Nachteil, dass in der Regel eine lange Verfahrensdauer in Kauf zu nehmen ist. Darüber hinaus kann sich das Verfahren über mehrere Instanzen erstrecken. Da jedoch insbesondere der Anspruch auf Auskunftserteilung erforderlich ist, um Auskunft über die Vertriebsstrukturen der Piraterieware zu erhalten, ist das Klageverfahren häufig unverzichtbar, um den Angriff durch Produktpiraten nachhaltig abzuwehren.

4.3 Grenzbeschlagnahme

Unter dem Begriff „Grenzbeschlagnahme“ werden zwei zollrechtliche Verfahren zusammengefasst, die auf unterschiedlichen Rechtsgrundlagen beruhen. Es gibt einerseits das gemeinschaftsrechtliche Grenzbeschlagnahmeverfahren, das auf einer Verordnung des Rates der

Europäischen Union aus dem Jahre 2003 beruht.[11] Andererseits gibt es auch ein Grenzbeschlagnahmeverfahren nach den nationalen deutschen Vorschriften. Die gesetzliche Grundlage befindet sich jeweils in den einzelnen Schutzrechtsregelungen (z.B. §§ 146 ff. MarkenG, §§ 55 ff. GeschmG, § 142a PatG).

Das gemeinschaftsrechtliche Grenzbeschlagnahmeverfahren erlaubt den nationalen Zollbehörden, Waren anzuhalten, die im Verdacht stehen, gewerbliche Schutzrechte (oder Urheberrechte) zu verletzen. Die Zollbehörde wird grundsätzlich nur auf Antrag des Rechtsinhabers tätig. Jeder Inhaber eines gewerblichen Schutzrechts kann einen entsprechenden Antrag an die nationale Zollbehörde richten. In Deutschland besteht eine zentrale Zuständigkeit der Oberfinanzdirektion Nürnberg, Zentralstelle Gewerblicher Rechtsschutz, die für die bundesweite Durchführung und Koordination der Grenzbeschlagnahmeverfahren verantwortlich ist. Der Antrag muss mindestens die deutliche Bezeichnung der betroffenen Schutzrechte unter Beifügung amtlicher Nachweise enthalten. Sind dem Rechtsinhaber bereits konkrete Umstände oder Verdachtsmomente in Bezug auf die Vorgehensweise von Produktpiraten (z.B. Vertriebswege, benutzte Grenzübergänge) bekannt, sollten auch diese Informationen der Zollbehörde zur Verfügung gestellt werden. Findet die Zollbehörde im Rahmen ihrer Kontrollen Waren, die den Verdacht einer Rechtsverletzung begründen, wird der Antragsteller über den Aufgriff informiert und die Ware angehalten. Der Antragsteller kann nun, gegebenenfalls anhand eines ihm übersandten Warenmusters, feststellen, ob es sich bei der Ware um Fälschungen handelt oder nicht. Ist der Rechtsinhaber der Auffassung, es liege eine Fälschung vor, kann er innerhalb von zehn Tagen ein zivilgerichtliches Verfahren einleiten, in dem die Rechtsverletzung festgestellt werden soll. Er kann die Zollbehörde auch zur Vernichtung der gesamten angehaltenen Waren ermächtigen. Diese wird jedoch nur dann durchgeführt, wenn nicht der Eigentümer oder der Einführende der Vernichtung widerspricht.

Die Grenzbeschlagnahme nach den nationalen Vorschriften unterscheidet sich in einigen Punkten von dem soeben beschriebenen gemeinschaftsrechtlichen Verfahren. Auch ein Tätigwerden der Zollbehörde aufgrund der nationalen Vorschriften setzt zunächst einen Antrag des Rechtsinhabers voraus. Ein wesentlicher Unterschied zum gemeinschaftsrechtlichen Verfahren besteht darin, dass die Zollbehörde nicht aufgrund eines reinen Verdachts tätig werden kann. Vielmehr setzt die Beschlagnahme der Ware voraus, dass die Schutzrechtsverletzung offensichtlich ist. Das heißt, dem vor Ort handelnden Zollbeamten muss sich die Schutzrechtsverletzung regelrecht aufdrängen. Während dies bei der Verletzung von Marken und Unternehmenskennzeichen noch denkbar ist, dürfte dies bei der Verletzung von technischen Schutzrechten selten der Fall sein. Verletzt beispielsweise ein elektronisches Gerät ein Patent, ist dies in der Regel für den Zollbeamten von außen kaum ersichtlich. Insofern ist der Schutzrechtsinhaber gut beraten, die Zollbehörde mit möglichst umfangreichen Informationen auszustatten, die ihr ein einfaches Erkennen einer Schutzrechtsverletzung möglich machen. Im Falle eines Aufgriffs von rechtsverletzender Ware hat der Rechtsinhaber wie im gemeinschaftsrechtlichen Verfahren entweder eine gerichtliche Entscheidung herbeizuführen oder

---

11 Verordnung des Rates der Europäischen Union Nr. 1383/2003 vom 22.7.2003.

kann die Vernichtung der Waren beantragen. Letztere wird jedoch gleichfalls nur dann durchgeführt, wenn der Verfügungsberechtigte nicht widerspricht.

Die zuvor beschriebenen Verfahren kommen in der Praxis parallel zur Anwendung. Beide Verfahren stellen für die Zollbehörden unmittelbar geltendes Recht dar. Der vor Ort handelnde Zollbeamte kann im Einzelfall entscheiden, auf welche Rechtsgrundlage er sein Handeln sinnvoll stützt. Der Inhaber gewerblicher Schutzrechte sollte daher stets beide Anträge, also sowohl den auf Durchführung des nationalen Grenzbeschlagnahmeverfahrens als auch den auf Durchführung des gemeinschaftlichen Grenzbeschlagnahmeverfahrens, stellen.

5. Zusammenfassung

Die Darstellung hat verdeutlicht, dass ein Schutz gegen Konzeptpiraterie nach deutschem Recht allenfalls in Randbereichen existiert, im Grunde jedoch im System der gewerblichen Schutzrechte nicht angelegt ist. Bewusst offen gelassen werden soll an dieser Stelle die Frage, ob das Fehlen eines gesetzlichen Konzeptschutzes dem Grunde nach zu beanstanden ist. Die Freiheit, die reine Geschäftsidee eines Mitbewerbers ganz oder in Teilen selbst zu verwirklichen, bedeutet auch unternehmerische Freiheit und wirkt der Entstehung von Monopolen entgegen.

Auf der anderen Seite wurde deutlich, dass ein umfangreiches und ausdifferenziertes System gewerblicher Schutzrechte zum Schutz vor Produktpiraterie zur Verfügung steht. Ein Unternehmer, der konsequent seine gewerblichen Leistungen durch gewerbliche Schutzrechte absichert, steht dem Massenphänomen der Produktpiraterie keineswegs machtlos gegenüber. Vielmehr steht ihm ein verhältnismäßig schlagkräftiges rechtliches Instrumentarium zur Seite, das eine effektive Verteidigung seiner unternehmerischen Innovationen und Investitionen ermöglicht.

Integration von Patentmanagement in den Produktlebenszyklus

Artur Raczynski, Nicolas P. Sokianos

1. Intellectual-Property-Management im Fokus: Tagesgeschäft

Im Fokus dieses Beitrags liegt die Verankerung von Patentmanagement-Aktivitäten im Lebensweg eines Produktes bzw. eines Systems. Die Ausführungen stützen sich auf Erfahrungen eines international tätigen Unternehmens der Medizintechnik (Siemens Medical). Die hier vorgestellte Vorgehensweise zur Einführung und zum Ausbau des Patentmanagements innerhalb der Geschäftsbereiche eines Unternehmens wird aus Best-Practice-Erfahrungen der Softwareentwicklung abgeleitet.

Die Initialzündung zur Verbesserung des eigenen Patentportfolios wird in Abschnitt 2 vorgestellt. Dieser Teil beschreibt einerseits die Abschätzung von durch eine steigende Anzahl an Fremdpatenten bedingten Risiken, zum anderen die durch den Ausbau des eigenen Patentportfolios bedingte Unternehmenswertsteigerung. Anhand von Praxisbeispielen werden Methoden zur Risiko- und Chancenabschätzung diskutiert.

In Abschnitt 3 werden die Schritte zur Einführung der Patentthemen in das Tagesgeschäft vorgestellt. Dabei werden die Meilensteine der Einführung im Detail erläutert.[1]

Insbesondere die Verknüpfung der Patentprozesse mit dem Produktentwicklungszyklus wird in Abschnitt 4 anhand einer Praxisimplementierung aus der Softwareentwicklung diskutiert. Die gewonnenen Erkenntnisse wie die Prozessbeschreibung, die Prozessmeilensteine, die unterstützenden Methoden und Tools können als eine Richtlinie zur Implementierung des Patentmanagements im Software-Produktentwicklungsprozess verwendet werden.

Abschnitt 5 behandelt die zyklische Prüfung der Unterschiede zwischen erreichten und definierten Patentzielen. Üblicherweise werden nach der Produktfreigabe bzw. zum Geschäftsjahresende, die Patent-Erfolgsfaktoren kontrolliert. Zu diesen Faktoren zählen z. B. Business-Level, Innovations-Level und Prozess-Level. Aus dem Erfüllungsgrad der Erfolgsfaktoren werden die Handlungsweisen für das nächste Geschäftsjahr bzw. die nächste Produktfreigabe abgeleitet. Durch diese iterative Vorgehensweise kann eine nachhaltige Effizienzsteigerung des Patentmanagements erreicht werden.

„Was ist das Besondere an dieser Vorgehensweise?“, mag sich der geneigte Leser fragen. Die Antwort lautet: die tägliche Verbindung der Entwicklung mit der IP-Materie ist das Besondere. Denn: in den meisten Unternehmen erfolgt die Koppelung zwischen Entwicklung und Patentaufgaben (und ggf. Markenrechtsaufgaben) nicht simultan, sondern nacheinander. Und das kostet Zeit – und Zeit ist Geld.

---

1 PLM: *Product lifecycle management* (Produktlebenszyklusmanagement). CRM: *Customer relationship management* (Kundenbeziehungsmanagement).

2. Risiken und Chancen des Patentmanagements

Im Rahmen der Einführung eines Patentmanagements ist eine grobe Unterteilung in Patentgruppen wie Hardware-, Software- und Business-Patente zu empfehlen. Diese Unterteilung entspricht dem eigenen Kerngeschäft und den geografischen Möglichkeiten zur Patentanmeldung. Wie in Abbildung 1 dargestellt, können Hardware-Patente weltweit angemeldet werden – ebenso wie Software-Patente, in denen Software zur Hardwaresteuerung eingesetzt wird. Reine Software-Patente können vor allem in den USA und in Ausnahmefällen in EU-Ländern angemeldet werden. Patente auf Geschäftsmodelle *(Business Model)* sowie Software-Patente, die ein Geschäftsmodell steuern, können nur in den USA angemeldet werden. In EU-Ländern gelingt dies in Verbindung mit einer besonderen Technologie.

Patenttypen	Reichweite	Beispiel(e)
Hardware-System	Weltweit	Elektronik-Adapter für monochrome und farbige Displaytypen
Software-System	USA, EU	Bildaufbereitung für computergestützte Diagnostik
	USA	System zur Verwaltung der Kapazitätsplanung von medizinischem Gerät
Geschäftsmodell	nur USA	Remote Service

Abbildung 1: *Produkte und Patente für das medizinische Bilddaten-Management*

Bereits mit dieser Unterteilung kann die eigene Patentstrategie in grundsätzliche Bahnen gelenkt werden. Beispielsweise fokussiert eine global agierende Unternehmensberatung auf Geschäftsmodell-Patente und meldet diese nur in den USA an. Ein Softwarehersteller hat jedoch das Interesse, seine Produkte und die Integration derselben bei seinen Kunden zu schützen. Deshalb wird der Softwarehersteller (neben den reinen Software-Patenten) die Software zur Steuerung der Geschäftsmodelle und der Hardware patentieren. Dabei wird er geografisch sehr limitiert das Patentportfolio aufbauen können. Die Hintergründe und Besonderheiten des Softwareschutzes in Europa werden in diesem Buch an anderer Stelle diskutiert.[2]

Es mag verwundern, dass hier über Risiken des Patentmanagements gesprochen wird. Doch gibt es in der Tat Risiken, die sich im Verlauf des Produktlebenszyklus sogar bei etablierten Produkten ergeben, etwa wenn diese auf Grund ihres Erfolges am Markt „Begehrlichkeiten wecken" und die zum Teil hohen finanziellen Hürden einer Patentklage lohnend erscheinen lassen.[3]

---

2 Siehe den Beitrag von Nicolas P. Sokianos sowie die Beiträge von Olaf Kehrer und Bert Eichhorn.

3 Siehe auch den Fall „Blackberry" im einleitenden Beitrag von Nicolas P. Sokianos.

Andere Risiken leiten sich aus der Untätigkeit, sprich: aus der Nichtanmeldung von Patenten in wichtigen Regionen wie beispielsweise China, ab. Das kann zur Gefährdung der gesamten Geschäftsstrategie eines Produktes oder einer Produktgruppe führen.

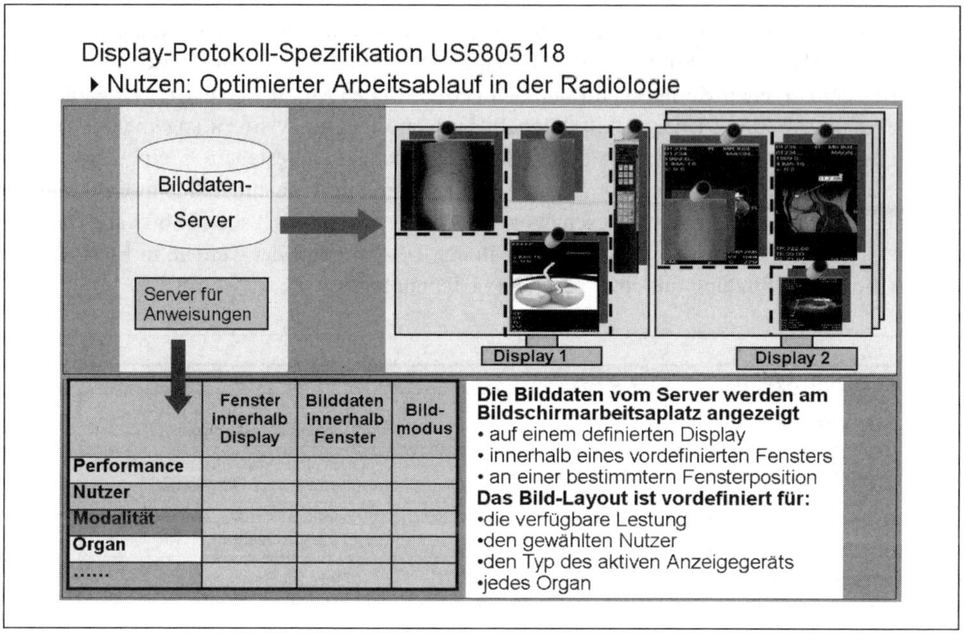

Abbildung 2: *Beispiel für ein Software-Patent*

Ein reines Software-Patent beeinflusst weder die Hardware noch das Geschäftsmodell. Ein Beispiel ist in Abbildung 2 dargestellt. Hier werden basierend auf Nutzerprofilen aus einer Datenbank Bildinformationen entnommen und aufgabenspezifisch dargestellt. Patentiert sind die für die für Aufteilung der Bildinformation zuständigen Anweisungen, die von der Software interpretiert werden. Ein typisches Beispiel für Software-Patente, die zur Steuerung eines Geschäftsmodells dienen, ist das EP1072994. Hier werden generisch ein Daten-Informationsfluss sowie die – die Informationen verarbeitenden – Softwaremodule beschrieben, um eine automatische Gesundheitseinschätzung des Patienten vorzunehmen. Hierdurch ist das Geschäftsmodell patentiert, mit dem Implantate von Patienten fernüberwacht und gegebenenfalls aus der Ferne gesteuert werden können.

Die Beweggründe zur Verbesserung des eigenen Patentportfolios liegen in der steigenden Anzahl der Fremdpatente einerseits und in der Unternehmenswertsteigerung bedingt durch den Ausbau des eigenen Patentportfolios andererseits begründet. In den meisten Fällen wird das Patentmanagement erst nach ersten Negativ-Erfahrungen eingeführt, beispielsweise wenn eine Verletzungsklage droht. Im Bezug auf Software-Patente war das in der Vergangenheit selten der Fall. Mittlerweile scheint sich das zu ändern. Vor allem in den USA steigt die Zahl der Software-Patentklagen. Eine weitere beunruhigende Statistik, die zur Einführung eines

Patentmanagements motiviert, ist die steigende Zahl von Firmen, deren Kerngeschäft in der Verwertung der Software-Patente von kleinen Firmen, Privatpersonen und Universitäten liegt. Dieser Geschäftszweig lockt die Patenteigentümer mit hohen Gewinnchancen.

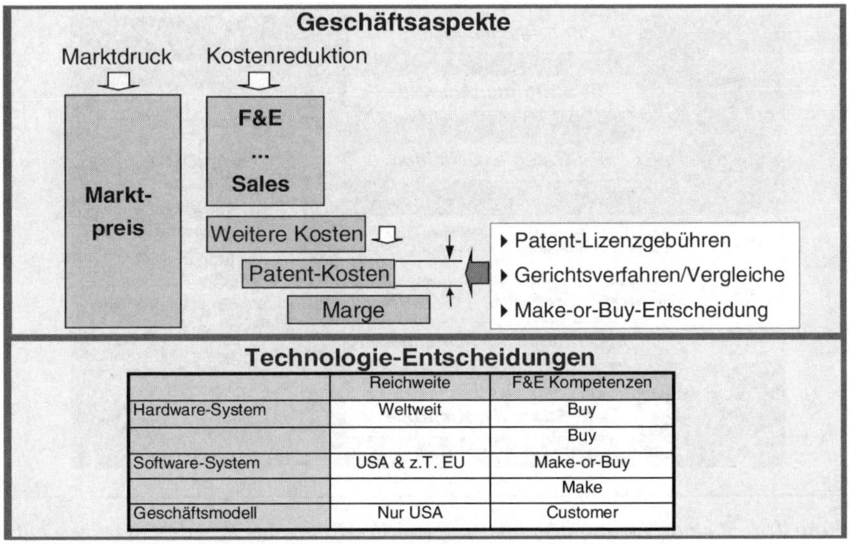

Abbildung 3: *Risiken und Chancen als Anlass für Patentmanagement*

Zusammenfassend kann festgestellt werden, dass durch das aktive Patentmanagement sowohl die Risiken gemindert als auch die Chancen gesteigert werden können. Wie in Abbildung 3 dargestellt, bezieht sich die Aussage auf die Kosten für das Patentmanagement, wobei in Abhängigkeit von der Strategie und dem Patentportfolio die entstehenden Kosten durch die Patenteinahme kompensiert werden können. Eine weitere aus dem Patentmanagement resultierende Information dient den Technologieentscheidungen. Hierdurch können die Make-or-Buy-Entscheidungen in Abhängigkeit von der existierenden Patentzahl auf dem Markt beeinflusst werden.

Das systematische Bewerten der Stärken und Schwächen des eigenen Patentportfolios sollte zu einer regelmäßigen Aufgabe erklärt und entsprechend ausgeführt werden. Diese Herangehensweise markiert häufig den Unterschied zwischen Erfolg und Misserfolg – erst recht in technologiegetriebenen Branchen mit hoher Dynamik und relativ kurzen Produktlebenszyklen. Diese Dynamik birgt sowohl Chancen als auch Risiken, die sich nicht in regionalen Clustern einfangen lassen: das Geschäft des Technologiemanagements erfordert eine globale Wahrnehmung. Es kann durchaus sinnvoll sein, in einigen Ländern das Patent anzumelden, in anderen hingegen nicht oder erst später, wenn sich die technologischen oder juristischen Konstellationen als günstiger erweisen. Diesen Weg kann sich auch ein mittelständisches Unternehmen leisten – der Nutzen ist nicht den großen Konzernen allein vorbehalten.

3. Implementierung des Patentmanagements

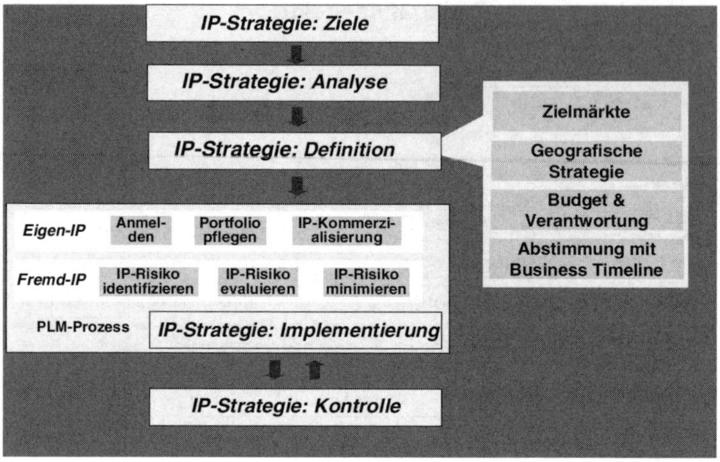

Abbildung 4: *Schritte zur Implementierung von IP-Management in das Tagesgeschäft*

Bei der Einführung des Patentmanagements in das Tagesgeschäft werden die folgenden Meilensteine[4] (Abbildung 4) empfohlen:

- Festlegung der Ziele einer Patentstrategie,
- Analyse der internen und externen Einflussfaktoren
- Definition der Patentstrategie im Bezug auf die Zielmärkte, die Ressourcen, das Budget und die geografische Ausrichtung
- Implementierung der benötigten Patentprozesse und Verknüpfung mit bereits vorhandenen Geschäftsprozessen wie Produktlebenszyklus- und Kundenbeziehungs-Management.

Mit dem Konzept CRM wird sichtbar, dass der Vertrieb und das Marketing eine primäre Rolle in diesem Prozess spielen: Sie haben am ehesten ein Gefühl für den „Puls des Kunden" und können den Entwicklern wertvolle Hinweise auch bezüglich der erforderlichen Ressourcenallokation liefern. Denn es gibt immer mehr gute Ideen als solche, die auch profitabel sind und sich im Kampf um die Kunden rechnen. Schließlich nützt das beste Patent nichts, wenn die Kunden an dem daraus abgeleiteten Produkt kein Interesse finden. Zur Implementierung der strategischen Ziele werden einige Zwischenschritte (Abbildung 5) definiert sowie Handlungsempfehlungen festgelegt, um die Zwischenschritte zu erreichen.

4 Meilensteine helfen, den Prozess auf der Zeitachse eindeutig zu planen und zu überwachen.

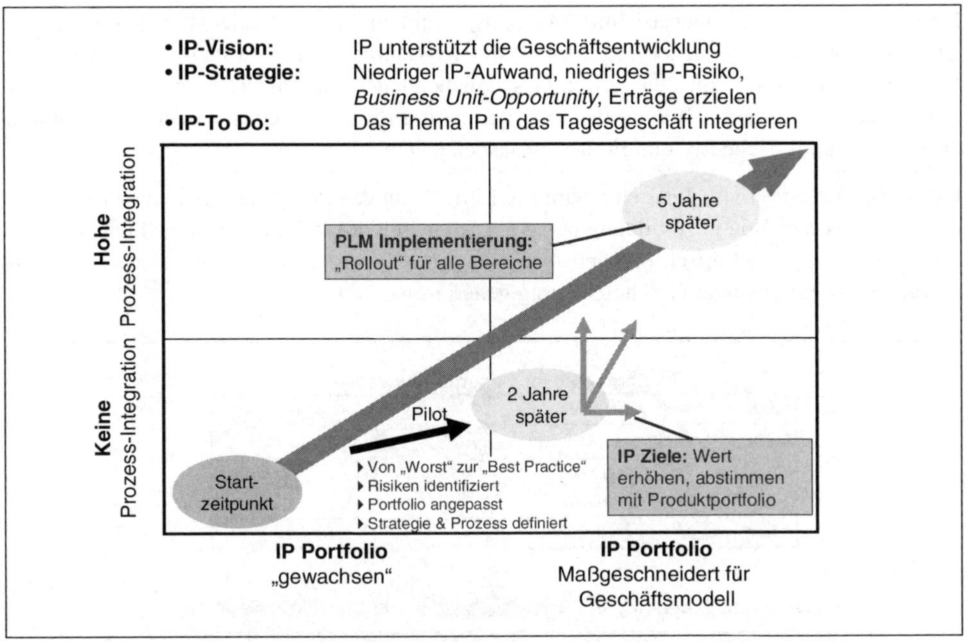

Abbildung 5: IP-Implementierung – IP-Strategieziele Level 1

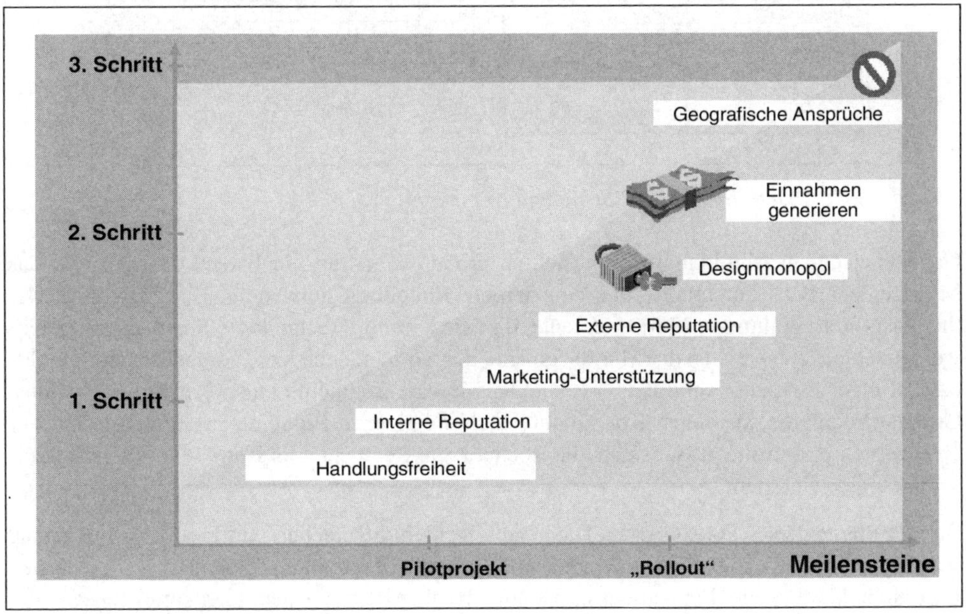

Abbildung 6: IP-Implementierung – IP-Strategieziele Level 2

Eine pilothafte Vorgehensweise mit einer ausgewählten Produkt- oder Technologiegruppe kann sinnvoll sein, um neue Wege der IP-Rechte-Handhabung zu testen, bevor ein neuer Standard als Richtlinie für den ganzen Geschäftsbereich verabschiedet wird. Der systematische *Screening*-Prozess sollte mit klaren Kriterien und Zuständigkeiten versehen werden und auch personalpolitische Be- und Entlastungsaspekte beinhalten.

Durch die Definition von Teilzielen wird die Einführung des Patentmanagements übersichtlicher und messbar. Wie in Abbildung 6 gezeigt, können hierdurch in unterschiedlichen Zeiten nach der Einführung Fortschrittskontrollen eingerichtet werden. Bereits vor der vollen Einführung kann ein positiver Geschäftsbeitrag generiert werden.

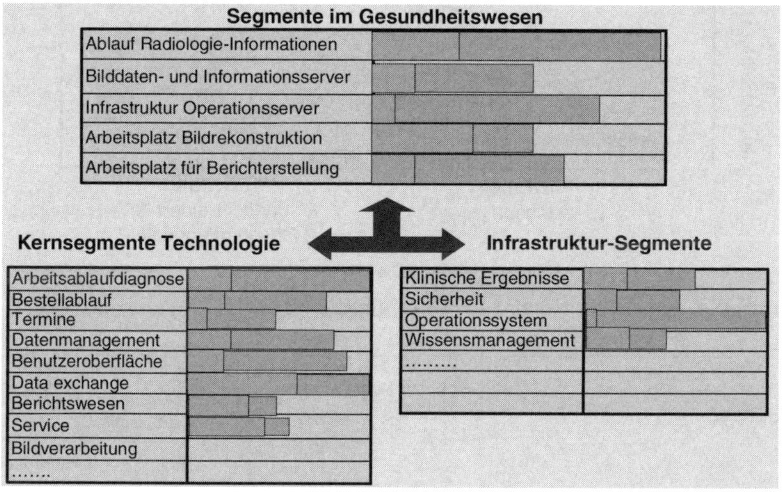

Abbildung 7: *Definition der IP-Stragtegie: Zielmärkte*

Gegenüber der in Abbildung 1 vorgestellten groben Einteilung in Patentklassen ist für das Management eines Patentportfolios eine feinere Einteilung notwendig. Eine bewährte Methode ist die Einteilung in Marktsegmente, die wiederum in Technologie-Segmente eingeteilt werden. Dabei entsprechen die Marktsegmente den vorhandenen bzw. vorgesehenen Produkt- bzw. Kundengruppen (Abbildung 7). Die Technologie-Segmente entsprechen ausgewählten Grundtechnologien, aus deren Kombination sich die eigenen Produkte zusammensetzen. Für eine bessere Kontrolle lassen sich die Technologie-Segmente in Kern- und Infrastruktur-Technologien einteilen.

Bei der Pflege dieses Portfolios via Datenbank werden die eigenen und Fremdpatente gemäß der Segmentierung sowohl den Markt- als auch den Technologie-Segmenten zugeordnet. Hierdurch können die Innovationsstärke und Risiken der eigenen Kernkompetenzen, der Konkurrenten sowie der Zuliefererkompetenzen überwacht werden, um Make-or-Buy-Entscheidungen sowie Zuliefererauswahl zu beeinflussen.

Das Patentmanagement ist sehr stark von der Initiative des Verantwortlichen abhängig. Daher ist es erforderlich, klare Rollen und Aufgaben zu definieren. Erfolgsentscheidend ist die Rolle des Patentmanagers, der die Schnittstelle zwischen dem operativen Produktverständnis, dem Businessinteresse sowie der Patentwelt bildet. In seine Aufgabe muss der Ausbau der Geschäftsinteressen durch das Patentmanagement verankert werden.

- **Patentmanager:** Ein R&D[5] Leitungskreismitglied steuert alle Patentaktivitäten im Tagesgeschäft und verantwortet das Patentportfolio-Management.
- **Strategic Patent Committee:** Der Leitungskreis und ein Patentanwalt entscheiden über die Patentstrategie.
- **Operative Patent Committee:** Ausgewählte Key-Player entscheiden über Patentanmeldungen sowie den Patentverkauf und -einkauf.
- **Back-Office:** Zentrale Einheiten, Patentbüros, Universitätsfakultäten und Studenten übernehmen die Fleißarbeit wie Patentclearing und -screening sowie die Suche nach dem Stand der Technik.

4. Patentmanagement und Produktlebenszyklus

Ein aktives Patentmanagement lässt sich erreichen, wenn die Patentaktivitäten in die Produktentwicklungsprozesse integriert werden. Zur Identifizierung der geeigneten Entwicklungsmeilensteine, die zur Synchronisierung der Patentaktivitäten und der Produktentwicklung verwenden werden können, ist eine Prozessanalyse erforderlich. Sowohl für die Identifizierung eigener Patentideen als auch für die Identifizierung von Fremdpatenten sind Produktentwicklungsphasen bzw. -meilensteine zu wählen, in denen ein hohes Produktwissen und die Möglichkeit zur Kostenreduzierung vorliegen (Abbildung 8).

Nachdem die eigenen Produktideen und Fremdpatente im Rahmen der Produktentwicklungsprozesse festgestellt sind, folgen Standardpatentprozesse, die von der Entwicklungsphase unabhängig sind. Diese Prozesse dienen zur Erfassung einer bereits identifizierten Idee in ein Patent und zur Minimierung eines als Risiko erkannten Patentes (Abbildung 9). Da diese Standardpatentprozesse üblicherweise nicht zu den Kompetenzen einer operativen Einheit gehören, werden sie aus Synergiegründen auf Zentralstellen bzw. auf externe Dienstleister ausgelagert.

---

5 *Research and development* (Forschung und Entwicklung).

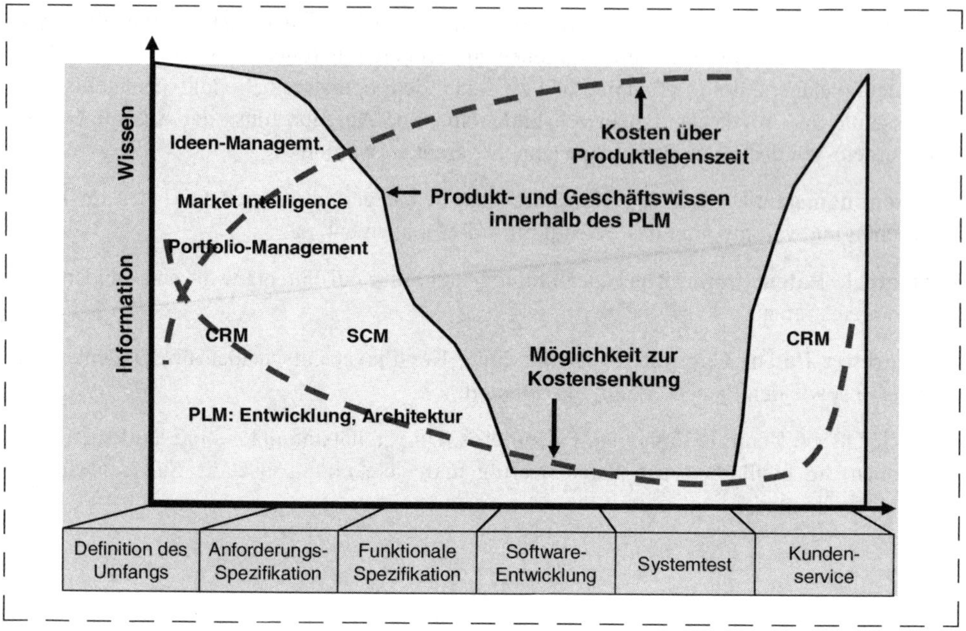

Abbildung 8: *IP-Implementierung: IP- und Geschäftsaktivitäten aufeinander abstimmen*

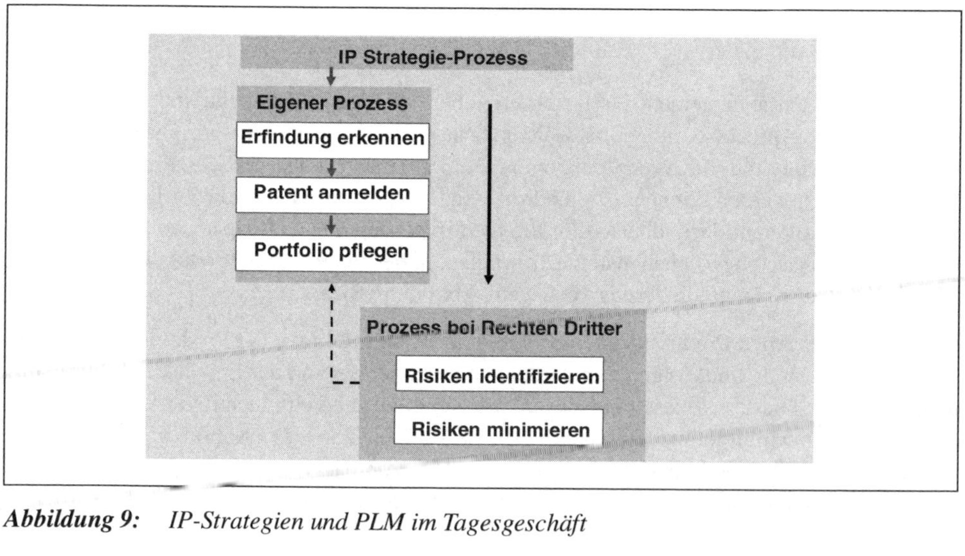

Abbildung 9: *IP-Strategien und PLM im Tagesgeschäft*

Wie in Abbildung 10 dargestellt, werden die Vorgänge zur Identifizierung eigener Patentideen und Fremdpatente an geeignete Phasen des Entwicklungsprozesses gekoppelt. Da die Ergebnisse der identifizierten Patente zu bestimmten Entwicklungsmeilensteinen abgeschlossen werden müssen, wird der Patentprozess zum Bestandteil der Produktentwicklung. Zum ersten

Meilenstein (Abschluss der Marktanalyse) werden neue Technologien als „Kandidaten" für neue Patente identifiziert. Zum Abschluss der Produkt-Definitionsphase wird ein erster Level des Patentclearings durchgeführt. Hier werden Fremdpatente gesucht und bewertet, die den in dieser Phase vorliegenden Produktmerkmalen entsprechen *(Freedom to Business and Roadmap)*. Anschließend werden zum Abschluss der Produktkonzeptphase alle Patentideen und Fremdpatente identifiziert, die dem Produktkonzept entsprechen. Synchron zum Produktimplementierungsplan sind alle Maßnahmen hinsichtlich der Fremdpatente und eigener Patentideen abzuschließen. Somit wird der Zustand *„Freedom to Design"* erreicht, mit dem das Produktrisiko minimiert wird.

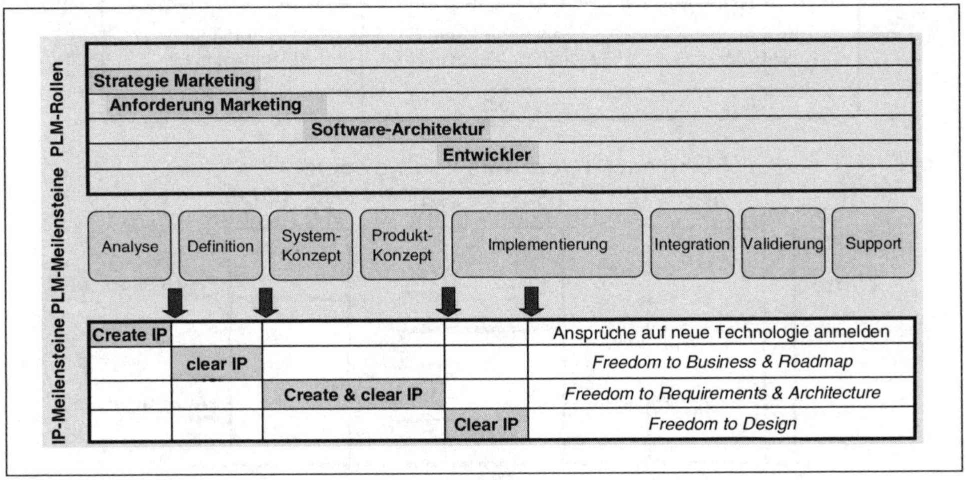

Abbildung 10: *Zeitliche Abfolge der Meilensteine*

5. Erfolgskontrolle des Patentmanagements

Die Erfolgskontrolle dient der zyklischen Prüfung der Unterschiede zwischen erreichten und definierten Patentzielen sowie zur Ableitung der Verbesserungspotenziale. Es handelt sich um einen Vorgang, der nicht immer beliebt ist, da er Prozessdisziplin verlangt und Ungereimtheiten aufdeckt. Kontrollmethoden mit unterschiedlichen Schwerpunkten sind notwendig, um die Unterschiede zwischen den strategischen Zielen des Patenmanagements und dem tatsächlich erreichten Stand zu ermitteln. Aus dieser Ermittlung können Maßnahmen definiert werden, um langfristige Ziele einzuhalten. Eine dieser Kontrollmöglichkeiten ist das Verfolgen der in Abbildung 11 vorgestellten Kennzahlen. Dabei zeigt die Kennzahl „IP-Projekt" den Umsetzungsgrad des definierten Patentprozesses. Die Patentdichte entspricht dem Verhältnis zwischen Umsatz und der Anzahl eigener Patente. Hierdurch können vor allem das Geschäftsrisiko und das Patentlizenz-Einnahmepotenzial abgeschätzt werden. Zur Messung des Innovationsgrades einer Abteilung eignet sich die Kennzahl „R&D Recovery". Diese spiegelt das Verhältnis zwischen der Anzahl der Erfindungsmeldungen und dem R&D-Budget wider. Diese Kennzahlen eignen sich zur Verfolgung des eigenen Fortschritts und der Abweichung zu den aus *Benchmarking* ermittelten Zielwerten (Abbildung 11).

Ausgangslage

IP-Projekt	Patentdichte	R&D-Recovery
IP-Strategie, IP-Prozess	Zahl der Patente / Geschäftsvolumen in Mio	Zahl der Erfindungen / F&E-Budget in Mio
20 %	**0.2**	**0.3**

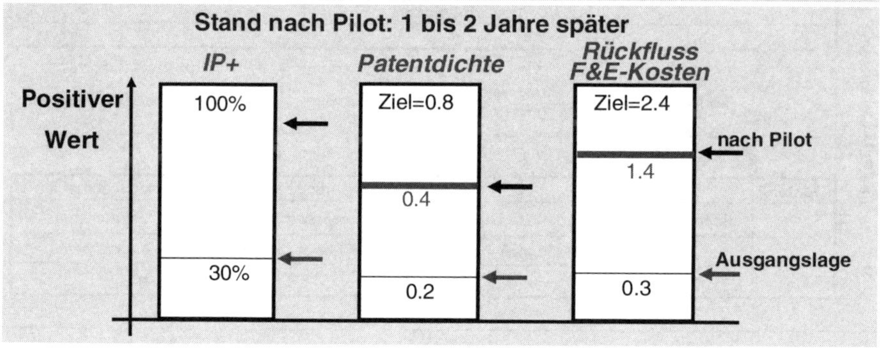

Abbildung 11: *Controlling Phase 1 – Benchmarking*

Im Rahmen des Patentportfolio-Managements werden eigene und Fremdpatente zusätzlich zur Zuordnung zu den in Abbildung 7 vorgestellten Segmenten auch nach Marktwert sowie Strategiewert bewertet. Hierdurch kann eine für Portfoliokorrekturen wichtige Grafik abgeleitet werden (Abbildung 12). Die durch Kreise abgebildeten Technologie-Segmente entsprechen der Anzahl der einer Technologie zugeordneten eigenen Patente. Die Portfolioposition entspricht den Mittelwerten der Markt- und Strategiewerte der Patente in einem Technologie-Segment. Aus dieser Darstellung lassen sich Maßnahmen zur Portfoliooptimierung ableiten. Somit werden Segmente identifiziert, in denen die Erfindungsmeldungen eine höhere Qualität im Bezug auf den Patentwert erzielen müssen. Andere Segmente, die nicht mehr der Geschäftsstrategie entsprechen, können als Patentlizenzen verkauft werden.[6] Des Weiteren werden Patentsegmente identifiziert, die das Potenzial zur Bildung eines Design-Monopols haben.

6 Sofern Kaufinteressenten vorhanden sind und strategisch/politische Aspekte nicht gegen einen Verkauf sprechen.

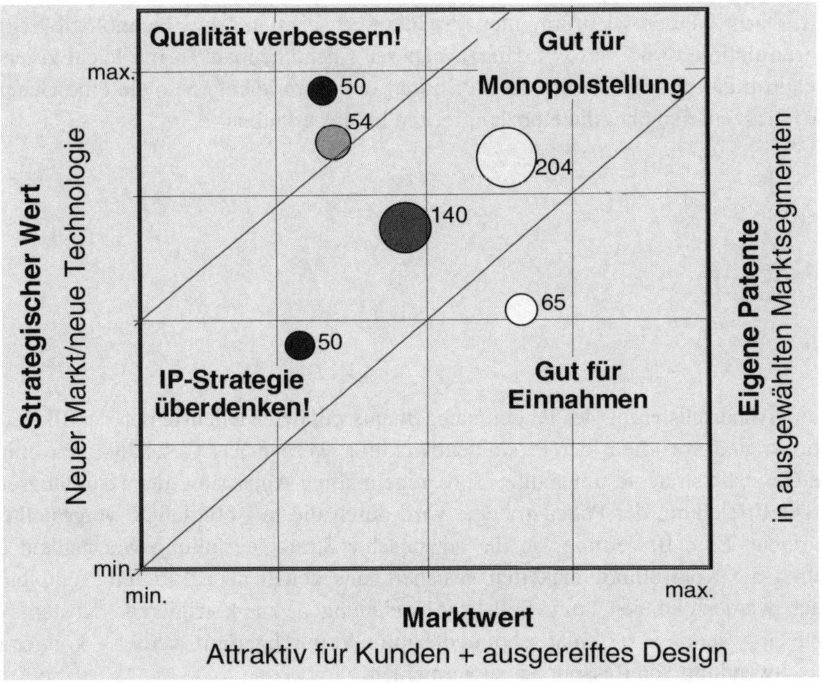

Abbildung 12: *Controlling Phase 2*

Der Vergleich der Patentmarktanteile zwischen den direkten Konkurrenten ist (ebenfalls) eine den Patenterfolg spiegelnde Kontrollmöglichkeit. Ziel ist, den Produktmarktanteil dem Patentmarkanteil anzupassen sowie alle Innovationen und Produkte durch Patente zu schützen. Die hierdurch erreichte Risikominimierung gilt nicht nur für den eigenen Geschäftserfolg, sondern gewährleistet ebenfalls eine Verwendung der Produkte in den Kundenprozessen.

Um den tatsächlichen monetären Wert des eigenen Portfolios zu ermitteln, wird eine Tabelle vorgeschlagen, in der die Verletzung der eigenen Patente durch die Konkurrenz-Produkte nach Wahrscheinlichkeiten gegliedert ist. Aus dieser Tabelle können der Wert der eigenen Patente ermittelt und Handlungsempfehlungen abgeleitet werden.

Der wichtigste Faktor im Bezug auf die Patentgenerierung sind sensibilisierte und geschulte Mitarbeiter sowie zur Patenterhebung geeignete Methoden. Hierdurch wird gewährleistet, dass alle innovativen Ideen auf Patentierbarkeit geprüft werden. Die Sensibilisierung kann durch verschiedene Aktivitäten gefördert werden: zum einen durch monetäre Prämien je nach Patentwert und durch die Reputation der Erfinder, zum anderen durch eine zweckmäßige EDV-Unterstützung, wie Vorlagen *(Templates)* und Hilfsprogramme *(Tools),* welche die Zeit für die Patentbeschreibung auf ein notwendiges Minimum reduzieren (maximal 8 Stunden je Patent während der Patentlebenszeit). Um die Sensibilität für Patente zu wecken, sind einmalige Grundlagen-Workshops sowie wiederkehrende *Patent-on-Demand-Workshops* empfehlenswert. Darin werden zu bestimmten Produkteigenschaften bzw. Technologie-Segmenten Patentideen definiert und verfolgt. Hierzu gehören Suchdatenbanken mit leicht zu erstellenden Suchprofilen, die eine Suche nach Priorität und Art erleichtern sowie eine Generierung von Portfolioszenarien über die Konzerngrenzen hinaus erlauben.

6. Fazit

Durch die Synchronisierung des Patentmanagements mit den Meilensteinen der Technologie-, Innovations- und vor allem der Produktentwicklung werden das Geschäftsrisiko minimiert und die Geschäftsstrategie unterstützt. Eine regelmäßige Anpassung der Handlungsempfehlungen zur Erreichung der Patentstrategie wird durch die in Abbildung 6 vorgestellten Prozesse erreicht. Eine Bewertung, ob die gewünschte Strategieerfüllung wie geplant eintritt, wird durch die Kontrollmöglichkeiten gesichert, aus denen neue Handlungsempfehlungen abgeleitet werden können, um Soll-Ist-Abweichungen zu korrigieren. Kosten–Nutzen-Schätzungen – wenn sie systematisch und diszipliniert durchgeführt werden – können helfen, eine Verschwendung von Ressourcen zu vermeiden.

Produkt- und Konzeptpiraterie:

Erkennen?	Was sollte in welchem Land patentiert werden – was nicht? Was sollte zugekauft werden?
Vorbeugen?	Mit welchen Maßnahmen werden juristische Auseinandersetzungen vermieden?
Abwehren?	Mit welcher Wahrscheinlichkeit werden eigene Rechte durch Konkurrenten verletzt?
Dulden?	Wie weit gehen wir mit der Duldung, um andere Vorteile in Verhandlungen zu erreichen?
Nutzen?	Welcher Nutzen ist in welcher Region denkbar als „Entschädigung“ für unser Unternehmen?

Innovationen effektiv schützen – eine globale Herausforderung an die Pharmaindustrie

Michael Brückner, Gerrit Fleige, Marc P. Philipp

1. Einleitung

Produkt- und Konzeptpiraterie in der pharmazeutischen Industrie stellt eine große Gefahr für die Gesundheit der Bevölkerung weltweit dar. In derartigen Betrugsfällen wird das Vertrauen der Menschen in die von ihnen benötigten Arzneimittel und in deren Hersteller missbraucht. Aufgrund der besonderen Beschaffenheit der Produkte und des Marktes sind die Patienten nur in den seltensten Fällen in der Lage, gefälschte oder minderwertige Arzneimittel von Originalpräparaten zu unterscheiden. Sie sind somit darauf angewiesen, dass Piraterieprodukte über Produktionswege und Handelskanäle gar nicht erst in Umlauf gelangen; denn nicht selten geht es im wahrsten Sinne des Wortes um Leben und Tod.

Piraterie stellt auch die globalen Pharmahersteller, speziell die innovativ forschenden Unternehmen, vor eine besondere Herausforderung. Es ist davon auszugehen, dass etwa 8–10 % aller weltweit vertriebenen Arzneimittel Piraterieprodukte sind – Tendenz steigend. Obwohl es konkret benennbare Regionen mit besonders hoher Ausprägung gibt[1], ist das Problem dennoch ein globales: nicht nur hinsichtlich der Zunahme dokumentierter Piraterieffälle in Nordamerika und Europa, sondern auch bezüglich des globalen Charakters des Marktes, in dem wenig regulierte und kontrollierte Entwicklungsländer für weltweit operierende Produkt- und Markenpiraten zunehmend attraktiv erscheinen.[2]

Eine einheitliche Umsetzung des Patentschutzes auf den internationalen Arzneimittel-Märkten ist daher aus Sicht der Pharmaindustrie von eminenter Wichtigkeit. Auch wenn sich in rechtlicher Hinsicht positive Tendenzen erkennen lassen und das TRIPs-Abkommen verbindliche Rechtsstandards festschreibt, so zeigen sich doch in der Umsetzung des Patentschutzes vor Ort zahlreiche Probleme. Neben fehlenden Kontroll- und Regulierungsinfrastrukturen in zahlreichen Entwicklungs- und Schwellenländern unterminieren auch Übergangs- und lokal begrenzte Ausnahmeregelungen die wirksame Umsetzung des notwendigen Patentschutzes.

In diesem Beitrag werden auf Basis einer Darstellung der in der Pharmaindustrie relevanten Piraterieformen Modelle und Konzepte vorgestellt, mit denen sowohl von Seiten der staatlichen und internationalen Regulierungsbehörden als auch von Seiten der Industrie selbst Maßnahmen zur effektiven Bekämpfung von Piraterie eingeleitet und weiter ausgebaut werden können. Im Zentrum stehen dabei die effiziente Kooperation zwischen Staat und Unternehmen, die Formulierung adäquater Abwehrstrategien auf Unternehmensseite sowie die darauf ausgerichtete Optimierung unternehmensinterner Prozesse und Strukturen unter dem Einsatz moderner Technologien.

---

1 In einigen Entwicklungsländern beträgt der Anteil der Piraterieprodukte im Markt bis zu 60 %.

2 Weltgesundheitsorganisation, US Food and Drug Administration, Accenture Analyse 2006.

2. Die besondere Piraterieanfälligkeit der Pharmaindustrie

Die Piraterie ist in der pharmazeutischen Industrie stark ausgeprägt und weit verbreitet. Im Vergleich zu anderen Märkten, wie z. B. der Luxuskonsumgüterindustrie, in denen der Erwerb eines Plagiats in Kauf genommen oder gar angestrebt wird, spielt bei Arzneimittelpiraterie die Sicherheit eine übergeordnete Rolle. Der Patient hat grundsätzlich ein Interesse daran, das Originalpräparat zu erwerben, denn nur dieses bietet ihm die notwendige Qualität und Sicherheit.

Der Schaden, den Arzneimittelfälschungen anrichten, ist enorm: Für die betroffenen Menschen besteht die Gefahr einer ernstzunehmenden Gesundheitsgefährdung, die in der Regel erst dann wahrgenommen wird, wenn Schädigungen bereits eingetreten sind. Aber auch der materielle Schaden für die pharmazeutische Industrie ist immens: Schätzungen gehen von einem weltweiten Fälschungsmarkt mit Arzneimitteln mit einem jährlichen Umsatz von ca. 40 bis 50 Mrd. Euro aus; dies entspricht aktuell rund 8 bis 10 % des weltweiten Pharmamarktes. Beunruhigenderweise ist davon auszugehen, dass der Anteil am Gesamtmarkt bis 2010 nochmals signifikant ansteigen wird – möglicherweise um bis zu 15 %.[3]

Die besondere Piraterieanfälligkeit der Branche erklärt sich aus den spezifischen Rahmenbedingungen, in denen die Pharmaindustrie operiert. Zum einen ist in kaum einer anderen Branche die wirtschaftliche Attraktivität von Piraterie so groß wie in der Pharmaindustrie. Im Vergleich zu vielen anderen Produkten, wie z. B. Kfz-Ersatzteilen und Konsumgütern, sind die reinen Herstellungs-, Transport- und Logistikkosten pro Packungseinheit für den Originalhersteller vergleichsweise niedrig, da die Preise in erster Linie die immens hohen, zuvor getätigten Forschungs- und Entwicklungsausgaben reflektieren. Ähnlich wie bei der Piraterie in der Software- und Filmindustrie existieren für Pharmapiraten somit sehr hohe Gewinnmargen, weil sie die Forschungs- und Entwicklungsinvestitionen mit den verbundenen Risiken nicht tätigen müssen. Der Anteil der Marge, der dem Originalhersteller als Deckungsbeitrag für die F&E-Investitionen zur Verfügung steht, zeigt sich in der Regel bei Auslaufen des Patentschutzes. Sobald so genannte Generikahersteller mit den dann nicht mehr patentgeschützten Produkten auf den Markt kommen und somit den Wettbewerb intensivieren, fallen die Preise auf ein Niveau, welches die reine Produktion und Distribution ermöglicht, aber keinen Spielraum für Forschungsaktivitäten mehr einräumt. Analysen für den deutschen Markt zeigen, dass dieser Preisverfall bei durchschnittlich rund 40–50 % liegt.[4]

Hohe Gewinnmargen für Fälscher treffen im Besonderen auf Piraterie in Industriestaaten als primärem Absatzmarkt hochpreisiger Arzneimittel zu, wenngleich diese aufgrund strenger

---

3 Weltgesundheitsorganisation, US Food and Drug Administration; IMS Health; Center for Medicines in the Public Interest; Accenture Analyse 2006.

4 Studie von Accenture im Auftrag des ProGenerika e.V., 2005.

Kontrollen sehr riskant ist. In Entwicklungsländern ist zwar das Risiko deutlich geringer, dafür sind jedoch auch die realisierbaren Gewinnmargen kleiner. Der Anreiz für Piraterie besteht hier darin, unterversorgte Märkte – zum Beispiel in West- und Zentral-Afrika, vor allem auf den Gebieten Anti-Infektiva oder HIV-Medikamente – flächendeckend zu beliefern. Dieses Vorgehen wird von den afrikanischen Regierungen in Einzelfällen sogar toleriert.

3. Piraterieformen und deren Ausmaß

Grundsätzlich lässt sich die Produkt- und Konzeptpiraterie in der Pharmaindustrie nach zwei unterschiedlichen Ansätzen differenzieren. Während in dem einen Fall der Arzneimittelwirkstoff im Fokus der Piraterie steht und versucht wird, diesen illegal herzustellen und somit Erträge über seinen tatsächlichen therapeutischen Nutzen zu erzielen, fokussiert sich der zweite Ansatz darauf, über den Markenwert bzw. über das Vermarktungskonzept des Originalpräparates Erträge zu erzielen.

In der Praxis treten beide Piraterieansätze nicht in Reinform, sondern zumeist in Mischformen auf. Welche der beiden Ausprägungen einen konkreten Pirateriefall dominiert, hängt von der zugrunde liegenden Motivation des Fälschers ab. Geht es ihm in erster Linie um die Belieferung von Märkten mit therapeutisch wirksamen Präparaten, so basieren diese auf so genannten „sklavischen Fälschungen“: Die Nachfragestrukturen setzen Anreize zu einem möglichst originalgetreuen „Nachbau“ des Arzneimittelwirkstoffes; die Fälschung von Marke und Verpackung etc. tritt in den Hintergrund der Bemühungen bzw. ist für den Absatz der Fälschung von untergeordneter Bedeutung. Diese Ausprägung der Piraterie findet meist in Zusammenhang mit einer realen Wirkstoff- und Medikamentenunterversorgung von Entwicklungsländern – etwa von HIV-Medikamenten in vielen Ländern Afrikas – statt.

Für die pharmazeutische Industrie jedoch von erheblich größerer Bedeutung sind die Pirateriefälle, in denen ein möglichst preiswert produziertes „Scheinmedikament“ unter vorsätzlicher Verwendung von Marke, Herstellernamen, Geschäftsbezeichnung, Verpackung und Präsentation des Originalherstellers auf den Markt gebracht wird. Das so genannte „Counterfeiting“ zielt somit nicht auf den therapeutischen Nutzen, sondern darauf, Gewinne durch vorsätzliche Fälschung von markenrechtlich geschützten Kennzeichnungen zu erzielen. Die tatsächliche Qualität dieser Plagiate ist abhängig von den Anforderungen der jeweiligen Absatzmärkte, in denen sie lanciert werden sollen. Beim Counterfeiting werden die in Umlauf zu bringenden Plagiate in der Regel so billig wie möglich und so gut wie nötig produziert: In regulierten Märkten, die über strenge Qualitätskontrollen verfügen, müssen die Plagiate relativ hohen Qualitätsanforderungen entsprechen und daher hinsichtlich ihre Inhaltsstoffe den „sklavischen Fälschungen“ sehr nahe kommen. Diese Art von Counterfeiting ist daher mit höheren Herstellungskosten verbunden, verspricht aber auch hohe Gewinnmargen.

Weitaus einfacher und daher auch wesentlich häufiger – wenngleich auch weniger lukrativ – ist Counterfeiting in Schwellen- und Entwicklungsländern. Da die dortigen Qualitätskontrollen weniger effizient sind, können Fälschungen mit weniger Aufwand hergestellt und am Markt platziert werden. Die Ursache hierfür liegt in den Unzulänglichkeiten sowohl hinsichtlich der Registrierung zugelassener Arzneimittel, der Produktions- sowie Einfuhrkontrolle als auch in der ungenügenden Anzahl von Prüflaboratorien und gut ausgebildeter Fachkräfte. Dies führt dazu, dass in einigen Entwicklungsländern Piraten lokale Pharmamärkte nicht nur erheblich beeinflussen, sondern teilweise „im Griff" haben: In vielen chinesischen Städten liegt der Anteil der Arzneimittelfälschungen zwischen 25 und 40 %, genauso wie in den mittel- und südamerikanischen Staaten Argentinien, Mexiko und Kolumbien. In vielen Teilen Westafrikas beträgt der Anteil an den gehandelten Arzneimitteln sogar beunruhigende 60 %.[5]

Auch wenn aufgrund der geografischen Verteilung der Counterfeiting-Aktivitäten davon ausgegangen werden kann, dass die Menschen in Afrika, Asien und Südamerika der größten Gefahr ausgesetzt sind, mit Plagiaten und Arzneimittelfälschungen in Kontakt zu geraten, so sind dennoch auch andere Regionen und Märkte nicht vor den Konsequenzen der Piraterie gefeit. Neben den in den regulierten Märkten ansässigen Fälschern tauchen auch Plagiate aus Schwellenländern durch internationalen Handel regelmäßig in den USA und Westeuropa auf – trotz strenger Kontrollen. Hierbei handelt es sich häufig um gefälschte potenzsteigernde Präparate wie Viagra™ oder Cialis™. Ebenfalls beliebt bei Fälschern sind absatzstarke Cholesterin reduzierende Präparate wie Lipitor™ und hochpreisige Arzneimittel gegen Anämie und Ermüdungserscheinungen wie Procit™ und Epogen™. So konnte seit 2001 auch in den USA – dem größten Pharmamarkt der Welt – eine deutliche Zunahme von Produkt- und Konzeptpiraterie registriert werden. Die Anzahl der von der *Food and Drug Administration* (FDA) verfolgten Fälle nahm von jährlich etwa 10 Fällen während der 90er Jahre auf über 50 Fälle im Jahre 2004 zu.

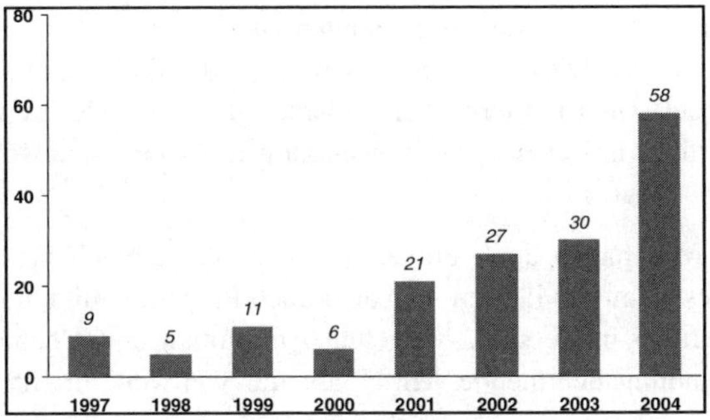

Abbildung 1: *Anzahl der eröffneten Counterfeiting-Fälle pro Jahr in den USA*[6]

5 Kroll Associates, International Policy Network; German Pharma Health Fund; Accenture Analyse 2006.

6 International Policy Network; US Food and Drug Administration 2005; Accenture Analyse 2006.

Auch in Europa wurden in den letzten Jahren zahlreiche Counterfeiting-Fälle aufgedeckt, Tendenz steigend. Nach dem Beitritt der baltischen Staaten Lettland, Litauen und Estland zur EU warnte die Weltgesundheitsorganisation bereits, dass das Risiko eines verstärkten Eintritts von gefälschten Präparaten in die EU-Lieferantenketten offensichtlich sei. Westeuropäische Staaten wie Frankreich und Großbritannien erlebten im Jahr 2004 Fälschungsskandale in der pharmazeutischen Industrie. So konnten französische Zollbeamte 542.000 und britische Behörden 22.000 gefälschte Arzneimittel sicherstellen. In Deutschland wurde die Piraterieproblematik erstmals im Jahr 1998 in Zusammenhang mit der als „Deggendorf-Fall" bekannt gewordenen massenhaften Fälschung von Anabolika-Präparaten zu einem öffentlichen Thema.[7]

Bedauerlicherweise sind die meisten Arzneimittelfälschungen, unabhängig von Absatzmarkt oder Grundmotivation, aufgrund minderwertiger, billiger Wirkstoffe in niedriger Dosis oder Güte stark gesundheitsgefährdend: In rund 60 % der von der Weltgesundheitsorganisation dokumentierten Fälle enthalten Plagiate keinerlei Wirkstoff und in über 15 % völlig inadäquate Inhaltsstoffe. Der Anteil „sklavischer Fälschungen" betrug weniger als 10 % – und auch diese stellen häufig eine große Gefahr dar: Sie werden oft mit anderen Prozessen, Synthesen, Reinigungen und unter Verwendung weniger hochwertiger Ausgangsstoffe hergestellt. Das Risiko toxischer Verunreinigungen ist daher groß, speziell auch deswegen, weil diese in regulären Qualitätsprüfungen nicht immer nachweisbar sind.

Alle Ausprägungen der Piraterie laufen somit nicht nur den Interessen der forschenden Pharmaindustrie zuwider, sie nehmen darüber hinaus auch eine erhebliche Gesundheitsgefährdung der ahnungslosen Plagiatverwender billigend in Kauf. Derartiger Verunreinigungen schaden Patienten wie auch der forschenden Pharmaindustrie, die vielfach für die entstandenen Schäden haften muss. Denn häufig ist nach Verbrauch des Arzneimittels nicht mehr nachzuweisen, ob es sich bei dem schädlichen Präparat um eine Fälschung gehandelt hat.[8]

Neben geografischen Piraterie-Schwerpunkten können auch bestimmte Marktsegmente hinsichtlich Piraterie-Attraktivität und -Ausmaß bewertet werden. Eine hohe Anziehungskraft auf Fälscher üben beispielsweise die so genannten Blockbuster-Präparate mit ihren sehr hohen Umsatzpotenzialen aus. Dies ist insbesondere dann der Fall, wenn sie in weniger streng kontrollierten therapeutischen Feldern, zum Beispiel als „Lifestyle-Präparate" oder dergleichen, eingesetzt werden, in denen ihre Verwendung nicht oder nur selten unter ärztlicher Obhut und Beratung erfolgt.

Hohes Pirateriepotenzial haben auch Präparate mit relativ einfach herstellbaren Wirkstoffkombinationen. In bestimmten Märkten sind aber auch Präparate mit einem hohen therapeutischen Nutzen für Piraten interessant. So gelten Antibiotika und Chemotherapeutika sowie schmerz- und entzündungshemmende Mittel als die weltweit am häufigsten gefälschten Wirkstoffe.

---

7 Bundesinstitut für Arzneimittel und Medizinprodukte, BfArM 2005; Weltgesundheitsorganisation 2004 und 2005; Center for Medicines in the Public Interest 2005.

8 Weltgesundheitsorganisation 2004; Accenture Analyse 2004, siehe Abbildung 2.

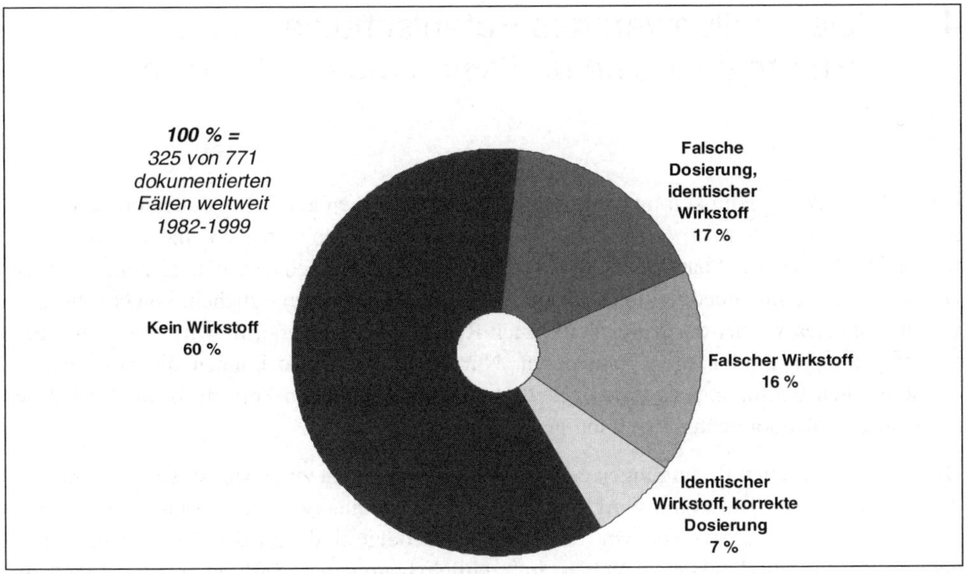

Quelle: U.S. Food and Drug Administration
Abbildung 2: *Art und Güte der Inhaltsstoffe von Arzneimittelfälschungen*

Das Marktsegment der Generika-Präparate, also von Arzneimitteln, die nicht (mehr) patentgeschützte Wirkstoffe enthalten, muss gesondert betrachtet werden. Hier konzentriert sich Piraterie zumeist auf das Kopieren veredelnder Darreichungsformen von Wirkstoffen oder aber auf das Fälschen von gut etablierten Herstellermarken („Branded Generics"). Insgesamt aber ist der Generika-Markt mit seinem harten Wettbewerb, dem hohen Preisdruck sowie den deutlich niedrigeren Herstellermargen für Piraterie weniger attraktiv.[9]

Auch die den Herstellern zur Verfügung stehenden unterschiedlichen Absatzkanäle sind in Bezug auf Piraterie differenziert zu betrachten: Die Liberalisierung der klassischen Absatzkanäle für pharmazeutische Produkte birgt Gefahren. So eröffnet der zu beobachtende Trend, dass Teilsortimente aus Apotheken verstärkt als normale Konsumartikel gehandelt und in nicht-pharmazeutischen Verkaufsumfeldern – und daher auch von nicht entsprechend geschultem Personal – vertrieben werden, Piraten neue Chancen, ihre Waren zu platzieren.

Weiteres Pirateriepotenzial bietet der stark wachsende, aber wenig regulierte und kontrollierte Online-Vertrieb. Schätzungen gehen davon aus, dass sich der Anteil von Plagiaten an auf diesem Wege versendeten Arzneimitteln auf etwa 10 % beläuft. Dieser liegt damit deutlich über dem der „klassischen" und einer strikten Qualitätskontrolle unterliegenden Absatzkanäle in geschützten Therapie-Umfeldern, wie zum Beispiel in Krankenhäusern.[10]

9 Institut für Pharmazie, Universität Würzburg 2005; Accenture Analyse 2006.

10 Weltgesundheitsorganisation 2005; US Food and Drug Administration 2004; Accenture Analyse 2006.

4. Der Stellenwert des Patentschutzes für die Pharmaindustrie und seine realen Grenzen

Da die Wettbewerbsfähigkeit innovativer Pharmaunternehmen auf einem äußerst investitionsintensiven Engagement im Bereich Forschung und Entwicklung basiert und zusätzlich die Innovationszyklen im Pharmabereich mit zehn Jahren vergleichsweise lang sind, sind die Hersteller auf Rahmenbedingungen angewiesen, die es ihnen ermöglichen, sowohl die Entwicklungskosten wieder einzuspielen als auch Renditen für ihre enorme wirtschaftliche Risiken eingehenden Aktionäre zu realisieren. Nur auf diese Weise können die notwendigen ökonomischen Bedingungen für den gesellschaftlich so wichtigen Fortschritt im Bereich der Medizin und Medikamentenforschung gesichert werden.

Diesen ökonomischen Bedingungen ein rechtliches Fundament zu geben ist Aufgabe und Ziel des Patentschutzes. Durch ihn wird gewährleistet, dass Neuentwicklungen und Innovationen am Markt während dieser Zeit vor Wettbewerb geschützt sind, um den innovativen Unternehmen so die Möglichkeit zu geben, in „zeitlich begrenzter Marktmonopolstellung" die Kosten für die Entwicklung wieder einzuspielen. Insofern ist die Möglichkeit eines patentrechtlichen Schutzes die zentrale Grundvoraussetzung sowohl für eine positive wirtschaftliche Entwicklung der Pharmaindustrie als auch für den medizinischen Fortschritt im Allgemeinen. Kaum eine Branche ist so stark von diesem Schutz abhängig wie die Pharmabranche. Auf internationaler Ebene ist der Patentschutz über die Mitgliedschaft in der Welthandelsorganisation (WTO) sowie deren „Übereinkommen über handelsbezogene Aspekte der Rechte am geistigen Eigentum" („TRIPS": Trade-Related Aspects of Intellectual Property Rights) geregelt. Das Abkommen zielt in erster Linie auf die Förderung eines effektiven und angemessenen Schutzes des geistigen Eigentums ab, wobei sichergestellt werden soll, dass die Maßnahmen und Verfahren zur Durchsetzung der Rechte des geistigen Eigentums nicht selbst zu Schranken für den legitimen Handel werden.

In der Pharmaindustrie greifen die Regelungen des Patentschutzes auf mehreren Ebenen. Zum einen existiert der so genannte „Wirkstoffschutz", der sich auf neue Wirkstoffe oder deren Kombination mit Trägersubstanzen bezieht. In der Regel wird der Wirkstoffschutz in einem sehr frühen Forschungsstadium aktiviert, so dass der effektive Schutz des Arzneimittelns während der Vermarktung durchschnittlich zwischen 10 bis 15 Jahre wirkt. Zusätzlich zum Wirkstoff können ebenfalls innovative Technologien wie Herstellungs- und Applikationsformen geschützt werden.

Eine weitere für die Pharmaindustrie relevante Ebene des Patentschutzes betrifft den Schutz von (Arzneimittel-)Marken. Hierbei werden, wie in anderen Branchen auch, der Verkauf und die Vermarktung von Produktplagiaten unter falschem Markennamen, mit gefälschter Verpackung oder Beipackzettel unter Strafe gestellt. Der Markenschutz gewinnt in der pharmazeutischen Industrie immer mehr an Bedeutung. Ursächlich hierfür ist die Tatsache, dass insbesondere in Phasen nachlassender Innovationskraft die Differenzierung der Marktteilnehmer gegenüber dem Wettbewerb über Marke und Vermarktung zunehmend zu einem wichtigen Erfolgsfaktor wird.

Im Unterschied zu anderen innovationsgetriebenen Branchen, in denen der Patentschutz ebenfalls einen hohen Stellenwert einnimmt, entfalten Patente allein in der Pharmaindustrie jedoch eine vergleichsweise geringere Schutzwirkung. Ursächlich ist die Tatsache, dass die große Mehrheit der neuen Arzneimittel von jeweils einem einzigen zentralen Patent und somit von einer zentralen Innovation abhängig ist: Ist den Fälschern der neuartige Wirkstoff bekannt, kann mit dieser zentralen Idee das gesamte Produkt imitiert werden, wohingegen die notwendigen Patente und Teil-Innovationen pro Produkt beispielsweise in der Luft- und Raumfahrt normalerweise zahlreich und nicht so einfach nachzuahmen sind.

Einen wirksamen und allumfassenden Schutz des geistigen Eigentums an Neuentwicklungen kann der Patentschutz somit allein nicht bieten, wie das Ausmaß der Piraterie zeigt. Er legt lediglich die notwendige rechtliche Basis dafür, dass eine missbräuchliche Ent- und Verwendung von neuartigen Arzneimitteln überhaupt festgestellt und von Seiten staatlicher Regulierungsbehörden verfolgt werden kann. Damit diese Basis greifen kann, ist allerdings bei der Anmeldung eines Patentes die Offenlegung von Wirkstoff und Herstellungsvorgang des zu schützenden Präparates notwendig. Über seine spätere Veröffentlichung wirken die Überprüfungs- und Selbstkontrollmechanismen der „Scientific Community“; denn sie sind das wesentliche Instrumentarium, um herauszufinden, ob ein Patent tatsächlich eine Neuentwicklung darstellt und schützenswert ist, ob es sich um eine „Scheininnovation“ handelt oder ob es seinerseits sogar bereits bestehende Eigentumsrechte verletzt.

Offenlegung und Austausch dieser sensiblen Informationen stellen paradoxerweise gerade den Nährboden für unberechtigtes Kopieren von Prozessen und Wirkstoffen dar. Mit Hilfe des so genannten „Reverse Engineering“ sind Fälscher anschließend in vielen Fällen in der Lage, auch den Herstellungsprozess zu identifizieren und zu kopieren. Im Kampf gegen diesen Missbrauch ist der Patentschutz somit keine hinreichende, sondern vielmehr eine unverzichtbar notwendige Basis, auf der alle anderen Maßnahmen aufbauen. Es muss jedoch konstatiert werden, dass der Patentschutz bislang auf internationaler Ebene nicht flächendeckend umgesetzt wurde. Obwohl global betrachtet Fortschritte hinsichtlich der Überführung des Patentschutzes in nationales Recht zu verzeichnen sind, kann von einem real wirksamen weltweiten Patentschutz nicht ausgegangen werden.

Dies liegt zum einen daran, dass auch heute noch in vielen Ländern die internationalen Patentschutzstandards keine rechtliche Geltung haben. Diese Länder sind prädestinierte Absatzmärkte für Arzneimittelfälschungen. In einigen dieser Märkte werden mit staatlicher Duldung auch Präparate, die in anderen Ländern patentrechtlich geschützt sind, ohne die Einwilligung des Patenthalters abgesetzt. Darüber hinaus entwickeln sich diese Märkte aufgrund fehlender regulatorischer Voraussetzungen, etwa im Bereich der Ahndung von Piraterie oder kriminellem Handel, zu bevorzugten Produktionsstandorten für Piraten, die von hier aus Plagiate auch in den regulierten westlichen Märkten abzusetzen versuchen.

Selbst in Ländern, in denen der Patentschutz rechtlich wirksam ist, wird er nicht selten durch Übergangsregelungen in seiner Wirkung begrenzt. So hat zum Beispiel Indien zwar im Jahre

2005 den Wirkstoffschutz eingeführt, eine Übergangsregelung begrenzt diesen jedoch auf Wirkstoffe, die 1995 und danach entwickelt wurden. Hierdurch besteht die Möglichkeit, Produktplagiate, bei denen der Patentschutz erst im Jahre 2015 oder früher abläuft, auf den indischen Markt zu bringen, ohne gegen internationale Auflagen zu verstoßen.

Auch eine lückenlose rechtliche Implementierung des Patentschutzes ist noch keine Garantie für sein tatsächliches Funktionieren. Häufig hapert es an der praktischen Umsetzung und an der legislativen Kontrolle des Patentschutzes. Vielen staatlichen Regulierungsbehörden in Entwicklungs- und Schwellenländern fehlen schlicht die Mittel und das wissenschaftliche Know-how, um der Piraterie wirksam Einhalt zu gebieten. Ebenfalls ist festzustellen, dass in manchen Ländern (so u. a. in China) Piraterie teilweise toleriert wird. Zu erklären ist dies sowohl durch kulturell unterschiedliche Bewertungen der Rolle geistigen Eigentums als auch durch den fehlenden ökonomischen Anreiz zur effektiven Kontrolle. Da oft die einheimische Wirtschaft bislang kaum von Piraterie betroffen ist – beziehungsweise in einigen Fällen sogar von ihr profitiert –, fehlt zuweilen auch der politische Wille, entsprechende Maßnahmen zu ergreifen. Von einem wirklich funktionierenden Patentschutz-Regime ist die Welt also noch ein Stück entfernt.

5. Strategien zur Bekämpfung von Marken- und Produktpiraterie

Die Piraterie stellt, wie gezeigt wurde, für die pharmazeutische Industrie eine besondere Gefährdung dar. Um sich besser vor Piraterie und Fälscherangriffen zu schützen, bedarf es konzertierter Bemühungen auf mehreren Ebenen. Weder können sich die Akteure der Pharmaindustrie darauf verlassen, dass allein über die Durchsetzung des rechtlichen Patentschutzes das Problem zu lösen ist, noch kann der staatliche Regulierer die Verantwortung, Schwachpunkte in der Supply Chain abzusichern, allein den Unternehmen überlassen. Eines ist jedoch klar: Der erfolgreiche Kampf gegen die Piraterie braucht eine globale Dimension, er kann nicht allein auf nationaler Ebene geführt werden. Nur wenn perspektivisch alle Industrien und Marktregulierer Maßnahmen ergreifen, können die weltweiten Konsequenzen der Piraterie für Hersteller wie Patienten unterbunden werden.

Zudem bedarf es bei der Bekämpfung von Piraterie einer sorgfältig geplanten und abgestuften Vorgehensweise, um nicht den Rahmen des finanziell Machbaren, technologisch Möglichen und rechtlich Vertretbaren zu sprengen und der gleichzeitig fortschreitenden wie erwünschten Öffnung, Belebung und Internationalisierung der Märkte einen Riegel vorzuschieben.

Angesichts der Vielschichtigkeit der Problematik ergibt sich eine Vielzahl von Maßnahmen, die zur Eindämmung der Piraterie ergriffen werden können. Diese können sowohl hinsichtlich ihrer Zielsetzung als auch bezüglich des handelnden Akteurs in zwei Hauptkategorien eingeteilt werden. Die erste Kategorie bezeichnet Maßnahmen von staatlicher Seite, also des Regulierers. In die zweite Kategorie fallen Maßnahmen von Seiten der Industrie, also von Herstellern wie auch Distributoren. Zwischen beiden Maßnahmengruppen gibt es bei der konkreten Umsetzung vielfach Überschneidungen, deren Existenz die Prämisse eines erfolgreichen Kampfes gegen Marken- und Produktpiraterie symbolisiert: das konzertierte Zusammenwirken aller Wirtschaftsakteure mit staatlichen Behörden, sowohl hinsichtlich rechtlicher Regelungen als auch ihrer Umsetzung.

5.1 Maßnahmen des staatlichen Regulierers und internationaler politischer Institutionen

Nationale Behörden sind im Zusammenspiel mit internationalen Organisationen einer der beiden zentralen Adressaten für Handlungsempfehlungen in der Bekämpfung der Piraterie in der Pharmaindustrie. Sie müssen sowohl auf nationaler als auch auf internationaler Ebene über Organisationen wie die Europäische Union, die Vereinten Nationen, die Weltgesundheitsorganisation und Welthandelsorganisation die Entwicklung von Standards und Schutzmechanismen anstoßen sowie die rechtlichen wie realen Grundlagen für ihre Durchsetzung schaffen. So können auf politischer Ebene Länder ermuntert oder dabei unterstützt werden, Schutzmechanismen zu entwickeln und umzusetzen. Hier ergeben sich Kooperationsfelder und neue Möglichkeiten eines gemeinschaftlichen Engagements, von dem alle beteiligten Partner profitieren.

5.1.1 Produktklassifizierung

Zur zielgerichteten und effizienten Bekämpfung von Piraterie ist es zwingend notwendig, diejenigen Arzneimittel und Wirkstoffe, die besonders anfällig für kriminelle Piraterie sind, zu identifizieren. Die Einführung einer allgemein gültigen Produktklassifizierung zur Bewertung der Pirateriеanfälligkeit sowie zur Implementierung von Problemlösungsstrategien in gefährdeten Produktzonen wird eine effiziente Verwendung der Ressourcen ermöglichen.

Da ein „Gefährdungsregister für Arzneimittel" bislang nicht existiert, müssen neben statistischen Auswertungen bestehender Counterfeiting-Daten auch Erfahrungswerte und qualitative Prognosen zu Rate gezogen werden, um Hochrisikogruppen unter den Medikamenten und Wirkstoffen zu identifizieren. So können Hersteller und diejenigen, die an der Arzneimitteldistribution beteiligt sind, ihre eigenen Produkte in Risikogruppen einstufen und entsprechende Vorsichtsmaßnahmen treffen bzw. Schutzstrategien entwickeln.

Für die Wirksamkeit eines solchen Klassifizierungsinstruments ist dessen Kontrolle durch eine zentrale nationale Behörde – bzw. auf lange Sicht auch auf internationaler Ebene durch eine internationale Organisation – vonnöten, die die Daten nicht nur vertraulich behandelt und nur an zertifizierte Wirtschaftsakteure weitergibt, sondern die Datenbestände permanent und in regelmäßigen Abständen aktualisiert. Dieser erste grundlegende Schritt zur Verbesserung der allgemeinen Sicherheit im Medikamentenbereich kann vergleichsweise schnell in die Tat umgesetzt werden.

5.1.2 Importregulierung

Eine klassische staatliche Aufgabe und im Kontext der Pirateriebekämpfung von unerlässlicher Bedeutung ist die Kontrolle von Importen in den nationalen Markt. Zwar sind die Zollbehörden schon heute ein sehr effektives Mittel zur Verhinderung illegaler Importe. So wurden auf EU-Ebene Richtlinien implementiert, die es den Zollbehörden erlauben, Produkte zu beschlagnahmen und zu vernichten, die gegen das internationale Patentrecht verstoßen. Dennoch ist ein Ansteigen illegaler Arzneimittelimporte festzustellen.

Da bei pharmazeutischen Produkten aber der Nachweis von Fälschungen über den Zoll in der Regel signifikant schwieriger ist als beispielsweise bei Konsumgütern, muss es im Interesse der Industrie sein, die Behörden mit möglichst vielen relevanten Informationen zu versorgen, um die Kontrolle noch effizienter zu gestalten und somit die Trefferquote zu erhöhen. In der Konsumgüterindustrie gibt es beispielsweise Trainingsangebote für Zollbeamte, in denen diese von den Herstellern informiert und somit für Fälschungen sensibilisiert werden. Derartige Programme sollten ebenfalls für pharmazeutische Güter verstärkt eingesetzt werden.

5.1.3 Zertifizierung der Supply Chain

Ein wichtiger Baustein im Kampf gegen Piraterie in der Pharmabranche ist das gemeinsame Bemühen von Industrie und Regulierungsbehörden, ein Marktumfeld zu schaffen, das einerseits die möglichen Angriffspunkte für Piraterie einschränkt und andererseits die Selbstkontrolle der Branche fördert. Ziel dieser Regulierung ist die Entwicklung eines einheitlichen Zertifizierungsverfahrens für alle Wirtschaftsakteure entlang der gesamten Supply Chain. Ein solches Verfahren sollte in eine zentrale, staatlich kontrollierte Datenbank münden, die es sowohl Herstellern als auch Lieferanten, Apotheken, niedergelassenen Ärzten und Krankenhäusern ermöglicht, relevante Informationen über den jeweiligen Handelspartner einzuholen.

Derartige Mechanismen zur strikteren Kontrolle existieren häufig nicht oder sind noch ausbaufähig. Es mangelt in vielen Ländern nicht nur an gut geschultem Zertifizierungs- und Kontrollpersonal, sondern auch an einem angemessen rechtlichen (Straf-)Instrumentarium, um die Standards konsequent durchzusetzen. Um hier den Schutz der Pharmaindustrie sowie der Endverbraucher weiter auszubauen, sollte der Schwerpunkt einerseits auf der Realisierung regelmäßiger Inspektionen, andererseits auf der Entwicklung geeigneter Strafmaße zur

Verurteilung und Abschreckung sowie auf der internationalen Abstimmung und Angleichung von Schutzmechanismen gegen international operierende Pharmapiraten liegen.

Einen zusätzlichen Schwachpunkt hinsichtlich der Anfälligkeit gegen Piraterie stellt die Entstehung neuer Absatzkanäle dar. Im Gegensatz zu traditionellen Kanälen gestaltet sich die Einführung strikterer Kontrollmechanismen – etwa beim Online-Vertrieb – als sehr problematisch. Denn hier kann, ggf. sogar aus dem Ausland agierend, die gesamte Distributionskette zum Endverbraucher mit all ihren Kontrollinstanzen umgangen werden. Hier ist der Gesetzgeber gefragt, auf internationaler Ebene bessere Kontrollmechanismen zu entwickeln und zur weltweiten Verbreitung höherer Qualitätsstandards im Handel beizutragen.

5.2 Maßnahmen der pharmazeutischen Industrie

Die wirksame Bekämpfung von Piraterie bedarf nicht nur des staatlich regulierenden Eingreifens, sondern auch eines neuen Denkens und Handelns innerhalb der Pharmaindustrie. Auch wenn die Effektivität des Schutzes vor Piraterie nur durch konzertierte Aktionen maximiert werden kann, müssen sich global aufgestellte Arzneimittelhersteller mit der Thematik auch eigenständig auseinandersetzen, um autonome Abwehrstrategien zu entwickeln. Die Bereitschaft, für ein Mehr an Sicherheit einen verstärkten Informationsaustausch – auch mit Wettbewerbern – zu betreiben sowie in die Entwicklung von Kontrollmechanismen zu investieren und erprobte Modelle flächendeckend zu implementieren, sind hierfür unabdingbar. Neben der Formulierung adäquater Unternehmensstrategien gelten die Entwicklung komplexer Sicherheitstechnologien für gehandelte Arzneimittel, die Entwicklung von und Partizipation in „Track and Trace"-Systemen sowie der Aufbau von Kommunikations- und Warnsystemen als effektive Ansatzpunkte.

5.2.1 Formulierung globaler Abwehrstrategien

Die bewusste und differenzierte Auseinandersetzung mit den Gefahren der Arzneimittelpiraterie ist für Pharmahersteller eine Grundvoraussetzung, um die negativen Effekte auf Umsatz- und Ertragsebene zu minimieren. Dabei bildet die explizite Integration der Thematik bei der Formulierung der jeweiligen Unternehmensstrategien die notwendige Basis. Vor allem im Rahmen von Markt- und Vertriebsstrategien, IP-Strategien und dem Portfoliomanagement trägt das Aufgreifen der Thematik zum effektiven Schutz vor Fälschungen bei.

Alternativen zu einer globalen Marktpräsenz gibt es für Pharmaunternehmen jedoch nur sehr begrenzt, obwohl das Engagement in vielen Schwellen- und Entwicklungsländern wie erläutert als riskant bezeichnet werden muss. Der Rückzug aus diesen potenziell gefährlichen, weil nur schwach regulierten und kontrollierten Märkten stellt keine realistische strategische Option dar. Denn gerade diese Märkte gewinnen, wie im Falle Chinas und Indiens, zunehmend an

Bedeutung und werden mittel- bis langfristig die etablierten Pharmamärkte in ihrer globalen Rolle als Wachstumsmotor der Pharmaindustrie ablösen. Daher ist es wichtig, gerade in der aktuellen Entwicklungs- und Transitionsphase in diesen Märkten nachhaltige Präsenz zu zeigen, um den Aufbau der jeweiligen Gesundheitssysteme noch entscheidend beeinflussen zu können und sich Marktanteile zu sichern.

Darüber hinaus können die Transitionsphasen von Märkten den forschenden Pharmaherstellern durchaus auch Chancen eröffnen – vor allem im Bereich Forschung und Entwicklung. So bietet der in vielen dieser Märkte gegebene unternehmerische Spielraum („Freedom to Operate") große Möglichkeiten, der durchaus einen Standortvorteil darstellen kann: Da in diesen Ländern die Pharmaforschung über keine lange Tradition verfügt oder aber nur schwach entwickelt ist, ist in der Regel auch die Anzahl angemeldeter Patente sehr gering. Unternehmen haben daher vielfältige Möglichkeiten, Forschungsaktivitäten zu entfalten, ohne mit bestehenden Schutzrechten in Konflikt zu geraten. Im Vergleich zur komplexen Patentsituation in Industrieländern, wie z. B. in den USA, können daher Forschungsaktivitäten aus Schwellen- und Entwicklungsländern heraus Wettbewerbsvorteile bieten.

Pharmaunternehmen werden also immer wieder das Risiko eines Engagements in piraterieanfälligen Märkten in Kauf nehmen und somit Strategien entwickeln müssen, diese Risiken zu minimieren. Zwar ist durch die Entwicklung dieser Märkte davon auszugehen, dass sich auch die notwendige Regulierung und Kontrolle schrittweise und langfristig internationalen Standards angleichen werden. Mittelfristig bleibt das Fälschungsrisiko jedoch enorm hoch.

Um Fälschern in Schwellenländern langfristig den Boden zu entziehen, sind einerseits internationale politische Schritte und Vereinbarungen zur Marktregulierung sowie zur Durchsetzung von Mindeststandards innerhalb der lokalen Industrien notwendig. Hier ergeben sich auf staatlicher und internationaler Ebene Kooperationsmöglichkeiten, die im Sinne aller Beteiligten genutzt werden sollten.

Im Kern der Bemühungen der Pharmahersteller muss somit die Erarbeitung risikokontrollierten Engagements für diese Märkte stehen. Dies kann dadurch geschehen, dass man ausschließlich mit bestimmten Geschäftsfunktionen in bestimmten Märkten aktiv ist, beispielsweise über Sourcing-Aktivitäten und enge Kooperationen mit lokalen Unternehmen. Ein selektives Portfoliomanagement, bei dem man ganz bewusst bestimmte Produkt-Markt-Kombinationen aus den globalen Geschäftsaktivitäten ausklammert, kann ebenfalls entscheidend sein.

Wichtiger Erfolgsfaktor bei all diesen Bemühungen ist natürlich die Priorisierung des Themas auf der Top-Management-Ebene – sowohl in der Unternehmenszentrale als auch beim lokalen Management in den Zielmärkten. Darüber hinaus bleibt auch hier die Umsetzung der Strategie in konkrete Maßnahmen durch die Entwicklung und Optimierung der entsprechenden unternehmensinternen Prozesse und Strukturen notwendig.

5.2.2 Entwicklung von Sicherheitstechnologien

Im Gegensatz zum vorsichtigen Engagement in Schwellenländern, ergänzt durch die entsprechende „Basisarbeit", stehen in den entwickelten Kernländern der Pharmaindustrie die Entwicklung und Implementierung komplexer Sicherungssysteme für Arzneimittel im Zentrum der Bemühungen, deren Überwindung durch Fälscher einen ökonomisch nicht mehr zu rechtfertigenden Aufwand mit sich bringt. Die besondere Herausforderung besteht jedoch darin, die Entwicklung und serienmäßige Herstellung solcher Sicherheitstechnologien für die Pharmaunternehmen in einem finanzierbaren Rahmen zu halten.

Schon heute existieren einige Möglichkeiten, um die Produktsicherheit zu verbessern. So erschwert die Aufbringung von Seriennummern und Hologrammen, aber auch von versteckten maschinenlesbaren Sicherheitsmerkmalen auf Verpackungen es potenziellen Fälschern, unauffällig Counterfeiting-Produkte einzuschleusen. Eine Möglichkeit sind hierbei beispielsweise so genannte „Coin Reactive Links", bei denen der Patient eine Fläche auf der Verpackung mit einer Münze aufrubbelt und somit das Herstellerlogo sichtbar machen kann. Über diese Methode wird die Verpacklung selbst zum Echtheitszertifikat.

Sicherheitstechnologien stoßen – auch wenn sie aufwendig gefertigt sind – durch die globalen Handelswege und Eigenheiten der Arzneimitteldistribution an ihre Grenzen. Ein Problem ergibt sich aus dem Umstand, dass vielfach Präparate für den Verkauf in anderen Märkten umverpackt bzw. umetikettiert werden und einheitliche Verpackungsstandards nicht existieren. Dies gilt insbesondere auch bei dem in der BRD beliebten Re-Import von Arzneimitteln, bei dem Originalpräparate aus dem Ausland zurück in das Inland gebracht werden, um die häufig bestehende Preisdifferenz auszunutzen und somit Arbitrage-Möglichkeiten zu realisieren. Kleinere Abweichungen im Verpackungsdesign werden daher sowohl von Ärzten als auch von Patienten nicht als Indizien für das Vorliegen einer Fälschung angesehen. Hier sollten die Unternehmen im eigenen sowie im Interesse der gesamten Branche stabile und weltweit einheitliche Erkennungsmerkmale entwickeln.

Nicht zuletzt erschwert die in den USA verbreitete Praxis, Medikamente nicht in der ungeöffneten Verpackung, sondern in der für den konkreten Patienten notwendigen abgezählten Menge abzugeben, die Echtheitskontrolle vor Ort. Hier muss die Entwicklung dahin gehen, Sicherheitstechnologien nicht nur in der Außenverpackung, sondern möglichst nahe am Produkt, beispielsweise bei Tabletten auf dem Blister, zu platzieren.

Ein intensiv diskutiertes Thema ist auch der Einsatz so genannter RFID-Technologien *(Radio Frequency Identification)*. In der Konsumgüterindustrie ist diese Technologie bereits fest etabliert und wird im – ebenfalls stark von Fälschungen bedrohten – Luxussegment als Diebstahlsicherung sowie im Bereich der „Fast Moving Consumer Goods" (FMCG) angewandt, um die Lieferanten- und Logistikkette zu verfolgen, zu managen und somit zu optimieren. Der Hersteller platziert dabei RFID-Chips auf seinen Produkten – zumeist noch nicht auf den einzelnen Verpackungen, sondern aus Kostengründen in der Regel auf der Ebene von Paletten. Die Chips können dann mit einem Scanner per Funk ausgelesen werden – ein direkter Kontakt zwischen dem Auslesegerät und dem Produkt ist nicht notwendig.

Auch für die Pharmaindustrie wäre die Einführung dieser Technologie ein Schritt zu mehr Produktsicherheit und ein Schutz vor Piraterie. Der Grund für die noch mangelnde Akzeptanz des Verfahrens liegt einerseits in den immer noch hohen Kosten: Neben den Einmalkosten für die Implementierung kommt hinzu, dass in der Pharmaindustrie – anders als beispielsweise im Luxusgütermarkt – die Stückkosten in der Regel sehr gering sind und sich durch das Aufbringen der RFID-Chips die Kosten der einzelnen Medikamenteneinheit überproportional erhöhen würde. Dieser Umstand begrenzt den wirtschaftlichen Einsatz der Technologie aktuell noch auf extrem fälschungsgefährdete Produktgruppen. Andererseits würde der wirkungsvolle Einsatz des RFID-Verfahrens in der Pharmaindustrie zudem eine breit angelegte, möglichst flächendeckende Ausstattung von Großhändlern, Apothekern und Einzelhändlern mit entsprechenden Auslesegeräten bedingen. Die Einführung globaler, auch industrieübergreifender Standards wäre wichtig, ist aber noch nicht in Sicht – trotz der Forderungen der US Food and Drug Administration.

Innovative Sicherheitstechnologien bieten einen wesentlich höheren Schutz vor Piraterie – allerdings nicht für die Ewigkeit, denn immer wieder gelingt es professionellen Piraten, Sicherheitstechnologien zu imitieren und auszuhebeln. Die Pharmaindustrie muss sich daher mit der Situation vertraut machen, dass der Kampf um Arzneimittelsicherheit ein ständiger Wettlauf ist, der nur durch permanente Entwicklung und Innovation und immer wieder aufs Neue, aber wohl niemals abschließend gewonnen werden kann.

5.2.3 Erhöhung der Transparenz der Lieferantenkette durch „Track and Trace"

Die Fähigkeit, schnell und eindeutig die Echtheit eines Arzneimittels zu ermitteln, ist ein weiteres Aktionsfeld im Kampf gegen die Piraterie. Um eine solche lückenlose Authentizitätsprüfung der einzelnen Präparate zu ermöglichen, ist die Entwicklung eines digitalen „Track and Trace"-Systems, so, wie es heute schon als Serviceleistung bei Online-Vertrieben angeboten wird oder aber in der Lebensmittelindustrie zur Qualitätskontrolle (Zertifizierung) Anwendung findet, notwendig. Ziel eines solchen Systems ist es, die Nachverfolgung eines Originalproduktes durch die gesamte Lieferkette, also vom Hersteller über Distributoren bis hin zum Patienten, zu ermöglichen und somit das Eindringen von Fälschungen in die Absatzkanäle zu verhindern.

Um diese Technologien einzuführen, bedarf es zunächst der Festlegung branchenumfassender Mindeststandards und deren Einhaltung entlang der gesamten Wertschöpfungskette. Eventuell ist diese Einhaltung oder auch die zentrale Verwaltung der durch „Track and Trace" nachzuverfolgenden Daten durch eine staatliche Behörde zu kontrollieren und zu gewährleisten. Voraussetzung für den Erfolg ist die Bereitschaft der Industrie, gemeinschaftlich diese Regulierung und die daraus folgende Synchronisierung vieler Prozesse anzugehen, Änderungen bezüglich der eigenen Geschäftspraxis und die Anpassung der eigenen technischen Infrastrukturen an gemeinsame Standards vorzunehmen.

Zurzeit sind die technischen Voraussetzungen für eine kurzfristige flächendeckende Implementierung eines „Track and Trace“-Systems innerhalb der Pharmaindustrie nicht gegeben. Hier sind zunächst Untersuchungen und Verhandlungen hinsichtlich möglicher Technologiestandards vonnöten. Auch sollte die bereits beschriebene Produktklassifizierung angestoßen werden, um „Track and Trace“-Systeme zielgerichtet in besonders risikobehafteten Produkt- und Wirkstoffsegmenten einzuführen.

Als praktikable Übergangslösung erscheint das „One Forward/One Back“-Modell. Dieses ermöglicht zwar keinen Gesamtüberblick über die Authentizität eines Hochrisiko-Präparates entlang der gesamten Lieferantenkette, verlangt aber an jeder ihrer Schnittstellen den Nachweis der einwandfrei dokumentierten Herkunft des jeweiligen Präparats. Auf diesen Nachweis kann der Käufer, Händler und Groß- bzw. Zwischenhändler bestehen und wird es tun, denn beim eventuellen Weiterverkauf garantiert er wiederum selbst die Authentizität der gehandelten Ware. Durch die so gewährleistete Kontrolle aller Kaufs- und Verkaufsaktionen wird die Produktsicherheit erhöht; fast genauso wichtig ist jedoch der Einfluss dieser Maßnahme auf das Verantwortungsgefühl der einzelnen Wirtschaftsakteure für die Authentizitätskontrolle entlang der gesamten Wertschöpfungskette.

Unterstützt werden muss dieser Ansatz durch eine rigorose Zertifizierungspolitik der einzelnen Teilnehmer in der Wertschöpfung der pharmazeutischen Industrie (siehe Abbildung 3).

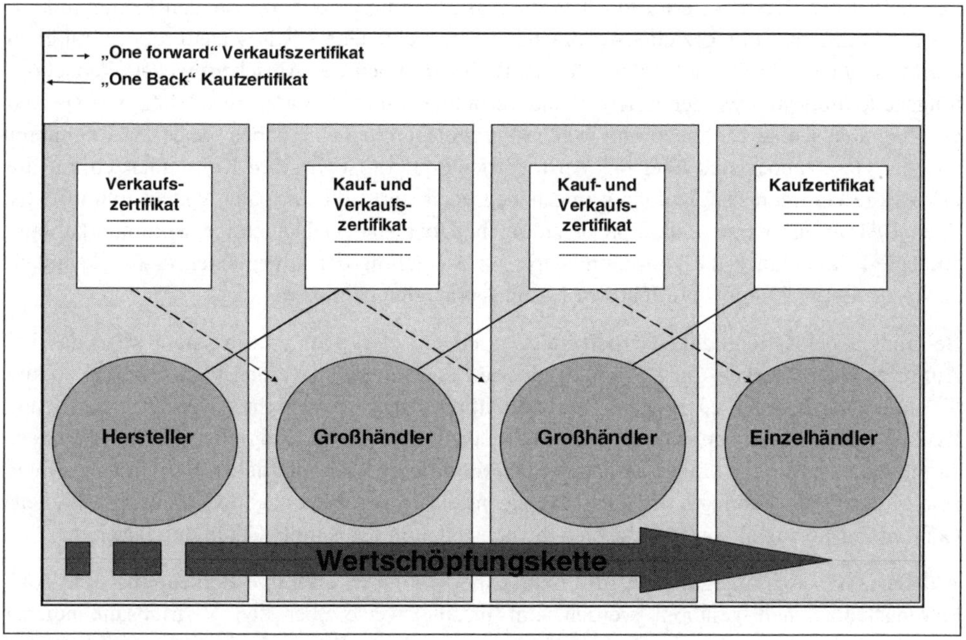

Quelle: Accenture

Abbildung 3: *Das „One Forward/One Back“-Modell*

Zumindest in einigen piraterieanfälligen Teilsegmenten der Pharmaindustrie empfiehlt es sich, die Idee der Einführung von „Track and Trace“-Systemen weiterzuverfolgen. Einige Hersteller versuchen zudem, die Distribution der Arzneimittel stärker zu kontrollieren. Gepaart mit der Ausdehnung des Leistungsspektrums auf höheren Stufen der Wertschöpfung – beispielsweise durch die Erbringung von Dienstleistungen – kann der Hersteller somit näher an den Patienten „heranrücken“ und ihn aktiver in den Prozess integrieren, was die Absicherung gegenüber Piraterie im Vergleich zum traditionellen Geschäftsmodell der Herstellung und des Vertriebs der Produkte über mehrere Handelsstufen wesentlich verbessern kann.

5.2.4 Aufbau eines Warn- und Kommunikationssystems

Die Aufklärung über Umfang und Risiken der Marken- und Produktpiraterie ist notwendig, um die Sensibilisierung aller Marktteilnehmer, wie Hersteller, Händler und Konsumenten, zu vergrößern. Aufgrund des Mangels an zentralisierten und ausgewerteten Informationen über Fälle, Trends und Entwicklungen in der Piraterie ist der bisherige Aufklärungsgrad begrenzt und geht über einzelne als „Skandal“ an die Öffentlichkeit gebrachte Fälle zumeist nicht hinaus. Eine ausbalancierte Informationspolitik muss sicherstellen, dass eine Skandalisierung der Problematik sowie eine unnötige Verunsicherung der Verbraucher unterbleiben.

Von Seiten der Hersteller erfordert dies die Ausarbeitung eines umfassenden Kommunikationskonzeptes, das die gezielte Ansprache der verschiedenen Adressatengruppen möglich macht. Während Großhändler über ihre Rolle im Rahmen der Absicherung der Wertschöpfungskette informiert werden müssen, sind Verbraucher und Patienten zu schulen, wie sie sich vor Plagiaten schützen können und welche Verbraucherrechte sie haben. Auch der Regulierer und der Gesetzgeber sind über das Ausmaß der Piraterie sowie ihre Konsequenzen auf die öffentliche Gesundheit aufzuklären und haben auch selbst die Aufgabe, gezielt und effektiv ihren Beitrag zur Kommunikation beizutragen. Über eine vielschichtige Kommunikationsstrategie kann so auch die Pharmaindustrie zur Steigerung der allgemeinen Aufmerksamkeit sowie zur Entwicklung von effektiven Lösungsstrategien beitragen.

Bestandteil der Öffentlichkeitsarbeit sollte auch ein effektives Alarmsystem sein, das bei Auftreten eines Marken- oder Produktpiraterie-Falles aktiviert werden kann. Hierbei sollten die unternehmensinternen Prozesse und Strukturen darauf ausgerichtet werden, entstehende Risiken frühzeitig zu kennen und eventuell präventiv auf sie zu reagieren. So sind Prozesse zu implementieren, die kontinuierlich sowohl die Märkte nach möglichen Fälschungen sowie neuen Fälschungstechniken als auch das eigene Patentportfolio nach Wettbewerbsfähigkeit, Gefährdungspotenzial und möglichen Schwachstellen in der Supply Chain durchsuchen.

Auf Basis dieses umfangreichen Informationspools können effektive Präventions- und Aufklärungskampagnen gefahren werden, um beispielsweise über den Vertriebsaußendienst Ärzte und Apotheker über neue Entwicklungen und die Beschaffenheit der angewandten Sicherheitstechnologien zu informieren.

6. Fazit und Ausblick

Für die Pharmabranche stellt sich die Piraterie in all ihren Ausformungen als ein zentrales Problem dar, dem auf mehreren Ebenen entgegenzutreten ist. Grundlage hierfür ist zunächst die weltweit und uneingeschränkte Implementierung und Durchsetzung des Patentschutzes, da nur so das Entstehen bevorzugter Schlupflöcher bzw. Entstehungsstätten der Piraterie langfristig eingedämmt werden kann.

Darüber hinaus müssen sowohl staatliche Regulierer als auch die Branche selbst konkrete Schutzmaßnahmen ergreifen. Auf staatlich-politischer Seite stehen hierbei eine umfassende Produktkassifizierung hinsichtlich des Pirateriegefährungspotenzials, die strikte Importregulierung sowie – gemeinsam mit der Industrie – die Entwicklung einheitlicher Zertifizierungsverfahren für alle Wirtschaftsakteure entlang der gesamten Supply Chain im Zentrum.

Auf Seiten der Industrie müssen die Formulierung adäquater Abwehrstrategien, die Entwicklung von Sicherheitstechnologien, die transparentere Gestaltung der Wertschöpfungsketten durch "Track and Trace"-Systeme sowie der Aufbau von Warn- und Kommunikationssystemen vorangetrieben werden – allesamt Maßnahmen, die der kritischen Überprüfung bestehender unternehmensinterner Strukturen und Prozesse sowie deren Anpassung bedürfen.

Die Pharmaindustrie darf die Piraterie nicht weiterhin nur als ein dringendes Problem diskutieren, sondern sie muss die eingeleiteten Schritte zu ihrer Bekämpfung aktiv vorantreiben und konzertiert weiterentwickeln. Die rasante Zunahme von Counterfeiting-Fällen in westlichen Staaten sowie das enorme weltweite Volumen der Piraterie unterstreichen die Notwendigkeit, die Herausforderung anzunehmen. Es existieren bereits Mittel und Wege, den Schutz gegen Piraterie erheblich zu verbessern. Diese müssen genutzt werden, um im Wettrennen mit der globalen Piraterie nicht immer hinterherzulaufen. Es geht somit darum, diese Möglichkeiten effektiv und in der Zusammenarbeit sowohl innerhalb der Industrie als auch mit staatlichen und überstaatlichen Organisationen auszuschöpfen und weiterzuentwickeln.

Produkt- und Konzeptpiraterie:

Erkennen?	Ernsthafte Gefahren: für die Gesundheit und für das Geschäft.
Vorbeugen?	Mit staatlich koordinierten Aktionen sowie firmenindividuell.
Abwehren?	Durch Einsatz von Technologie in der Wertschöpfungskette.
Dulden?	Forderungen diesbezüglich werden in den Ländern der so genannten Dritten Welt laut, die sich die teuren und patentgeschützten Medikamente, z. B. gegen HIV, nicht leisten können.
Nutzen?	Teilweise mit staatlichem Einverständnis (China etc.).

Kampf gegen Produktpiraterie: Wettbewerbsvorteil oder Existenzsicherung?

Beatrix Weber

1. Schutzrechtemanagement – warum?

Grundlage nahezu jedes Unternehmens ist sein gesammeltes Wissen technischer oder nicht-technischer Art. Es bildet sich ab in einem Bestandswissen für die bestehende Produktpalette, das sich im Idealfall stetig weiterentwickelt und in innovativen Produkten niederschlägt.

Sinn und Zweck gewerblicher Schutzrechte wie Patente, Marken und Geschmacksmuster sowie Rechte an Ideen, Konzepten und Know-how ist, das rechtlich schützbare Wissen des Unternehmens, d. h., das **Know-how** im weitesten Sinne, zu erkennen, präventiv zu schützen, gegen Angriffe zu verteidigen und daraus wirtschaftlichen Nutzen, nicht nur in Form von Lizenzeinnahmen, zu ziehen. Das Schutzrechtemanagement ist darüber hinaus integraler Bestandteil der **Wertschöpfungskette,** im Wettbewerb Mittel der **Produktdifferenzierung** und ein **Kostenvorteil.** Ein unter Verwendung eines Schutzrechts hergestelltes Produkt kann am Markt zu einem höheren Preis verkauft werden, soweit das Schutzrecht einen Produktvorteil technischer oder sonstiger Art schützt, der am Markt nachgefragt wird (Produktdifferenzierung). Der Schutz des geistigen Eigentums ist hierbei ein Bestandteil der unternehmerischen Aufgabe der Gewinnerzielung. Insoweit muss das Schutzrechtemanagement von der juristischen Spielwiese oder vom bloßen Imageaufbau als innovationsgetriebenes Unternehmen weggeholt werden. Es ist vielmehr eine betriebswirtschaftliche und juristische Aufgabe zur Risikominimierung und damit Gewinnmaximierung, in extremen Fällen auch zur Existenzsicherung des Unternehmens.

Kernaufgaben des Schutzrechtemanagements sind nicht lediglich die Anmeldung und Verteidigung von Schutzrechten. Dies sind nur mögliche Instrumente. Vielmehr muss jedes Unternehmen eine individuelle Evaluation von Risiken vornehmen, die dann das weitere Handeln bestimmt. Welche Faktoren eine solche Risikoeinschätzung bestimmen und wie diese praktisch umsetzbar sind, ist Inhalt des folgenden Beitrags. Beispiele aus verschiedenen Branchen wie Mode und Automobil illustrieren die Problematik.

2. Schutzrechte als Teil der Wertschöpfungskette

2.1 Erkennen des eigenen Schutzrechtsbedarfs und der Rationalisierungsmöglichkeiten anhand der Wertschöpfungskette

Schutzrechte werden häufig von Fall zu Fall angemeldet oder eingekauft. Manchmal geschieht dies nur, wenn einem Projektbeteiligten, sei er Entwickler oder Einkäufer, auffällt, dass eigene Erfindungen gesichert oder Schutzrechte von Dritten eingekauft werden müssen. Es ist das häufige Los indirekter Bereiche, dass sie erst kurz vor Projektende „ins Boot geholt" werden. Dann kann oft nur kurzfristig gehandelt werden: Ein Patent ist beispielsweise in Lizenz zu nehmen. Im Extremfall bleibt keine Zeit, eine technische Umgehungslösung zu prüfen oder zu erarbeiten. Dieses Szenario spielt sich erfahrungsgemäß nicht selten ab.

2.1.1 Was ist passiert?

Jedes technologiegetriebene Unternehmen lebt von proprietärer oder fremder, sprich zugekaufter, Technologie. Der Faktor **Know-how**[1] im weitesten Sinne als das auf Forschung und Erfahrung beruhende Wissen, wie man eine Sache praktisch verwirklicht oder anwendet, wird rechtlich umgesetzt im Schutz von **Patenten** und **Gebrauchsmustern** (technische Erfindungen), **Marken** (insbesondere Wort- oder Bildmarken) und **Geschmacksmustern** (Designschutz). Dass eine rechtliche Sicherung unabdingbar ist, wird im Rahmen der Entwicklung von Produkten oft übersehen oder als noch zu Lösendes („Da müssen wir am Schluss mal die Juristen fragen …") an das Ende des Projektes geschoben. Dies kann weitreichende wirtschaftliche Folgen haben. Im finalen Projektstadium muss im Extremfall für die jeweilige Lizenz jeder Preis gezahlt werden, oder umgekehrt ist die eigene Technologie nicht mehr schützbar und damit für Plagiate offen.

2.1.2 Was ist zu tun?

In Zeiten von geringem Wachstum und Überkapazitäten verstärkt sich bei vielen Unternehmen – wie aller Orten zu beobachten – der Innenblick, um dort nach strategischen Wettbewerbsvorteilen zu suchen. Steigenden Energie-, Lohn- und sonstige Kosten stehen knapper werdende Gewinne und damit verminderte finanzielle Ressourcen gegenüber. Die gesamte

---

1 Definition des Duden.

Wertschöpfungskette des Unternehmens wird auf den Prüfstand gestellt.[2] Dies muss auch für den Innovationsschutz geschehen.

Die eigene **Wertschöpfungskette** ist von A bis Z darauf zu überprüfen, wo schützenswertes Wissen entsteht und/oder wo es zugekauft werden muss, um die eigenen Produkte oder Dienstleistungen gewinnbringend und vor Angriffen Dritter sicher am Markt anbieten zu können. Jeder Bereich, von der Produktentwicklung über die Produktion, über Marketing und Vertrieb hin zur After-Sales-Betreuung, muss die eigenen Wertschöpfungsaktivitäten auf die Relevanz von Rechten für seinen Bereich hin überprüfen. Das beginnt bei der **technischen Entwicklung**[3] mit der Prüfung von Erfindungen auf ihre Schutzfähigkeit, über die patentrechtliche Prüfung von technischen Lösungen auf Einschlägigkeit anderer Patente bis zum Schutz eines neu entwickelten Designs als Geschmacksmuster. In der **Produktion** geht es um Produktions- und Logistikverfahren, zumeist softwaremäßig erfasst, beim **Einkauf** muss mit den Zulieferern die Rechtslage hinsichtlich Vorprodukten und Teilefertigung gegenseitig abgegrenzt werden. Bei **Marketing, Vertrieb** und **Handel** wird es sich eher um den Schutz der Produktnamen oder -linien handeln, von Logos, Claims und Slogans oder den Einkauf von Rechten für Kampagnen.

Bei der Überprüfung der Wertschöpfungskette des Unternehmens muss zunächst der **Schutzrechtsbedarf** festgestellt werden: *Was haben wir, was brauchen wir? Wo, in welchen Ländern vertreiben wir, wo brauchen wir also Schutz?*

Zweitens sind alle bestehenden Schutzrechte und Prozesse daraufhin zu überprüfen, ob die Anmeldung und Verteidigung wertschöpfend sind. Ersteres ist insbesondere im Bereich der technischen Entwicklung nur im Zusammenhang mit der Entwicklungsstrategie sinnvoll zu beantworten. Hole ich Teile der Entwicklung wieder ins Haus, muss ich im Rahmen des Insourcings auch die eigenen Schutzrechte wieder mitverwalten. Gehe ich den Weg des Outsourcings oder kaufe ich Teile zu, muss ich die entsprechenden Patente im Wege von Lizenzen zukaufen.

2.2 Erhebung und Definition des eigenen Schutzrechtsportfolios

Nachdem die grundsätzliche Notwendigkeit der Identifikation der gewerblichen Schutzrechte im eigenen Bereich für die Integration in den eigenen Prozess erkannt ist, gilt es, das für den Bereich und in der Gesamtschau für das gesamte Unternehmen notwendige Schutzrechtsportfolio zu erheben und zu definieren. Da sich die wenigsten Unternehmen damit begnügen können, statisch Produkte immer gleicher Art anzubieten, ist die Erhebung des eigenen

2 Weiterführend: Wolfgang H. Staehle et al.: *Management.* München 1999.

3 Ggf. zuvor auch Rohstoffgewinnung.

Schutzrechtsportfolios und -bedarfs keine einmalige Angelegenheit oder etwas, das man alle zehn Jahre erheben kann, um es dann nach der Präsentation vor Vorstand oder Geschäftsführung wieder in der Schublade verschwinden zu lassen. Die Erhebung des bestehenden Schutzrechtsportfolios und des Schutzrechtsbedarf ist vielmehr eine sich ständig im Fluss befindende Aufgabe. Daher kommt nur eine regelmäßige Erhebung des Ist-Zustandes in Betracht. Für eine adäquate Erarbeitung des Soll-Zustandes und Angleichung des Ist an Soll ist die Einbindung in die Unternehmensentwicklungs- und dabei insbesondere Produktentwicklungsprozesse notwendig.

Zwei Beispiele illustrieren dies: **Gesetzliche Vorschriften** zwingen die Automobilindustrie zur Entwicklung einer neuen Motorengeneration und neuer Frontpartien, z. B. für Ersteres aufgrund der europäischen Richtlinien zu den Schadstoffemissionswerten[4] oder für beides aufgrund der Vorschriften zum Fußgängeraufprallschutz.[5] Hier ist konkret schon bei der Motorenentwicklung ein Patentanwalt einzubeziehen, der während des gesamten Projektes einen regelmäßigen Abgleich der Entwicklungen mit der Schutzrechtslage vornimmt und Lösungen für eine Lizenznahme oder eine Umgehungslösung mit den Entwicklern gemeinsam erarbeitet.

Auf den **Markt,** d. h., auf die Nachfrage des Kunden und das Angebot der Wettbewerber, wird im Bereich des Fahrzeug-Entertainments reagiert, wo z. B. mit der Verbreitung des *iPod, Rear Seat Entertainment* oder ähnlicher Produkte Schnittstellen geschaffen werden müssen. Diverse Hersteller bieten mittlerweile Adapter hierfür an. Das gesamte Fahrzeug-Entertainment muss in die restliche Fahrzeugelektronik integriert werden. Sich eventuell ausschließende Lizenzen oder Technologien, insbesondere im Verschlüsselungs- und Empfangsbereich, müssen analysiert und geklärt werden.

Daneben ist schon frühzeitig zu überlegen, wie die Eingliederung neuer Produkte in die eigene Produktpalette erfolgen soll, sei es als Eigenprodukt, sei es als Kooperation mit einem Drittanbieter, dessen Teile verbaut werden. Dies bestimmt, ob die Schutzrechte selbst angemeldet oder über Lizenzen eingekauft werden. In jedem Fall sind etwaige neue Designs auch im Inneren des Fahrzeuges und auch neue Produktnamen markenrechtlich auf ihre Schutzfähigkeit hin zu prüfen. Die Beispiele zeigen, dass die Integration in den Produktentstehungsprozess von Anfang an Basis einer erfolgreichen Erhebung und Definition der eigenen Schutzrechtssituation ist.

---

4 EU-Grenzwerte zur Schadstoffemission: Europäische Richtlinien Euro 1 bis 4, u. a. RiLi 70/220/EWG, RiLi 98/69/EG (Euro-4).

5 RiLi 2003/102/EG.

3. Management des Schutzrechtsportfolios

3.1 Anmeldung

Um sich über seine möglichen Schutzrechte nicht nur im stillen Kämmerlein freuen zu können, sondern diese auch gegenüber Dritten geltend machen und damit die eigene Position im Wettbewerb verteidigen zu können, ist eine professionelle Anmeldepraxis unabdingbare Voraussetzung. Unabhängig davon, ob es sich um Marken, Patente oder Geschmacksmuster zum Designschutz handelt, müssen diese angemeldet werden, um im Streitfall nicht nahezu wertlos zu sein.[6] Beispielhaft seien hier Patente, Marken und Geschmacksmuster aufgeführt.

- **Patente** verleihen dem Pateninhaber das ausschließliche Recht, die patentierte Erfindung in einem räumlich begrenzten Bereich für eine bestimmte Zeit zu nutzen. Ohne seine Zustimmung dürfen andere das Patent bzw. die dahinterstehende Erfindung oder das Verfahren zur Herstellung oder zum Verkauf ihrer Produkte nicht nutzen. Die Anmeldung für Patente erfolgt in Deutschland über das Deutsche Patent- und Markenamt[7] (DPMA) und europaweit über das Europäische Patentamt[8] (EPA). Patente werden nur eingetragen, wenn sie die folgenden sachlichen Voraussetzungen erfüllen: Neuheit, erfinderische Tätigkeit, gewerbliche Anwendbarkeit. Patentanmeldungen und erteilte Patente werden veröffentlicht. Dies ermöglicht jedem Unternehmen, den Markt hinsichtlich der Innovationen zu beobachten und die eigenen Produkte hieran zu messen.
- **Design**, d. h., die optische Gestaltung von Produkten, kann als so genanntes **Geschmacksmuster** geschützt werden. Geschmacksmuster beschreiben Formen, Design oder auch Farben, nach denen gewerbliche Produkte hergestellt werden. Geschmacksmuster können beim Deutschen Patent- und Markenamt eingetragen werden. Sie sind in Deutschland so genannte ungeprüfte Schutzrechte. Das bedeutet, dass bei der nationalen Eintragung im Gegensatz zum Patent die Schutzrechtsfähigkeit, insbesondere im Verhältnis zu den bereits eingetragenen Geschmacksmustern oder im Hinblick auf den Stand der Technik, amtlich nicht geprüft wird. Soweit der Geschmacksmusterinhaber eine Verletzung seines Geschmacksmusters geltend macht, obliegt es vielmehr ihm selbst, die Schutzfähigkeit des Geschmacksmusters nachzuweisen.
- **Marken** kennzeichnen und identifizieren Produkte und Dienstleistungen. Der alte Begriff der Warenzeichen brachte dies noch besser zum Ausdruck. Der Schutz wird in der Regel mit der Eintragung begründet. Bei bekannten Marken kann er auch durch die Verkehrsgeltung entstehen; daran sind allerdings hohe Voraussetzunge geknüpft. Die Anmeldung von

---

6 Auf Domains wird im Weiteren nicht gesondert eingegangen, siehe zur Registrierung: www.denic.de

7 www.dpma.de

8 www.european-patent-office.org

Marken geschieht ebenfalls beim Deutschen Patent- und Markenamt. Es gibt Wortmarken, Bildmarken, Wort-/Bildmarken, dreidimensionale Marken, Hörmarken, Kernfadenmarken. Marken können auch mit Farben eingetragen werden, soweit sie farbig sind. Für verschiedene Güter gibt es Waren- und Dienstleistungsklassen. Mit Eintragung der Marke erhält man daher nicht absoluten Schutz gegenüber jedem Produkt jeder Branche, sondern nur für die ausgewählten Warenklassen. Sobald eine Marke erstmalig angemeldet oder ausgestellt wird, erlangt sie Priorität, auf die man sich bei weiteren Anmeldungen in anderen Ländern berufen kann.[9] Um die Rechte an einer eingetragenen Marke dauerhaft in Anspruch nehmen zu können, muss die Marke im geschäftlichen Verkehr tatsächlich benutzt werden, sog. **Benutzungszwang**. Eine unter wirtschaftlichen Aspekten zunächst sinnvoll erscheinende Entscheidung, alle möglichen Marken zunächst anzumelden, führt daher nicht zu einem dauerhaften Markenschutz.

Marken und Geschmacksmuster können neben der nationalen Anmeldung auch beim Harmonisierungsamt für den Binnenmarkt[10] (HABM) in Alicante als Gemeinschaftsmarken und für das Gemeinschaftsgeschmacksmuster[11] auch bei der zentralen Behörde für gewerblichen Rechtsschutz in jedem Mitgliedsstaat angemeldet werden. Die **Gemeinschaftsmarke** ist dann in allen Mitgliedstaaten der Europäischen Gemeinschaft automatisch gültig. Lizenzen können hingegen geografisch oder sonstig beschränkt vergeben werden. Soweit bereits eine nationale Marke existiert, wird die Eintragung der Gemeinschaftsmarke auf den Widerspruch des Inhabers der älteren Marke hin ausgeschlossen. Dem neuen potentiellen Markeninhaber bleibt dann nur der Weg über die übrig bleibenden einzelnen nationalen Anmeldungen. Das **Gemeinschaftsgeschmackmuster** wird nur eingetragen, wenn es neu ist und eine Eigenart aufweist. Dies ist der Fall, wenn sich der Gesamteindruck von dem bisheriger Geschmacksmuster unterscheidet. Plagiatschutz unterschiedlicher Art besteht für eingetragene und nicht eingetragene Geschmacksmuster. Soweit das Geschmacksmuster eingetragen ist, kann der Inhaber gegen lizenzlose Verwendung oder Nachahmung vorgehen. Bei einem nicht eingetragenen Geschmacksmuster kann der Inhaber gegen Nachahmer nur vorgehen, wenn dieser das Geschmacksmuster kannte und bewusst nachgeahmt hat.

Die so genannte **IR-Marke** nach dem Madrider Übereinkommen stellt im Gegensatz zur Gemeinschaftsmarke lediglich eine Bündelung von nationalen Marken dar und erspart die Einzelanmeldung in den einzelnen Ländern. Die IR-Marke ist von der nationalen Ursprungsmarke abhängig, erstreckt den Schutz der Heimatmarke aber auf sämtliche oder auf die ausgewählten Vertragsstaaten. Sie wird neben der nationalen Marke beim jeweiligen nationalen Marken- und Patentamt unter Angabe der einzelnen Länder angemeldet. Diese leitet die Anmeldung an die World Intellectual Property Organization[12] (WIPO) weiter. Die WIPO stellt die internationale Registrierung der Marke aus, die dann von den Zielländern jeweils nochmals geprüft wird.

---

9 Inanspruchnahme der ausländischen Priorität bei Anmeldung innerhalb von 6 Monaten nach Anmeldetag der völlig übereinstimmenden Marke; bei Ausstellung nur auf ausgewählten Messen.

10 http://oami.eu.int/de

11 Es gibt eingetragene und nicht eingetragene Geschmackmuster.

12 www.wipo.org

Nicht alles, was in den Bereich des geistigen Eigentums (*Intellectual Property*) fällt, kann auch durch amtliche Registrierung geschützt werden. Geistiges Gedankengut eines **Urhebers** wie Texte, Fotografien, Plakate, Websites, Fernsehspots, Computerprogramme und Konzepte, z. B. von Unternehmen oder Agenturen für Werbekampagnen oder neue Produktkonzepte, dürfen nicht einfach kopiert werden. Das Urheberrecht, auch **Copyright** genannt, steht nur dem Urheber zu. Soweit das Werk die sog. urheberrechtsfähige Tiefe, also eine gewisse schöpferische Leistung und Eigenart, Neuheit und Unverwechselbarkeit, erlangt, ist es schutzrechtsfähig. Diese Werke können zwar nicht angemeldet werden. Im Falle eines Plagiates kann der Urheber aber gegen den Nachahmer vorgehen, wenn er die Kopie nachweisen kann. Das Anbringen des Copyright-Zeichens © oder Kopierschutzmaßnahmen sind daher empfehlenswert. Vor Gericht wird sich der Urheber dann auf das Urheberrechtsgesetz oder das Gesetz gegen den unlauteren Wettbewerb (UWG) stützen.

Sind diese Bereiche für technische Erfindungen weniger interessant, so gewinnen sie für die **Werbung** in allen Branchen, die ein Unternehmens- oder Produktimage aufbauen oder erhalten wollen, erheblich an Bedeutung. Insbesondere in Branchen, wo die technischen Neuerungen durch Lizenzen oder vergleichbare Erfindungen und damit Innovationshöhen unter den Wettbewerbern verteilt sind, erfolgt die Produktdifferenzierung zu einem wichtigen Teil über die **Positionierung der Marke** und über das entsprechende **Image.**[13] Wichtige Produktinnovationen oder gegenüber dem Wettbewerber herausragende technische Features werden über die Werbung kommuniziert. Soweit eine Werbung sich dabei an die ursprüngliche Werbung anlehnt, d. h. Topics, Bilder, Look and Feel übernimmt und dies noch mit einer herabsetzenden Message verbindet oder zu einer Verwechselung mit dem nachgeahmten Original führt, muss man auch hier von einem Plagiat sprechen. Beispiel hierfür war die Auseinandersetzung der Telekom mit der Mobilcom, die dann als „Mogelcom" bezeichnet wurde. Angesichts der Kommunikationskosten und Mediaspendings (Werbeausgaben) im Millionenbereich von Werbekampagnen ist auch dieser Teil der Plagiaterie ein nicht zu vernachlässigender Bereich.

3.2 Nutzung durch Lizenzen

Gewerbliche Schutzrechte wie Patente schließen die anderen Marktteilnehmer von der Nutzung der entsprechenden Technologie aus und stärken damit die Marktposition des Patentinhabers. Mittels Lizenzierung können die neuen Technologien verbreitet werden. Die **Lizenzierung** ist eine unmittelbare Form der Gewinnerzielung: die Einräumung der Nutzung des definierten Schutzrechts gegen eine Lizenzgebühr. Gleiches gilt für das **Franchising** und das **Merchandising,** das nicht nur, aber insbesondere im Modebereich, im Accessoiregeschäft und bei Food Bedeutung erlangt hat. Ist dies für einige Unternehmen bloßer Nebeneffekt der eigenen Nutzung, sehen Rechteverwertungsgesellschaften darin ihr Hauptgeschäft zur **Ge-**

---

13 Siehe auch den Beitrag von Ulrich Pallas.

winnerzielung. Doch auch für Unternehmen, deren Hauptgeschäft nicht die Rechteverwertung ist, hat die Lizenzierung eine **strategische** Bedeutung. Im immer enger werdenden und immer dichter vernetzten Markt der innovativen Technologien und Konzepte ist die autarke Entwicklung neuer hochkomplexer technischer Produkte so gut wie unmöglich. Betrachtet man dazu die immer kürzer werdenden Produktentwicklungs- und Produktlebenszyklen, werden auch die zeitlichen Spielräume immer enger. Soweit ein Unternehmen in der Eigen- oder Kooperationsentwicklung eine bestimmte technische Schiene nicht weiterverfolgt hat, diese aber dann überraschend schnell vom Markt nachgefragt wird, ist es gezwungen, hierfür Lizenzen zu nehmen. Soweit dann im eigenen Schutzrechtsportfolio vom Markt nachgefragte und möglichst singuläre Innovationen abgebildet sind, ist der Verhandlungsspielraum für einen angemessenen Preis oder ein Cross-Licensing erheblich größer. Daran zeigt sich, dass ein professionelles Schutzrechtemanagement nicht nur als Beitrag zur direkten Gewinnerzielung, sondern auch als strategisches Instrument zur gesamtunternehmerischen Risikominimierung dient.

Nicht alle gewerblichen Schutzrechte sind zeitlich unbegrenzt wirtschaftlich ausschöpfbar. Patente haben ab dem Tag der Anmeldung eine Laufzeit von 20 Jahren. Geschmacksmuster in Deutschland und eingetragene Gemeinschaftsgeschmacksmuster sind für fünf Jahre ab Anmeldung geschützt und können danach jeweils um fünf Jahre bis zu einer Dauer von 25 Jahren verlängert werden. Danach sind sie zur Nutzung freigegeben. Nachahmung und Produktpiraterie spielen dann keine Rolle mehr. Marken können hingegen bei dauerhafter Benutzung und Zahlung der Gebühren zur Eintragung weiter geschützt werden.

4. Prävention oder Verteidigung der Schutzrechte?

4.1 Risikobereiche

Neben die Analyse der Wertschöpfungskette des Unternehmens auf die Relevanz von Patenten und Marken muss eine Risikoanalyse treten. *Wo liegen meine existenziellen Risiken als Unternehmen? Wo bin ich in meiner Existenz bedroht, wenn meine Produkte gefälscht werden? Wo liegen sekundäre Risiken, die zwar meinem Image schaden oder meinen Gewinn schmälern, die aber letztlich produktfern sind?* Eine Existenzbedrohung liegt sicherlich immer vor, wenn sich ein Unternehmen auf ein Kernprodukt stützt und dieses Know-how gestohlen oder das Produkt nachgebaut wird.

4.2 Prävention

Präventives Handeln ist immer einfacher als Beseitigung oder Bereinigung von Rechtsverletzungen. An erster Stelle stehen die sorgfältige Anmeldung von Schutzrechten und die umfassende Prüfung der Schutzrechtslage bei der Herstellung, dem Anbieten oder Vertreiben des Produkts. Gibt es dennoch Probleme, so sollten alle Möglichkeiten der proaktiven Bereinigung des drohenden Schutzrechtsstreites genützt werden. Erste Prüfung muss immer sein, ob der Erwerb einer Lizenz oder die Entwicklung einer technischen Umgehungslösung wirtschaftlicher ist, gerechnet auf die Gesamtlaufzeit des Produktes oder des Produktteils. Neben dem Fahnden nach allen Schutzrechten, die im Wege des Cross-Licensings in die Waagschale geworfen werden können, lassen sich selbstverständlich diverse Pakete auf dem Verhandlungswege schnüren, insbesondere wenn es sich um langjährige Partner innerhalb einer Branche oder um eine umstrittene Schutzrechtssituation handelt. Eine Lösung im Wege eines Gerichtsverfahrens, insbesondere außerhalb des eigenen Landes, wird teuer, bindet interne Kräfte und ist hinsichtlich des Ausgangs oft nicht kalkulierbar.

4.3 Verteidigung

Soweit der Aufbau des eigenen Schutzrechtswalls nicht zur Gänze funktioniert hat oder auf welche Weise auch immer eine Schutzrechtsverletzung durch das eigene Unternehmen zustande gekommen ist, jetzt ist der Zeitpunkt gekommen, alle Kräfte im Unternehmen zu bündeln und sich gegen die Behauptung einer Schutzrechtsverletzung zu verteidigen. Zu diesem Zeitpunkt machen der Entwickler, Einkäufer oder Produktioner hoffentlich nicht zum ersten Mal Bekanntschaft mit ihrer Rechtsabteilung oder den externen betreuenden Rechts- oder Patentanwälten. Wichtig ist an diesem Punkt, die **wirtschaftlichen Risiken** genauestens zu kalkulieren und im Zweifel unbedingt in außergerichtliche Verhandlungen einzutreten. Auch hier sollte der gerichtliche Prozess das letzte Mittel sein, das gleichwohl dann empfehlenswert ist, wenn die Schutzrechtslage zu eigenen Gunsten spricht, obwohl eine Verletzung behauptet wird.

Kompakt

✓ Aufbau des Technologieschutzes

- Analyse der Wertschöpfungskette auf Schutzrechte
- Analyse der Risikobereiche im Unternehmen
- Anmeldung von relevanten Patenten, Marken, Design
- Aufrechterhaltung der Schutzrechte

✓ Prävention vor Angriffen

- Prüfung der Schutzrechte bei Entwicklungen
- Erwerb von Lizenzen
- Entwicklung einer technischen Umgehungslösung
- Prüfung der Möglichkeiten des Cross-Licensings

✓ Verteidigung gegen Angriffe

- Kalkulation der wirtschaftlichen Risiken
- Verhandeln statt Klagen
- Entwicklung einer technischen Umgehungslösung
- Erwerb von Lizenzen
- Prozess als letztes Mittel

5. Lokale Besonderheiten am Beispiel Chinas

Haben die bisher angestellten Überlegungen eine gewisse übergreifende Gültigkeit, so ist es zwingend erforderlich, sich mit den **lokalen Gegebenheiten** auf dem Sektor des Schutzes des eigenen Know-hows zu beschäftigen und diese in die unternehmerischen Planungen mit einzubeziehen. Als Beispiel sei **China** herausgegriffen.

Konfuzius sagt: „Wer große Meister kopiert, erweist ihnen Ehre." Dieses Zitat deutet schon an, dass die immer wieder viel beschworene deutschen Erfindermentalität und das Bewusstsein, dass Erfindungen als geistige Leistung und wirtschaftliches Gut zu schützen sind, in China auf gewisse Abweichungen treffen. China hat sich viele Jahre lang dem Schutz von Know-how, Patenten, Marken und Design praktisch verweigert. Geistiges Gut galt als Gemeineigentum, das von jedermann wirtschaftlich genutzt werden konnte. Da das Eigentum des Einzelnen ohnehin dem Gemeineigentum untergeordnet wurde, war diese Herangehensweise nicht verwunderlich. Im Zuge der zunehmenden Privatisierung der Wirtschaft beginnt sich diese Sicht auch und besonders im Bereich der gewerblichen Schutzrechte zu ändern.

China hat seit dem Beitritt zur World Trade Organisation, der **WTO,** im Jahre 2001, und vorher zur World Intellectual Property Organisation, der **WIPO** (1980), zur Pariser Konvention zum Schutz des geistigen Eigentums (1985), eine ganze Reihe von Gesetzen im Bereich des gewerblichen Rechtsschutzes verabschiedet: u. a. 1984 das **Patentgesetz,**[14] 2001 das **Urheberrechtsgesetz** (Copyright Law)[15], ebenfalls 2001 das **Markengesetz**. In der prakti-

14 Ergänzt 1992 und 2000, www.sipo.gov.cn.

15 www.chinaiprlaw.com

schen Umsetzung dieser Gesetze bestehen jedoch einige Besonderheiten, die unbedingt in die unternehmerische Planung mit einbezogen werden sollten. Soweit ein Unternehmen in China verklagt wird, ist die Zustellung der Klage an einen Agenten vor Ort oder eine Untergesellschaft in der Praxis ausreichend. Unter Umständen ist die Information über die Klage bei der europäischen Zentrale noch gar nicht angekommen, und es laufen schon relevante Fristen oder es besteht Handlungsbedarf zur Klageerwiderung und zur eigenen sofortigen Erforschung des Sachverhaltes. Gerichtliche Termine können sehr kurzfristig, d. h. innerhalb von wenigen Tagen, oft nur per Telefon anberaumt werden. Verbindliche Urteilsfristen gibt es nicht. Im Zweifel muss man sich auf einen langen Prozess einstellen, was für die Verwertbarkeit der Schutzrechte auch ein langdauerndes wirtschaftliches Risiko bedeutet. Es besteht jedenfalls bei den unteren Gerichten kein Anwaltszwang. Vor Gericht vertretungsberechtigt sind nur auf dem Festland in einer chinesischen Kanzlei zugelassene chinesische Rechtsanwälte, nicht aber die Rechtsanwälte internationaler Sozietäten. Die Kosten werden in der Regel von jeder Partei selbst getragen. Dies gilt selbst bei Obsiegen im Prozess. Theoretisch wäre das Einklagen der Kosten in einem neuen Prozess möglich. In der Praxis kommt dies wegen der erneuten Kosten kaum vor. Gerichtsreportagen in den Tageszeitungen sind üblich, flankierende PR-Maßnahmen damit nötig.

Erfreulicherweise zeigt sich in den jüngsten **Prozessen** eine gewisse Tendenz, die Schutzrechte auch westlicher Unternehmen anzuerkennen. Dies gilt sowohl für den Markenbereich, Patentprozesse als auch den Designschutz. So hat Honda schon 2003 und 2004 chinesische Hersteller wegen der Kopie des Designs des CR-V verklagt.[16] Die Klage von Toyota gegen die Geely Group wegen Verletzung ihrer Markenrechte am Logo wurde 2003 allerdings zurückgewiesen.[17] GM hat sich mit Chery wegen der Nachahmung des Designs des „Daewoo Matiz“ als „Chery QQ“ nach fast einjährigem Prozess in Peking Ende 2005 verglichen.[18] Ferrero hatte vor Gericht Erfolg gegen einen chinesischen Nachahmer der Pralinensorte Ferrero Rocher. Zhangjiagang Food wurde zum Rückzug seiner Waren aus dem Markt und zu Schadensersatzzahlungen in Höhe von umgerechnet etwa 72.000 Euro verurteilt.[19] Im Markenbereich waren die Urteile gegen das Unternehmen Xiushui Haosen Modemarkt, den Betreiber eines großen Pekinger Shoppingcenters, bemerkenswert, da erstmals nicht ein Hersteller, sondern der Betreiber des Einkaufszentrums verurteilt wurde. Burberry, Chanel, Gucci, Louis Vuitton und Prada waren gegen den „Seidenmarkt“ vorgegangen. Der Betreiber des Marktes wird allerdings das Urteil mit dem Argument in der Berufung anfechten, er sei für das Angebot der privaten Händler auf seinen vermieteten Flächen nicht verantwortlich. Ebenso gelang es Starbucks, nach zweijährigem Rechtsstreit wegen Verletzung seiner Markenrechte gegen die Schanghai Xingbake Coffee Company, einem Kaffeehausbetreiber, einen mittleren fünfstelligen Schadensersatz (umgerechnet in Euro) zu erstreiten. Das chinesische

---

16 Honda China ./. Shijiazhuang Shuanghuan Auto co; Honda und Dongfeng Honda ./. Hebei Xinkai Auto Co, *Business Herald*, 02.12.2004.

17 *Detroit News*, 21.12.2004.

18 *Shenzhen Daily*, 21.11.2005.

19 *Handelsblatt*, 13.01.2006.

Kaffeehaus hatte die chinesische Übersetzung von „Starbucks“ und ein ähnliches Logo verwendet.[20]

Die insbesondere in den Verfahren wegen Markenpiraterie in letzter Zeit zugesprochenen Entschädigungen von vier- bis fünfstelligen Eurobeträgen bilden den wirtschaftlichen Schaden nicht annähernd ab und stehen in keinem Verhältnis zu den für die Prozesse aufgewendeten Kosten. Es sind zum Teil nur symbolische Beträge. Eingeklagt wurde zumeist das Zehnfache oder mehr. Höhere Beträge sind allerdings auch schon zugesprochen worden. Wichtig ist vor allem die Tatsache, dass verschiedene Gerichte die bestehenden Gesetze nach und nach anwenden und praktisch umsetzen. Soweit diese Tendenz sich weiter entwickelt, wird sich die Einschätzung der rechtlichen Risiken in China im Marken- und Patentbereich zunehmend verbessern. Mit fortschreitendem Wandel des China-Geschäfts vom reinen Export westlicher Unternehmen nach China hin zur Produktion vor Ort wird zudem die Gefahr des Know-how-Abflusses immer größer. Nicht nur westliche, auch chinesische Unternehmen werden in Zukunft auf eine verlässliche Gerichtsbarkeit im Bereich der gewerblichen Schutzrechte angewiesen sein. Dies zeigen auch die vielen Prozesse im Bereich der gewerblichen Schutzrechte, die mittlerweile zwischen chinesischen Unternehmen ausgetragen werden.

6. Aufbau einer Abwehrlinie

Greift ein Kläger ein Unternehmen unmittelbar in einem wirtschaftlich relevanten oder sogar existenzbedrohenden Bereich an, behauptet z. B. ein Patentinhaber die Herstellung, das Angebot oder der Vertrieb eines Produktes verletze sein Patent, muss unverzüglich und mit allem gebotenen Einsatz von personellen und finanziellen Mitteln eine Verteidigungslinie aufgebaut werden. Dazu hat das verklagte Unternehmen idealerweise im Zuge des Aufbaus von Produktions- und/oder Vertriebsaktivitäten im betroffenen Markt entsprechende Kanzleien im Vorfeld gesichtet. Wenn nicht, muss das unverzüglich nachgeholt werden. Innerhalb des Unternehmens sind alle beteiligten Fachbereiche zu einer Task Force zusammenzuziehen, um eine fundierte technische, rechtliche und darauf basierende wirtschaftliche Einschätzung vornehmen zu können. Die wirtschaftliche Einschätzung wird sich insbesondere auf die Bedeutung des Schutzrechts für Produktion und Vertrieb beziehen, die Kosten der technischen Umstellung ohne Nutzung des Patents oder sonstigen Schutzrechts mit denen des Prozesses vergleichen und auf Basis der Prozessaussichten, soweit diese einschätzbar sind, zu einem Ergebnis kommen. Soweit es sich um einen entfernteren Markt wie Asien handelt, ist eine persönliche Inaugenscheinnahme der Rechtsanwälte vor Ort und der betroffenen Produktions- oder Vertriebsstätte zwingend notwendig. Nach der wirtschaftlichen Risikoeinschätzung

---

20 *Agence France-Presse*, 05.01.2006; *FTD*, 18.01.2006.

ist eine gemeinsame Prozess-Strategie unabdingbar. Sie muss von den unternehmenseigenen Rechtsanwälten, soweit vorhanden, in Abstimmung mit den Fachbereichen und den externen Rechtsanwälten vor Ort gemeinsam getragen werden. Wichtiger Faktor neben der Prozessbegleitung ist die permanente Kostenkontrolle des gesamten Verfahrens.

7. Aufbau einer aktiven Verteidigung gegen Piraterie

Der Aufbau einer aktiven Verteidigungsorganisation gegen Markenpiraterie und sonstige Schutzrechtsverletzungen, wie die unberechtigte Nutzung von Patenten oder Know-how, ist ungleich schwieriger, als sich im Einzelfall gegen Angriffe zu verteidigen.

Kompakt

Aktive Verteidigung gegen Piraterie	***Strategische Entscheidung***
Außen-Analyse	Verfolgung einzelner Fälle oder Marktmonitoring?
Welche Produkte werden gefälscht?	Bereitstellen der Mittel personell und finanziell
In welchem Umfang?	Aufbau Partner vor Ort: Ermittler, Zoll, Anwälte
Wo? Herstellungsort, Bestimmungsort?	***Aktionen vor Ort***
Wie laufen die Verbreitungswege?	Überwachung der Märkte, Internet
Innen-Analyse	Testkäufe
Zentrale Produkte betroffen?	Beschlagnahme vor Ort
Existenzgefährdung?	Grenzbeschlagnahme
Höhe der wirtschaftlichen Risiken?	Vernichtung
Ressourcen zur Bekämpfung vorhanden?	***Laufende Überwachung der Aktionen***

Führen Sie Ihre Verteidigung so gut und umfassend, wie Sie jedes Projekt in Ihrem Unternehmen führen! Projektziel: *Beseitigung der Fälschungen Ihrer Produkte. Analysieren Sie die Situation! Erstellen Sie einen „Projektplan"! Ermitteln Sie die erforderlichen Ressourcen!*

Sind die Rechtsverletzungen, z. B. Fälschungen, zahlenmäßig überschaubar, wird dies sicherlich von der internen Unternehmensrechtsabteilung oder externen Rechtsanwälten im Wege der Abmahnung oder Klage gegen die Verletzer zu bewältigen sein. Dazu ist der Umfang der Fälschungen so genau wie möglich festzustellen. Schließlich müssen die Wege der gefälschten Produkte angefangen vom Herstellungsort über den Zoll und zum Bestimmungsort untersucht werden. Bei entfernteren Märkten ist wieder das Augenmerk auf die Kenntnis der lokalen Gegebenheiten zu legen. In China bietet es sich an, mit Ermittlern vor Ort zusammenzuarbeiten, entweder direkt oder gesteuert über eine örtliche Kanzlei. Diese ermitteln verdeckt in den Fabriken und arbeiten wiederum mit den staatlichen Stellen zusammen, um so Beschlagnahmeaktionen vor Ort in der Fälscherfabrik wirkungsvoll durchführen oder in Kooperation mit dem Zoll aufgreifen und schließlich die gefälschte Produkte der Vernichtung zuführen zu können.

Soweit ein größeres Ausmaß an Fälschungen und **zentrale eigene Produkte** betroffen sind, muss wieder nach den Kriterien der Risikoevaluation und vor dem Hintergrund der begrenzten Ressourcen vorgegangen werden. Die strategische Entscheidung, ob nur stichprobenartig vorgegangen wird oder ob sich ein dauerhaftes Monitoring des Marktes lohnt, muss vor dem Hintergrund der betroffenen Produkte, der finanziellen Mittel und dem Grad der Bedrohung des Unternehmens getroffen werden. Bei der Marktbeobachtung bietet sich die Konzentration auf die Zentren der Fälschungen, auf Märkte und Messen und die Hauptverbreitungswege, u. a. auch die einschlägigen Handelsplattformen im Internet, an. Die Aktionen vor Ort sind schließlich der letzte Punkt im Rahmen der Entscheidungskette. Wie bei jedem erfolgreichen Projekt sind die Ergebnisse und Schritte regelmäßig zu überprüfen. Es empfiehlt sich daher, die Beschlagnahmen in regelmäßigen Abständen vor Ort zu überwachen und die gefällten Entscheidungen über Umfang und Intensität der eigenen Maßnahmen immer wieder daran zu überprüfen.

Teil V: China

Schutzmaßnahmen gegen Produktpiraterie in der Praxis

Christian Brenner

1. Einleitung

Die Produktpiraterie kommt heute in allen Branchen, allen Märkten und allen Formen vor. Bei der Überlegung, welche Schutzmaßnahmen im jeweiligen Fall Erfolg versprechend sein können, ist daher auf die jeweilige Branche und deren Besonderheiten, auf den jeweiligen Ort der Herstellung oder des Verkaufs der gefälschten Produkte sowie auf die Art und Form der jeweils auftretenden Produktfälschungen abzustellen.

Im vorliegenden Beitrag soll ausschließlich auf die Produktpiraterie im Bereich Automotive eingegangen werden, und hier insbesondere auf die Schwierigkeiten, welche die Automobilhersteller und Automobilzulieferer im Ersatzteilgeschäft haben. Im Erstausrüstergeschäft (OEM, *„Original Equipment Manufacturer"*) findet Produktpiraterie nur in vereinzelten Fällen statt, da die einzelnen Teile, die im Fahrzeug verbaut werden, entweder vom Hersteller selbst stammen oder vom Zulieferer direkt an den Hersteller geliefert werden. Durch die strenge Überwachung der Lieferungen durch den Zulieferer an den Automobilhersteller sowie durch die strengen Qualitätskontrollen beim Automobilhersteller finden Fälschungen nur selten den Weg in ein Originalfahrzeug, es sei denn, dass Mitarbeiter auf beiden Seiten zum eigenen Vorteil gefälschte Produkte in den Prozessablauf einbringen und die Originalprodukte teuer verkaufen. Da es sich hier lediglich um Ausnahmen und um ein Fehlverhalten innerhalb einer Organisation handelt, soll hier nicht näher darauf eingegangen werden.

Weit häufiger findet die Produktpiraterie im Ersatzteilgeschäft statt und hier sowohl im Ersatzteilgeschäft des Automobilherstellers (OES, *„Original Equipment Service"*) als auch im Ersatzteilgeschäft des Zulieferers (IAM, *„Independent Aftermarket"*). Es gibt Schätzungen, wonach der Anteil von Plagiaten bei Autoersatzteilen in der EU zwischen 5 %–10 % liegt.[1] In anderen Teilen der Welt wird der Anteil von Fälschungen noch weit höher vermutet. Gefälschte Ersatzteile werden heute weltweit hergestellt, die weitaus meisten Fälschungen werden heute allerdings in China produziert. Mit Abstand folgen Taiwan, die Türkei, Malaysia, Russland und die Ukraine, aber auch in den USA oder der EU werden Fälschungen hergestellt.

Aus diesem Grund wird der Schwerpunkt auf Schutzmaßnahmen gegen Produktpiraterie im Automobil-Ersatzteilgeschäft und hier insbesondere in China gelegt. Dabei werden zunächst die Formen der Produktpiraterie und die möglichen Schutzmaßnahmen aufgezeigt. Anschließend werden Erfahrungen aus der Praxis anhand von Beispielen geschildert. Diese sollen die Probleme darstellen, mit denen man sich konfrontiert sieht, wenn man erfolgreich gegen Produktpiraterie vorgehen will. Neben den rechtlichen Möglichkeiten des Schutzrechtsinhabers wird daher auch darauf eingegangen, wie man diese in der Praxis tatsächlich Erfolg versprechend umsetzen kann.

---

1 Quelle: EU-Aktionsplan 2001 (vor der EU-Osterweiterung).

Der Kampf gegen Produktpiraterie ist weltweit äußerst schwierig. Auch wenn die rechtlichen Rahmenbedingungen vorliegen, bedeutet dies noch nicht, dass die Durchsetzung der Rechte in der Praxis tatsächlich stets erfolgreich ist. Dies gilt auch für China. Spätestens mit dem Beitritt Chinas zur WTO war die Rechts- und Gesetzeslage in China in Bezug auf den gewerblichen Rechtsschutz auf internationalem Niveau. Trotz der vorhandenen gesetzlichen Rahmenbedingungen ist die Produktpiraterie dennoch stets gestiegen. Dies liegt auch mit daran, dass die Umsetzung der bestehenden Rechtslage noch nicht an allen Orten reibungslos verläuft. Trotz dieser in der Praxis bestehenden Probleme bei der Umsetzung geltenden materiellen Rechts, auf die hier besonders eingegangen wird, hat der Schutzrechtsinhaber sehr gute Möglichkeiten, seine Rechte auch in China gegen Schutzrechtsverletzer durchzusetzen.

2. Formen der Produktpiraterie

Die „Produktpiraterie" ist heute in aller Munde; dabei ist es ein sehr schillernder Begriff, der insbesondere in den Medien, aber auch unter Fachleuten, missverständlich verwendet wird. Um Missverständnisse zu vermeiden, soll zunächst klargestellt werden soll, was man unter dem Begriff „Produktpiraterie" versteht: Die Produktpiraterie beschreibt jegliche Form der Verletzung eines (gewerblichen) Schutzrechts (Patent, Gebrauchsmuster, Geschmacksmuster, Marke und Urheberrecht). Grundsätzlich fällt der so genannte „sklavische Nachbau", welcher eine identische oder sehr ähnliche Kopie eines Originalproduktes beschreibt, ohne dabei eines oder mehrere der oben genannten Schutzrechte zu verletzen, nicht unter den Begriff der Produktpiraterie. Beim Kampf gegen den sklavischen Nachbau ist man auf die allgemeinen Vorschriften des unlauteren Wettbewerbsrechts beschränkt, während die Produktpiraterie mit den konkreteren Vorschriften der Spezialgesetze des gewerblichen Rechtsschutzes bekämpft werden kann. Bei der Produktpiraterie von Fahrzeug-Ersatzteilen treten insbesondere Schutzrechtsverletzungen von Patenten, Geschmacksmustern (Design) und Marken auf.

2.1 Patentverletzung

Die Patentverletzung ist weltweit eine häufig auftretende Form der Produktpiraterie. Auch in China treten Patentverletzungen auf, im Vergleich zu den anderen Formen der Schutzrechtsverletzungen sind die Patentverletzungen jedoch eher gering. Dies liegt nicht etwa daran, dass die Patentrechte in China von den Plagiatoren stärker beachtet werden als andere Schutzrechte, sondern schlicht daran, dass die Automobilhersteller und insbesondere deren Zulieferer keine oder nur wenige Patente in China eingetragen haben. In der Vergangenheit haben insbesondere die Automobilzulieferer auf den Patentschutz in China bewusst verzichtet. Die Gründe für diese strategische Entscheidung waren zum einen die hohen Kosten für den Patentschutz in China, insbesondere aufgrund der Übersetzungskosten, sowie die Tatsache, dass Patente in der Vergangenheit kaum durchgesetzt werden konnten. Die Folge dieser restriktiven Patentanmeldestrategie ist, dass es heute relativ wenige wirksame Patente in China gibt, so dass viele technische Erfindungen heute in China frei nutzbar sind. Zur Klarstellung sei darauf hingewiesen, dass technische Erfindungen territorial nur dort den Schutz des Patentrechts genießen, wo sie als Patent wirksam geschützt wurden. Technischen Erfindungen, die z. B. in Europa und/oder den USA patentrechtlich geschützt sind, können in China von jedermann frei genutzt werden, sofern dort kein wirksamer Patentschutz vorliegt. Der Nachbau von Produkten mit neuen technischen Erfindungen ist somit bei fehlendem Patentschutz in China rechtlich zulässig. Bei den Nachbauern handelt es sich in diesem Fall nicht um Produktpiraten; der Nachbau kann nicht, etwa durch das Recht des unlauteren Wettbewerbs, unterbunden werden. Dies gilt nicht nur in China, sondern weltweit.

Den in der Vergangenheit zu Recht beklagten Möglichkeiten, bestehende Patentrechte in China nicht/kaum gegenüber Schutzrechtsverletzern durchsetzen zu können, ist man in China nach dem WTO-Beitritt mit einer Weiterbildungsoffensive der Mitarbeiter im Patentamt sowie der entsprechenden Richter begegnet. Viele Mitarbeiter des chinesischen Patentamts sowie Richter in den entsprechenden Patentverletzungskammern wurden in Deutschland ausgebildet, mit der Folge, dass sich die Qualität der Patente sowie deren Durchsetzung nunmehr erheblich verbessert hat. Auch wenn dieses positive Urteil heute nur für wenige Regionen in den großen Ballungsgebieten an der Ostküste gilt, so ist dies doch ein positives Zeichen, welches man als Aufforderung verstehen sollte, in Zukunft auch in China Patentschutz zu erreichen.

2.2 Designverletzung

Das Design, oder Geschmacksmuster, hat im Automotive-Bereich erst in den letzten Jahren an Bedeutung gewonnen. Anders als etwa in der Bekleidungsindustrie, bei der das Geschmacksmuster das wichtigste Schutzrecht gegen Plagiate darstellt, unterliegt der Designschutz von Fahrzeug-Ersatzteilen auch in Europa Restriktionen. Man vertraute daher in der Vergangenheit, auch in China, überwiegend auf das Patent- und Markenrecht.

Nachdem in jüngster Vergangenheit nicht nur Fahrzeuge mit verwechselbaren Marken/Logos weltweit bekannter Automobilhersteller auf dem chinesischen Markt aufgetaucht sind, sondern auch Fahrzeugkomponenten und sogar ganze Fahrzeuge, Busse und Lkw vom äußeren Erscheinungsbild dem der Original-Fahrzeuge zum Verwechseln ähnlich sind, ist das Geschmacksmusterrecht in den Fokus der Automotive-Industrie gerückt. Designschutz, auch für Fahrzeuge und deren Ersatzteile, ist in China rechtlich grundsätzlich möglich und durchsetzbar, allerdings unterliegt der Geschmacksmusterschutz der Voraussetzung der besonderen

Eigenart, die sich nicht aus der besonderen technischen Eigenschaft ergeben darf. Damit unterliegt der Designschutz auch in China den eher restriktiven Voraussetzungen. Ein weitergehender Schutz durch das Recht des unlauteren Wettbewerbs ist in China, anders als in europäischen Rechtsordnungen, nicht zu erwarten.

Beim Designschutz gilt Ähnliches wie beim Patentschutz, er spielt im Vergleich zur Anzahl von anderen Schutzrechtsverletzungen, insbesondere Markenverletzungen, außerhalb des Automotive-Bereichs auch von Urheberrechten, in China kaum eine Rolle. Daher soll vorliegend auf das Patentrecht sowie das Geschmacksmusterrecht und die Schutzmaßnahmen zur Verteidigung dieser Rechte gegen Produktpiraten nicht weiter eingegangen werden.

2.3 Markenverletzung

Die mit Abstand häufigste Form der Produktpiraterie von Automotive-Ersatzteilen findet durch Markenverletzung statt. Dabei werden entweder die Marken der Automobilhersteller (OES), der Automobilzulieferer (IAM) oder von beiden (meist OES) verletzt. Die Markenverletzungen erfolgen entweder durch das Aufbringen von Marken der Originalhersteller direkt auf dem Produkt und/oder durch Verwendung der Marken auf Verpackungen, in denen die gefälschten Produkte verkauft werden. Bei größeren Ersatzteilen, wie Felgen, erfolgt die Markenverletzung direkt auf dem gefälschten Produkt, bei kleineren Ersatzteilen, die in Verpackungen wie z. B. Faltschachteln verkauft werden, wie etwa Scheibenwischer, Filter oder auch Bremsscheiben, werden die Marken von den Plagiatoren meist nicht auf das Produkt aufgebracht; Produktpiraterie liegt dann erst zu dem Zeitpunkt vor, wenn ein Produkt in eine Verpackung gesteckt wird, die unzulässig geschützte Marken verwendet. Die Folge ist, dass der Hersteller der Produkte und der Produktpirat zwei verschiedene Rechtssubjekte sein können. Solange der Hersteller der Produkte keine Schutzrechte, wie Patente, Geschmacksmuster oder Marken, verletzt, sind die Herstellung und der Verkauf seiner Produkte zulässig. Erst derjenige in der Leistungskette, welcher die (unbeschrifteten) Produkte in Verpackungen steckt, die Markenrechte verletzen, begeht die Markenverletzung. Es ist daher äußerst schwierig festzustellen, wer tatsächlich als Drahtzieher hinter den Markenverletzungen steckt. Der möglicherweise auffindbare Hersteller der Produkte ist meist nicht belangbar, wenn er die Produkte ohne Markenverletzungen verkauft.

Bei den Produktpiraten sind derzeit zwei Tendenzen auszumachen: Zum einen wird die Qualität der Plagiate stetig besser, so dass die identischen Produktfälschungen von den Originalprodukten auch von Experten zunehmend schwieriger allein durch Inaugenscheinnahme zu erkennen sind. Zum anderen geht die Tendenz vieler Fälscher dahin, eigene Marken zu nutzen, die den Marken und den Verpackungen der Originalhersteller zum Verwechseln ähnlich sind. Die Form der Verpackung, deren Farben und sonstige Unterscheidungsmerkmale, wie z. B. Produktnummern, werden von der Originalverpackung übernommen, jedoch nicht mit der Wort- und/oder Bildmarke des Originalherstellers, sondern mit einem nur ähnlichen oder sogar gänzlich anderen Schriftzug versehen. Das „Trade-Dress“, also die Aufmachung der Verpackung, ist überwiegend nicht markenrechtlich geschützt bzw. schützbar, so dass der Originalhersteller meist keine markenrechtlichen Unterlassungsansprüche gegen diese Form der Nachahmungen hat. Die Plagiatoren nutzen dadurch den guten Ruf der Originalmarke sowie den guten Glauben der Kunden aus. Da die meist gutgläubigen chinesischen Kunden und Endverbraucher den Unterschied, nämlich die in römischen Schriftzeichen aufgebrachten Wort-/Bildmarken, nicht lesen können, werden sie über den Hersteller der Plagiate getäuscht. Mangels Schutzrechtsverletzung bleibt dem Originalhersteller in diesem Fall nur der rechtliche Weg über das Recht des unlauteren Wettbewerbs.

2.4 Sklavischer Nachbau

Beim sklavischen Nachbau handelt es sich, wie bereits eingangs erwähnt, nicht um Produktpiraterie im engeren Sinne, da hierbei grundsätzlich keine Schutzrechte verletzt werden. Etwas anderes gilt selbstverständlich dann, wenn ein Produkt nachgebaut/kopiert wird und dabei auch Schutzrechte, wie Patente oder Marken, verletzt werden. In diesem Fall ist der Schutzrechtsinhaber aber nicht auf das Recht des unlauteren Wettbewerbs beschränkt, sondern hat die Möglichkeit, gegen den Plagiator wegen Schutzrechtsverletzung, entsprechend den jeweiligen Spezialgesetzen, vorzugehen.

Das Recht des unlauteren Wettbewerbs ist in China und Taiwan zwar bekannt, jedoch fehlt es an der Umsetzung in der Praxis. Zwar werden vor den chinesischen Gerichten relativ viele Verfahren wegen Verstoßes gegen das Unlauterkeitsrecht angestoßen, erfolgreich werden hingegen nur sehr wenige beschieden. Von einer gerichtlichen Auseinandersetzung raten Rechtsanwälte daher in der Regel ab, wenn lediglich Ansprüche wegen Verstoßes gegen das Wettbewerbsrecht und keine weiteren Schutzrechtsverletzungen vorliegen. Die mangelnde Durchsetzung des Wettbewerbsrechts in der Praxis lässt sich damit erklären, dass es im Wesentlichen der chinesischen Tradition widerspricht. In China gehört das Nacheifern des Meisters, indem man versucht, diesen perfekt zu kopieren, als Form des Lernens zur jahrhundertealten Tradition. Das Kopieren guter Produkte ist daher in der chinesischen Gesellschaft anerkannt. Mit den konkret formulierten Schutzrechtsgesetzen hat man es geschafft, entgegen der chinesischen Tradition, das Kopieren unter bestimmten Voraussetzungen zu pönalisieren. Ein allgemein formuliertes Gesetz, wie das Gesetz gegen unlauteren Wettbewerb, welches das Nacheifern nur unter bestimmten Voraussetzungen, bei Vorliegen unbestimmter Rechtsbegriffe, verbietet, hatte in der Gesellschaft und auch der Richterschaft keine Möglichkeit, sich durchzusetzen.

3. Schutzmaßnahmen

Die Originalhersteller haben ein großes Interesse daran, sich gegen Produktpiraterie zu schützen, um damit insbesondere

- dem Verlust von Marktanteilen,
- der Zerstörung/Verwässerung der Marke,
- erhöhten Kosten,
- der Produkthaftung

vorzubeugen. Die Schutzmaßnahmen des Originalherstellers sollten stets präventiv und repressiv ausgerichtet sein. Der wichtigste präventive Schutz ist der Schutz der Produkte mittels Schutzrechten. Daneben sind technische Schutzmaßnahmen möglich, die dabei helfen, die Plagiate von den Originalprodukten zu unterscheiden. Die repressiven Schutzmaßnahmen erschöpfen sich in dem rechtlichen Vorgehen gegen den/die Schutzrechtsverletzer.

3.1 Schutzrechtsanmeldungen

Der Originalhersteller sollte darauf achten, seine Produkte möglichst umfassend durch Schutzrechte zu schützen. Je mehr Schutzrechte ein Produkt schützen, desto größer ist die Wahrscheinlichkeit, gegen Plagiatoren erfolgreich und kostengünstig vorgehen zu können. Neben dem Patent- und Geschmacksmusterschutz ist ein umfassender Markenschutz erforderlich. Damit stellt der Originalhersteller zum einen sicher, Schutzrechtsverletzern die Nutzung seiner Produktkennzeichnungen zu verbieten, und zum anderen, dass er durch andere nicht daran gehindert wird, seine Kennzeichnung zu nutzen. Neben den üblicherweise geschützten Wort- und/oder Bildmarken empfiehlt sich auch der Schutz der Verpackung (Trade-Dress) sowie der Marke in chinesischen Schriftzeichen.

3.1.1 Wort- und Bildmarken

Dem Markenanmelder sollte bewusst sein, dass jede Wortmarke in lateinischen Schriftzeichen in China als Bildmarke zur Anmeldung kommt. Lediglich die Worte in chinesischen Schriftzeichen werden als Wortmarke anerkannt. Für den Markenanmelder bedeutet dies, dass er seine Marken ausschließlich in der Bildform anmelden sollte, wie sie tatsächlich im Verkehr benutzt werden.

Die Markenanmeldung in China kann entweder national erfolgen oder entsprechend dem Madrider Markenabkommen über die WIPO in Genf. Die Registrierung über die WIPO scheint auf den ersten Blick einfacher, schneller und günstiger zu sein. Jedoch darf nicht vergessen werden, dass die über die WIPO registrierte Marke in China lokalisiert werden muss, bevor man aus ihr Rechte in einem Rechtsverfahren geltend machen will. Die Lokalisierung in China bedarf eines Rechtsanwalts, so dass der Kostenvorteil schließlich tatsächlich nicht besteht. Dagegen hat die nationale Markenanmeldung einen erheblichen Zeitvorteil, der manchmal entscheidend sein kann.

3.1.2 3D-Marken/„Trade-Dress"

Sofern der Originalhersteller seine Produkte in Verpackungen anbietet, ist zu empfehlen, dass dieser auch die „Aufmachung" (Trade-Dress) seines Produktes, also die Verpackung, markenrechtlich schützt. Damit hat er eine Handhabe, markenrechtlich gegen Nachahmungen vorzugehen. Da in der Regel weder der chinesische Endabnehmer noch der Zwischenhändler die lateinischen Buchstaben lesen kann, orientiert er sich ausschließlich an der Aufmachung oder Verpackung des Produktes. Die Aufmachung übernimmt somit in China die typische Aufgabe einer Wort-/Bildmarke, nämlich der Unterscheidungsfunktion zu anderen Produkten. Daher sollte der Originalhersteller darauf bedacht sein, sich diese auch schützen zu lassen.

Mit dem Markenschutz der Verpackung hat der Originalhersteller die Möglichkeit, gegen Nachahmer vorzugehen. Mindestens ebenso wichtig ist aber, dass kein Dritter, möglicherweise sogar der Nachahmer selbst, die Verpackung als Marke schützen lassen kann. Es ist nicht ungewöhnlich, dass Fälscher oder Nachahmer die Marken der Originalhersteller, sofern diese in China noch nicht geschützt sind, für sich markenrechtlich schützen lassen. Das „Trade-Dress" des Originalproduktes wird vom Originalhersteller meist nicht als 3D-Marke geschützt, da dies in Europa in der Regel wegen des funktionierenden unlauteren Wettbewerbsrechts nicht als Marke geschützt werden muss. Versäumt er dies in China, besteht die Gefahr, dass der Nachahmer die Originalverpackung als 3D-Marke, also die Form der Verpackung plus Farben und Farbverteilung, für sich markenrechtlich schützen lässt, mit der Folge, dass dann der Originalhersteller „mit den Waffen der westlichen Industrie" auf dem chinesischen Markt bekämpft wird. Dies findet häufig dann statt, wenn der Originalhersteller markenrechtlich gegen den Fälscher vorgegangen ist. Im Zuge solch eines Verfahrens meldet dieser häufig Marken des Originalherstellers an, um den Ansprüchen des Originalherstellers etwas entgegensetzen zu können, mit dem Ziel einer gütlichen Einigung. Gegen das Vorgehen des Markeninhabers kann der Originalhersteller zwar sein Vorbenutzungsrecht einwenden, jedoch obliegt ihm dann die Beweislast. Sofern der Originalhersteller die Vorbenutzung nicht lückenlos mit Beweisen belegen kann, dazu gehören u. a. Prospekte in chinesischer Sprache oder Verkaufsbelege über die Produkte, jeweils mit Bildern, die die Verpackung zeigen, kann er gezwungen werden, seine weltweit einheitlichen Verpackungen zu ändern. Dies ist natürlich mit erheblichem Zeit- und Kostenaufwand verbunden.

Der Markenschutz von Verpackungen durch 3D-Marken ist in China schwieriger zu erlangen als etwa in Europa. Der Schutz von 3D-Marken ist in China relativ neu, so dass man bei der Markenanmeldung die 3D-Marke von der Bildmarke oder der „Colour-Combination Trademark" abgrenzen muss. Die Verpackung bedarf einer gewissen Kennzeichnungs- bzw. Unterscheidungskraft, damit ein Markenschutz möglich ist. Die Höhe der Kennzeichnungskraft der Marke wird vom chinesischen Amt jedoch höher angesetzt als in anderen Teilen der Welt.

3.1.3 Chinesische Schriftzeichen

Der Markenschutz und die Nutzung von chinesischen Schriftzeichen sind nicht nur aus Marketingsicht, sondern auch aus rechtlicher Perspektive von sehr großer Bedeutung. Es besteht ansonsten die Gefahr, dass Wettbewerber oder auch Produktpiraten die Marke, welche der Originalmarke in chinesischen Schriftzeichen entspricht, schützen lassen und der Originalhersteller von der Nutzung ausgeschlossen wird.

Bei der Markenanmeldung sollte der Originalhersteller darauf achten, einen möglichst breiten Schutz in möglichst vielen Klassen zu erlangen, da häufig Unternehmen aus anderen ähnlichen Industrien oder sogar Kunden die Marke in „ihren" Klassen als Marke schützen lassen. Dadurch besteht die Gefahr der Markenverwässerung, der nur durch einen möglichst breiten Schutz von Beginn an begegnet werden kann.

Bei der Nutzung und Anmeldung von chinesischen Schriftzeichen ist darauf zu achten, welche Schreibweise man wählt. Während die Festlandchinesen die neuen, vereinfachten Zeichen nutzen, werden in Taiwan und Hongkong noch die alten Schriftzeichen genutzt.

3.2 Technische Schutzmaßnahmen

Als Schutzmaßnahmen gegen Produktpiraterie werden derzeit viele unterschiedliche, zumeist technische Maßnahmen und Verfahren auf dem Markt angeboten. Es hat sich eine richtige Industrie herausgebildet, die Produkte anbietet gegen Produktpiraterie. Diese Maßnahmen und Verfahren sind, um nur einige zu nennen:

- Hologramme in allen Variationen
- Zahlen und Buchstaben in Mikroschrift
- Farbbeimischungen in Farben, so dass diese fluoreszieren
- Internetgestützte Abfragen zur Prüfung auf Originalprodukt
- RFID
- Genetischer Fingerabdruck auf Produkt und/oder Verpackung

Alle diese (technischen) Schutzmaßnahmen haben Vor- und Nachteile; und jedes dieser Produkte ist für den einen oder anderen besser oder schlechter geeignet. Sie haben aber alle Folgendes gemeinsam:

- Sie erhöhen den Aufwand.
- Sie kosten Geld und verteuern damit das Originalprodukt.
- Sie verhindern Produktpiraterie nicht.

Jedes Hologramm oder sonstige Merkmal kann in China in kürzester Zeit nachgemacht werden. Da der Kunde die Originalmerkmale bei den Hologrammen zumeist nicht kennt, glaubt er bei jedem schlecht nachgemachten Hologramm an ein Originalprodukt. Versuche haben gezeigt, dass sich selbst Firmenangehörige des Originalherstellers durch schlecht nachgemachte Hologramme täuschen lassen, da diese „stärker glänzten". Selbst der einmalige genetische Fingerabdruck auf einem Produkt, der von Fälschern nicht nachgemacht werden kann, hält diese nicht davon ab, weiterhin Fälschungen auf den Markt zu bringen. Letztlich helfen die oben beispielhaft genannten technischen Schutzmaßnahmen nur insoweit, dass der Originalhersteller seine Produkte, insbesondere in der Lieferkette, schneller und leichter von den Fälschungen unterscheiden kann.

Diese (technischen) Hilfsmittel unterstützen den Originalhersteller also dabei, einfacher festzustellen, welche Produkte bei einer Vielzahl von Fälschungen auf dem Markt wirklich Originalprodukte und welche Fälschungen sind. Zudem kann er durch einige der (technischen) Schutzmaßnahmen herausfinden, wo die Schwachstellen in seiner Lieferkette sind, bei denen die Fälschungen in seinen Vertriebskanal stoßen. Diese neuen Möglichkeiten des Originalherstellers schrecken den Fälscher in der Regel jedoch nicht davon ab, die Fälschungen weiterhin auf demselben Weg in den Markt zu bringen.

3.3 Rechtliches Vorgehen

Der Originalhersteller hat, um gegen Fälschungen oder Nachahmungen vorzugehen, nur ein wirksames Mittel, nämlich das rechtliche Vorgehen. Dabei muss ihm aber klar sein, dass er durch das rechtliche Vorgehen nicht die Produktpiraterie als solche bekämpft, sondern den Plagiator nur dazu zwingt, nicht mehr sein Originalprodukt zu fälschen, sondern das Markenprodukt eines anderes, meist das eines Wettbewerbers. Die Produktpiraterie ist ein viel zu lukratives Geschäft, als dass der Plagiator damit aufhören würde. Zudem ist oft die Existenz ganzer Familien, Dörfer, ja sogar Regionen von dem Fälschen bestimmter Markenprodukte abhängig. Ein erfolgreiches rechtliches Vorgehen hat in diesen Fällen meist lediglich zur Folge, dass die Produktion weitergeht wie gewohnt, lediglich die Marke, die auf das Produkt gedruckt wird, oder die Verpackung für das Produkt wird geändert.

4. Erfahrungen aus der Praxis

Bei Markenverletzungen stehen dem Markeninhaber drei Rechtswege offen, um gegen den Plagiator vorzugehen, die man auch gleichzeitig anstrengen kann und die parallel und weitgehend unabhängig nebeneinander laufen können:

- der Verwaltungsrechtsweg beim AIC (Administration for Industry and Commerce)
- der Zivilrechtsweg bei einem Landgericht
- der Strafrechtsweg mit einem Strafantrag bei der Staatsanwaltschaft und der Gerichtsverhandlung beim Strafgericht

Nähere Details dazu enthält der Beitrag von Elliot Papageorgiou und Matthias Seyboth. Nachfolgend sollen lediglich die Erfahrungen mit diesen rechtlichen Verfahren skizziert werden.

4.1 Verwaltungsverfahren (AIC-Verfahren)

Mit dem AIC-Verfahren hat der Markeninhaber die Möglichkeit, bei eindeutigen Markenverletzungen sehr schnell und günstig seine Rechte in Form von Beschlagnahmungen durchgesetzt zu bekommen. Innerhalb weniger Tage sind die Behörden bereit, nach Vorlegen aller Beweise, Razzien bei den Markenverletzern durchzuführen und die markenverletzenden Produkte zu beschlagnahmen und zu zerstören. Sofern die verletzten Marken nicht auf dem Produkt, sondern lediglich auf der Verpackung aufgebracht sind, werden nur die Verpackungen beschlagnahmt. Die Produkte selbst sind frei und können vom Hersteller weiterverkauft werden. Gleiches gilt, falls die verletzten Marken vom Produkt leicht zu trennen sind. Die die Marken verletzenden Labels werden vom Produkt getrennt und beschlagnahmt, während die Produkte selbst nicht markenverletzend und damit frei sind.

Bei eindeutigen Markenverletzungen, also bei typischen Fälschungen, werden durch das AIC-Verfahren über 90 % aller angezeigten und angenommenen (bei Vorliegen ausreichender Beweise) Verletzungsfälle im Sinne der Markeninhaber abgeschlossen. Anders werden die Fälle bei Nachahmungen von den Behörden bewertet. Auch wenn es sich um eindeutige Markenverletzungen handelt, bleibt den Beamten ein (kleiner) Ermessensspielraum, mit der Folge, dass nicht alle Fälle im Sinne der Gesetze entschieden werden. Bei der Entscheidungsfindung der Beamten spielen, unabhängig von deren Verwaltungsstandort, oft örtliche Sonderinteressen und Korruption eine große Rolle. Oft hat man aber auch den Eindruck, dass es einfach am fachlichen Wissen im gewerblichen Rechtsschutz mangelt. Gegen die Entscheidungen des AIC besteht die Möglichkeit der Beschwerde und dagegen wiederum die Rechtsbeschwerde. Hiervon wird jedoch meist abgeraten, da es nur selten vorkommt, dass eine Behörde eine Entscheidung einer (auch niedrigeren) Behörde aufhebt. Hier empfiehlt es sich aus Zeit- und Kostengründen, sofort die Entscheidung der Zivilgerichte zu suchen.

4.2 Zivilgerichtsverfahren

Die Zivilgerichte sind grundsätzlich weniger regional beeinflusst, unabhängiger und fachlich weit kompetenter als die AIC-Behörden. Zwar steht der Weg einer einstweiligen Verfügung offen, jedoch ist es für Ausländer meist unmöglich, die erforderlichen Beweise innerhalb der geforderten Fristen beizubringen. Daher ist man in der Praxis überwiegend auf das normale Zivilverfahren verwiesen. Die Klage bedarf der gründlichen Vorbereitung, welche mehrere Monate in Anspruch nehmen kann. Hintergrund ist die Form der Beibringung von Beweisen. Alle schriftlichen Beweismittel, die in das Verfahren eingeführt werden sollen oder könnten, wie Markenurkunden, Handelsregisterauszüge, Broschüren, Fotos usw., müssen zunächst vom Notar kopiert und beglaubigt werden, vom Landgerichtspräsidenten mit der Apostille versehen, vom Bundesverwaltungsamt überbeglaubigt und vom chinesischen Konsulat oder der chinesischen Botschaft legalisiert werden. Anschließend müssen alle Schriftstücke ins Chinesische übersetzt werden. Dieses Verfahren kostet neben Zeit auch viel Geld, so dass sich die Kosten für die eigenen Rechtsanwälte, Notare, Überbeglaubigungen und Übersetzungen in der ersten Instanz auf über 50.000 Euro belaufen können. Diese Summe ruft spätestens zu dem Zeitpunkt Unverständnis aus, wenn man sich vergegenwärtigt, dass die Höchstsumme an Schadensersatz in China auf 500.000 RMB beschränkt ist, was in etwa der Summe von 50.000 Euro entspricht. Tatsächlich werden in der Praxis kaum höhere Schadensersatzsummen als 200.000 RMB (entspricht etwa 20.000 Euro) ausgesprochen, auch dann nicht, wenn sich die tatsächlichen Schadenssummen auf ein Zigfaches davon belaufen. Die eigenen Kosten des Zivilverfahrens werden von der unterliegenden Seite in der Regel nicht erstattet. Diese Kostensituation macht deutlich, dass der Zweck eines Zivilprozesses für den Geschädigten nicht darin bestehen sollte, seinen entstandenen Schaden vom Verletzer erstattet zu erhalten, sondern ausschließlich darin, weitergehenden Schaden zu verhindern.

Die Rechtsprechung der Zivilgerichte ist noch nicht einheitlich, so dass es bisweilen zu konträren Urteilen kommt. So hat der Oberste Gerichtshof in Peking in der Herstellung und dem ausschließlichen Export von Marken verletzenden Produkten die Zuständigkeit von chinesischen Gerichten abgelehnt, während die Gerichte in Shenzhen wiederholt die Zuständigkeit bejaht haben. Es wird sicher noch einige Jahre dauern, bis in solch wichtigen Fragen eine einheitliche Rechtsprechung vorliegt.

4.3 Strafverfahren

Das Strafverfahren wurde in der Vergangenheit bei Verletzung von gewerblichen Schutzrechten nur selten eingeleitet; insgesamt sind nur wenige Verfahren verzeichnet, allerdings mit stark steigender Tendenz. Oft ist es bereits ausreichend, dem Plagiator anzudrohen, ein strafrechtliches Verfahren einzuleiten, um diesen zu einer außergerichtlichen Regelung zu bewegen. Die Gefahr, in einem Strafverfahren zu unterliegen und damit „das Gesicht zu verlieren", wird als eine weit größere Schande gesehen als bereits im Zivilverfahren.

Erfahrungen mit dem Strafverfahren in Taiwan haben gezeigt, dass weder die Staatsanwaltschaften noch die Gerichte an solchen Verfahren großes Interesse zeigen. Die örtlich und sachlich zuständigen Gerichte versuchen oft durch Verweise des Verfahrens an andere Gerichte, ihre Zuständigkeit abzugeben, zwar ohne Erfolg, aber mit einer erheblichen Verzögerung des Verfahrens. Die Ergebnisse dieser Verfahren sind ernüchternd. Die Verfahren werden nach langer Verfahrensdauer entweder eingestellt oder der Angeklagte erhält eine unbedeutende Geldstrafe.

5. Strategisches Vorgehen gegen Produktpiraterie

Die rechtlichen Möglichkeiten, die man in China im Kampf gegen die Produktpiraterie hat, sind insbesondere durch das AIC-Verfahren weit besser als in vielen anderen Staaten. Die Erfolgsaussichten bei rechtlichem Vorgehen sind daher besonders bei eindeutigen Fällen sehr gut, wobei die Verfahren zudem relativ günstig sind. Im Folgenden wird anhand einiger ausgewählter Punkte aus der Praxis dargestellt, wie man seine Erfolgsaussichten durch ein strategisches Vorgehen erhöhen kann.

5.1 Spezialisierte Rechtsanwälte

Das Thema Produktpiraterie ist ein sehr bekanntes und auch für Rechtsanwälte sehr lukratives Feld in China, so dass heute beinahe jede größere Kanzlei ihre Dienste auch auf diesem Gebiet anbietet. Die Bekämpfung der Produktpiraterie ist jedoch kein Standardverfahren, das man fachlich erlernen kann. Ausschließlich auf diesem Feld spezialisierte Rechtsanwälte sind ihren Kollegen nicht nur fachlich überlegen, sondern kennen aufgrund ihrer täglichen Arbeit die Mitarbeiter der Verwaltungsbehörden (AIC) sowie die Richter auf diesem Gebiet. Dies kann bei Fragen vor oder während eines Verfahrens sehr hilfreich sein und viel Zeit und Geld sparen, wenn man z. B. die informelle Anfrage stellen kann, ob die vorhandenen Beweise für ein Beschlagnahmeverfahren ausreichend sind. Der gute Kontakt kann sich auch, wenn auch nur unbewusst, positiv auf eine AIC- oder Gerichtsentscheidung auswirken.

5.2 Vorgehen am richtigen Ort

Der Erfolg eines rechtlichen Vorgehens gegen Plagiatoren hängt zu einem wesentlichen Teil davon ab, wo die Aktion erfolgt. Örtlich zuständig ist primär immer die Behörde oder das Gericht am Wohnsitz des Beklagten, daneben sind auch diejenigen am Ort der unerlaubten Handlung, entsprechend der Regelung in Deutschland, zuständig. Als Regel gilt, dass die Erfolgsaussichten eines rechtlichen Vorgehens proportional abnehmen, je weiter man in China nach Westen geht und je kleiner die Provinz und deren Hauptstadt ist. In den großen Städten der Ostküste Chinas bestehen bei den örtlichen Gerichten Kammern, die Erfahrung mit dem gewerblichen Rechtsschutz haben und teilweise über eine Ausbildung im Ausland verfügen. Ihre Entscheidungsfindung ist nicht von regionalen oder örtlichen Interessen beeinflusst; diese Gerichte garantieren zumeist eine objektive, unabhängige und gesetzesorientierte Rechtsprechung. Anders ist die Situation bei den Gerichten in der Provinz. Dort fehlt es oft an qualifizierten Richtern; der überwiegende Teil der Richter hat keine juristische Ausbildung, sondern setzt sich aus ehemaligen Militärs und Parteifunktionären zusammen. Die Gesetze des gewerblichen Rechtsschutzes sind diesen Richtern meist unbekannt. Zudem spielen bei der Entscheidungsfindung dieser Richter der Patriotismus sowie die lokalen oder regionalen Interessen die entscheidende Rolle, so dass sich ein Originalhersteller aus dem Ausland gegen einen Fälscher, der in der Region Arbeitsplätze schafft, kaum Erfolgsaussichten versprechen sollte. Der Originalhersteller sollte daher stets versuchen, in den größeren Städten der Ostküste, vorzugsweise in Shanghai oder Peking, gegen die Produktpiraterie vorzugehen. In den meisten Fällen wird der Hersteller der Plagiate seinen Wohnsitz oder seinen Firmensitz nicht in diesen Städten haben. In diesem Falle ist zu prüfen, ob er möglicherweise ein Lagerhaus in diesen Städten unterhält, seine Produkte in diesen Städten verkauft oder über diese Städte exportiert. Sollte der örtliche Gerichtsstand gegen den Hersteller der Fälschungen in keiner der oben genannten Städte begründet werden können, empfiehlt sich, zunächst keine rechtlichen Schritte zu unternehmen. Es ist besser, einstweilen keine rechtliche Entscheidung gegen einen Plagiator zu erlangen, als eine negative, die im Markt schnell die Runde macht.

5.3 Gezieltes strategisches Vorgehen

Für den Fall, dass ein rechtliches Vorgehen gegen den Hersteller der Plagiate keinen Erfolg verspricht, kann ein Vorgehen gegen dessen (Groß-)Händler interessant sein, falls ein örtlicher Gerichtsstand in Shanghai oder Peking begründet werden kann. Meist ist es bereits ausreichend, gegen zwei oder drei der wichtigsten Händler durch das AIC Razzien und Beschlagnahmungen durchführen zu lassen mit der Ankündigung, gegen jeden weiteren Händler vorgehen zu wollen. Die Folge kann sein, dass alle anderen Händler, die die Plagiate für den Hersteller vertreiben, diese ihm wieder zurückbringen, um nicht vom AIC belangt werden zu können. Die Zahlung der Produkte erfolgt meist nur nach Verkauf der Ware, so dass der Hersteller der Plagiate plötzlich mit zurückgeschickter gefälschter Ware überschwemmt wird, die niemand mehr für ihn verkaufen will. Damit kann ein Hersteller von Fälschungen indirekt angegangen werden, mit oft größeren finanziellen Einbußen, als wenn er direkt rechtlich belangt worden wäre.

5.4 Bekanntmachung im Markt

Beim Kampf gegen Produktpiraterie sollte man nicht allein auf das rechtliche Vorgehen vertrauen. Weit mehr Wirkung hat oft die parallele Information des Marktes über das (geplante) rechtliche Vorgehen. Produktpiraten sind auch Geschäftsleute, die bei ihren Geschäften ein möglichst geringes Risiko eingehen wollen mit der Folge, dass sie den Weg des geringsten Widerstands gehen. Neben dem rechtlichen Vorgehen gegen Plagiatoren ist es noch wichtiger, dies dem Markt in Form von Veröffentlichungen über erfolgreiche Razzien in Fachzeitschriften oder sogar durch das Ausstrahlen eines Mitschnitts von einer Razzia durch das Fernsehen mitzuteilen. Dadurch gelangt das eigene Unternehmen sehr schnell in den Ruf, besonders aggressiv gegen Fälschungen im Markt vorzugehen. Kurz- und insbesondere mittelfristig werden weniger Fälschungen der eigenen Marke im Markt auftauchen. Der Ruf im Markt hat oft eine größere Wirkung als alle nicht bekannten oder kaum wahrgenommenen Erfolge gegen Produktpiraterie.

6. Zusammenfassung und Ergebnis

Die Bekämpfung der Produktpiraterie ist weltweit sehr schwierig, kosten- und zeitintensiv sowie häufig leider nicht von Erfolg gekrönt. Dies ist in China auch nicht anders. Zwar sind die rechtlichen Rahmenbedingungen mit denen in westlichen Demokratien vergleichbar, jedoch erfolgt die Umsetzung der Gesetze in der Praxis noch nicht zufrieden stellend. Das liegt häufig an der Unkenntnis der Rechtsvorschriften und der alten, noch gegenwärtigen Tradition, meist aber liegt es in der Korruption begründet.

Mit dem AIC-Verfahren hat China ein weitgehend taugliches Mittel, um schnell und kostengünstig seine Schutzrechte durchsetzen zu können. Solch ein meist funktionierendes staatliches Verfahren zur Bekämpfung von Produktpiraterie würde man sich auch in vielen anderen Staaten wünschen. Aufgrund der immens großen Probleme mit Produktpiraterie in China kann man mit der Rechtsordnung und insbesondere mit deren Umsetzung noch nicht zufrieden sein. Dennoch stehen die Anzeichen gut, dass sich die Situation stetig bessern wird. Aber bereits heute ist es möglich, in China seine Schutzrechte nach Berücksichtigung mancher Tipps durchzusetzen. Die Chancen auf Erfolg stehen besser, als viele annehmen.

Produkt- und Konzeptpiraterie:

Erkennen?	China ist eine Welt für sich – mit vielen regionalen Unterschieden.
Vorbeugen?	Technisch, juristisch.
Abwehren?	... ist besser möglich, als die meisten meinen; das Verwaltungsverfahren AIC ist hier besonders wirksam.
Dulden?	Wenn es im Sinne des Geschäfts ist.
Nutzen?	... ist nicht nur denkbar, sondern es wird praktiziert – und es schmerzt: wenn z. B. der Fälscher oder Nachahmer die Marken der Originalhersteller, sofern diese in China noch nicht geschützt sind, für sich markenrechtlich schützen lässt.

Vom chinesischen Traum zum Trauma

Eginhard Vietz

1. Die Voraussetzungen

China-Erfahrung ist unverzichtbar, wenn man Geschäfte in diesem Land tätigen will. Die chinesische Kultur ist völlig anders als die europäische, Verhaltensweisen können leicht falsch interpretiert werden. Die Listigkeit der Chinesen, die in der Mentalität liegt, ist weltweit unübertroffen. Und darin lauert die Gefahr für jeden Ausländer, der Geschäfte in China machen will. Sobald ein Chinese erkennt, dass das Wissen eines Geschäftspartners ihm Vorteile verschafft, wird er alles daran setzen, sich dieses Wissen selber anzueignen und daraus eigenen Nutzen zu ziehen. Für diese Strategie sind alle Mittel recht und er wird sie mit List einsetzen. Das strategische Vorgehen wird schon in den Anfängen genau geplant und wird auch durchgeführt, wobei nach dem Motto „mit Speck fängt man Mäuse" vorgegangen wird. 22 Jahre China-Erfahrung haben nicht ausgereicht, um mich vor dem Trauma zu bewahren.

2. Der Fall

2.1 Die Anfänge

Als mir vor 22 Jahren die Möglichkeit geboten wurde, in China Fachvorträge zu halten, war ich Feuer und Flamme. Der Staatssekretär im chinesischen Wirtschaftsministerium, Professor Dr. Cheng, der in Dresden studiert hat, hatte dies organisiert. Der Deutsche Verband für Schweißtechnik (DVS) und das Deutsche Entwicklungsministerium hatten mich als Experten für den Pipelinebau empfohlen. Als Schweißingenieur mit Spezialisierung auf den Sektor Pipelinebau hatte ich genügend Berufserfahrung. Es sollte über neue Technologien im Pipelinebau für Gas- und Ölpipelines berichtet werden. Die Themen waren:

1. „Verlegen der Pipeline",
2. „Verbinden mit neusten Schweißverfahren",
3. „Biegen der Pipeline auf der Baustelle", sowie
4. „Das Prüfen verschweißter Pipelines mit modernsten Prüfmethoden".

Abbildung 1: Vortrag bei Sinopec: Eginhard Vietz und Professor Cheng

Gleichlautende Dreitages-Symposien hielt ich in allen Provinzen Chinas ab. Bei meinem Vortrag in Urumqi, der am tiefsten gelegenen Stadt[1] der Welt, im Westen Chinas, waren ca. 2.000 Teilnehmer geladen. Vielleicht 20 von ihnen verstanden die Technik, über die ich berichtete. Die übrigen Teilnehmer wurden dann von chinesischer Seite weiter qualifiziert, um später in diesem Bereich eingesetzt zu werden. Hieraus ist die chinesische Strategie zu erkennen. In der Region Urumqi existieren Gas- und Ölvorkommen, die gerade erschlossen wurden, und der nächste Schritt war, eine Pipeline zu bauen, um die Industriezentren im Osten Chinas, speziell in der Region Shanghai, mit Gas und Öl zu versorgen.

Diese Region hat keinerlei touristische Sehenswürdigkeiten und somit waren kaum Europäer in dieser Gegend. Hotelanlagen gab es nicht, die Unterkünfte waren in einem derart desolaten Zustand, dass ich mich in der Nacht nicht auszog, sondern ruhend auf dem Bett liegen blieb, um nicht mit dem Schmutz in Berührung zu kommen. Viele Chinesen betrachteten mich dort wie einen Menschen von einem anderen Stern. Solche Erlebnisse sind für mich unvergesslich.

Am dritten Tag, nach den offiziellen Vorträgen, fand ein Empfang beim Regionalminister statt. Auf seine Frage, wie es mir ginge, antwortete ich: „Schlecht". Professor Cheng, der mir als Dolmetscher zur Seite stand, brauchte etwa eine Viertelstunde, um das zu übersetzen. Auf Grund meiner negativen Äußerung lud man mich dann zum Sommersitz des Ministers ein, wo ich die restliche Zeit meines Aufenthalts weit außerhalb von Urumqi an einem Waldsee verbringen konnte. So etwas hatte ich vorher noch nie gesehen, eine Gegend wie in Österreich am Wolfgangsee, mitten im See ein Teehaus. In den 2 Tagen, die ich dort verbrachte, fühlte ich mich wie im Himmel auf Erden. So stark waren die Gegensätze zur damaligen Zeit in dieser Region.

1 250 m unter dem Meeresspiegel.

Innerhalb von zwei Jahren bereiste ich das Land und schloss meine Vortragstätigkeit ab. Viele positive Erlebnisse prägten zu der Zeit mein Chinabild. Ich war der 100 %-igen Überzeugung, in diesem Land geschäftlich tätig werden zu müssen, da eine deutliche Aufbruchstimmung zu verspüren war. Die moderne Technologie, die wir in Deutschland für den Pipelinebau produzierten, würde in Zukunft in China gebraucht.

Die Kontakte, die ich während der Vortragstätigkeit geknüpft hatte, konnte ich nutzen, um die ersten Aufträge aus China zu gewinnen. Um den Markt vor Ort besser bedienen zu können, installierten wir eine Vertretung, die fachlich zwar nicht kompetent war, aber die Verbindungen zu den Entscheidungsträgern unserer Zielgruppe hatte. Dank dieser Vertretung konnten wir einige Aufträge mit den beiden staatlichen Unternehmungen CNPC und Sinopec abwickeln. Wir fingen auch an, chinesische Delegationen in unsere Firma nach Hannover einzuladen, um unsere Produkte vorzustellen. Der allererste Besuch einer chinesischen Delegation war für unsere Firma eine völlig neue Erfahrung und für die chinesischen Delegationsteilnehmer ein regelrechter Kulturschock. Sowohl für mich als auch für meine Mitarbeiter war die Organisation eines Aufenthalts von Chinesen in Deutschland völliges Neuland.

Abbildung 2: *Die erste chinesische Delegation von Daquing Oilfield in Hannover (1986)*

Uns erschien es völlig logisch, dieser Delegation möglichst viele Baustellen, auf denen modernste Technik eingesetzt wurde, zu zeigen. Schließlich, so dachten wir, hatten die Chinesen den Auftrag, sich über unsere Geräte zu informieren. Mir ging es also in erster Linie darum, die hohe Bauleistung in Deutschland zu präsentieren. Dazu suchten wir in drei Tagen insgesamt 14 Baustellen auf. Jeden Tag fuhren wir sehr früh mit einem Kleinbus los und besichtigten Baustellen in ganz Deutschland. Zum Pausieren und Mittagessen blieb da keine Zeit, so dass erst abends im Hotel richtig gespeist werden konnte.

Als ich die Delegation am vierten Tag verabschiedete, bedankten sich alle recht herzlich: Es habe ihnen sehr gut gefallen, sie hätten sehr viel gesehen. In China äußerten sich die Delegationsteilnehmer dann folgendermaßen: Man wolle nie wieder zur Vietz GmbH, sie seien fast verhungert und so einen Stress seien sie nicht gewohnt. Ich wurde dann von unserer Vertretung in China darauf hingewiesen, dass es für einen Chinesen vom Tagesablauf her das Wichtigste ist, dass um 12 Uhr Mittagspause gemacht wird, und dann muss ein warmes Essen serviert werden. Weiterhin erfuhren wir nun, dass von den sechs Personen, die uns in Deutschland besucht hatten, nur zwei Fachkompetenz auf dem Gebiet des Pipelinebaus hatten, vier Leute waren Parteigenossen, denen man eine Reise bewilligt hatte, um Deutschland kennen zu lernen. Dadurch ließ sich die negative Resonanz erklären. Durch dieses Erlebnis lernten wir, dass das Mittagessen um Punkt 12 Uhr absolute Priorität im Tagesablauf der Chinesen hat. Wer meint, über die Mittagszeit weiter verhandeln zu müssen, um die erwünschte Unterschrift zu bekommen, der begeht einen kapitalen Fehler.

Nicht alle Lehren, die wir aus den Besuchen chinesischer Delegationen in Hannover zogen, waren so „harmlos“. Bei einem anderen Besuch einer Delegation fanden wir hinterher heraus, dass zwei der Teilnehmer, die uns als Kunden vorgestellt worden waren und denen wir daher unsere gesamte Produktion gezeigt hatten, in Wirklichkeit Mitarbeiter eines Konkurrenzunternehmens waren. Natürlich hatten diese beiden zahlreiche Fotos in unserer Firma geschossen, die der Konkurrenzfirma den Nachbau erheblich erleichtert haben dürften.

2.2 Die erste Fehlentscheidung – Vergabe der alleinigen Vertriebsrechte an eine chinesische Firma

Die erste strategisch falsche Entscheidung, die ich in China getroffen habe, war, unserer Vertretung das gesamte Vertriebsrecht für China zu übertragen. Somit wurden alle Geschäfte über diese Firma abgewickelt und wir hatten keinen direkten Kontakt mehr zu den Entscheidungsträgern der Kunden. Rückblickend würde ich nie wieder den Vertrieb der Geräte komplett aus der Hand geben, sondern würde den Verkauf durch eine absolute Vertrauensperson ständig kontrollieren lassen und möglichst nur mit eigenen Mitarbeitern arbeiten.

Unsere chinesische Vertriebsfirma baute mit unserer Unterstützung in kürzester Zeit eine große Fachkompetenz auf und wurde mit uns daher sehr erfolgreich. Viele kleine und große Aufträge wurden abgewickelt, bei denen es so gut wie keine Probleme gab. Ein Problem ergab sich allerdings fast bei allen Aufträgen: Die zehnprozentige Restsumme aus einem Akkreditiv, die nach Abnahme der Geräte durch den Endabnehmer fällig ist, wurde bis zu 1 ½ Jahre hinausgezögert. Die Taktik, die dem zugrunde liegt ist, dass immer neue Hürden aufgebaut werden, auf Grund derer eine Berechtigung zum Einbehalt der Restsumme erzielt werden soll. Dies geschieht z. B. durch die Behauptung, dass die Geräte nicht funktionieren. Hier muss jeder Unternehmer selbst erkennen, ob die Einbehaltung gerechtfertigt ist oder nicht. Wir haben auf die Restsumme nie verzichtet, sondern stets auf unserem Recht beharrt.

Der Zahlungsverkehr aus China gestaltet sich allgemein schwer für deutsche Unternehmen. So ohne weiteres ist es nicht möglich, einen Geldtransfer von China nach Deutschland vorzunehmen, weil zunächst geklärt werden muss, ob alle chinesischen Bestimmungen eingehalten wurden, was einen längeren Zeitraum in Anspruch nimmt.

2.3 Großauftrag über Pipelineequipment

Der größte Erfolg meiner Unternehmerlaufbahn war der Auftrag von CNPC, 70 % aller Maschinen für das größte Pipelineprojekt, das je in China durchgeführt wurde, zu liefern: die Pipeline „Westgas nach Ost", 4.200 km lang und 40 Zoll (1016 mm) im Durchmesser.

Abbildung 3: *Arcotrac für das Pipeline Projekt „Westgas nach Ost"*

Bevor wir den Auftrag erhielten, standen wir mit einer amerikanischen Firma im Wettbewerb. Dass wir letztlich den Zuschlag erhielten, verdanken wir dem für uns glücklichen Umstand, dass gerade während der Verhandlungen ein amerikanisches Spionageflugzeug über China zur Landung in Hainan gezwungen wurde, wobei ein chinesischer Düsenjägerpilot ums Leben kam. Die chinesische Regierung reduzierte daraufhin die Geschäftsverbindungen zu den USA und wir bekamen den Auftrag.

Gut dreieinhalb Jahre dauerte die Baumaßnahme für die Pipeline, die von Shanghai bis an die Grenze zu Kasachstan geht. Das war kürzer als erwartet. Somit hatten unsere Geräte sich bestens bewährt und wurden für den wichtigen Sektor „Energie" als Schlüsselindustrie eingestuft, die man selbst zu produzieren in der Lage sein wollte.

2.4 Der zweite gravierende Fehler

Im Januar 2003 wurde ich vom Generaldirektor der größten staatlichen Ölfirma CNPC in Langfang einbestellt, der mir klar machte, dass ohne ein Joint Venture mit chinesischen Unternehmen Lieferungen aus Deutschland nicht mehr möglich seien. Die Geräte müssten in China produziert werden. Ich war der Meinung, diesen Schritt wagen zu können, da ich dachte, in China gute Freunde zu haben. Bei meinen Besuchen war ich stets mit der buchstäblichen chinesischen Gastfreundschaft empfangen worden, war zu Empfängen von unvorstellbarer Dimension eingeladen und in Nobelrestaurants bewirtet worden. Ich selber hatte alle Delegationen, die nach Hannover gekommen waren, zu mir nach Hause eingeladen, weil ich wusste, dass man den Chinesen keine größere Freude bereiten kann und sie diese Einladung als Zeichen hoher Wertschätzung ansehen. Jeder Trinkspruch, der ausgesprochen wurde, endete immer „auf lange Freundschaft und gute Geschäfte". Noch heute fällt es mir schwer zu glauben, dass die Chinesen selbst in diesen Situationen immer nur ihre Strategie verfolgten, nämlich eine völlige Vertrauensbasis aufzubauen, die ihnen den Weg zu unserer Technologie vereinfachte.

Im Juni 2003 wurde also zwischen der Vietz GmbH mit 51 %, unserer Vertriebsfirma BGK mit 15 % und Daqing Oilfield, einer Tochterorganisation von CNPC, 34 %, ein Joint-Venture-Vertrag abgeschlossen. Das Joint Venture baute eine Produktionshalle in der Wirtschaftszone BDA in Peking und richtete sie komplett ein, um eine Produktion mit 200 Mitarbeitern aufzuziehen. Am 01.01.2004 begannen wir dann mit 150 Mitarbeitern die Produktion. Der Joint-Venture-Vertrag sah vor, dass die Vietz GmbH den Geschäftsführer stellen sollte. Da wir in der Mutterfirma keinen geeigneten Mitarbeiter hatten – zu der Zeit war auch keiner bereit, nach China zu gehen – suchten wir einen Mann extra für diese Aufgabe und stellten ihn ein. Der Mann wurde 4 Monate lang in Hannover auf seine Aufgabe vorbereitet. Er besaß also die nötige fachliche Kompetenz, die chinesische Mentalität war für ihn jedoch völlig neu. Den Bedingungen, die in China auf ihn warteten, war er nicht gewachsen. Wir stellten im Nachhinein fest, dass viele organisatorische Dinge, die gerade in der Anfangszeit geregelt werden mussten, versäumt worden waren. Dazu gehörte z. B. die Kontaktaufnahme zu den unterschiedlichen Behörden, die in der Wirtschaftszone BDA zuständig waren, angefangen beim Wirtschaftsamt, über das Zollamt und die Polizei bis hin zu den Finanzbehörden und Banken. Wenn dieser Kontakt bzw. diese Verbindungen von Anfang an gepflegt worden wären, wäre uns auch hier einiger Ärger erspart geblieben.

Um das junge Joint Venture zu Anfang nicht mit hohen Finanzforderungen zu belasten, stellten wir in den ersten sechs Monaten über die Arbeit des Geschäftsführers, der seine Tätigkeit in China als Gesandter der Vietz GmbH in Hannover verrichtete, keine Rechnung aus. Nach sieben Monaten wurde dann die erste Rechnung ausgestellt, die vom Joint Venture auch bezahlt werden sollte. Bei der Durchführung des Geldtransfers von China nach Deutschland wurde folgender Sachverhalt aufgedeckt: Der Geschäftsführer hatte sich vom Finanzamt seines Heimatortes eine Steuerbefreiungserklärung geben lassen, hatte aber in Peking keine

Anmeldung bei den Anmeldebehörden bzw. der Polizei vorgenommen. Auf diese Weise umging er in China und in Deutschland die Zahlung der Steuern. Als die Bank nun das Geld für die Arbeit des Geschäftsführers überweisen sollte, verlangte sie die Vorlage seiner Meldebescheinigung, die natürlich nicht existierte. Folglich konnte der Geldtransfer nicht durchgeführt werden.

Bei dieser Aktion wurde weiterhin festgestellt, dass die Buchhalterin, die der Geschäftsführer eingestellt hatte, gar keine Zulassung für Joint Ventures hatte und somit illegal in der Firma beschäftigt war. Also wurden uns sowohl von den Steuerbehörden als auch von den Meldestellen der Polizei Betrugsabsichten unterstellt, wogegen wir natürlich keine Beweise in der Hand hatten. Wir mussten die Konsequenz ziehen, sowohl den Geschäftsführer als auch die Buchhalterin auf Grund dieser Vorkommnisse zu entlassen.

2.5 Beendigung des Joint Ventures

Im August 2004 stellte ich fest, dass mit einigen chinesischen Mitarbeitern etwas nicht stimmte. Durch unangemeldeten Besuch bemerkte ich, dass Mitarbeiter in Schlüsselpositionen jede Woche wechselten und nach unseren Zeichnungen in einer Firma in ca. 5 km Entfernung parallel die gleichen Produkte, jedoch ohne Vietz-Beteiligung, produzierten. Da ich Beweise für diesen Sachverhalt hatte, beendete ich das Joint Venture sofort. Die beiden Partner wurden ausgezahlt und ein Großteil der Mitarbeiter, die von der Baugesellschaft Daqing Oilfield eingestellt worden waren, wurde entlassen. Seit dem 01.01.2005 ist die Vietz GmbH alleiniger Gesellschafter in Peking.

Nachdem ich ab dem 01.08.2004 selbst die Geschäftsleitung übernommen hatte, stellte ich auch neues Personal ein. Für die Leitung der Firma meldete sich ein Chinese, der in Belgien studiert hatte, sehr gut Englisch sprach und auch die fachliche Kompetenz mitbrachte, die für die Leitung vor Ort erforderlich ist. Nach kurzer Zeit waren wieder 50 Mitarbeiter in China beschäftigt, auch einige aus Deutschland, die dafür sorgen sollten, dass bei der Produktion unsere Technik, vor allem aber der Qualitätsstandard „Made in Germany“ umgesetzt wurde.

2.6 Betrug durch die Buchhaltung

Da ich als Geschäftsführer beweisen wollte, dass auch ohne chinesische Beteiligung ein Erfolg möglich ist, war ich die meiste Zeit in China vor Ort. Die Schlüsselposition des Buchhalters besetzte ich durch eine Frau, die vorher bei einer italienischen Firma tätig gewesen war und die nötige Zulassung für unser Unternehmen hatte. Obwohl wir eine Auskunft über die Dame von der italienischen Firma eingeholt hatten, stellte sich heraus, dass sie von Anfang an nur bei uns tätig geworden war, um ihre Betrugsabsichten durchführen zu können. Da anfangs der Bereich der Buchhaltung nicht kontrolliert wurde, stellten wir erst nach einiger Zeit fest, dass diese Frau sich monatlich das dreifache Gehalt auszahlte. Außer der Buchhalterin hatten noch eine weitere Person und ich die Bankvollmacht, aber die Buchhalterin hatte ihre Machenschaften so geschickt verschleiert, dass die Unterschlagungen nicht gleich auffielen. Selbst ihre Arbeit hatte die Buchhalterin nicht ordentlich ausgeführt, wie sich erst herausstellte, nachdem sie auf Grund ihrer Betrügereien entlassen worden war. Die Steuerbehörden bemängelten immer wieder die unzureichende Führung der Dokumente.

Das Fazit aus diesen Erfahrungen mit Buchhaltern ist, dass man auf jeden Fall eine externe Firma mit der Buchhaltung beauftragen sollte, die bei der Steuerbehörde zugelassen ist. Vorher müssen unbedingt Informationen über die Firma bei der deutschen Botschaft oder der Deutschen Außenhandelskammer eingeholt werden.

2.7 Höchste staatliche Stellen werden aktiviert

Mir war bekannt, dass unsere Geräte nach wie vor in der anderen Firma von den ehemaligen Joint-Venture-Partnern nachgebaut wurden. In der ersten Dezemberwoche 2004 nahm ich an der Delegationsreise des Bundeskanzlers Gerhard Schröder nach China teil, weil ich mir erhoffte, dadurch Gehör auf den obersten politischen Ebenen zu finden.

Es war im Vorfeld besprochen worden, dass mein Fall auf die Tagesordnung kommen sollte. Beim Gespräch mit dem chinesischen Ministerpräsidenten Wen Jiabao und dem stellvertretenden chinesischen Wirtschaftsminister wurde entschieden, dass der Nachbau beendet würde und die chinesische Firma veranlasst werden würde, sofort alle Aktivitäten einzustellen.

Abbildung 4: Delegationsreise im Dezember 2004: Gerhard Schröder und Eginhard Vietz mit dem chinesischen Ministerpräsidenten Wen Jiabao

Ich war sehr glücklich über diese Entscheidung und war der Meinung, mein Problem gelöst zu haben. Daher reduzierte ich meine Anwesenheit in China auf eine Woche im Monat. Was ich jedoch zu der Zeit nicht ahnte, war, dass der Mitarbeiter, der in Belgien studiert hatte und die Leitung vor Ort übernommen hatte, von einem Tochterunternehmen von CNPC eingeschleust worden war, das ähnliche Geräte produzierte wie wir, jedoch nach einem technischen Standard, der seit 20 Jahren überholt ist.

Abbildung 5: *Diese überholte Pipelinetechnologie wurde bis zum Know-how-Klau produziert und eingesetzt*

Da ich selber also nur noch alle vier Wochen für eine Woche in Peking war, nutzte der chinesische Leiter meiner Firma die dazwischenliegenden drei Wochen, um Daten aus der Firma zu entwenden. Den Hinweis hierzu bekam ich von anderen Mitarbeitern. Sensibilisiert durch den ersten Fall, nahm ich die Hinweise sofort ernst und wollte Klarheit schaffen. Ich konfrontierte den Mitarbeiter mit den Vorwürfen, wofür ich mir Unterstützung aus der deutschen Botschaft holte. Wir brachten viele Punkte zur Sprache, von denen wir sicher waren, dass diese keine Zufälle gewesen waren, sondern ganz gezielt eingesetzt worden waren, um der Firma Vietz zu schaden. So hatte der Firmenleiter beispielsweise die Aufgabe gehabt, auf einer internationalen Messe in Peking Geräte vorzuführen, die wir in Hannover produzierten, um zu testen, ob Bedarf an dieser Gerätetechnologie in China bestand. Der Hintergrundgedanke war, die Geräte dann eventuell in China zu produzieren. Nach der Messe hatte sich herausgestellt, dass weder Kundennamen notiert worden waren, noch eine Vorführung stattgefunden hatte.

Der Mitarbeiter gestand im Gespräch, dass er für eine andere Firma arbeitete, die ähnliche Maschinen herstellt wie unsere. In deren Auftrag hatte er unsere Firma nach besten Kräften ausspioniert. Wir setzten ein Schriftstück auf, das der Mitarbeiter unterschreiben sollte und aus dem hervorging, dass er keine technischen Daten, Zeichnungen oder sonstigen Teile aus der Firma entwendet hatte, was er natürlich nicht unterschreiben wollte. Als ich dieses Schreiben zur Unterschrift vorlegen wollte, war der Mitarbeiter gerade damit beschäftigt, die Daten vom Firmenhauptrechner auf seinen Laptop zu laden. Als ich das sah, wollte ich ihm den Laptop abnehmen, woraufhin er handgreiflich wurde und wir die Polizei verständigen mussten. Die Polizei erschien und ließ sich den Sachverhalt erklären. Nach einer kurzen Zeit machte mir der Leiter der Polizei klar, dass es sich hier um ein internes Problem handele, für das die Polizei nicht zuständig sei. Erst als ich ihm das Bild zeigte, auf dem ich mit dem Bundeskanzler und dem chinesischen Ministerpräsidenten abgebildet bin, nahm er dies zum Anlass, seinen Vorgesetzten anzurufen. Dieser gab die Anweisung, dass der Mitarbeiter und der Laptop zum Polizeipräsidium mitgenommen werden sollten.

2.8 Die Polizei – verlängerter Arm der chinesischen Nachbaustrategie

Die anwesenden Polizisten erklärten, dass der Laptop am darauffolgenden Tag, einem Freitag, um 14:00 Uhr im Polizeipräsidium geöffnet werden sollte. Man räumte uns ein, mehrere Personen zur Verfügung zu stellen, die dabei anwesend sein sollten, um zu bezeugen, was auf dem Laptop gespeichert war.

Der angesetzte Termin wurde dann zur Farce. Den anwesenden Mitarbeitern der Firma Vietz sowie einer Dame und einem Herrn aus der deutschen Botschaft wurde erklärt, dass die zuständigen Polizeibeamten wegen des Wochenendes nicht mehr im Hause seien und ein neuer Termin am Montag um 14:00 Uhr stattfinden sollte. Am Montag früh um 09:00 Uhr erschien jedoch der ehemalige Leiter meiner Firma mit dem Laptop in der Firma Vietz und erklärte, dass wir sowieso alle Idioten seien, seine guten Verbindungen hätten eben dazu geführt, dass er den Laptop mit allen Daten wiederbekommen hätte und nun für ihn die Sache erledigt sei.

Natürlich ist sofort bei der Polizei schriftlich und mündlich Protest gegen diese Vorgehensweise eingelegt worden, ohne dass wir bis heute eine Reaktion erfahren hätten. Bei mehreren Telefongesprächen, die auf Grund dieser Sache geführt wurden, kam als Ergebnis immer nur heraus, dass von höherer Stelle Einfluss genommen worden war und man auf Anweisung gehandelt hatte, als dieser Mann mitsamt seinem Laptop frei gelassen wurde.

Im Nachhinein war es ein gravierender Fehler, der Polizei den Laptop auszuhändigen. Durch diese Spionage ist die chinesische Wettbewerbsfirma Pipeline Man in kürzester Zeit zu einem modernen Standard gelangt und bietet unsere Arcotrac in der gleichen Ausführung an wie wir. Der einzige Unterschied ist, dass nicht das Firmenschild Vietz darauf angebracht ist.

2.9 Der letzte Betrugsfall, der die Beendigung der Produktion zur Folge hatte

Selbst diese Geschehnisse veranlassten mich noch nicht zur Aufgabe. Immer noch an das Gute im Menschen glaubend, stellte ich einen chinesischen Mitarbeiter ein, der in Deutschland, in Aachen Maschinenbau studiert und sogar promoviert hatte, einen Herrn Dr. Lai. Ich war der festen Überzeugung, mit diesem Mann durchstarten zu können, und hatte vor, ihm nach einem halben Jahr die Geschäftsleitung zu übertragen. Schließlich hatte er längere Zeit in Deutschland gelebt, hat die deutsche Staatsbürgerschaft, kannte, genauso wie seine Frau, die deutsche Mentalität, und wusste, dass von ihm vor allem Zuverlässigkeit erwartet wurde.

Da er auf unserem Sektor wenig Kenntnis hatte, wurde Herr Dr. Lai von unseren Experten aus Deutschland in Peking eingearbeitet. Wir waren alle der Meinung, dass dies endlich der richtige Mann sei und wir mit unserer Stärke und Zuverlässigkeit, aber auch mit dem Namen Vietz, der in China registriert ist, wieder in den Markt kommen würden. Für mich war klar, dass es schwerer sein würde, den Markt wieder zu erobern, da der Hauptabnehmer, CNPC, auf Grund der Beendigung des Joint Ventures bei uns nicht mehr kaufen würde. Die zweite große chinesische Gesellschaft, Sinopec, verhielt sich uns gegenüber glücklicherweise positiv und signalisierte, dass sie bei Bedarf Geräte bei uns kaufen würde. Große Maschinen wurden fertiggestellt und von Experten aus Deutschland abgenommen. Eine neue Serie wurde aufgelegt, für die Dr. Lai schon die Verantwortung hatte. Meinen Rhythmus, alle 4 Wochen für 1 Woche in Peking zu sein, hatte ich jedoch nicht aufgegeben.

Bei einer dieser Reisen stellte ich bei meiner Ankunft fest, dass die Buchhalterin, die ich eingestellt hatte, nicht mehr in der Firma war. Nach Rücksprache mit Herrn Dr. Lai erfuhr ich, dass sie gekündigt hätte und er nun eine Buchhaltungsfirma beauftragt habe, die besser, schneller und kompetenter sei, und dass es für uns nur Vorteile geben würde.

Am zweiten Tag meines Aufenthaltes wurde mir von einer anderen Mitarbeiterin erklärt, dass nicht die Buchhalterin, die schon länger in der Firma beschäftigt gewesen war, aufgehört hatte, sondern dass Herr Dr. Lai sie entlassen hatte, weil sie eine Überweisung auf das Konto von Herrn Dr. Lai hatte veranlassen sollen, die sie nicht unterschreiben wollte. Herr Dr. Lai hatte beabsichtigt, sich am Firmenvermögen zu bereichern. Als ich ihn auf Grund dieser Information zur Rede stellte, sagte er wieder, dass sie selber gekündigt hätte und die Information, die ich hätte, nicht zuträfe. Dies war gelogen. Ein weiteres Nachfragen ergab, dass die Buchhaltungsfirma, die Herr Dr. Lai beauftragt hatte, das Zehnfache dessen, was die Buchhalterin verdient hatte, als Honorar bekam. Obwohl Herr Dr. Lai keinerlei Befugnis zu dieser Entscheidung hatte, hatte er gleich einen Jahresvertrag mit der Firma abgeschlossen. Es stellte sich weiter heraus, dass seine Frau an dieser Buchhaltungsfirma beteiligt war – somit war für mich klar, dass ich ein drittes Mal aufs Kreuz gelegt worden war.

Die Folgen der Beauftragung der Buchhaltungsfirma sind immens. Die Firma Vietz in Peking hat aus dem Jahr 2004 eine erhebliche Steuerrückzahlung zu erwarten, aber die gesamten

Geschäftsunterlagen für die Rückerstattung hat die Buchhaltungsfirma an sich genommen und gibt sie erst dann heraus, wenn das Jahreshonorar von der Firma Vietz bezahlt wird. Da die Firma nur drei Wochen für uns tätig war, haben wir dies abgelehnt und eine Anwaltskanzlei eingeschaltet. Auch die deutsche Botschaft ist darüber informiert.

Abbildung 6: *Einholung der Unternehmensfahne und der Deutschlandflagge vor der Produktionshalle in Peking im Juli 2005*

Auf Grund der dritten Betrügerei entschied ich, die deutsche Fahne und die Firmenfahne in China einzuholen und die Produktion in China zu beenden. Diese Entscheidung ist mir sehr schwer gefallen. Vor allen Dingen stellt man sich selber die Frage: „Was habe ich falsch gemacht, warum ist diese Entwicklung so gelaufen und nicht anders?"

Die Firma Vietz in Peking behält weiterhin ihre Gebäude in der Wirtschaftszone BDA, obwohl nur drei Personen dort beschäftigt sind, um abzuwarten, wie sich der Markt entwickelt.

2.10 Patente?

Die von uns entwickelten, produzierten und weltweit vertriebenen Geräte haben wir nicht patentiert, weil wir bisher keine Notwendigkeit sahen, dies zu tun, vor allem auf Grund der Tatsache, dass weltweit nur geringe Stückzahlen abgenommen werden und es keine große Serienproduktion gibt. Wir waren auch der Meinung, dass es sich für die Chinesen nicht lohnt, unsere Geräte nachzubauen. Da haben wir uns jedoch getäuscht. Ich bin mir völlig sicher, dass der Nachbau auch erfolgt wäre, wenn wir die Geräte hätten patentieren lassen.

Die Vietz GmbH hat weltweit – auch in China – ein Laserschweißverfahren für den Pipelinebau, das VPL-System®, patentieren lassen. Wir sind momentan dabei, den Prototyp zu bauen, und schon jetzt werden wir von den Chinesen bedrängt, die erste Anlage nach China zu liefern. Jeder Preis werde akzeptiert, ganz gleich in welcher Höhe. Allein dieses Ansinnen lässt erkennen, dass auch hier, trotz des weltweiten Patents, ein Nachbau geplant ist. Wir werden diese Technologie überallhin liefern, nur nicht nach China. Patent hin oder her, die Geräte werden trotzdem nachgebaut, weil die Rechtsgrundlage der Patentahndung in China nicht gegeben ist. Hier kommt erneut der bereits erwähnte Punkt zum Tragen, dass es zwar Gesetze in China gibt, dass diese aber dem ausländischen Investor keinerlei Sicherheit bieten, da die Ausbeutung ausländischen Wissens in China von höchster staatlicher Stelle befürwortet wird.

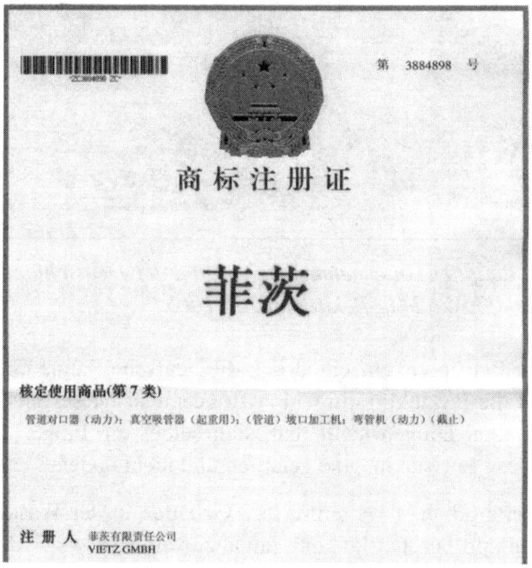

第 3884898 号

商标注册证

菲茨

核定使用商品(第 7 类)

管道对口器（动力）；真空吸管器（起重用）；（管道）坡口加工机；弯管机（动力）（截止）

注 册 人 菲茨有限责任公司
VIETZ GMBH

Abbildung 7: *„Schutz“ des Namens?*

Obwohl wir den Namen Vietz haben registrieren lassen, mussten wir feststellen, dass unser Name auf den Maschinen, die jetzt in China nachgebaut werden, steht.

3. Schlussfolgerungen

Meine Erkenntnisse aus all diesen Erfahrungen sind:

1. Technisches Wissen und Know-how müssen in China unter Verschluss gehalten werden und dürfen nicht aus der Hand gegeben werden. In diesem Bereich liegt das größte Risiko für ein deutsches Unternehmen.
   Der Investor muss wissen: Wer in China investiert, muss auch das Risiko tragen. Eine Rechtsstaatlichkeit ist in China nicht gegeben. Zwar gibt es Gesetze, doch werden diese immer zugunsten der Chinesen ausgelegt und das Nachsehen hat der Investor.
   Ein Großteil der deutschen Anwaltskanzleien in Peking ist in Fällen von Betrug ebenfalls keine große Hilfe. Sie beraten nicht objektiv, sondern sehen in erster Linie ihre finanziellen Vorteile. Der Stundensatz für eine Beratung in einer Anwaltskanzlei in Peking liegt zwischen 350 und 700 Euro und es werden sogar die Getränke berechnet, die angeboten werden, vor allem aber bekommt man im Sekundentakt die Bürobenutzung mit in Rechnung gestellt.

2. Wer in China investiert, muss sich vorher überlegen, ob er auf 1 Mio. Euro verzichten kann, ohne dass sein Betrieb in Deutschland in Mitleidenschaft gezogen wird. Das ist der Mindestbetrag, den man einsetzen muss, um in China Erfolg zu haben, jedoch ist die Gefahr groß, dass diese Million in kürzester Zeit verloren ist.

3. Ein gut funktionierendes Netzwerk in China ist unerlässlich, um bei Schwierigkeiten Unterstützung und Hilfe zu bekommen. In erster Linie braucht man gute Verbindungen zu Behörden, wie z. B. Zoll, Banken und Arbeitspersonalvermittler, aber auch zu den Medien. Vor der Einstellung leitender chinesischer Mitarbeiter ist Kontakt mit der deutschen Botschaft in Peking aufzunehmen, die Auskunft geben kann, ob diese Mitarbeiter eventuell schon als schwarze Schafe dort bekannt und registriert sind.
   Von China erfahrenen Personen habe ich auch die Empfehlung bekommen, höchste politische Kreise einzuschalten, wenn es Probleme gibt. Genau das habe ich getan. Besser ist es nicht mehr möglich. Vor Ort habe ich den Kontakt zur deutschen Botschaft gehalten, zur Außenhandelskammer in Peking, zum chinesischen Botschafter in Berlin sowie zu deutschen Regierungskreisen, einschließlich dem Bundeskanzler mit dem dazugehörigen Stab, der für China mit zuständig war.

4. Der Geschäftsführer der Firma in China muss eine absolute Vertrauensperson sein, am besten sogar ein Mitglied der Unternehmerfamilie in Deutschland. Der Vertrieb in China muss komplett mit eigenen Mitarbeitern organisiert werden. Es ist darauf zu achten, dass der Kontakt zu den Endabnehmern nicht aus der Hand gegeben wird, vor allem dann, wenn über Händler verkauft wird. Sonst besteht die große Gefahr, zu den Entscheidungsträgern keinen direkten Zugang zu haben.
   Geldzuwendungen, die zwischen Chinesen abgewickelt werden, müssen unbedingt kontrolliert werden.

Ein Joint-Venture-Vertrag sollte absolut nur dann abgeschlossen werden, wenn das deutsche Unternehmen Mehrheitsgesellschafter ist.

Ich hätte den Nachbau unserer Geräte nicht verhindern können, weil unsere Produkte zur Schlüsseltechnologie gehören, die die Chinesen selbst herstellen wollen, um vom Ausland unabhängig zu sein. Öl und Gas sind für die weitere wirtschaftliche Entwicklung Chinas von größter Wichtigkeit und daher wird alles daran gesetzt, die Technologien für diesen Sektor selbst zu beherrschen. Auch vermute ich, dass die beiden Joint-Venture-Partner von ganz oben veranlasst wurden, diese Vorgehensweise so umzusetzen, wie sie dann auch zum Misserfolg für die Firma Vietz geführt haben. Jeder Unternehmer, der beabsichtigt, in China zu investieren, muss sich zunächst die Frage stellen, ob das Produkt, welches er in China produzieren will, eine Schlüsseltechnologie für den chinesischen Markt darstellt. Sollte das der Fall sein, kann ich nur empfehlen, **die Investition in China nicht durchzuführen.**

Mein Fall ist zur Normalität in China geworden. Ein Wirtschaftswachstum von jährlich 10 % ist nur möglich, wenn Produkte, die es in anderen Ländern gibt, nachgebaut werden und zu wesentlich geringeren Preisen auf dem Weltmarkt verkauft werden. Somit können auch die Ausgaben für Forschung und Entwicklung sehr niedrig gehalten werden. Eine riesengroße Gefahr verbirgt sich darin für den Wirtschaftsstandort Deutschland. Die Politiker sind zum Handeln aufgefordert.

Produkt- und Konzeptpiraterie:

Erkennen? *Vorbeugen?* *Abwehren?*	Kritisches technisches Know-how muss in China unter Verschluss gehalten werden – noch besser: außerhalb Chinas.
Dulden? *Nutzen?*	Kopierverluste bekämpfen, soweit es geht, um Schaden für das gesamte Unternehmen abzuwenden. Produkte (außerhalb Chinas) weiterentwickeln, um technischen Vorsprung zu den Plagiaten zu gewinnen

Die erfolgreiche Durchsetzung von Rechten am geistigen Eigentum in der VR China

Elliot Papageorgiou, Matthias Seyboth

1. Vorbemerkungen

Dieses Kapitel gibt einen Überblick über den Schutz geistigen Eigentums (*Intellectual Property*, IP) und die Durchsetzung der Rechte an IP in der Volksrepublik China. Zunächst wird der rechtliche Rahmen des IP-Schutzes vorgestellt, dann wird die Durchsetzung im realen Umfeld beschrieben. Diese Unterscheidung ist notwendig, da die Theorie der Durchsetzung von Rechten in China, so wie sie der rechtliche Rahmen eigentlich vorgibt, und die Praxis erfolgreicher Rechtsdurchsetzung, unter den Rahmenbedingungen des „realen China", häufig voneinander abweichen. In den letzten fünf Jahren hat sich das Bild der Rechtsverletzungen im IP-Bereich deutlich gewandelt – einfache Fälle nehmen ab. Rechteinhaber müssen sich der geänderten Lage anpassen und ihre Durchsetzungstaktiken und -strategien von einer Vielzahl von situationsbedingten Faktoren abhängig machen. Das Kapitel endet mit einer Checkliste zur Optimierung der Schutzrechtsposition, zu den wirkungsvollen Instrumenten der Rechtsdurchsetzung und zu Möglichkeiten der Verringerung der Anzahl der Schutzrechtsverletzungen.

2. IP-Rechte in China: gesetzliche Grundlagen sowie praktische Hinweise für den Schutz/die Eintragung

Die Volksrepublik China ist Unterzeichnerstaat der wichtigsten internationalen Abkommen und Verträge zur Anerkennung und zum Schutz geistigen Eigentums. Gesetzlich geregelt sind z. B. Marken- und Urheberrechte, Patente, Gebrauchsmuster, Geschmacksmuster und Sortenschutzrechte.

2.1 Marken

In China trat erstmals im Jahre 1982 ein Markengesetz in Kraft. Die derzeit wichtigsten Rechtsquellen für Marken sind:

- Markengesetz der VR China (27. Oktober 2001);
- Markenverordnung (3. August 2002);

- Verordnung über die Anerkennung und den Schutz von bekannten Marken (17. April 2003) und
- Regeln für das Prüfungsverfahren (26. September 2005).

Das System des Markenschutzes in China ähnelt dem vieler westlicher Länder. China ist Mitglied des Nizza-Abkommens zur Klassifikation von Waren und Dienstleistungen (seit 1994) und verwendet die 45 Waren- und Dienstleistungsklassen. Eine Marke wird allerdings immer nur in eine Klasse eingetragen. Soll eine Marke für Waren oder Dienstleistungen in verschiedenen Klassen verwendet werden, so ist sie einzeln für jede Klasse anzumelden. Das chinesische Markenamt, das der staatlichen Industrie- und Handelsverwaltung (*State Administration for Industry and Commerce* – SAIC) untersteht, verwendet jedoch zusätzlich interne Unterklassen. Waren oder Dienstleistungen in unterschiedlichen Unterklassen, die dem Anmelder nicht offiziell mitgeteilt werden, gelten als unterschiedlich. Dies kann bedeuten, dass eine Verwechslungsgefahr auf Grund unterschiedlicher Waren- und Dienstleistungsunterklassen verneint wird, die in anderen Staaten bestehen würde.

Das Markengesetz kennt verschiedene Arten von Marken, einschließlich dreidimensionaler Marken und Farbmarken. Das Markenamt und die Behörden haben jedoch häufig Schwierigkeiten mit der Rechtsanwendung bei 3D-Marken. Bei Farbmarken wird im Moment nur die Kombination mehrerer Farben als unterscheidungskräftig gesehen. Einzelne Farben sind daher praktisch nicht eintragbar.

Das chinesische Markenrecht enthält Regelungen für bekannte Marken. Auch eine Reihe internationaler Marken hat diesen Status in China erreicht. Es gibt vier verschiedene Wege, um den Status einer bekannten Marke zu erhalten:

- durch ein Gerichtsurteil in einem Zivilprozess;
- durch die Industrie- und Handelsverwaltung (*Administration for Industry and Commerce* – AIC) in einem Verwaltungsverfahren;
- auf Antrag durch den Inhaber der Marke durch das Markenamt und
- durch die Markenüberprüfungsabteilungen (*Trade Mark Adjudication and Review Board*) im Verlauf eines Löschungsverfahrens.

Durch die unterschiedliche Art und Weise, wie der Status als bekannte Marke entsteht, kann es zu Unterschieden in der Bewertung kommen. Eine Marke wird eventuell nur in einem Verfahren oder nur für eine Klasse als bekannt angesehen.

Zusätzlich zur Formalprüfung durchlaufen Markenanmeldungen in China, im Unterschied zu Deutschland, eine Prüfung auf relative Schutzhindernisse. Das Markenamt selbst kann dabei prioritätsältere Marken als Eintragungshindernisse benennen. Eine Konsequenz aus dieser umfangreichen Prüfung in Kombination mit der zunehmenden Zahl von Markenanmeldungen (2004 wurden in China etwa 588.000 Marken angemeldet) ist die Wartezeit von etwa 18 bis 24 Monaten von der Anmeldung bis zu einer Eintragung. Bei Markenlöschungsverfahren dauert es bis zu einer Entscheidung durch die Markenüberprüfungsabteilungen derzeit zwei bis drei Jahre. Ein Wettbewerber oder auch ein Nachahmer hält die Markenrechte zunächst mindestens für diese Zeitspanne! Auch wenn er sie bösgläubig hat eintragen lassen – was zur Löschung führen kann, aber häufig nicht leicht zu beweisen ist. Inhaber von Marken sind daher gut beraten, eine Markenüberwachung vorzunehmen. Ausreichend breit geschützte Marken verringern die Gefahr, dass problematisch ähnliche Marken überhaupt eingetragen werden.

2.2 Urheberrecht

China ist Unterzeichnerstaat der Berner Übereinkunft. Urheberrechte von Angehörigen der anderen Mitgliedsstaaten der Berner Übereinkunft werden daher anerkannt. Die wichtigsten Rechtsquellen für das chinesische Urheberrecht sind:

- Urheberrechtsgesetz der VR China (27. Oktober 2001);
- Urheberrechtsverordnung (2. August 2002) und
- Verordnung über den Schutz von Computerprogrammen (20. Dezember 2001).

Unterzeichnerstaaten der Berner Übereinkunft müssen den Schutz von Urheberrechten aus anderen Staaten ohne Formalien, wie z. B. eine Eintragung, gewährleisten. Die Eintragung von Urheberrechten ist daher in China formal nicht verpflichtend. Dennoch kann eine Eintragungsurkunde als Anscheinsbeweis für die Inhaberschaft und den Zeitpunkt der Werkschaffung dienen. Die Beweislast wird auf denjenigen verschoben, der die Urheberschaft in Zweifel zieht.

Die Veröffentlichung von Werken (z. B. Computerprogrammen) im Urheberrechtsblatt dient auch als „Hinweis" für Nachahmer. Durch diese Veröffentlichung des Werkes entsteht bei einer Nachahmung der Verdacht der vorsätzlichen Urheberrechtsverletzung.

In Deutschland ergeben sich die Urheberrechte an Auftragsarbeiten und bei Werken von Arbeitnehmern bzw. die ausschließlichen Nutzungsrechte daran meist aus den entsprechenden Verträgen. In China kann ein Nachweis über die Rechte, wenn aus einem Urheberrecht vorgegangen werden soll, schwierig sein. Die Inhaberschaft bzw. das exklusive Nutzungsrecht an Urheberrechen sollte daher bei Werken (z. B. Bedienungsanleitungen, technische Zeichnungen, Grafiken, Verpackungen usw.), die in China eingesetzt werden, geklärt und dokumentiert sein. Dafür sollten Übertragungsvereinbarungen über die Nutzungsrechte mit Auftragnehmern, aber auch mit Mitarbeitern abgeschlossen werden. Urheberrechte entstehen auch bei Übersetzungen. Bei Übersetzungen in China sollten stets die gesamten Rechte vertraglich übertragen werden. Nach chinesischem Recht können die Urheberrechte selber, und nicht nur die Nutzungsrechte daran, übertragen werden.

2.3 Patente, Gebrauchs- und Geschmacksmuster

Die wichtigsten Rechtsquellen sind:

- das chinesische Patentgesetz von 1984 (25. August 2000) und
- die chinesische Patentverordnung (28. Dezember 2002).

Weite Teile des chinesischen Patentrechts sind dem deutschen Recht nachempfunden. Im chinesischen Patentgesetz sind jedoch nicht nur Patente für Erfindungen geregelt. Neben den Bestimmungen für **Patente** *(Invention Patents)*, finden sich diejenigen für **Gebrauchsmuster** *(Utility Model Patents)* und **Geschmacksmuster** *(Design Patents)*. Die jeweiligen Laufzeiten sind 20 Jahre für Patente und 10 Jahre für Gebrauchs- und Geschmacksmuster.

Patente

China ist Mitglied des Patentzusammenarbeitsvertrags (*Patent Cooperation Treaty* – PCT). PCT-Anmeldungen können daher innerhalb von 30 Monaten nach dem frühesten Prioritätsdatum in China nationalisiert werden. Durch Zahlung einer Gebühr kann diese Spanne um weitere 2 Monate verlängert werden. Wie in Deutschland wird bei Patenten eine größere erfinderische Höhe gefordert als bei Gebrauchsmustern. Patente werden einer Sachprüfung unterzogen – es wird daher von der Rechtsgültigkeit der erteilten Patente ausgegangen. Das Prüfungsverfahren für Patente dauert länger (etwa 2 bis 3 Jahre) und ist teurer. Die Qualität der Sachprüfung bei Patenten hat sich im Laufe der Zeit stark verbessert. Dies heißt jedoch auch, dass einige der älteren, noch rechtsbeständigen Patente eine weniger sorgfältige Prüfung durchlaufen haben. Es gibt daher auch eine große Anzahl von anhängigen Nichtigkeitsklagen teilweise auch in „prominenten" Fällen. Für Unternehmen, die aus Patentrechten vorgehen, ob auf dem Verwaltungsweg oder mit einer Zivilklage, heißt dies, dass der Verletzer in aller Regel als Abwehrmaßnahme die Nichtigkeitsklage erheben wird.

Viagra – Beispiel für aktives Vorgehen gegen erteilte Patente

> Im anhängigen Viagra-Fall liegt derzeit eine Beschwerde gegen die Entscheidung No.6228 der Einspruchsabteilung vor. Auf Grund eines Einspruchs von 12 chinesischen Unternehmen und einer Einzelperson hat die Einspruchsabteilung unmittelbar nach ihrer Erteilung diesbezügliche Patente wegen unzureichender Offenbarung – der Durchschnittsfachmann könne die Erfindung mit der Patentbeschreibung nicht nacharbeiten – für nichtig erklärt. In erster Instanz wurde die Entscheidung der Einspruchsabteilung bestätigt. Die Berufung von Pfizer dagegen ist derzeit noch anhängig.

Gebrauchsmuster

Gebrauchsmuster benötigen eine geringere erfinderische Höhe als Patente. Eine Sachprüfung findet nicht statt. Im Verletzungsfall ist die Vermutung der Rechtsbeständigkeit daher auch schwächer. Das Eintragungsverfahren ist jedoch schneller (etwa 1 bis 2 Jahre bis zur Eintragung) und günstiger. Wie in Deutschland sind Verfahrensansprüche nicht zulässig.

Die Mehrzahl der chinesischen Gebrauchsmuster wird für chinesische Unternehmen vergeben. Im Jahr 2003 wurden für chinesische Unternehmen 100-mal mehr Gebrauchsmuster erteilt als für ausländische (68.291 gegenüber 615). Eine Erklärung dürfte darin liegen, dass für ein ausländisches Unternehmen der Aufwand für eine Patenanmeldung kaum höher ist als für ein Gebrauchsmuster – liegt doch meist bereits eine Anmeldung vor, die nur noch ins Chinesische übersetzt werden muss. Eine andere Erklärung ist eher taktischer Natur. Gebrauchsmuster können auch, da sie keiner Sachprüfung unterliegen, bei mangelnder Neuheit oder erfinderischer Höhe eingetragen werden. Sind sie jedoch eingetragen, werden sie als rechtsgültig betrachtet, bis das Gegenteil bewiesen ist. Die Löschung kann bis zu 2 Jahre dauern. In dieser Zeitspanne können Gebrauchsmuster durchgesetzt werden und für ausländische Rechteinhaber ein beträchtliches Hindernis bei der Durchsetzung eigener Rechte darstellen.

Geschmacksmuster

Im Unterschied zum Schutz durch das Gemeinschaftsgeschmacksmuster sind Geschmacksmuster in China (wie bei der nationalen deutschen Regelung) nur durch Eintragung schützbar. Gelegentlich kann ein geschmacksmusterähnlicher Schutz auch durch das Urheberrecht entstehen.

2.4 Wettbewerbsrecht: Unlauterer Wettbewerb

Das Gesetz gegen unlauteren Wettbewerb der Volksrepublik China (vom 02. 09. 1993) verbietet bestimmte Verhaltensweisen, die als gegen den Wettbewerb gerichtet betrachtet werden. Beispielsweise verbietet § 5(ii) die Anbringung oder Verwendung von Namen, Verpackungen und Verzierungen, die Eigenart besitzen und identisch oder ähnlich zu denen bekannter Waren sind, wenn dies zur Verwechslungsgefahr beim Verbraucher führen kann. Die Durchsetzung der Regelungen des Gesetzes gegen den unlauteren Wettbewerb verbessert sich, ist jedoch noch weit von der ausgefeilten Rechtsprechung, etwa zum ergänzenden Leistungsschutz in Deutschland, entfernt. Unter bestimmten Umständen kann es sinnvoll sein, Ansprüche auf Grund wettbewerbswidrigen Verhaltens, eventuell im Zusammenhang mit anderen Ansprüchen, z. B. aus Markenrechten, durchzusetzen.

3. Wege und Organe zur Durchsetzung von gewerblichen Schutzrechten in Abhängigkeit ihres Abschreckungseffekts – strafrechtliche Verfolgung, Zivilprozess und Verwaltungsweg

Inzwischen ist es weithin bekannt, dass gewerbliche Schutzrechte in China auf drei Arten durchgesetzt werden können: strafrechtlich, zivilrechtlich und mit Hilfe der Verwaltungsbehörden. Meist starten Diskussionen über die Durchsetzung von gewerblichen Schutzrechten beim Verwaltungsweg. Nach wie vor wird in etwa 85–90 % der Fälle dieser Weg gewählt. Der Fokus in diesem Kapitel soll jedoch auf „effektiver" Rechtsdurchsetzung liegen. Die Effektivität sollte dabei durch die Nachhaltigkeit der Maßnahme bestimmt sein – die Abschreckungswirkung einer Maßnahme ist das beste Maß für die Einschätzung, inwieweit die Maßnahme das zweifache Problem der Verletzung gewerblicher Schutzrechte bekämpft:

- Das wirtschaftliche Problem – die Verletzung gewerblicher Schutzrechte ist ein Geschäft. Rechtsverletzer können nur dadurch abgehalten werden, dass dieses Geschäft weniger profitabel wird und die Unsicherheit der Verletzer gegenüber den wirtschaftlichen Folgen der Rechtsdurchsetzung wächst.
- Das moralische Problem – die Hemmschwelle, Ideen zu übernehmen und das geistige Eigentum eines anderen zu nutzen, liegt in China relativ niedrig. Es ist sicherlich etwas übertrieben zu behaupten, dass dies nur an kulturellen Unterschieden liegt. Dennoch ist festzustellen, dass in der chinesischen Kultur die Imitation des Meisters eine große Rolle spielte. Wenn jemand Dinge besser macht, dann gab und gibt es die (nicht unverständliche) Tendenz, diese Verbesserungen zu übernehmen.

3.1 Strafrechtliche Verfolgung durch Polizei und Staatsanwaltschaft

Strafrechtliche Verfolgung hat mit Abstand den stärksten Abschreckungseffekt. Durch empfindliche Geldstrafen und Gefängnisstrafen bis zu 7 Jahren für die Verletzung gewerblicher Schutzrechte wird eine klare Botschaft ausgesandt: Die Verletzung von gewerblichen Schutzrechten ist kein Kavaliersdelikt. Eine strafrechtliche Verfolgung mit möglichem Gefängnisaufenthalt bringt einen erheblichen „Gesichtsverlust" mit sich. Die strafrechtliche Verfolgung ist daher der effektivste Weg, sowohl das wirtschaftliche als auch das moralische Problem anzugehen.

Die Organe für das strafrechtliche Vorgehen sind das *Public Security Bureau* (PSB) – eine Art Bundespolizei mit provinzübergreifender Zuständigkeit – und die Staatsanwaltschaft (*Public Procuratorate* – PP). Zusammen ermitteln sie in Fällen von möglicherweise kriminellen Schutzrechtsverletzungen, bereiten den Fall auf und reichen Anklage bei einer Strafkammer eines Volksgerichts ein. Die strafrechtliche Verfolgung beginnt üblicherweise auf eine von 3 verschiedenen Arten:

- Durch eine private Klage durch den Rechteinhaber mit entsprechenden Beweismitteln direkt bei der Strafkammer. Dieses Verfahren ist ähnlich zur deutschen Privatklage.
- Durch eine Art Anzeige beim PSB – üblicherweise muss der Rechteinhaber hierbei die Beweise für eine Anklage liefern. Der Rechteinhaber muss insbesondere nachweisen, dass das Ausmaß der Schutzrechtsverletzungen die Schwellen für die strafrechtliche Relevanz überschreitet. Diese wurden durch eine Stellungnahme des Volksgerichts und der Staatsanwaltschaft *Statement of the People's Court and People's Procuratorate* zur strafrechtlichen Behandlung von Verletzungen gewerblicher Schutzrechte vom 22. 12. 2004 festgesetzt: verletzende Produkte im Wert von 50.000 RMB oder Verletzergewinn von 20.000 RMB bei Marken- oder Urheberrechtsverletzungen; und verletzende Produkte im Wert von 200.000 RMB oder Verletzergewinn von 100.000 RMB bei Patentverletzungen. Diese Werte gelten für Einzeltäter, bei Unternehmen werden die Schwellen verdreifacht.
- Start eines Verwaltungsverfahrens (z. B. durch AIC, s. u.); werden in einem solchen Verwaltungsverfahren Beweise gefunden, bei denen die Schwellenwerte für die strafrechtliche Verfolgung überschritten werden, kann die Verweisung des Falls an das PSB beantragt werden.

In der Praxis sind nur die Anzeige beim PSB und der Start über ein Verwaltungsverfahren relevant. Letzteres ist für den Rechteinhaber der geschickteste Weg. Das Verwaltungsverfahren dient dabei zur Erhebung der ansonsten nur schwer zu beschaffenden Beweise. In der Vergangenheit zögerten die Verwaltungsbehörden häufig, Fälle an das PSB abzugeben. Umgekehrt war auch das PSB eher zögerlich in der Verfolgung von Verletzungen von gewerblichen Schutzrechten. Diese Einstellung hat sich inzwischen gewandelt. Das PSB fordert mittlerweile Rechteinhaber dazu auf, es bei seiner Arbeit in „bedeutenden" Fällen zu unterstützen.

Beispiel: Nantong BALEI MILA Cosmetic Co. Ltd.

Im Verlauf eines Verwaltungsverfahrens wurde die systematische Nachahmung von bis zu 65 verschiedenen Marken festgestellt. Die Untersuchungen führten zu Ermittlungen durch das PSB und einer Anklage, die mit der Verurteilung eines Libanesen und eines Chinesen zu 4 bzw. 3 Jahren Gefängnis am 25. 12. 2005 durch das Volksgericht mittlerer Ebene von Nantong endete. Geldstrafen von 500.000 RMB (etwa 50.000 Euro) bzw. 300.000 RMB (etwa 30.000 Euro) wurden verhängt. Auch wenn dieser Fall noch besonders im Blickpunkt der staatlichen Organe und der Öffentlichkeit stand, nehmen derartige Fälle langsam zu.

3.2 Zivilprozess

Eine umfassende Darstellung des chinesischen Zivilprozessrechts würde den Rahmen dieses Kapitels sprengen. Wegen seiner zunehmenden Bedeutung und dem höchsten Abschreckungseffekt nach dem Strafprozess werden einige Kernpunkte und Vorteile des Zivilprozesses dargestellt. Zivilprozesse haben als Mittel zur Lösung von Konflikten bei Verletzungen gewerblicher Schutzrechte in den letzten Jahren stark an Bedeutung gewonnen. Die Anzahl der Zivilprozesse zur Durchsetzung von gewerblichen Schutzrechten hat von etwa 4.800 im Jahr 2000 auf über 8.300 im Jahr 2004 zugenommen. Eingangsinstanz für Zivilklagen im Bereich des gewerblichen Rechtsschutzes sind üblicherweise die Volksgerichte mittlerer Ebene. Ende 2005 gab es 333 Volksgerichte mittlerer Ebene mit besonderer IP-Zuständigkeit, von diesen waren 50 Gerichte für Patentstreitigkeiten zuständig. Zu diesen Gerichten mittlerer Ebene kommen weitere 31 höhere Gerichte sowie das oberste Volksgericht[1]. Abbildung 1 stellt schematisch den Ablauf in der ersten Instanz dar.

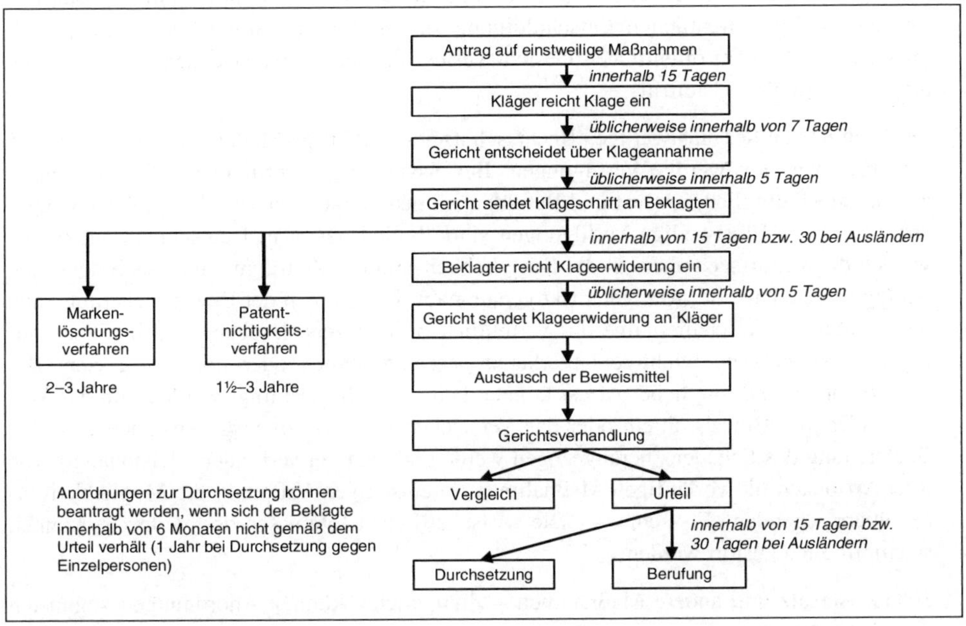

Quelle: Rouse & Co. International

Abbildung 1: *Verlauf eines Zivilprozesses im gewerblichen Rechtsschutz in der Eingangsinstanz*

---

1 Sowohl in Beijing als auch in Shanghai ist zusätzlich jeweils auch ein Bezirksgericht für Streitigkeiten im Bereich des gewerblichen Rechtsschutzes zuständig.

Die abschreckende Wirkung von Zivilprozessen wird verstärkt durch:

- Die Möglichkeit, den Gerichtsstand zu wählen – Strafverfolgung und Verwaltungsverfahren finden am Sitz des Verletzers statt. Dies kann dem Verletzer einen Heimvorteil verschaffen. Der Verletzer kennt die lokalen Behörden und kann eventuell über Beziehungen Einfluss ausüben. Beim Zivilprozess hat der Kläger eine gewisse Freiheit bei der Wahl des Gerichts, z. B. durch Verklagen eines Händlers oder bei einer Patentverletzung sogar eines Anwenders. Der Kläger kann unter Umständen den Prozess nicht nur aus einer möglichen Einflusssphäre des Verletzers entfernen, sondern auch ein Gericht mit besonderer IP-Erfahrung wählen (z. B. sind das Beijing No.1 oder Shanghai No. 2 Volksgericht mittlerer Ebene bekannt für ihre IP-Erfahrung). In jedem Fall verringert die Möglichkeit des „Forum Shoppings“ die Fähigkeit des Verletzers, die Auswirkungen einer Klage abzuschätzen.
- Den öffentlichen und transparenten Ablauf des Zivilprozess – ein Zivilprozess ist sehr viel transparenter als ein Verwaltungsverfahren, bei dem ein großer Teil der Entscheidungsprozesse hinter verschlossenen Behördentüren abläuft. Ein Zivilprozess findet öffentlich statt, der Kläger (aber natürlich auch der Beklagte) hat die Möglichkeit, den Prozess und ein günstiges Urteil öffentlichkeitswirksam zu nutzen. Der Kläger kann beantragen, den Beklagten zu einer öffentlichen Entschuldigung zu verurteilen – mit vorgegebenem Text. Dies kann mit einem öffentlichen Gesichtsverlust für den Verletzer enden, der ansonsten als „guter Mitbürger” auftritt.
- Die Möglichkeit des einstweiligen Rechtsschutzes – vorläufige Maßnahmen im einseitigen Verfahren wie einstweilige Verfügungen, Beweissicherungsanordnungen, Besichtigungsanordnungen, dinglicher Arrest und Beschlagnahmen können nur von Zivilgerichten angeordnet werden. Einstweilige Verfügungen sind ähnlich denen in Deutschland, allerdings werden die Voraussetzungen an die Dringlichkeit und die Zeiträume, innerhalb deren die Anträge zu stellen sind, weniger strikt gehandhabt. Im Rahmen der Beweissicherung kann der Richter die Geschäftsräume des vermutlichen Verletzers besuchen und in Bezug auf die Rechtsverletzung wichtige Unterlagen beschlagnahmen oder kopieren lassen. Beschlagnahmen und dinglicher Arrest können beim Gericht beantragt werden, um das Verschwinden von Beweismitteln oder das Verstecken von Vermögensgegenständen, die zur Begleichung des Schadens herangezogen werden können, zu verhindern. Unabhängig von ihrer Art bieten die vorläufigen Maßnahmen im einseitigen Verfahren die Möglichkeit eines überraschenden „Erstschlags“. Die wirtschaftlichen Interessen des Verletzers können so empfindlich gestört werden.
- Schadensersatz und andere Maßnahmen – Zivilgerichte können Anordnungen zugunsten des Klägers treffen:
  - Unterlassungsanordnungen – als einstweilige Verfügung oder im Hauptverfahren
  - Anordnungen zur Abgabe von Unterlassungserklärungen
  - Beschlagnahme und/oder Zerstörung der rechtsverletzenden Produkte, Werkzeuge und Herstellungsformen
  - Verhängung von Bußgeldern
  - Anordnung einer öffentlichen Entschuldigung

Schadensersatz kann nur über die Zivilgerichtsbarkeit erstritten werden. Die Verwaltungsbehörden können nur Bußgelder verhängen. Gerichte können den Schadensersatz auf unterschiedliche Art und Weise berechnen: nachgewiesene Schäden beim Kläger/Rechtsinhaber; Verletzergewinn; bis zum Dreifachen der Summe, die bei einer regulären Lizenz bezahlt worden wäre. Wenn diese Verfahren zur Schadensberechnung nicht anwendbar sind, kann das Gericht einen Schadensersatz bis zu 500.000 RMB (etwa 50.000 Euro) festlegen. Auch wenn die möglichen Schadensersatzsummen gering scheinen, können sie doch beträchtlich höher sein als die Geldbußen des Verwaltungswegs. Beim Verwaltungsweg richten sich die Geldbußen nach dem Wert der beschlagnahmten Güter – nicht nach dem der Originale!

3.3 Durchsetzung auf dem Verwaltungsweg

Nach wie vor werden die meisten Fälle der Durchsetzung von gewerblichen Schutzrechten in China über die Verwaltungsbehörden abgewickelt. Für die Verwaltungsverfahren sind eine Reihe von Behörden mit unterschiedlichen Möglichkeiten zur Rechtsdurchsetzung und unterschiedlichen Aufgabenbereichen zuständig:

- Industrie- und Handelsverwaltung (*Administration for Industry and Commerce* – AIC) – der AIC ist durch die §§ 54 und 55 des Markengesetzes zuständig für Markenverletzungen und nach § 3 des Gesetzes gegen den unlauteren Wettbewerb bei wettbewerbswidrigem Verhalten.

- Qualitätsüberwachungs- und Quarantäneverwaltung (*Administration for Quality Supervision Inspection & Quarantine*, AQSIQ, ehemals *Technology Supervision Bureau*, TSB) – die AQSIQ hat Zuständigkeiten nach § 8 des Produktqualitätsgesetzes. Nach diesem Gesetz könnte die AQSIQ eingreifen, wenn ein Produkt fälschlicherweise als „Made in Germany" verkauft wird. In den Zuständigkeitsbereich der AQSIQ fallen auch identische Nachahmungen von Marken, wie bei der kompletten Imitation von Produkten. Solche Nachahmungen werden als Qualitätsmangel angesehen. Bei reinen Imitaten, die das Markenzeichen mitkopieren, kann daher die AQSIQ im Bereich der Herstellung der Imitate, der AIC im Bereich des Vertriebs zuständig sein. Die Zuständigkeitsbereiche von AQSIQ und AIC überlappen – der Rechteinhaber kann häufig zwischen den Behörden wählen.

- Urheberrechtsverwaltung (*National Copyright Administration*, NCA) – die NCA ist durch § 47 des Urhebergesetzes ermächtigt, gegen Urheberrechtsverletzungen vorzugehen, hat jedoch relativ wenig Personal und verfolgt daher fast ausschließlich Fälle direkter Kopien bei CDs und DVDs. Diese Situation spiegelt sich wider in der großen Anzahl der Urheberrechtsverletzungen, die vor Zivilgerichten landen. Mit 10.661 Gerichtsverfahren im Zeitraum 2000–2004 stellen Urheberrechtsverletzungen 35 % aller verhandelten IP-Prozesse.

- Patentverwaltungsbehörde – (*Patent Administration Bureau* – PAB) – die PAB ist nach den §§ 3, 57, 58 und 59 des Patentgesetzes zuständig bei Patent-, Gebrauchsmuster- und Geschmacksmusterverletzungen. Im Unterschied zu den bereits beschriebenen Verwaltungsbehörden ist die PAB nicht zur Durchsetzung der Rechte bevollmächtigt. Die PAB kann nur zwischen den Parteien vermitteln sowie Stellungnahmen abgeben, ob Rechte verletzt werden. Die Fragestellungen bei Patent- und Gebrauchsmusterverletzungen sind häufig komplexer als z. B. bei Markenverletzungen. Die regionalen Stellen der PAB haben nicht immer die ausreichende Erfahrung und den technischen Sachverstand für die Behandlung der Fragestellungen. Bei komplexeren Fällen stellt die PAB daher keine Alternative zum Zivilprozess dar.
- Zollverwaltung – in China gibt es ein dem deutschen Grenzbeschlagnahmeantrag ähnliches Verfahren zur Überwachung von Marken, Patenten, Gebrauchs- und Geschmacksmustern durch den Zoll. Im Unterschied zu Deutschland führt man in China jedoch sehr viel genauere Ausfuhrkontrollen durch. Der Einsatz der Zollverwaltung kann daher ein geeignetes Verfahren sein, um das Ausmaß an exportierten Fälschungen festzustellen und deren Wege und Ziele nachzuvollziehen. Damit der Zoll wirksam vorgehen kann, sollten Rechteinhaber ihm Informationen über die möglichen Rechtsverletzungen (wo, wann und wie werden Rechte verletzt; wie kann man Fälschungen erkennen) zur Verfügung stellen und eventuell auch Schulungen durchführen. Bei Pflegeprodukten etwa kann es sinnvoll sein, spezielle Schulungen für den Zoll in Ningbo durchzuführen, da über diese Zollstelle viele Produkte aus Gegenden, die für Fälschungen auf diesem Gebiet bekannt sind, exportiert werden.

3.4 Vor- und Nachteile des Verwaltungswegs

Das ausgeprägte Verwaltungssystem zur Durchsetzung von gewerblichen Schutzrechten in China ist ein grundlegender Unterschied zum deutschen System mit der Fokussierung auf die Zivilgerichtsbarkeit. Das Verwaltungssystem kann, richtig genutzt, für eine Vielzahl von Fallkonstellationen eine kostengünstige und effiziente Methode zur Durchsetzung gewerblicher Schutzrechte in China sein.

Den Vorteilen des Verwaltungswegs stehen allerdings auch einige Nachteile gegenüber:

- Mangelnde Transparenz und fehlende Öffentlichkeit – anders als bei der Zivilgerichtsbarkeit finden Entscheidungsprozesse im Verwaltungsverfahren buchstäblich hinter verschlossenen Türen statt. In Guangzhou, Shanghai und Beijing ist dies meist kein Problem. Hier bekommt der Rechtsinhaber die notwendigen Informationen, die Zusammenarbeit von Rechtsinhabern und Behörden funktioniert. Manche Behörden in China sind jedoch sehr zurückhaltend in der Zusammenarbeit mit den Rechtsinhabern, und es liegt weitgehend im Belieben der Behörde, ob und wie sie einen Fall bearbeitet. Häufig haben die Behörden auch die Tendenz, Fälle möglichst einfach und „geräuschlos" zu erledigen. Dies kann dem Interesse des Rechtsinhabers, z. B. nach der öffentlichen Bekanntmachung der Rechtsdurchsetzung, entgegenstehen.

- Lokale Einflüsse und Korruption – auf Grund ihrer Aufgabe haben einige Behörden auch regelmäßige Kontakte und Beziehungen zu den Unternehmen ihres Zuständigkeitsbereichs, die eventuell auch als Rechtsverletzer auffallen. Der AIC ist z. B. für das Unternehmensregister zuständig oder für eine Reihe von Genehmigungsverfahren. Die lokalen Stellen des PAB helfen den Unternehmen bei der Abschätzung der Patentierbarkeit ihrer Erfindungen. Bei dieser Nähe zu den Unternehmen ist es nicht verwunderlich, dass Behörden auch lokalen Einflüssen unterliegen und gelegentlich auch anfällig für Korruption sind – dies trifft insbesondere auf Gegenden mit „Fälscherhochburgen" zu.
- Unerfahrenheit – es gibt große regionale Unterschiede in der Ausbildung und Schulung der Mitarbeiter der Behörden. Dies gilt zwar für alle Arten von Schutzrechten, wird aber am deutlichsten bei den technischen Schutzrechten. Daher zeigt sich das PAB auch gelegentlich sehr zurückhaltend beim Vorgehen bei Patentverletzungen.
- Keine Schadensersatzleitungen – allen Behörden ist gemeinsam, dass sie keinen Schadensersatz gewähren können. Dieses Problem wird verschärft durch die niedrigen Geldstrafen und Bußgelder, die sich an chinesischen Durchschnittslöhnen bzw. am Warenwert der hergestellten rechtsverletzenden Waren orientieren. Die Bußgelder sind für den Verletzer kalkulierbar und können wirtschaftlich aufgefangen werden.

Betrachtet man die Verwaltungsverfahren unter Abschreckungsgesichtspunkten, so werden Schwächen des Verwaltungswegs zur Rechtsdurchsetzung deutlich. Unter Umständen wird weder das wirtschaftliche noch das moralische Problem, die den eigentlichen Kern des Verletzungsproblems ausmachen, angegangen.

4. Praktische Erfahrungen mit der Entwicklung von IP-Verletzungen in China

Zeigen sich die dargestellten Probleme der Rechtsdurchsetzung auf dem Verwaltungsweg in der Praxis? Welche Trends zeigen sich bei der Rechtsdurchsetzung?

Bezogen auf die letzten 10 bis 15 Jahre, haben die Verletzer von gewerblichen Schutzrechten relativ schnell Anpassungsstrategien gesucht und gefunden:

- Verletzer haben sich verstärkt an bestimmten Orten konzentriert. Diese Konzentration nutzt *Economies of Scale* (z. B. gemeinsame Werkzeugnutzung, aber auch Ersatzlieferungen falls ein Lieferant auf Grund rechtlicher Verfolgung nicht liefern kann). Durch die große Zahl von Unternehmen an einem Ort können diese effektiv Lobbyismus betreiben und haben einen größeren Einfluss auf die Behörden.

- Verletzer nutzen „Just in Time"-Produktionstechniken. Marken werden häufig erst zum Schluss und in einem separaten Vorgang angebracht. Dadurch wird der Vorrat an bevorrateten rechtsverletzenden Waren gering gehalten. Die Bußgelder der Verwaltungsbehörden orientieren sich aber genau an diesem Vorrat. Die Verfolgung von Rechtsverletzungen auf dem Verwaltungsweg greift daher ins Leere.

In den letzten 5 Jahren zeigt sich, dass die Rechtsinhaber erheblich besser informiert sind. Das Problem hat sich jedoch trotz erheblicher Lobbyarbeit und Investitionen der Rechteinhaber in die Rechtsdurchsetzung auf dem Verwaltungsweg nicht grundlegend verbessert:

- Gerade in Fälscherhochburgen scheint die Strategie der Verletzer aufzugehen. Lokale Einflüsse und Protektionismus sind nicht auf dem Rückzug.
- Rechtsverletzer setzen ihre Handlungen trotz „erfolgreichem" Vorgehen gegen sie durch die Verwaltungsbehörden fort. Dieses Problem hat sich noch weiter verschärft, da die „3 Strikes"-Regel mit der Stellungnahme zum strafrechtlichen Vorgehen in IP-Fällen vom 22. Dezember 2004 gestrichen wurde. Unter dieser Regel konnte gegen Verletzer von gewerblichen Schutzrechten, gegen die dreimal mit Erfolg durch die Verwaltungsbehörden ermittelt wurde, strafrechtlich vorgegangen werden.
- Die Qualität rechtsverletzender Güter und Fälschungen hat sich erheblich verbessert. Die Behörden (und gelegentlich auch die Rechteinhaber selber) haben dadurch Schwierigkeiten, Original und Fälschung zu unterscheiden. In Zweifelsfällen halten sich die Behörden eher zurück.
- Einfache Verletzungsfälle werden immer seltener. Anstelle plumper Kopien werden ähnliche Produkte hergestellt. Die Verletzer lassen sich rechtlich beraten und versuchen im Grenzbereich der Rechtsverletzungen zu agieren. Dies erschwert die Arbeit der Behörden, die über Verletzung oder Nichtverletzung entscheiden sollen.

5. Auswahl der Verfahren zur Rechtsdurchsetzung und Kombination der verschiedenen Instrumente

Es ist sehr schwierig, eine einheitliche Durchsetzungsstrategie für alle Fälle von IP-Verletzungen zu finden. Aus den Erfahrungen der Vergangenheit lassen sich jedoch verschiedene Faktoren entnehmen, die für die eine oder andere Vorgehensweise sprechen:

- Betroffene Waren und Dienstleistungen – bestimmte Waren oder Dienstleistungen sind wesentlich weniger anfällig für Rechtsverletzungen als andere. Infrastrukturprojekte oder Waren, die regelmäßige Wartung oder weitere Dienstleistungen benötigen sind weniger betroffen als Massenprodukte und Verbrauchsartikel. Für Letztere sollten entsprechende Rechte geschaffen und geschützt werden. Die Wertschöpfung sollte durch das Schutzrecht abgesichert werden. Liegt der Wert z. B. in einer Marke, so kann diese geschützt werden. Ist nun die Marke der wertbestimmende Teil und ist die Marke eingetragen, dann kann der Verwaltungsweg eine gangbare, kosteneffiziente Option darstellen.

- Art des Rechtsverletzers
  - Wenn der Rechtsverletzer ein Hersteller, z. B. von markenrechtlich geschützten Waren, ist, und die Verletzung der Kennzeichenrechte ist klar, dann ist der Verwaltungsweg eine sinnvolle Vorgehensweise. Die Hersteller haben, zumindest vor Lieferungen, häufig größere Mengen an Ware auf Lager. Auf Grund der Warenmengen kann dies zu erheblichen Strafen führen.
  - Wenn der Rechtsverletzer ein Händler ist, dann kann es sein, dass nur wenig verletzende Ware vorhanden ist. Viele Händler haben nur Muster, und die Ware selbst wird direkt vom Hersteller ausgeliefert. So sollen Bußgelder bewusst niedrig gehalten werden. In einem solchen Fall ist zu überlegen, ob ein Zivilprozess sinnvoll sein kann. Über die Buchführung lassen sich eventuell größere Verkäufe nachweisen. In den Unterlagen finden sich eventuell Hinweise auf Lieferanten und Abnehmer.
  - Ist der Rechtsverletzer ein Endverkäufer oder Einzelhändler, dann lohnt unter Umständen weder ein Verwaltungsverfahren noch ein Zivilprozess. Sind zu einem bestimmten Zeitpunkt jedoch größere Warenmengen zu vermuten, ist am ehesten an das Verwaltungsverfahren zu denken.

- Verletzte Rechte und Art der Verletzung – bei Markenverletzungen ist der Verwaltungsweg die nächstliegende Alternative. Handelt es sich jedoch um die Verletzung technischer Schutzrechte oder Urheberrechtsverletzungen, dann haben die entsprechenden Behörden häufig nicht die Ressourcen und die notwendige Erfahrung, oder es fehlen im Falle des PAB auch die notwendigen Durchsetzungsinstrumente. Hier bietet sich die Klage beim Zivilgericht an. Auch bei komplexeren Rechtsfragen und in unklaren Fällen ist der Zivilprozess die empfehlenswertere Vorgehensweise.

- Ort der Rechtsverletzungen in China, Fälscherhochburgen – abgesehen von der jeweiligen spezifischen Fallkonstellation gilt die Regel: Je mehr Fälscher in der Gegend aktiv sind und je westlicher die Provinz liegt, desto vorsichtiger sollte man mit dem Start von Verwaltungsverfahren sein. Ein Zivilprozess, bei dem die örtliche Zuständigkeit in eine andere Region verschoben werden sollte, ist dann die bessere Alternative.

- Abschreckungseffekt – ist die Abschreckung potenzieller Verletzer oberstes Ziel (sie sollte immer eine wichtige Rolle spielen), dann muss versucht werden, die Strafverfolgungsbehörden einzuschalten. Der Rechteinhaber sollte bei Razzien immer darauf achten, ob die Schwellenwerte überschritten werden. Eventuell muss auch auf einzelne Razzien verzichtet werden, um einen möglichst großen Effekt erreichen zu können.

6. Zusammenfassung

Die Durchsetzung von gewerblichen Schutzrechten in China ist möglich, vorausgesetzt die Rechte sind eingetragen.

Unternehmen sollten relevante Rechte in China erwerben und eintragen lassen. Auch wenn Zweifel daran bestehen, ob sie derzeit benötigt werden oder durchgesetzt werden können und sollen. Die Situation kann sich in wenigen Jahren ändern. Heute angemeldete Schutzrechte können jedoch bis 2016 bei Geschmacksmustern, bis 2026 bei Patenten und noch länger bei Marken in Kraft sein. Ohne eingetragene Rechte gibt es nur wenig, was sich durchsetzen lässt.

Bei Marken empfiehlt sich eine Markenüberwachung von Fremdschutzrechten. Viele Verletzer versuchen, sich hinter eigenen anhängigen Anmeldungen oder Eintragungen zu verstecken, die ähnlich zu denen der rechtmäßigen Markeninhaber sind.

Bei Urheberrechten ist die rechtzeitige Dokumentation der Inhaberschaft oder der Nutzungsrechte sehr hilfreich, bevor aus den Rechten vorgegangen werden soll. Urheberrechte für Übersetzungen und Bedienungsanleitungen sollten dabei nicht vergessen werden.

Ältere Patente sind anfälliger für Nichtigkeitsverfahren, da sie nicht so streng geprüft wurden. Nichtigkeitsverfahren sind mittlerweile die Regel bei Patentstreitigkeiten.

Gebrauchsmuster sollten ernstgenommen werden. Sie unterliegen keiner Sachprüfung. Sind sie aber eingetragen, können Gebrauchsmuster einem Verletzer bis zu zwei Jahre „Schutz" gewähren.

Die unterschiedlichen Vorgehensweisen – strafrechtlich, zivilrechtlich und auf dem Verwaltungsweg – haben ihre Vor- und Nachteile. Genauso wie sich Rechtsverletzer an die Situation anpassen, sollten auch Rechteinhaber ihre Vorgehensweisen anpassen. Rechteinhaber sollten die Methoden der Rechtsdurchsetzung in Abhängigkeit von der Art der Rechtsverletzung, den verletzten Rechten und dem Verletzer auswählen und kombinieren – und von ihrer Abschreckungswirkung.

Bei der Auswahl der Instrumente zur Rechtsdurchsetzung in China sollte die Abschreckungswirkung immer eine Rolle spielen.

Unternehmen können sich aktiv vorbereiten und den möglichen Schaden durch Diebstahl geistigen Eigentums verringern. Die nachfolgende Checkliste gibt dafür weitere Hinweise.

7. IP-Checkliste für China

✓ Überprüfen der **Schutzrechtsposition**, **Schließen von Lücken** und Sichern und Dokumentieren von Rechten durch entsprechende **Verträge** wie Urheberrechtsübertragungen und Vertraulichkeitsvereinbarungen.

✓ Einrichten eines internen **Überwachungssystems** (speziell bei eigenen Niederlassungen, Joint Ventures oder Vertretungen) zur Beobachtung von Wettbewerbern, Fremdschutzrechten und Schutzrechtsverletzungen.

✓ **Übersicht** über aktuelle und ehemalige Geschäftspartner und Lizenznehmer bewahren, gelegentlich rekrutieren sich aus diesem Kreis spätere Verletzer von Schutzrechten.

✓ **Integrierte Rechtsdurchsetzungsstrategie**:

- **Verkauf** (Marktbeobachtung, Rückmeldungen über Erfolge und Misserfolge);
- **Öffentlichkeitsarbeit** und Unternehmenskommunikation (bei Großaktionen);
- **Lobbyarbeit** (über deutsche Botschaft, Handelskammer und andere Industrieverbände);
- **Marketing** (rechtzeitige Vorwarnung bei Produkteinführungen und Werbekampagnen, so dass Schutzrechte angemeldet sind);
- **Rechnungswesen** (wenn schnell Zahlungen, z. B. als Garantien, notwendig sind).

✓ **Training** der Verkaufsmitarbeiter, Beobachtung und Meldung von Verletzungen. Das Verkaufspersonal sollte stets in das Verletzungsinformationssystem eingebunden sein, das kann z. B. durch ein einfaches Meldesystem geschehen.

✓ **Lokales Management** als Ressource für Lobbyismus, z. B. über Kammerorganisationen wie European Chamber, Deutsche Handelskammer, Quality Brand Protection Committee (QBPC – Lobbyarbeit über das obere Management in China kann sehr effektiv sein).

✓ **Festgelegte Regeln** für dringliche Fälle. Bei bestimmten, vorab festgelegten, Fallkonstellationen können die Zuständigen, eventuell auch externe Dienstleister, ohne vorherige langwierige Rücksprache (in der Regel mit einem Management in einer anderen Zeitzone), innerhalb eines vorgegebenen Rahmens handeln.

✓ **Systematische Erfassung** der **Informationen** über Schutzrechtsverletzungen – dadurch können Fortschritte oder zunehmende Probleme erfasst werden.

✓ **Budgetierung**:

- Festlegung eines Budgets zur Rechtsdurchsetzung und Optimierung der damit realisierbaren Maßnahmen unter Kosten-Nutzen-Gesichtspunkten.
- Getrenntes Budget für **Gerichtsverfahren**.

✓ **Koordinierung** der Informationen „von außen”:

- **Strukturen** für die Verarbeitung von **Informationen**, z. B. Checklisten für Mindeststandards für Meldungen durch Ermittler.
- Einsatz von **Ermittlern** in Regionen und Städten, in denen vermehrt Verletzungen von Schutzrechten aufgetreten sind.

✓ Strategie der „**bekannten Marke**”. Ist es möglich, die eigene Marke in China „bekannt” zu machen oder wenigstens den Bekanntheitsgrad so anzuheben, dass wettbewerbsrechtliche Ansprüche erhoben werden können?

✓ **Zoll** – Grenzbeschlagnahmeantrag, Schulung des Zolls und System zur fortlaufenden Information für die Zollstellen.

✓ Produktion vor Ort, Zulieferer für das Chinageschäft: Überwachung der **Lieferantenkette**:

- Überwachung der Einhaltung von **Lizenzverträgen**, um „dritte Schichten” zu verhindern.
- Umgang mit „**Ausschussware**” (insbesondere auch bei Zulieferern von Verpackungsmaterialien).
- Kontrolle und Kenntnis der **Vertriebswege**.
- **Regelungen** für die Beendigung von Lieferverträgen und Lizenzverträgen – z. B. über die Verpflichtung, alle Eintragungen von Lizenzen beim lokalen AIC oder beim Zoll zu löschen.

✓ **Messebesuche**:

- **Vorbereitung** vor der Messe, um sicherzustellen, dass Verletzer vor Ort gestoppt werden können: Sind die entsprechenden **Behörden** vor Ort? Sind die entsprechenden Regelungen in den **Ausstellerverträgen**?
- **Beobachtung** und **Teilnahme** an den wichtigsten Messen.
- Erfassung von möglichen Schutzrechtsverletzern in einer **Datenbank**. Eventuell können diese beim nächsten Messebesuch in Deutschland gestoppt werden.

✓ **Internet-Strategie**:

- Beobachtung des **chinesischen Internethandels** (wenn möglich und relevant für das Produkt).
- Strategie zum Umgang mit Internethandel.
- **Nachverfolgung** der „realen“ Verkäufe.

Die Mitwirkenden

Dr.-Ing. *Michael Bremicker,* Jahrgang 1961, studierte Theoretischen Maschinenbau an der Universität Siegen. Daran schloss sich die Promotion im Bereich Strukturoptimierung, CAE, an. Nach einem Forschungsjahr an der University of Michigan, Ann Arbor, wo er sich mit Projekten im Bereich der Konstruktion und Optimierung für die Automobilindustrie beschäftigte, wurde er 1990 Leiter der Gesamtentwicklung der ABUS Security Tech Germany KG, Wetter. Seit 2001 ist er als Berater im Bereich Forschung/Entwicklung bei ABUS tätig. Zudem ist er seit 2003 Dozent für Innovationsmanagement und Strukturoptimierung an der Technischen Fachhochschule, Berlin.

Dr. *Christian Brenner,* Jahrgang 1973, ist Rechtsanwalt und seit 2001 bei der Mann+Hummel GmbH verantwortlich für das IP-Management. Sein besonderes Interesse gilt dem internationalen Markenrecht sowie dessen Durchsetzung. Ferner bildet die Durchführung von Patentstreitigkeiten einen Schwerpunkt seiner Tätigkeit.

Dipl.-Kfm. *Michael Brückner,* MBA, ist Partner bei Accenture in dem Bereich Pharmazeutische Industrie und Gesundheitswesen. Die Schwerpunkte seiner Tätigkeit liegen in der Entwicklung und Implementierung von Unternehmens-, Bereichs- und Marktstrategien, welche insbesondere die Bereiche Forschung & Entwicklung, Marketing & Vertrieb sowie Finanzwesen & Controlling umfassen. Zuvor war er 5 Jahre bei Arthur D. Little im Bereich Life Science tätig. Michael Brückner studierte Betriebswirtschaftslehre an der European Business School, Oestrich Winkel (Deutschland), der ESC Dijon (Frankreich), der UC Berkeley (USA) und der Northwestern University (USA).

Dipl.-Ing. *Robert Eck,* Jahrgang 1963, studierte an der Technischen Universität Berlin. Ab 1989 war er in mehreren Managementberatungen tätig. Als Bereichsleiter und Prokurist führte er zahlreiche Strategie-, Planungs- und Organisationsprojekte erfolgreich durch. Schwerpunktthemen sind Lagerung und Distribution, Softwareauswahl, Outsourcing-Entscheidungen, Prozessoptimierung und Qualitätsmanagement. Besonderes Branchen-Know-how besteht in den Bereichen Security, Aviation, Chemie und Logistikdienstleistungen. Seit 2001 ist er geschäftsführender Gesellschafter der r.o.l.a. Business Solutions, einem Beratungs- und Systemhaus für Logistik, die innere Sicherheit und Missbrauchsbekämpfung.

Dr. *Bert Eichhorn* studierte Rechtswissenschaft, Volkswirtschaft und Philosophie. Er ist Rechtsanwalt und Partner in der Sozietät Strauch, Schuster & Partner in Köln, mit den Tätigkeitsschwerpunkten Wirtschafts-, Internet- und Europarecht. Zudem ist er Rechtsberater am Europäischen Parlament und EU-Beauftragter des Zentrums für Interaktive Medien. Herr Eichhorn ist außerdem Lehrbeauftragter für Internet- und Europa-Recht und Vertragswissensmanagement an der TFH Berlin und OTA-Hochschule sowie Dozent an der TU Breslau. Er hat zahlreiche Beiträge zu den Themen Internationales Recht, Internetrecht und Europarecht veröffentlicht.

Dr. med. *Gerrit Fleige* ist Manager im Bereich Corporate Strategy der Health & Life Sciences-Sparte von Accenture. Sein Fokus liegt auf der Entwicklung und Implementierung von Unternehmensstrategien, Unternehmensreorganisation und strategischem Marketing in den Bereichen Marketing & Vertrieb, F&E sowie Finanzen/Controlling. Er verfügt über umfangreiche internationale Erfahrung im Bereich Ethische Arzneimittel, Biotechnologie, Generika und OTC sowie des Gesundheitswesens. Vor seiner Tätigkeit bei Accenture war er mehrere Jahre in der biomedizinschen Grundlagenforschung und als Arzt am Universitätsklinikum Charité in Berlin tätig. Dr. Gerrit Fleige ist Autor diverser Fachbeiträge in wissenschaftlichen und industriespezifischen Journalen.

Matthias Funk, Jahrgang 1960, ist Rechtsanwalt und Leiter der Rechtsabteilung von Rolls-Royce Deutschland. Daneben ist er stellvertretender Vorsitzender des Fachausschusses des AK Recht beim BDLI, Verband der Deutschen Luft- und Raumfahrtindustrie. Ein Schwerpunkt seiner Tätigkeit liegt im Recht der zivilen Luftfahrt in den USA und Europa. Nach dem Studium der Rechtswissenschaften in Berlin betreute er das internationale Anlagengeschäft der AEG Aktiengesellschaft, Frankfurt, bevor er 1993 die Leitung der Rechtsabteilung der BMW Rolls-Royce GmbH – heute Rolls-Royce Deutschland – übernahm, deren Geschäftsgegenstand die Entwicklung und der Vertrieb von Triebwerken für zivile und militärische Flugzeuge ist.

Olaf Gillert, Jahrgang 1968, ist Partner der internationalen Rechtsanwaltskanzlei Taylor Wessing. Seine Tätigkeit erstreckt sich auf alle Gebiete des gewerblichen Rechtsschutzes. Nach seinem Masterstudium in den Vereinigten Staaten mit dem Schwerpunkt „Intellectual Property" arbeitete er zuerst in einer Kanzlei in Houston. Seit 1999 berät er zahlreiche nationale und internationale Unternehmen in Fragen des gewerblichen Rechtsschutzes.

Dr.-Ing. *Volkmar Helbig,* Jahrgang 1953, studierte zunächst Maschineningenieurwesen an der TU Dresden. Im Anschluss an eine mehrjährige Tätigkeit als wissenschaftlicher Assistent promovierte er dort 1984 zum Dr. Ing. Von 1983 bis 1991 beschäftigte sich Dr. Helbig mit Werkzeugmaschinenbau. Das Ingenieurbüro Dr. Helbig, Berlin, gründete er 1994 und führt es bis heute als Inhaber. Zu den Tätigkeitsfeldern des Unternehmens zählen neben Qualitätsmanagement, Beratung und Schulung auch Technische Dokumentation und Softwaredokumentation. Ebenfalls seit 1994 betätigt sich Dr. Helbig freiberuflich als Dozent und Berater.

Dipl.-Ing. *Olaf Jelken* ist Geschäftsführer der r.o.l.a. Business Solutions GmbH in Berlin. Seit mehr als 10 Jahren berät er Industrieunternehmen in IT-, Strategie- und Supply Chain Management-Aufgabenstellungen. Herr Jelken studierte Maschinenbau mit den Schwerpunkten Fertigung und Industrial Engineering. Zudem absolvierte er eine Ausbildung zum Maschinenschlosser. Nach seinem Studium war Herr Jelken als Consultant bei der Unternehmensberatung Logicon, Berlin, tätig und wechselte nach drei Jahren als Projektleiter zur Unternehmensberatung ZLU GmbH mit den Schwerpunkten Supply Chain Management, Prozessdesign und -reorganisation, ERP-/APS-Systemintegration und war dort in verschiedenen Branchen tätig.

Dipl.Inform. *Olaf Kehrer* studierte Informatik an der Technischen Universität Berlin und ist einer der Gründer der O&O Gruppe, zu der mehrere Softwareunternehmen aus den Bereichen Systemperformance, Datensicherheit und Datenrettung gehören. In seiner Funktion als technischer Geschäftsführer der O&O Software GmbH, die nationales Mitglied der Business Software Alliance (BSA) ist, engagiert er sich seit Jahren im Kampf gegen illegale Softwarenutzung.

Ulfert Köppen, M.A., studierte Anglistik/Amerikanistik und Germanistische Linguistik an der Humboldt-Universität zu Berlin. Während seines Studiums wurde er – bedingt durch seine Anstellung als studentischer Mitarbeiter am Institut für Anglistik und Amerikanistik – regelmäßig mit der Problematik des Plagiatorentums, speziell der ungekennzeichneten Materialübernahme aus Online-Quellen, konfrontiert. Sein Interesse an technischer Dokumentation vertiefte er in einem Praktikum beim Ingenieurbüro Dr. Helbig, Berlin, bevor er zur Unternehmensberatung Logicon wechselte.

Prof. Dr.-Ing. habil. *Klaus Krämer* beschäftigt sich seit mehr als 15 Jahren mit den Themen Materialfluß und Logistik in Verbindung zur Automatisierungstechnik, speziell der Material- und Sendungsverfolgung sowie dem Ursprungs-, Wert- und Produktschutz. Nach mehr als 6 Jahren beim Fraunhofer-Institut für Materialfluss und Logistik, war Dr. Krämer zuletzt für die Bundesdruckerei GmbH im Bereich der Produktsicherung und der Produktkennzeichnung angestellt. Hier beschäftigte er sich ausführlich mit den Tätigkeiten der Plagiateure und der technischen und organisatorischen Gegenwehr. So baute er ein Sicherungssystem (das ValSeC-Si und LSi-Label) zusammen mit der C4 Marketing Service Bundesdruckerei GmbH auf. Außerdem integrierte er ein auf Transpondern basierendes Kennzeichnungssystem in verschiedene Luxusgüter.

Dipl.-Kfm. *Ulrich Pallas,* Jahrgang 1963, arbeitete zunächst von 1989-92 für eine Steuerberatungs- und Unternehmensberatungsgesellschaft in Göttingen. Von 1992-94 war er als Prokurist im Bereich Controlling für Ogilvy & Mather in Frankfurt/M., tätig. Von 1994-1998 setzte er seinen Berufsweg als kaufmännischer Geschäftsführer bei KNSK, BBDO und Team Direct, Hamburg, fort. Im Anschluss folgte die Position des Chief Financial Officers bei Ammirati Puri Lintas für die deutschsprachige Region. Im Jahr 2001 war Herr Pallas Chief Financial Officer bei OMD Germany, der Mediagruppe der Omnicon und ihrer Töchter BBDO, DDB und TWBA, Düsseldorf. Seit 2002 ist er Vorstand Finanzen und Administration der Jung von Matt Gruppe, Hamburg.

Elliot Papageorgiou, Jahrgang 1969, ist als Solicitor, Attorney-at-Law in New York und als Barrister & Solicitor in Victoria, Australien zugelassen. Er ist Partner bei der auf internationalen gewerblichen Rechtsschutz spezialisierten Kanzlei Rouse & Co. Seit 1995 sammelte er Erfahrung bei der Beratung internationaler Mandanten hinsichtlich des Schutzes ihres geistigen Eigentums in Europa und im asiatisch-pazifischen Raum. Bevor er einen LL.M Abschluss als B.C.L. (Oxon) an der Oxford University (mit Schwerpunkt auf geistigem Eigentum) erwarb, war er zwei Jahre bei einer großen australischen Kanzlei tätig. Seit 1999 ist er in Polen, Deutschland, Großbritannien und China für Rouse & Co. tätig. Vom Büro der Kanzlei in Shanghai aus berät er derzeit Mandanten bezüglich Strategien zum Schutz des geistigen Eigentums und der Durchsetzung von Schutzrechten in China.

Dipl.-Kfm. *Marc P. Philipp* ist Consultant bei Accenture im Bereich Strategie für die pharmazeutische Industrie und das Gesundheitswesen. Sein Tätigkeitsschwerpunkt liegt in der Konzeption von Geschäftsmodellen und der Entwicklung von Unternehmens-, Internationalisierungs- und Markteintrittstrategien. Er verfügt über Erfahrungen in der Restrukturierung von Pharma- und Biotechnologieunternehmen sowie von öffentlich-rechtlichen Institutionen und in der Reorganisation der Marktbearbeitung von Konsumgüterherstellern. Vor seinem Einstieg bei Accenture 2004 war er als Geschäftsführer im Vertrieb von elektronischen Bauteilen in den Märkten Europa, Süd-Ost-Asien und China tätig.

Thomas Pütz, Jahrgang 1958, studierte Marketing in Düsseldorf und Basel und ist Master of Marketing. Nach langjährigen Fach- und Führungsaufgaben in Unternehmensberatungen für Marketing/ Kommunikation und Industrie ist Herr Pütz seit 2001 bei v. Rundstedt & Partner GmbH in Düsseldorf als Partner verantwortlich für das Beraterteam im Bereich Outplacement, Potenzialentwicklung und Coaching. Zudem ist er Fachdozent für Marketing-Kommunikation und Lehrbeauftragter am Sozialwissenschaftlichen Institut der Heinrich-Heine-Universität Düsseldorf.

Dr.-Ing. *Artur Raczynski,* Jahrgang 1968, ist Technologie-Manager bei Siemens Medical Solutions im Bereich Health Services. Zwischen 1998-2003 konzipierte und führte er zentrale Consulting-Leistungen zum Thema der Computergrafik bei der Siemens AG, Bereich Corporate Technology. Das Maschinenbaustudium und die Promotion im Bereich Virtual Reality an den Universitäten Aachen und Paderborn schloss er 1988 ab.

Matthias Seyboth, Jahrgang 1971, ist seit 2005 bei der Mann+Hummel GmbH als Patentingenieur tätig. Nach dem Physikstudium war er als Assistent in der Abteilung Optoelektronik der Universität Ulm auf dem Gebiet der Epitaxie nitridischer Verbindungshalbleiter, der Herstellung von Leuchtdioden- und Transistorstrukturen, tätig. Seine Tätigkeit auf dem Gebiet des gewerblichen Rechtsschutzes begann im Jahr 2003 bei der Kanzlei Rouse & Co. International in München. Hier konnte er Einblicke in die spezifischen Fragestellungen beim Schutz geistigen Eigentums in China gewinnen.

Prof. Dr.-Ing. *Nicolas P. Sokianos,* Jahrgang 1954, ist Professor für Industrial Engineering an der TFH Berlin und leitet dort den Studiengang Maschinenbau/Produktionssysteme. Von 1999 bis 2005 leitete er den postgradualen Studiengang International Technology Transfer Management (ITTM). Zuvor war er von 1982 bis 1990 in verschiedenen Funktionen als Manager für die BMW AG tätig. Seit 1992 ist er im Vorstand der gemeinnützigen Gesellschaft für Produktionsmanagement (GfPM) e. V. tätig, für die er sich seit 1984 engagiert. 1988 erfolgte die Gründung der Unternehmensberatung Logicon. Das besondere Interesse Herrn Sokianos gilt der strategischen Personal-, Organisations- und Unternehmensentwicklung im Kontext der Umsetzung von Innovations- und Restrukturierungsprozessen. Aus diesem Zusammenhang ist das Werk „Produkt- und Konzeptpiraterie“ entstanden, da das Thema im Zuge der Globalisierung erheblich an Dynamik gewonnen hat.

Rechtsanwalt Mag. jur. *Christian Unsinn,* Jahrgang 1976, bis 2002 Studium der Rechtswissenschaften an der Universität Konstanz; diverse Praktika in Medienunternehmen (u. a. „Der Spiegel“); 2003 Referendariat beim Landgericht Lübeck; Anwaltsstationen im Rahmen des Referendariats bei den Hamburger Medienrechtskanzleien Etzel & Burmester und Unverzagt von Have; seit 2005 Syndikusanwalt der Jung von Matt-Gruppe; zudem Redakteur der Musik-Zeitschrift Glow In The Dark und Inhaber eines Plattenlabels.

Eginhard Vietz, Jahrgang 1941, absolvierte seine Berufsausbildung als Schweißer in Babelsberg bei Berlin. Am 10. August 1961 flüchtete er aus der DDR. Danach folgte eine Tätigkeit bei der Schweißtechnischen Lehr- und Versuchsanstalt Hannover. Auf dem Zweiten Bildungsweg machte er seinen Abschluss als Schweißingenieur, Spezialisierung: Pipelinebau. Seit 1980 ist Herr Vietz selbstständig. 1983 erste Vortragstätigkeit in China (Thema: Pipelinebau), ab 1987 wurden Spezialmaschinen der Firma Vietz nach China geliefert. 2003 Gründung eines Joint Ventures in der Wirtschaftszone BDA in Peking, Produktionsbeginn am 01.01.2004. Am 31.08.2004 wurde das Joint Venture beendet, die Produktion lief noch bis 31.07.2005. Heute ist Herr Vietz geschäftsführender Gesellschafter der Firmengruppe Vietz mit Standorten in Hannover, Leipzig, Essen, Teltow und Peking.

Eberhard von Rundstedt, Jahrgang 1940, studierte Jura in Berlin und Freiburg. Nach dem Examen war er in leitender Funktion für namhafte nationale und internationale Unternehmen tätig, darunter Arthur Young, MAN, Feldmühle und Ruhrgas. 1985 erfolgte die Gründung der v. Rundstedt & Partner GmbH mit Sitz in Düsseldorf. Eberhard von Rundstedt ist Mitbegründer des Outplacements in Deutschland. Heute gehört v. Rundstedt & Partner mit über 250 Mitarbeitern in zehn Niederlassungen zu den führenden Personalberatungen in Deutschland. Neben Outplacement hat sich das Unternehmen auch in den Bereichen Personaldirektsuche und Personalentwicklung einen Namen gemacht.

Dr. jur. *Beatrix Weber,* MLE, ist Syndikusanwältin im Zentralen Rechtsservice der Audi AG, Ingolstadt. Studium der Rechtswissenschaften in Hannover und Fribourg (Schweiz), Erwerb eines Magisters der Europäischen Rechte (MLE) und Promotion an der Westfälischen Wilhelmsuniversität, Münster. Als Syndikusanwältin der Audi AG beschäftigt sie sich neben der rechtlichen Betreuung der Bereiche Marketing und Öffentlichkeitsarbeit mit allen Bereichen des Gewerblichen Rechtsschutzes, insbesondere den Marken- und Patentlizenzen sowie der gerichtlichen und außergerichtlichen Verteidigung der Schutzrechte der Audi AG. Schwerpunkt im internationalen Bereich sind derzeit China und die USA.

Stichwortverzeichnis

A

B

C

D

E

F

G

H

I

J

K

L

M

N

O

R

S

T

U

V